THÉORIE DE L'OEIL.

Ouvrages de l'Auteur.

———

Traité de la géométrie descriptive, 1 vol. in-4°, avec atlas de 67 planches, aussi in-4°, 2ᶜ édition.

Traité de la science du **Dessin**, 1 vol. in-4°, avec atlas de 56 planches, aussi in-4°, 2ᶜ édition.

Traité de la coupe des pierres, 1 vol. in-4°. Cet ouvrage sera composé de 10 livres ; deux seulement sont publiés.

Lettre à *M. Urbain Sartoris.*

Mémoire sur les réservoirs d'alimentation des canaux, extrait revu et corrigé des *Annales des ponts et chaussées.*

Exposé général des études faites pour le tracé des chemins de fer de **Paris** en **Belgique** et en **Angleterre** et d'**Angleterre** en **Belgique**, 1 vol. grand in-4°, avec 4 planches.

Nº 1. **Améliorations** à introduire dans les ponts et chaussées (1829).

Nº 2. **De** l'aliénation des canaux (1829).

Nº 3. **Des** voies de communication considérées sous le point de vue de l'intérêt public (1836).

Nº 4. **Concession** des chemins de fer de **Paris** en **Belgique** (1837).

Nº 5. **De** trois lois à faire sur les travaux publics (1838).

Du Rhône et du lac de **Genève**, ou des grands travaux à exécuter pour la navigation du **Léman** à la mer, 1 vol. in-8, avec 1 planche.

Paris. — Imprimerie de FAIN et THUNOT, rue Racine, 28, près de l'Odéon.

THÉORIE DE L'OEIL

PAR

L. L. VALLÉE,

ANCIEN ÉLÈVE DE L'ÉCOLE POLYTECHNIQUE, OFFICIER DE LA LÉGION D'HONNEUR,
INSPECTEUR DIVISIONNAIRE DES PONTS ET CHAUSSÉES,
ET MEMBRE CORRESPONDANT DE LA SOCIÉTÉ D'ÉMULATION DE CAMBRAI.

PREMIÈRE PARTIE.

NOTA. Cette Première partie compose un volume à part ; la Seconde partie
paraîtra sous une autre forme.

> En ce qui concerne l'œil, on ne saurait
> guère admettre des imperfections qui ne
> seraient pas forcées.
>
> THÉORIE DE L'ŒIL (page 286).

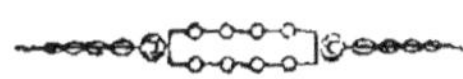

PARIS.

J.-B. BAILLIÈRE,

LIBRAIRE DE L'ACADÉMIE ROYALE DE MÉDECINE,
Rue de l'École de Médecine, 17.

1844-1846

EXPOSÉ PRÉLIMINAIRE.

———

L'organe de la vue a toujours excité l'admiration des hommes. Il est investi de cette fonction, de cette puissance, par laquelle nous portons en quelque sorte la sensation du toucher jusqu'aux objets les plus éloignés. Il nous fait juger de leurs positions, de leurs formes, de leurs couleurs, et souvent même de la nature de leur substance.

Mais, pour cela, il faut qu'un autre agent soit interposé entre l'œil et les objets : c'est la lumière.

Cet agent nécessaire, soumis à des lois éminemment remarquables, est si bien en rapport avec la sensibilité et avec le mécanisme des yeux des animaux, comme on le verra dans cet ouvrage, qu'il semble avoir été créé pour permettre à la vue de remplir sa merveilleuse destination.

La question de savoir comment cette destination s'accomplit est donc d'un très-haut intérêt. C'est une grande question de philosophie, de physique et de physiolo-

a^x

gie. Et elle est, pour l'art de guérir, d'une importance tout à fait spéciale : aussi, le phénomène de la vision a-t-il toujours attiré l'attention des médecins. Cependant les mystères de l'œil n'ont commencé à se dévoiler que dans le quinzième siècle.

Un peintre illustre, Léonard de Vinci, homme très-savant, habile ingénieur, a ouvert la carrière (*Voyez* le n° 105).

Il avait observé que la lumière, en pénétrant dans une chambre obscure par le trou d'un volet, porte sur le mur opposé à ce volet une image renversée des objets extérieurs : il pensa que l'œil présentait, sur sa cavité interne hémisphérique, une image analogue, et que cette image donnait la sensation des corps qui la produisent (*Voyez* ci-après le ch. VI, et notamment les n°s 89, 99 et 105).

Kepler se convainquit ensuite de l'existence de l'image ; puis, justifiant l'idée de Léonard de Vinci, il fit voir que l'œil est en effet une machine comme celle qu'on appelle en physique une *chambre obscure* (*Voyez* le n° 85 et la note (C), page 39).

Mais, dans une chambre obscure sans lentille achromatique, telle que la chambre obscure alors connue, la décomposition des rayons différemment réfrangibles par la réfraction produit autour de l'image de chaque objet des franges irisées. Or, la lentille appelée *cristallin*, qui se trouve dans l'œil, et qui se compose de couches de plus en plus denses à mesure qu'elles s'approchent plus d'un certain point central (*Voyez* le n° 368), soit qu'on la considère isolément, soit qu'on la considère avec la vitre antérieure qu'on appelle *cornée*, ne présente pas les conditions nécessaires pour l'achromatisme (*Voyez* 103) : comment donc les objets peuvent-ils être vus sans l'irisation ordinaire due à l'aberration de réfrangibilité?

Il s'élevait encore une autre difficulté non moins grave. Dans la chambre obscure, l'image d'un corps n'a de netteté que si ce corps se trouve à une distance convenable : on ne pouvait donc pas comprendre que l'œil, pour les petits comme pour les grands éloignements, pût nous donner toujours une perception nette des objets (100 et 101).

Sur la première objection, celle de l'irisation de l'image, il ne s'est pas produit beaucoup de systèmes; mais sur la seconde, celle de la vision nette aux petites et aux grandes distances, on a fait de nombreuses hypothèses. Il était clair, en effet, qu'on s'expliquait la difficulté en admettant que le fond de l'œil se reculât, par l'allongement du globe oculaire, pour recevoir l'image à la distance convenable, ou bien en supposant que la cornée devînt plus convexe, ou que le cristallin se déplaçât, ou que ce corps se déformât, ou que l'action de ces diverses causes s'exerçât à la fois et dans des mesures convenables.

Mais l'œil présentait-il des organes propres à modifier sa forme? La question de trouver ces organes jetait dans de nouvelles difficultés, et la science, sur ce point, ne fournissait rien de satisfaisant (166-177).

Les anatomistes, les médecins, les physiologistes avaient cependant fait déjà de nombreux travaux. L'œil étant sujet à beaucoup de maladies, le besoin de les guérir ramenait sans cesse à l'examen des pièces qui le composent, ce qui conduisait à se demander continuellement quelle était l'utilité de ces pièces. Et l'étude des animaux suivant de près celle de l'homme, l'anatomie de l'œil s'élevait peu à peu et atteignait une très-grande perfection.

Mais pour aller plus loin, pour marcher d'un pas ferme dans les recherches relatives à l'organe de la vue, il fallait que le calcul vînt au secours du scalpel, que la géométrie aidât l'anatomie. A cet égard, les sciences exactes ont longtemps fait défaut. Les anatomistes, probablement, n'étaient pas assez géomètres, et les géomètres ne pouvaient pas se livrer comme il l'aurait fallu aux recherches du cadavre, toujours difficiles et rebutantes. Des systèmes de toute espèce ont surgi; plus ou moins plausibles, plus ou moins spécieux, on manquait de moyens pour distinguer les bons des mauvais, et après trois siècles, depuis Léonard de Vinci et Kepler, l'œil était encore une chambre obscure dont la perfection restait incompréhensible.

Petit avait cependant mesuré les principales parties de l'œil; S.-T. Sœmmering avait fait graver des figures soignées de cet organe; D.-W. Sœmmering, son fils, avait donné des figures plus belles encore des yeux de divers animaux; Haukesbée et Rochon, puis M. Brewster et M. Chossat (61), avaient déterminé les indices de réfraction des humeurs du globe oculaire; d'Alembert avait employé les mesures de Petit et une mesure de Jurin à quelques calculs (144); Olbers, Tréviranus et le docteur Th. Young, puis M. Lehot (143-145), s'étaient occupés de la recherche des foyers auprès de la rétine, selon les distances de l'objet et selon les courbures de la cornée.

Home et Ramsden, par des observations faites sur le vivant, et probablement fort précises, si l'on en juge d'après la réputation des auteurs et d'après la concordance de leurs résultats et de nos calculs, avaient trouvé que le globe oculaire se déformait dans la vision à des distances diverses, mais si faiblement que les déformations obtenues paraissaient insignifiantes.

Le docteur Young, partisan de l'invariabilité du globe, ne pouvait admettre ces petites déformations ; car il évaluait à un sixième, chiffre beaucoup trop élevé (151, 413 et 637), le reculement que devait subir la rétine pour passer de la vision d'un objet éloigné à celle d'un objet rapproché. Il fit de nombreuses expériences, dont une, relative à la cornée, eut beaucoup de retentissement, bien qu'elle ne fût pas concluante (177) ; et, fort de ses convictions, il présenta son système dans lequel, par des variations de forme du cristallin, l'œil s'ajuste selon les diverses distances de l'objet.

Le système de Young fut examiné en France à une époque où ce grand physicien jouissait de toute sa réputation. Dulong toutefois n'en repoussa pas moins, comme tout à fait inadmissibles, les déformations attribuées au cristallin (174 et 175) ; mais il pensa que l'illustre savant anglais avait mis hors de doute l'invariabilité du globe oculaire (169).

Tel était l'état de la science lorsque, en 1821, nous publiâmes le *Traité de la science du Dessin*. Dans cet ouvrage, nous considérons la peinture, le dessin, dans ses différents genres, et généralement l'art d'imiter les objets de manière à produire plus ou moins d'illusion, comme une application des règles au moyen desquelles on peut tromper l'œil. La théorie de la vision sert donc de base à notre traité, où elle est exposée avec quelque détail, et souvent envisagée sous des aspects nouveaux. Dans cet ouvrage, dont la perspective et les ombres sont des parties importantes, la géométrie nous guide constamment, et elle nous a conduit à une explication de l'achromatisme de l'œil fondée sur la non - homogénéité du corps vitré. Ce corps étant organisé , on n'aurait jamais dû le supposer homogène (41, 179, 180) ; cependant notre idée n'était venue à personne. Elle est féconde , ainsi qu'on le verra dans ce livre. Et comme nous nous sommes trouvé, tout d'abord, persuadé de sa réalité (469), elle n'a pas tardé à nous jeter dans beaucoup de recherches, notamment sur les images réfléchies et réfractées. Ces recherches nous ont donné une haute idée de la perfection de l'œil (354 *bis* et 553).

Mais soit que, las de systèmes, les physiciens eussent en quelque sorte renoncé à l'explication du mécanisme de cet organe, soit que l'Académie, par le rapport de M. Arago sur la science du Dessin , n'eût point été appelée à se prononcer sur nos idées nouvelles touchant le corps vitré, très-peu de personnes comprirent qu'un nouveau champ s'ouvrait pour l'examen de la vision. Notre travail toutefois n'en continua pas moins.

En 1832 parurent les mesurages de l'œil humain par le docteur Krause (24, 45-59) : c'était la continuation des travaux de M. Chossat (49). Ces mesurages nous vinrent en aide, parce qu'ils nous facilitaient le moyen de soumettre nos idées au calcul, sans qu'aucune prévention pût nous faire accuser d'adopter des dimensions trop peu sérieuses, ou de les adopter uniquement parce qu'elles étaient favorables à nos vues. Le goût que nous avions pour les recherches relatives à la vision s'en augmenta ; il absorba bientôt une grande partie de nos loisirs, et nous consignons les résultats de nos travaux dans cet ouvrage.

La première partie, celle que nous livrons au public, est formée de quatre mémoires.

Le premier contient la description de l'œil et les calculs par le moyen desquels on peut apprécier la valeur de l'ancienne théorie , c'est-à-dire de celle qui se fonde sur la supposition toute gratuite de l'homogénéité du corps vitré. Au fond, ce premier mémoire nous paraît être l'avant-propos obligé de tout ouvrage complet sur la vision. Il prouve qu'il faut repousser la théorie admise, parce qu'elle donne sur la rétine des images trop confuses et trop irisées, ou parce qu'elle exige des déformations trop fortes du globe oculaire (165). Mais nous faisons nos réserves, en le terminant (178), pour les petites déformations comme celles que Home et Ramsden ont trouvées , et que le calcul nous fournit, dans le cas du corps vitré non homogène (*Voyez* le livre VI et les nᵒˢ 605 et 606 de l'Appendice).

Le second mémoire a pour objet l'examen de plusieurs considérations qui , en même temps qu'elles combattent l'ancienne théorie , servent à l'établissement des bases de la nouvelle. Parmi ces considérations nous citerons ici :

1° Les expériences faites avec l'optochromomètre (237-243). Selon nous, il résulte bien clairement de ces expériences que, si le corps vitré était homogène, les images des objets seraient très-fortement irisées (245) ;

2° Les recherches, au moyen d'expériences sur les yeux de lapin albinos, sur les yeux de bœuf et sur nos propres yeux, de la loi géométrique à laquelle se trouve soumis le système de lignes droites qui déterminent sur le fond de l'œil la perspective des objets (87 et 263). Nous nommons ces droites les *rayons virtuels* (251), et nous sommes conduit, pour la loi cherchée, à l'orthogonalité des rayons virtuels sur la rétine (261). Nous avons reconnu, depuis, que cette loi se vérifie sur les yeux des insectes et des crustacés, tels qu'ils sont décrits par le docteur Muller (560-563);

3° La conséquence à tirer de cette loi, ou ce qui revient au même de l'expérience des n°s 254 et 673, c'est que le corps vitré ne doit pas être homogène (276).

L'examen de la vision des objets réfléchis ou réfractés vers l'œil termine le second mémoire. C'est un sujet dont Newton, Bouguer, d'Alembert, et beaucoup d'autres savants illustres se sont occupés (290-292). Il est d'une haute importance, parce que les rayons qui peignent dans l'œil un point rayonnant réfléchi ou réfracté, au lieu d'arriver sur cet organe comme s'ils divergeaient de ce point, sont soumis à la condition de toucher les deux nappes d'une caustique, nappes sur lesquelles, en général, ils ne se coupent que deux à deux (278-282). Nous nous demandons quelle image est peinte sur la rétine par ces rayons, problème qui présente deux solutions dont chacune répond à l'une des caustiques. Puis, en admettant que, pour une distance, celle de la vision distincte, par exemple, l'image d'un point ordinaire soit un point, nous démontrons que pour qu'elle se maintienne un point lorsque l'éloignement varie, il faut que la figure de cet organe se modifie, ou, autrement dit, qu'il *se monte* pour la distance de l'objet (287, 660 et 661). De ce fait, purement géométrique, et qui présente un si grand intérêt, il semble d'abord qu'il faille conclure que le point vu est sur l'une ou sur l'autre nappe, selon que l'œil se monte pour l'éloignement de l'une ou de l'autre d'entre elles; mais il n'en est pas ainsi, comme le prouvent de nombreux exemples traités ch. XVII et ch. XVIII. L'œil, d'après cela, ne choisit pas sa forme ; elle lui est imposée par notre besoin de voir, et la figure qu'il prend dépend de celle du faisceau de rayons qui lui arrivent, de telle sorte que la vision du point considéré soit aussi satisfaisante que possible (462).

Dans les exemples dont il vient d'être question, nous employons les surfaces réfléchissantes et réfringentes, de définition rigoureuse, que la nature et l'art nous présentent, et dans lesquelles une des deux nappes de la caustique est toujours forcément linéaire. Nous faisons voir que, contrairement à l'opinion avancée par beaucoup de physiciens, le point vu est sur cette dernière caustique. Cela s'explique facilement, car chaque point de cette caustique envoie dans l'œil une lame d'une infinité de rayons, d'où il suit que le point où l'axe optique rencontre la caustique agit sur l'œil de la même façon, à peu près, qu'un point rayonnant ordinaire dont la propriété, quant à la vision, est d'être l'intersection des rayons en ligne droite qu'il envoie dans l'œil. Et de ce qu'il n'en est pas de même pour la caustique non linéaire, bien que les rayons qui la touchent et qui entrent dans la pupille soient très-resserrés auprès de cette caustique, il faut conclure nécessairement que l'action de voir s'opère avec une grande rigueur. Ainsi, la perfection de l'œil n'est pas pour nous une hypothèse : c'est un fait justifié, comme on l'a déjà dit, en plusieurs endroits de ces mémoires.

Dans le ch. XVIII, nous poussons plus loin l'examen géométrique de la question ; mais nous laissons à nos successeurs des recherches qui, suivant nous, auront beaucoup d'utilité (355 *bis*).

Dès le début du troisième mémoire, il se trouve établi que les mesures de l'œil, avec les indices de réfraction déterminés pour ses différents milieux, ne conduisent à rien de satisfaisant. Nous sommes donc autorisé à procéder *à priori* dans la question de connaître comment l'œil est disposé. Nous discutons d'abord tous les éléments de cette question ; nous choisissons ceux qui nous paraissent les meilleurs, et nous composons ce que nous nommons l'*œil théorique*, dans le système des idées reçues. De nombreux calculs, et l'examen détaillé de leurs conséquences, achèvent de ruiner ce système : c'est-à-dire de prouver l'insuffisance de l'ancienne théorie.

Dans cet examen nous procédons avec des formes rigoureuses. Nous exposons des moyens de calcul et nous établissons des formules pour obtenir, dans certains cas, l'indice moyen du cristallin (362-364), les chiffres que nous substituons aux indices inconnus relatifs aux rayons colorés (389), les diamètres des images (393), le déplacement du cristallin (402 et 403), la diminution du rayon de la cornée (410), etc.

La composition du cristallin nous occupe dans le ch. XXI, où nous prouvons qu'en multipliant les couches on abaisse l'indice du noyau pour avoir un effet donné, en sorte que cet indice est toujours plus faible que si ce corps était homogène (384).

Nous arrivons ainsi à considérer un œil théorique dans lequel l'humeur vitrée présente des parties de densités différentes.

Nous faisons voir d'abord qu'un tel œil est doué de deux moyens d'achromatisme, dus l'un et l'autre à ce que le corps vitré se trouve composé de couches dont chacune est plus dense que la précédente.

Il résulte en effet de cette composition, que chaque surface réfringente de ce corps porte le foyer plus loin ; d'où il suit que ce foyer, pour qu'il soit sur la rétine après la dernière réfraction, doit se trouver notablement en deçà lorsque les rayons sortent du cristallin, de telle sorte que, les réfractions du corps vitré s'opérant, et chacune d'elles allongeant le pinceau réfracté, le foyer vienne enfin sur la rétine. Or, ces réfractions, en sens contraires, de la cornée, de l'humeur aqueuse et du cristallin, d'une part, et des couches du corps vitré, d'autre part, produisent des compensations de réfrangibilités qui constituent le premier moyen d'achromatisme dont il s'agit.

Le second est d'une autre espèce. Il tient à ce que les foyers s'éloignant de plus en plus par les réfractions du corps vitré, comme on le voit *fig.* 81, le pinceau qui arrive sur la rétine forme une pointe *m v n* (*fig.* 91), qui, si on la conçoit suffisamment aiguë, opère la presque réunion en une même ligne de tous les rayons différemment colorés, de telle sorte que le point *v*, d'intersection du faisceau et du fond de l'œil, contient tous ces rayons.

De là aussi deux appareils dont l'œil est composé. Le premier formé par la cornée, l'humeur aqueuse et le cristallin, qui transforme le faisceau de lumière admis par la pupille, de faisceau divergeant en faisceau convergeant vers et en deçà de la rétine : c'est l'*appareil concentrateur* (687); et le second, que forment les couches du corps vitré, dont l'objet est de donner à ce faisceau, par une suite de réfractions, la figure de la pointe aiguë *m v n* (*fig.* 91) : c'est l'*appareil acuteur* (687).

Et l'on conçoit que les deux moyens d'achromatisme concourant au même but et se complétant l'un l'autre, l'aberration de réfrangibilité n'ait d'inconvénient pour aucun éloigement de l'objet, ou, ce qui est la même chose, que l'œil normal soit doué, pour toutes les distances, de ce que nous appelons un *achromatisme suffisant*

(589-596). C'est ce dont on n'avait pu se faire aucune idée jusqu'ici.

Mais l'existence des couches du corps vitré présente encore d'autres avantages, et notamment celui de réduire à de très-faibles dimensions (446) les changements de forme nécessaires pour passer de la vision d'un objet éloigné, laquelle s'opère avec ce que nous appelons *l'œil raccourci*, à celle d'un objet rapproché, laquelle s'opère au moyen de *l'œil allongé* (478).

On trouve au n° 480 un tableau des réfractions pour différents cas de l'œil ainsi conçu.

Mais quels sont les organes qui peuvent transformer l'œil et le faire passer de sa figure raccourcie à sa figure plus ou moins allongée, et réciproquement? Nous essayons, dans le chap. XXVII, d'expliquer comment la constriction du globe, dans le plan du cercle irien, peut, à l'aide de l'iri. et de l'action des muscles oculaires, produire tout d'un coup l'allongement de l'œil, la diminution du rayon de la cornée et le déplacement du cristallin d'arrière en avant. La *fig.* 89 représente, conformément à cette explication, l'œil raccourci indiqué en lignes pleines, et l'œil allongé indiqué en lignes ponctuées (493-498).

Enfin, nous donnons sur l'iris, dans le ch. XXVIII, sur ses déformations et sur ses fonctions, des détails qui pourront contribuer à faire faire des recherches utiles, et qui, dès à présent, nous semblent avancer la science.

Le quatrième mémoire a été composé pendant la rédaction de cet exposé préliminaire. Il éclaircit, justifie et complète nos théories. Le lecteur trouvera dans les tableaux des n° 605 et 606 deux exemples d'yeux, pour lesquels les réfractions sont calculées avec des chiffres assez satisfaisants. Ces tableaux, qu'on peut suppo-

ser donnés *à priori*, offrent un précis numérique simple
et clair de nos idées (599-607).

Pour tirer de ce précis tout le parti possible , nous
avons imaginé qu'il fût tombé sous les yeux d'Euler, et
que cet illustre géomètre, après l'avoir examiné , en dé-
duisît comme conséquences les bases fondamentales de
notre théorie (616-622). Ce moyen d'appeler l'attention
sur les résultats de nos recherches n'est sans doute pas
d'un usage ordinaire, et on peut lui reprocher, en outre,
d'être entaché d'immodestie. Nous prierons le lecteur de
considérer qu'il y a eu, contre notre travail, des censu-
res plus ou moins indirectes si fortes, qu'il peut nous être
permis , dans l'intérêt de la science et dans le nôtre, de ne
négliger aucun moyen de nous rendre plus intelligible.

Dans le même but, nous n'avons pas craint de reproduire nos idées à plusieurs reprises, quand nous avons
pu les rendre sous de nouvelles formes, avantageuses à
la clarté. Le résumé qui se trouve dans notre quatrième
mémoire pourvoit à ce besoin dominant d'éclaircir la
matière, en même temps qu'il sert à rectifier plusieurs
erreurs.

Le quatrième mémoire était achevé, lorsque M. Sturm
a lu devant l'Académie un travail sur la théorie de la vision. La dernière partie de ce travail est insérée dans le
compte rendu de la séance du 28 avril 1845, et c'est à
la séance suivante que notre nouveau mémoire a été remis. Nous n'avons pas perdu de temps, et par un mûr
examen nous avons reconnu la nécessité de rédiger une
addition à ce mémoire , non-seulement pour défendre nos
idées, mais pour combattre des vues susceptibles, suivant
nous, d'entraver la marche progressive de la théorie de l'œil.

M. Sturm part de ce principe, généralement admis,

bien qu'une philosophie sévère doive le repousser, que la création a composé l'œil avec des surfaces réfringentes entachées, comme celles que l'art fournit aux opticiens, du vice de l'aberration de courbure, et par des déductions d'ailleurs parfaitement logiques, les surfaces oculaires n'étant pas centrées sur un même axe (716), il est conduit à penser que les images de la rétine sont peintes, pour chaque point, au moyen de taches plus ou moins étendues (726 et 727), propres, selon lui, à nous donner avec assez de netteté la sensation des objets.

Une telle théorie serait-elle vraie ?

C'est ce que nous examinons dans la note première (716-743). En attendant la publication de la seconde partie de cet ouvrage, cette note montrera suffisamment que la théorie de M. Sturm ne s'applique pas à l'œil normal (734). Nous faisons voir de plus, qu'en admettant pour l'œil bien constitué des surfaces réfringentes que nous nommons *optoïdales*, parce qu'elles sont essentiellement utiles pour l'œil et ne peuvent exister que dans cet organe (718), lesquelles donnent des foyers exempts d'aberration de courbure, ces surfaces n'ont aucun besoin d'être centrées sur le même axe (719). La théorie de M. Sturm n'est donc pas nécessaire (725), ainsi qu'il le prétend.

Mais c'est celle d'un genre d'yeux défectueux, plus commun qu'on ne le supposait. Ce genre d'yeux, comme celui des yeux myopes et celui des yeux presbytes, mérite une étude approfondie (735).

La nouvelle théorie de M. Sturm a reporté nos idées sur la forme du faisceau qui arrive à la rétine, dans la théorie des images réfléchies et réfractées que nous avons présentée en 1821, laquelle, au fond, comprend la nouvelle théorie de M. Sturm. En admettant pour l'œil des surfaces qui ne soient pas de révolution, nous avons poussé plus loin que nous ne l'avions fait d'abord l'étude très-utile de la figure qu'affecte ce faisceau. Cette étude conduit à l'explication, que nous soumettons aux savants, d'un phénomène relatif à l'occultation des étoiles par la lune (744 et 748).

Le mémoire de M. Sturm est certainement un fait important dans la science, et l'objet de l'illustre géomètre étant uniquement d'arriver à la vérité, nous avons pensé qu'il ne désapprouverait pas un examen critique des parties de son travail qui peuvent, selon nous, éloigner les savants de la voie philosophique et rationnelle qu'on doit suivre dans l'étude de l'œil. Cet examen remplit la note IV (749-796).

Les physiciens et les physiologistes, comme le docteur Muller dans la physiologie du système nerveux, qui se font une juste idée de la perfection de l'œil (734), verront avec satisfaction, nous n'en doutons pas, que nous allons, dès ce premier volume, bien au delà des questions de physique, de physiologie et de philosophie traitées sur la vision depuis depuis deux à trois siècles.

En effet, l'œil que nous expliquons n'est pas conforme aux idées qu'on avait de cet organe; nous expliquons un appareil de vision beaucoup plus satisfaisant, une chambre obscure tout à la fois admirable et inimitable.

Ceci étant fort important, nous devons entrer ici dans quelques développements.

S'il ne s'était agi que d'avoir l'image des objets, une cornée rigide, percée d'un petit trou, aurait donné cette image sur la surface de la rétine étendue hémisphériquement en arrière de ce trou. Mais si le trou avait présenté une grandeur un peu sensible, les points des objets auraient été peints par des cercles, et l'image se serait trouvée confuse. D'un autre côté, avec un trou fort petit, et tellement petit, par exemple, qu'il ne fût entré qu'un seul rayon dans chaque direction, la netteté des images eût été accompagnée de deux grands inconvénients : l'un, que les objets éloignés et les objets rapprochés eussent été peints avec la même intensité, avec la même vigueur de ton ; et l'autre, encore plus fâcheux, c'est que l'image eût été pâle et insensible.

Il fallait donc un appareil qui laissât pénétrer dans l'œil, pour chaque point rayonnant, une grande quantité de rayons : de là une pupille de plusieurs millimètres ; mais de là aussi la nécessité d'une lentille, d'un *appareil concentrateur*, ce qui donne, avec une image vive, des tons plus forts, quand les objets sont rapprochés, et moins forts, quand ils sont éloignés.

Et comme l'appareil concentrateur, pour qu'il eût un plus grand effet, devait être exempt d'aberration de courbure, il fallait que les surfaces réfringentes fussent *optoïdales*.

Mais, par l'emploi de ces surfaces, que l'art ne peut imiter, l'aberration de réfrangibilité n'étant pas prévenue, il a fallu que l'œil comportât, avec l'appareil concentrateur, un appareil propre à empêcher l'irisation des images, c'est ce que nous appelons l'*appareil acuteur*, par lequel l'organe se trouve doué de deux moyens d'achromatisme.

Voilà déjà bien des avantages ; toutefois il resterait encore un grave inconvénient : c'est que le tableau des objets rapprochés et celui des objets éloignés seraient, en netteté, très différents l'un de l'autre. Cet inconvénient devait être évité, et il l'est en effet, parce que l'œil est un globe mou, qui se déforme facilement, et qui se *monte* en raison de l'éloignement de l'objet considéré (751).

Il fallait aussi une image dont l'étendue fût la plus grande possible. Or, par la disposition du corps vitré en couches, l'appareil acuteur courbe les faisceaux correspondants aux objets vus obliquement (*Voyez* la fig. 54), de manière à porter leurs images vers le grand cercle transversal du globe, ce qui donne pour la superficie du tableau toute la moitié postérieure de l'organe (276).

Il fallait que le champ des objets vus fût très-considérable, et dans ce but la cornée présente une forme convexe, en même temps qu'elle est assez rapprochée du cristallin pour que les rayons inclinés, même d'un angle droit, et un peu plus (255), comme ceux du pinceau *abcd* (fig. 54), rencontrent tout au moins quelques-unes de ses couches (673).

Il fallait qu'aucune partie de l'image n'eût le défaut des perspectives appelées *perspectives curieuses*, qui sont données par des rayons obliques (261), et, à cet effet, les droites ou rayons virtuels qui joignent les points des corps et leurs images sont normaux à la rétine. Ainsi, pour un grand nombre de corps vus à la fois, chaque image est dessinée d'après la même loi géométrique.

Il fallait que les corps sur lesquels nous dirigeons notre vue, pour les considérer avec plus de soin, fussent représentés mieux que les autres. La forme du fond de l'œil, qui diffère d'une sphère et présente des rayons de courbure de plus en plus grands à mesure qu'on s'éloigne davantage du grand cercle transversal du globe, satisfait à cet objet ; et plus l'axe optique s'approche angulairement d'un corps, plus est grande l'échelle avec laquelle se trouve dessinée l'image de ce corps (255 et 799).

Il fallait surtout que dans la direction de l'axe optique, la vision s'opérât très-bien. Aussi arrive-t-il que l'image correspondante à cet axe est la plus parfaite, sous le rapport de la netteté des points qui la dessinent. En même temps, elle a plus de vigueur, parce que, à diamètre égal, la pupille admet pour ces points plus de rayons que pour les points vus de côté. De plus, c'est au fond de l'œil, à l'endroit où se peint l'objet considéré, que la rétine a le plus de sensibilité. A mesure que l'image s'éloigne de cet endroit, ou, ce qui revient au même, à mesure qu'elle s'approche du grand cercle transversal, cette sensibilité décroît, et près de ce cercle, les images, plus diffuses, plus pâles et moins bien senties, n'ont plus d'autre objet que d'avertir de la présence des corps. Aussi, dès qu'un corps offre de l'intérêt, l'axe optique se dirige-t-il sur lui, afin qu'on puisse acquérir une perception plus satisfaisante de sa forme, de sa nature et de sa position.

Cependant la rétine, avec une sensibilité exquise, en ce qui concerne les effets de la lumière, devait avoir la possibilité d'agir sous des influences de clarté très-différentes ; car la vision devait s'opérer par une faible et par une vive clarté, comme aussi pour juger d'un objet sombre et d'un objet éclatant. A cet effet, la pupille ouverte dans l'iris s'agrandit ou se rétrécit par un certain effort, de façon que la fatigue de l'iris et l'excitation de la rétine soient dans un tel rapport qu'on éprouve le moins de gêne possible (538).

Il fallait que les proportions de l'œil, quand on voit de près et quand on voit de loin, fussent toujours à peu près les mêmes, afin que les six muscles qui le font mouvoir dans l'orbite ayant une action toujours la même, cette action eût une extrême justesse et fût toujours parfaitement sentie.

Cela était important, surtout, pour que les efforts des muscles, aidés de ceux de l'iris, comme on le verra dans la seconde partie, donnassent au globe la forme extérieure précise qui convenait.

Il fallait que de cette forme extérieure résultassent non-seulement la longueur de l'œil et la courbure de la cornée, mais encore la position plus ou moins avancée du cristallin (493-495).

L'action de l'iris devant augmenter et diminuer le diamètre de la prunelle, et en même temps resserrer le globe dans le plan du cercle irien, l'iris devait être et il est en effet un organe fort compliqué (516).

Quant au cristallin, pour qu'il s'avançât et qu'il se reculât, il fallait qu'il fût attaché à l'enveloppe extérieure par des espèces de ressorts plus ou moins rigides, selon l'afflux du sang, tels que paraissent être les petits organes appelés procès ciliaires.

Ces petits organes soumis, ainsi que l'iris, à des mouvements continuels très-vifs et très-précis, devaient être et sont en réalité vasculaires et nerveux.

Mais, sur ces points de physiologie, nous manquons, il faut l'avouer, des connaissances premières qui seraient nécessaires pour donner une certaine valeur à nos idées. Tout ce que nous pouvons dire, c'est qu'elles sont plausibles, c'est qu'elles s'accordent bien avec les résultats de nos calculs, et que, par ces raisons, elles méritent d'être soigneusement examinées par les hommes compétents. Si nos travaux, soumis depuis vingt-cinq ans à l'Académie, avaient obtenu, par des soins dont M. Arago s'est abstenu, de plus grands encouragements, nous aurions eu des secours propres à faciliter et à diriger nos recherches, et notre ouvrage serait moins défectueux.

Plus nous avançons et plus nous sentons les vices de sa rédaction. Ce n'est en réalité qu'un recueil de mémoires, et il a le défaut ordinaire des recueils de mémoires, c'est que les vues de l'auteur se modifient à mesure qu'on avance. Il faut remarquer, toutefois, que nos idées fondamentales ne changent nullement, et même que, à chaque considération imprévue qui se présente, elles reçoivent ou semblent recevoir un surcroît de confirmation.

Ce qui concerne la non-homogénéité du corps vitré est particulièrement dans ce cas. Cependant, nous devons le dire, aucune expérience directe n'est venue à cet égard appuyer nos idées (185, 470 et 584). Il n'y a pas lieu de s'en étonner beaucoup. Le corps vitré, avec sa membrane cellulaire, avec le liquide adhérent aux cellules, avec le liquide libre dans les mêmes cellules (583), avec ses formes insaisissables, parce qu'elles varient sous les moindres efforts de celui qui le manie, est un corps d'un examen très-difficile. Comment les températures et les pressions qu'il éprouve dans l'état de vie agissent-elles sur les puissances de réfraction de ses diverses parties? Les forces vitales (191), l'électricité, le magnétisme, ne jouent-ils aucun rôle sur la vue qui s'anime, étincelle, brille au feu de nos passions? On ne saura pas de longtemps, peut-être, à quoi s'en tenir sur ces questions; et il est tout naturel que l'appréciation philosophique, par la voie des sciences exactes, de la destination du corps vitré, précède la connaissance de son organisme. Au surplus, tant de phénomènes se réunissent en faveur du fait de la non-homogénéité (800-803), qu'il nous semble à présent physiquement établi. Les recherches directes doivent donc avoir pour objet la vérification plus ou moins délicate de ce fait qui, d'ailleurs, a toujours dû paraître probable (192). Et de même que la théorie a fait connaître qu'il devait y avoir une image sur le fond de l'œil, avant que l'expérience eût fourni les moyens d'apercevoir l'image, de même aussi des calculs auront été faits sur les changements de direction que les rayons lumineux doivent éprouver en traversant le corps vitré, avant qu'on ait pu s'assurer que ce corps, dans le vivant, soit formé de couches différemment réfringentes.

Dans un sujet comme la vision, si vaste, empruntant ses moyens à plusieurs sciences, envisagé, nous osons le dire, d'après des vues neuves, et considéré dans ses plus grands développements, il était peut-être difficile de faire un travail d'une rédaction satisfaisante.

La nature et l'objet de ce livre disent assez qu'il ne sera lu avec soin que par des personnes tout à fait livrées à l'étude de l'œil, et que les autres personnes qui voudront s'en servir se borneront à le consulter. Pour ces dernières, et afin qu'elles tirent du temps qu'elles nous consacreront un moins mauvais parti, nous avons mis à la fin du volume, non-seulement le résumé, dont il a déjà été parlé, des trois premiers mémoires (628-714), mais encore : 1° la liste des faits qui nous semblent prouver la non-homogénéité du corps vitré (800-803); 2° la liste des faits nouveaux que nos études fournissent (804-807). Ces deux listes, et les tables qui sont à la suite, notamment celle des figures, faciliteront les recherches qu'on voudra faire.

On voit que nous nous sommes efforcé de rendre les imperfections de notre travail aussi peu gênantes que possible.

Qu'il nous soit permis de dire maintenant qu'il fallait quelque amour de la science pour entreprendre cet ouvrage. Supposons qu'il dût bien finir, que produisait-il? un livre accessible à peu de lecteurs, hérissé de chiffres et de formules, empruntant à la géométrie de hautes considérations, repoussé des physiologistes à cause de l'algèbre, des géomètres à cause de l'anatomie, et des physiciens à cause de l'anatomie et de la géométrie. Nos recherches ont demandé trente ans de travail, et nous n'en sommes qu'à la publication de ce premier volume. Mais la science a des attraits, et on la cultive pour elle-même. Une vérité féconde étant saisie, mille et mille circonstances ramènent à cette vérité; on l'envisage sous toutes ses faces; on en voit peu à peu les conséquences, et l'intérêt qui s'attache à la connaissance des causes, excite les réflexions et dédommage des peines que l'on se donne.

C'est ainsi que nous sommes arrivé à la composition de la théorie de l'œil.

La seconde partie doit comprendre : un cinquième mémoire, sur la nature mathématique et sur la disposition des surfaces du globe oculaire; un sixième sur la myopie, la presbyopie, les yeux à portées diverses, l'œil mort, l'œil en repos, l'œil raccourci et l'œil normal; un septième sur l'éducation de l'œil, sur les moyens qu'elle fournit contre les défauts particuliers de l'organe chez les différentssujets, sur les causes de la visibilité et sur les causes de toute espèce qui concourent à l'action de voir, causes qui sont déjà consignées, pour la plupart, dans la *Science du dessin*; enfin, dans un huitième mémoire, nous nous occuperons de la théorie de M. Lehot, nous reviendrons sur celle de M. Sturm, et nous parlerons de différents phénomènes et d'expériences diverses qui n'auront pas trouvé place dans les sept premiers mémoires.

Tout ce travail est écrit, mais nous ne saurions indiquer l'époque où il pourra paraître. Quelle qu'elle soit, cette première partie formera un ouvrage à part, et les mémoires subséquents seront publiés, ou sous une forme plus abrégée, ou dans des recueils scientifiques. Notre zèle ne se démentira pas, et si les savants français et étrangers trouvent que nos recherches aient une utilité actuelle un peu notable, nous en hâterons l'achèvement.

Nous devons dire, toutefois, qu'en nous décidant il y a sept à huit ans à rédiger ces mémoires, nous avions sur le métier un autre ouvrage, tout à fait étranger aux publications qui nous ont occupé jusqu'à présent, et que deux volumes de cet ouvrage sont à peu près terminés. Nous ne pouvons pas savoir maintenant si nous nous occuperons de la publication de ces deux volumes, ou si nous donnerons la préférence à la *Théorie de l'œil*.

Pour le moment, nous éprouvons le besoin de nous reposer un peu des fatigues et des ennuis dont les pages qui suivent donnent l'idée. Ces pages font voir de fâcheux débats. Nous n'avons rien négligé pour les prévenir ; nous les soutenons avec dévouement, et des suffrages fondés sur l'amour de la science nous dédommagent d'une lutte pénible.

Nous sommes heureux, en terminant cet exposé préliminaire, de pouvoir présenter à nos lecteurs, au moyen du rapport suivant, relatif au moins important de nos mémoires, un témoignage d'approbation de l'Académie des sciences. Nous devons ce témoignage au travail de M. Pouillet. Il a examiné notre mémoire avec beaucoup de soin ; il en a rendu compte avec la lucidité de vues qui lui appartient, et MM. Magendie et Sturm s'étant joints à lui, il a fallu que M. Arago signât le rapport, dont il fit cependant modifier les conclusions, trop favorables pour nous, suivant lui. Il n'a pas été facile d'obtenir ce résultat, et nous ne saurions exprimer assez vivement à MM. Pouillet, Magendie et Sturm, tous nos remercîments et toute notre reconnaissance.

RAPPORT

FAIT A L'ACADÉMIE DES SCIENCES

SUR LE PREMIER MÉMOIRE.

(Extrait du compte rendu de la séance du 16 novembre 1840.)

(Commissaires : MM. ARAGO, MAGENDIE, STURM, POUILLET
rapporteur.)

A l'époque où **M.** Vallée a publié son *Traité de géométrie descriptive* et son *Traité de la science du dessin*, l'Académie lui a accordé son approbation pour ces deux ouvrages remarquables, sans entrer explicitement dans l'examen des idées nouvelles qu'il avait eu l'occasion d'émettre sur la vision et sur le mécanisme de l'œil. Ces idées n'avaient pas reçu alors de suffisants développements ; on ne pouvait les considérer que comme des indications qui exigeaient de plus amples recherches. Dans le Mémoire qu'il vient de présenter et dont nous sommes chargés de rendre compte, M. Vallée annonce qu'en partant des premiers principes qu'il avait posés à cette époque, il est parvenu à embrasser dans son ensemble toute la théorie de la vision et à l'asseoir sur des bases nouvelles. Cependant le Mémoire dont il s'agit, quoique très-étendu, ne contient encore qu'une petite partie de ce grand travail ; l'auteur n'y expose pas encore sa théorie : son but principal paraît être de démontrer surtout combien l'ancienne théorie est insuffisante et combien elle est loin de donner les résultats qui sont généralement admis comme les plus vraisemblables. Nous allons essayer de retracer en peu de mots la marche qu'il a suivie et les conséquences auxquelles il est parvenu.

M. Vallée prend pour données expérimentales les indices de

réfraction déterminés par MM. Brewster et Chossat pour la cornée, l'humeur aqueuse, les couches du cristallin et l'humeur vitrée ; il adopte pareillement, comme étant les plus exactes, les courbures et les dimensions données par Sœmmering et surtout celles qui ont été obtenues par le docteur Krause : celles-ci appartiennent à des sujets différents qui avaient été frappés d'une mort accidentelle, et dont les yeux ont pu être presque immédiatement soumis à toutes les expériences de mesure. Au moyen de ces éléments et des formules ordinaires, M. Vallée calcule le lieu où doit se faire l'image d'un point lumineux situé à diverses distances au-devant de l'œil, et il arrive à ce résultat singulier que, même pour les objets situés à l'infini, l'image se ferait sensiblement plus loin que la rétine ou la choroïde. Supposant ensuite que les courbures du docteur Krause peuvent être en erreur d'un dixième, et que pour les yeux humains les indices de réfraction doivent aussi être plus considérables et se rapprocher des indices les plus grands qui aient été obtenus et qui appartiennent à des yeux de carpe, il fait de nouveaux calculs, et trouve encore, malgré ces hypothèses évidemment exagérées, que la distance focale n'est pas suffisamment raccourcie. Il est donc conduit à cette conséquence, qu'en employant les véritables données physiques propres à la constitution de l'œil humain, telles qu'elles ont été données par l'observation, il est impossible que l'image d'un objet se fasse nettement sur la choroïde ou la rétine, quelle que soit la distance de cet objet au-devant de l'œil.

M. Vallée examine ensuite l'influence de la dispersion et les conditions de l'achromatisme ; mais, comme on ne connaît pas les pouvoirs dispersifs des différentes parties de l'organe, il essaye des formules d'interpolation pour les déterminer approximativement au moyen des résultats que Frauenhofer a obtenus avec tant de soins et d'exactitude pour un assez grand nombre de substances. Ces valeurs approchées étant soumises au calcul, on voit qu'elles ne pourraient en aucune sorte donner au fond de l'œil des images achromatiques, mais qu'elles donneraient essentiellement des images irisées ; puis, en calculant l'étendue occupée par les diverses couleurs, on trouve qu'elle est trop considérable pour ne pas affecter la sensibilité de l'œil et troubler la vision. Sous ce deuxième rapport la théorie ordinaire paraît donc avoir aussi un irrémédiable défaut.

Ainsi, soit que l'on considère simplement les distances focales, soit que l'on considère à la fois les distances focales et la dispersion, dans un cas comme dans l'autre on est conduit à reconnaître que les images seraient nécessairement confuses au fond de l'œil, si la constitution géométrique et physique de cet organe était en réalité telle qu'on l'admet d'après les expériences les plus précises qui aient été faites pour la déterminer.

Les calculs qui conduisent à cette conséquence ont l'inconvénient d'être un peu longs; mais le fussent-ils beaucoup plus et en même temps beaucoup plus difficiles, on peut s'en rapporter à M. Vallée et avoir toute confiance dans leur exactitude : c'est pourquoi nous nous bornons à en apprécier ici les résultats.

Les physiciens savaient très-bien que parmi les phénomènes de la vision il n'y en a pas un seul qui ait été soumis à une explication rigoureuse. On admet, il est vrai, d'une manière générale que la courbure antérieure de la cornée, que la forme du cristallin et les humeurs de l'œil sont destinées à faire converger les rayons sur la choroïde pour peindre des images parfaitement nettes, mais l'on ne sait en aucune sorte comment ce phénomène s'accomplit et quelle part y doivent prendre les divers éléments de l'organe.

Quelques auteurs cependant allaient un peu plus loin : ils étaient disposés à admettre que pour la distance de la vision distincte, tout était combiné dans l'œil de manière que les images fussent parfaitement nettes et achromatiques, et en partant de cette hypothèse il restait seulement à chercher par quels moyens d'action la volonté pouvait accommoder l'œil à d'autres distances. Ainsi pour eux il y avait dans la vision deux questions séparées, l'une relative à la vision distincte, qu'ils regardaient comme résolue; l'autre relative à l'ajustement de l'œil pour toutes les distances, qui était le seul point difficile.

Les recherches de M. Vallée font voir qu'il n'en est pas ainsi, que les deux questions restent entières, que les données physiques recueillies jusqu'à ce jour ne résolvent ni la première ni la seconde, et qu'il est par conséquent nécessaire d'introduire de nouveaux éléments pour établir une théorie de la vision. Ces éléments dépendent-ils uniquement des promptes altérations que les courbures et les substances de l'œil peuvent éprouver dès les premiers instants qui suivent la mort, ou dépendent-ils de quelques autres circonstances organiques encore inconnues ou mal appréciées? C'est un point sur lequel jusqu'à présent il serait impossible d'émettre une opinion suffisamment justifiée par les observations physiques ou physiologiques.

Cependant, tout ce qui peut tendre à jeter quelque jour sur une question aussi délicate et aussi controversée, nous semble mériter un haut degré d'intérêt, et nous avons l'honneur de proposer à l'Académie de publier, dans les Mémoires des *Savants étrangers*, la méthode de calcul employée par M. Vallée, et les résultats auxquels il est parvenu.

Après un long débat, les conclusions de ce Rapport sont adoptées.

NOTA. Il est parlé, page XXXVI et pages 330, 331 et 332, de l'incident qui a eu lieu après la lecture du rapport de M. Pouillet. Cet incident était-il un débat, ainsi que M. Arago, qui rédigeait le procès-verbal de la séance, le donne à entendre par les quatre mots indiqués ci-dessus en lettres italiques? Non; car M. Biot, qui a fait naître l'incident, et qui n'avait aucune connaissance du mémoire, ne pouvait pas de but en blanc s'opposer à l'avis de la commission Il n'a pu faire autre chose que d'interpeller M. Pouillet pour avoir des renseignements, et l'on voit que, tel était en effet son objet, par une lettre toute bienveillante qu'il a bien voulu écrire à l'auteur deux jours après, lettre dans laquelle il l'encourage à suivre *la route nouvelle* qu'il s'est frayée *dans une question si complexe*, et où il désigne l'incident sous le nom de *discussion scientifique*: on peut donc blâmer le mot DÉBAT.

A-t-on pu dire, en admettant ce mot, qu'il y avait eu *un long débat?* Le compte rendu fait voir que la séance a été chargée de beaucoup d'affaires, et que le débat n'a pu être bien long. De plus, on remarquera que M. Arago ayant exposé, dans ce prétendu débat, sa manière de prouver que l'œil n'est pas achromatique (voyez les pages du texte citées plus haut), la durée de son exposé doit être en toute rigueur retranchée de la longueur du débat. M. Arago aurait donc pu dire, en s'accordant pleinement avec la vérité: APRÈS UN COURT DÉBAT.

On remarquera aussi que les quatre mots en italiques, lorsqu'on n'explique nullement le sujet du débat, sont une véritable énigme insérée dans le compte rendu: or, les rapports ont pour objet d'éclaircir les choses, et le secrétaire perpétuel n'a pas pour mission de les obscurcir par des énigmes.

Enfin ces quatre mots, *après un long débat*, ne sont-ils pas une infirmation de la décision prise, et M. Arago ne doit-il pas religieusement respecter ce que l'Académie décide? Mais, pourra-t-il dire, je dois peindre la physionomie de la séance. Soit, mais il faut la peindre bien, il faut la peindre avec des couleurs vraies; et c'est ce qu'il aurait fait, sans énigme, sans inexactitude, sans désapprobation apparente ou réelle du rapport, sans infirmation de la décision prise, en disant tout simplement: *Les conclusions de ce rapport sont adoptées.*

M. Arago possède à un haut degré le talent de bien dire; pourquoi a-t-il mis dans le compte rendu les quatre mots dont il vient d'être question? En lisant les pièces qui suivent, on reconnaîtra probablement que ces quatre mots, employés avec réflexion, portent le cachet qui caractérise ses dispositions à l'égard de l'auteur.

LETTRE A M. ARAGO.

———

Paris, le 10 mars 1846.

MONSIEUR,

Je viens, comme auteur, me défendre contre vous : c'est une dure nécessité.

Vous êtes puissant par votre mérite, Monsieur ; vous l'êtes par votre position ; vous l'êtes encore par une dialectique redoutable ; enfin, vous l'êtes par les nombreux amis que vos brillantes qualités associent à vos succès.

Je compte toutefois sur leur impartialité, et même sur leur approbation. La plupart se sont attachés à vous par admiration pour les services que vous rendez à la science. Eh bien ! qu'ils considèrent que l'Institut, créé pour nos progrès en France, l'est aussi pour celui du monde entier ; qu'ils voient bien que si nous avons besoin d'un centre où toutes les connaissances humaines se rencontrent, la civilisation réclame aussi l'existence de ce centre ; que, sous ce rapport, la France et le monde ont un même intérêt ; que le progrès dépend de ce qui se fait à Paris , et conséquemment , pour les sciences physiques et mathématiques, de la conduite que vous tenez. Or, vos amis conviendront après m'avoir lu, que l'on peut vous reprocher, ou bien une manière vicieuse de comprendre l'Académie, ou tout au moins des erreurs, des manque de mémoire, des distractions qui, si vous pouviez les éviter, vous rendraient un secrétaire perpétuel plus propre encore que vous ne l'êtes à votre haute mission.

Peut-être cette lettre vous conduira-t-elle à vous observer davantage. Je suis, je l'avoue, bien faible pour rendre à la science un aussi grand service, mais j'ai un excellent auxiliaire, et cet auxiliaire c'est vous, vous-même ; car vous me fournirez tous les faits : je n'ai eu qu'à les enregistrer.

Il y a vingt-cinq ans, Monsieur, que nos dissidences sur la vision ont commencé. Vous aviez fait le rapport sur ma *Géométrie descriptive* et vous vous occupiez de celui de *la science du Dessin*. Qu'on veuille bien lire ces rapports et l'on reconnaîtra que, parmi les chaires nombreuses que vous pouviez parfaitement remplir , celle de Monge était sans doute celle à laquelle vous conveniez le moins.

On doit peut-être regretter que vous l'ayez obtenue. En enseignant, avec un grand talent oratoire, des choses qu'il a paru que vous ne saviez pas toujours, la préférence du *savoir bien dire* sur le *savoir à fond* a pu naître chez vous, et de là une certaine habitude de substituer quelquefois dans vos discours les préventions à la vérité. En cela, vous différez essentiellement de Monge (1).

-----

(1) M. Arago doit lire bientôt un éloge de Monge : on ne peut pas douter que cet éloge ne soit digne du grand homme et du secrétaire perpétuel ; mais on peut se dire que , pour achever son œuvre, M. Arago a dû se défier de lui. Comparez les deux professeurs et voyez-les pendant la leçon. L'un est clair, profond, admirable ; l'autre, plein de science et d'esprit, excelle dans l'art de rapprocher les faits ; il en fait jaillir la lumière, la surprise et quelquefois des merveilles ; mais on se sent près du pays des fées. Si je les considère après la leçon, le premier s'intéresse aux jeunes

Vous n'aimez pas, comme lui, à pénétrer dans les difficultés de la géométrie, vous les évitez, et vous condamniez en 1821, sans vouloir examiner rien, les 3ᵉ et 4ᵉ livres de *la Science du dessin*, dont l'un contient la vision. Dans votre rapport, ces deux livres sont exclus de l'approbation que vous donniez à mon travail et que vous ne pouviez guère lui refuser, Prony et Fourrier étant commissaires avec vous. Blessé de cette exclusion, je ne mis pas votre rapport en tête de ma première édi-

---

gens comme à une découverte; l'élève qui vient lui soumettre ses difficultés trouve un camarade, un ami; le second étant qu'on ne voie où finit son savoir, il est difficile, il ergote, il s'arme de critique et de sarcasmes, et si l'élève n'est pas circonspect, il faudra qu'il s'en aille en faisant à ses dépens rire les flatteurs. Quant à la jeunesse, Monge n'avait pas les mêmes idées que M. Arago. Sur une question quelconque, le premier s'en rapportait à l'avis de douze élèves de l'école polytechnique choisis par leurs camarades, et M. Arago, si je ne me trompe, voudrait, dans un tel cas, nommer les douze élèves lui-même, les présider et choisir le rapporteur. Je pourrais citer d'autres différences bien établies et plus saillantes, mais je serais conduit trop loin. Je me hâte de dire qu'à l'époque où nous sommes, on ne peut guère se méprendre sur le caractère de Monge. Les notes et souvenirs de plusieurs élèves, la *Notice* de Brisson, l'*Essai historique* de M. Charles Dupin qui, par ses ouvrages de géométrie et de mécanique, comme par ses travaux d'ingénieur, a prouvé qu'il eût été, plus que M. Arago, capable d'occuper la chaire d'analyse appliquée, peignent bien notre maître; et donnent l'idée de cette bonté grave, de cette affection caressante, de cette tendre sollicitude qui, jointes au génie, portaient à son comble, chez Monge, le don de l'enseignement. M. Arago, riche de documents dont il sait disposer avec verve, avec talent, ajoutera encore, je l'espère, des traits de vérité à l'un des plus beaux caractères de la grande époque où Monge vouait ses veilles à la science, à la défense de la patrie, à l'école polytechnique.

Je serai heureux de voir cet éloge. Je me suis de bonne heure intéressé aux succès de M. Arago. Il est entré à l'école au moment où j'en sortais. Trois ans après, je suivais avec lui et avec Dulong, dès lors mon ami et depuis le sien, le cours de M. Biot, au collége de France. Dans des temps malheureux, il mérita la reconnaissance de tous les élèves, en recueillant Monge chez lui. Peu de temps après, je dédiais mon premier ouvrage au créateur de la géométrie descriptive, et, à cette occasion, il donnait ses dernières marques de sensibilité. On comprend que, de telles circonstances, et d'autres analogues, devaient établir entre M. Arago et moi de bons sentiments et des relations faciles. Pourquoi ces bons sentiments n'ont-ils pas prévenu nos débats? Je ne sais. On verra si j'ai des reproches à me faire. Peut-être me dira-t-on que, tout au moins, je devais m'abstenir: non, répondrai-je; je me suis donné la mission d'approfondir la théorie de l'œil; pendant trente ans j'ai consacré les moments dont j'étais maître à cette mission, et si M. Arago fait défaut à la science, je dois accomplir un travail de plus, c'est d'exposer les choses et d'en appeler, contre lui, aux savants, ses juges et les miens.

tion. C'était une protestation bien innocente, et toutefois manifeste.

J'en appelai à de nouvelles recherches; mais je ne pouvais pas désirer de vous avoir pour juge.

Par malheur, il y avait beaucoup de bonnes raisons pour que je ne pusse pas vous éviter. En ce qui concerne la vision, vous aviez une certaine célébrité; déjà sur ce sujet vous aviez été l'un de mes commissaires; vous aimiez à figurer partout, et votre vaste érudition vous rendait propre à être utile partout : vous fûtes donc désigné pour l'examen de mon mémoire présenté à l'Académie le 22 juillet 1839. MM. Magendie, Pouillet et Sturm furent les autres commissaires. Comme le plus ancien vous aviez la présidence.

J'allai chez vous, et je vous trouvai tel que vous étiez 20 ans auparavant. « *On ne devait pas*, disiez-vous, *avoir confiance* » *dans mes calculs..... on ne pouvait guère rendre compte à l'A-* » *cadémie d'un pareil Mémoire....* » Cependant vous vouliez bien m'offrir de vous charger d'un rapport quand tous mes mémoires seraient faits. C'était admettre des communications journalières entre nous, et je devais être flatté de votre offre; j'aurais pu, comme plusieurs de mes amis, voir de temps en temps mon nom associé au vôtre; mes travaux auraient été soutenus, et la science aurait pu y gagner. Je n'acceptai point.

En sortant de chez vous j'allai chez M. Pouillet, dont je n'avais pas l'honneur d'être connu. Il me reçut avec cette bienveillance qu'ont les véritables savants pour les hommes qui dévouent leurs veilles à l'étude, et après avoir parcouru mon mémoire et causé de mes calculs, sur lesquels je ne lui cachai pas votre objection, il me promit de faire le rapport. J'eus ensuite avec lui plusieurs conférences. Il m'indiqua des additions utiles; il me communiqua ses notes, et il eut égard à quelques observations que je lui fis, uniquement dans l'intérêt de la science, et nullement en ce qui concernait ses conclusions, dont

j'avais d'autant plus à me louer que jamais il n'en avait été
question entre lui et moi.

M. Sturm voulut examiner mon Mémoire chez lui. Il donna
des éloges à mon travail; il approuva les conclusions du rapport; il le signa, et M. Magendie l'ayant aussi approuvé, il vous
fut remis.

Vous ne pensâtes pas, monsieur, comme vos collègues. Vous
gardiez le rapport et vous le blâmiez : toutefois je n'ai jamais
entendu dire que vous ayez appuyé votre blâme sur aucun fait.

MM. Pouillet et Sturm m'exprimèrent plusieurs fois leurs
regrets. Ils pensaient que si vous consentiez au rapport, ce ne
serait qu'à la condition de n'insérer dans le recueil des savants
étrangers qu'un extrait du Mémoire. Je n'avais là-dessus aucune
opinion à émettre : je demandais en tout et pour tout qu'on
rendît compte à l'Académie.

Fatigué d'être éconduit, je vous adressai une lettre rédigée
avec l'intention de la livrer au besoin à la publicité, et à la
séance suivante, le 16 novembre 1840, vous aviez signé le rapport et M. Pouillet en faisait la lecture.

Après cette lecture, MM. Biot et Poinsot ayant fait quelques
observations sur la difficulté de soumettre l'œil au calcul,
M. Pouillet répondit; et par l'effet d'un zèle, dû sans doute au
changement que venait de subir votre manière de voir, vous
joignîtes votre voix à la sienne en ma faveur.

On pourrait penser, Monsieur, que de votre part c'était
une affaire de tactique. On peut croire aussi que c'était conviction.

Le 7 décembre suivant, je présentai mon second Mémoire. Il
fut renvoyé aux mêmes commissaires. M. Pouillet voulut bien
encore, sur ma demande, se charger du rapport. Et votre bienveillance pour moi semblant se maintenir, vous m'offrîtes de

faire vous-même la présentation de mon troisième Mémoire. Cette présentation eut lieu pendant ma tournée annuelle de service, le 17 mai 1841. Vous voulûtes bien l'accompagner de paroles très-obligeantes pour l'auteur.

Mais ici commencent de singuliers incidents.

Vous fîtes observer à l'Académie qu'il y avait beaucoup de physiologie dans mes recherches, et vous demandâtes qu'on adjoignît un physiologiste à la commission. Vous auriez dû vous souvenir qu'elle en avait un, M. Magendie. Vous auriez dû remarquer que le premier Mémoire contenait plus de physiologie que les suivants. Vous vous étiez trouvé en dissidence avec vos collègues ; vous vous étiez ensuite converti à leur manière de voir, et c'étaient autant de choses qui devaient aider votre mémoire. Elle ne fut pas heureuse en cette circonstance. Si vous aviez su qu'il fallait vous en défier, vous auriez dû peut-être, de crainte d'erreur, vous faire renseigner sur la manière dont se trouvait formée la commission : cette pensée ne vous vint probablement pas.

M. Serres qui présidait, qui portait intérêt à mon travail, et qui venait de vous entendre parler avantageusement de mes recherches, s'adjoignit à la commission. Le compte rendu témoigne de ces faits (1) ; ils me furent confirmés à mon retour de tournée par plusieurs personnes, et par M. Serres lui-même.

Mais quelle fut ma surprise en apprenant par un de vos collègues, que, sur le procès-verbal de la séance, on avait rayé les noms de MM. Magendie et Sturm, et introduit celui de M. Babinet...... de M. Babinet dont il n'avait pas été question ! Je ne pouvais le croire. On me conduisit au secrétariat, et je vis le procès-verbal, dans lequel sont désignés pour commis-

---

(1) Il porte, page 891 : commission précédemment nommée, à laquelle est adjoint M. Serres.

saires MM. Arago, Serres, Pouillet et Babinet. Me voilà convaincu. Or, considérez que la commission primitive comptant un astronome, un physiologiste, un physicien et un géomètre, elle se trouvait très-rationnellement formée. Pourquoi la changer? Auriez-vous été poussé, à votre insu, par le sentiment vague d'une répulsion inspirée peut-être par vos dissidences avec elle? Pourquoi y introduire M. Babinet? Est-ce parce que vous aviez une grande confiance en lui? Mais ses collègues rayés, naguère en dissidence avec vous, avaient ils donc démérité? De plus, c'est au président et non à vous de nommer les commissaires. Il y a là bien des fautes : vous le reconnaîtrez.

Et combien sont insolites les choses combinées par vous! Conformément aux procès-verbaux, pièces qui font loi, je me trouve avoir deux commissions, l'une formée de MM. Arago, Magendie, Pouillet et Sturm, pour le second mémoire, et l'autre, pour le troisième, de MM. Arago, Serres, Pouillet et Babinet.

L'usage veut, avec raison, que les commissaires chargés de l'examen d'un mémoire soient ceux qui examinent la suite de ce mémoire. Sera-t il rationnel, en effet, que MM. Serres et Babinet délibèrent sans savoir ce que pensent sur le même sujet MM. Magendie et Sturm? Que MM. Magendie et Sturm n'aient pas connaissance du travail de MM. Serres et Babinet? Enfin, que les uns et les autres aient à craindre un désaccord réel ou apparent? Avouez-le, vos deux commissions, que vous ne vous empresserez pas, à beaucoup près, de faire réunir, sont un grand embarras jeté par vos inadvertances dans la question qui m'intéresse. Il y a des hommes, Monsieur, qui font métier de brouiller, d'obscurcir, de compliquer, d'entraver, d'arrêter les affaires; avec vos distractions, votre manque de mémoire, votre défaut d'attention, ne craignez-vous pas de ressembler à ces hommes?

J'allai vous voir, fort peu satisfait que j'étais, et je vous trouvai, je le dis avec franchise, tout plein de bon vouloir. Suivant » vous, «..... *il n'y avait dans tout cela rien de bien fâcheux.....*

» on réunirait les commissions…… je pouvais voir M. Babinet
» de votre part….. j'en serais fort content….. il ferait le rap-
» port….. et au besoin vous vous en chargeriez. »

Je ne me décourage pas ; je vais chez M. Babinet. Il est en effet très-obligeant pour moi. Bientôt j'ai rendez-vous toutes les semaines chez lui. Il aime mes ouvrages ; il me les demande ; je les lui donne ; nous en causons ; nous causons de ses travaux ; nous examinons mes recherches sur l'œil ; il les apprécie ; selon lui j'ai trouvé ce que l'on cherchait depuis si longtemps ; il va faire le rapport sur mon troisième mémoire, et il est si bien disposé qu'il m'offre aussi d'être mon rapporteur pour le second mémoire, M. Arago se chargeant de faire décider la réunion des deux commissions.

Que ferai-je ? Je ne puis guère douter des excellentes dispositions de M. Babinet. Il prend en réalité l'engagement de faire le rapport, ce qui montre qu'il est sûr du concours de M. Arago….. Je vais chez M. Pouillet, auquel je dis ce qui se passe. Occupé de son travail sur les monnaies, il est obligé de différer mon rapport, et il me donne le conseil d'accepter l'offre de M. Babinet. Je reprends donc mon second mémoire, sur lequel nous avions eu déjà plusieurs conférences, et le lendemain M. Babinet s'en trouve saisi.

Mais quelque temps après la scène change : *M. Arago*, suivant M. Babinet, *ne voudra jamais consentir au rapport…..* Sur ce nouveau contre-temps, qu'on devait si peu prévoir, je dis à M. Babinet que je me suis donné trop de peine pour reculer ; que je viderai le calice jusqu'à la lie ; que je ne ploierai pas devant la domination de M. Arago ; que je me plaindrai par la voie de l'impression ; que je serai riche de faits singuliers, et qu'il ne sera pas inutile que ces faits soient connus des savants. Courage, me dis-je ; courage plus que jamais !

Une place d'académicien libre étant vacante par la mort de M. Peltier, je me présente, comme on dit, *pour prendre rang.* Il est d'usage dans ce cas de faire les rapports qui intéressent

les concurrents, afin que leurs droits soient mieux appréciés :
il faudra donc que l'on s'occupe des miens. M. Babinet se montre disposé favorablement ; toutefois il ne fait rien. A la séance
du 17 nov. 1842, je demande qu'on presse mes rapports, et je
crois que cette demande fera décider la réunion des commissions.
Non. Vous ne pensez nullement à réparer vos fautes touchant
ces commissions ; vous ne dites mot. M. Babinet se tait également.
ment. Mais le compte rendu, ce jour-là, étant fait par M. Flourens, on y mentionne le désir que j'ai d'obtenir les rapports
avant le remplacement de M. Peltier. En résultat, je n'obtiens
pas la réunion que j'espérais, et l'inertie de M. Babinet continue.

Arrive l'examen des titres des candidats. Pour toute élection,
la brigue s'exerce : vous êtes donc sous les armes, et vous dites
à l'Académie que *si l'on ne fait pas mes rapports c'est par bienveillance pour moi.* Ah ! par bienveillance pour moi ! C'est donc
là cette bienveillance si souvent mise en avant ! Mais, les commissions ont-elles délibéré ? Non. M. Pouillet, avec lequel j'ai
eu plusieurs conférences, aurait-il été consulté ? Non. C'est donc
uniquement le vif intérêt que vous me portez qui vous fait parler
ainsi : vous vous persuadez qu'on ne peut examiner mon travail
sans y trouver de grands vices, et vous voulez ménager ma
réputation. Il y a là, permettez-moi de le dire, de la bienveillance singulièrement entendue et une confiance en soi qu'on
ne met pas en avant d'ordinaire avec autant d'outrecuidance.

Par des erreurs semblables à celles que vous faites, m'aurait-on
mal rapporté vos paroles ? En ce cas, rétablissez les faits, réta-
blissez-les hautement ; car les apparences sont contre vous, et
si vous vous sentez blessé en ce qui vous concerne, vous devez
l'être encore plus en voyant que je ne le suis pas moins. Mais,
en admettant qu'on ne se soit pas trompé sur vos paroles, votre
opinion, même sur des sujets plus graves, changeant quelquefois, aujourd'hui peut-être vous ne les prononceriez pas. Si cela
était, je vous prierais de les désavouer prochainement. Quand
on voit qu'on a induit le public en erreur, il est bien d'en convenir ; et comme, avec une conscience timorée, on doit être un

des premiers à reconnaître qu'on s'est trompé, il ne faut pas attendre pour le désaveu, ainsi que cela vous est arrivé tout récemment, que tout le monde ait vu la faute.

Mais, agir contre moi par votre singulière bienveillance n'était sans doute pas assez, et vous m'avez aussi fait un reproche auprès de l'Académie, c'est, avez-vous dit, *de m'être plaint du bureau*. A cela je réponds, monsieur, qu'il n'y a jamais eu que vous au bureau dont je n'aie pas eu à me louer, et que jamais un mot de plainte n'est venu de moi contre vous, si ce n'est devant M. Babinet, jusqu'à ces derniers temps (1).

Enfin, l'élection a lieu le 7 novembre 1842, et j'obtiens une voix sur les onze qui se distribuent entre les candidats portés en seconde ligne. Permettez que j'offre ici mes remercîments à l'académicien qui, n'ajoutant pas foi à ce que vous aviez dit contre ma candidature, voulut bien me donner son vote.

Ma position, quant à la théorie de l'œil, est évidemment devenue bien mauvaise. Réclamerais-je l'insertion ordonnée de mon premier Mémoire dans le recueil des savants étrangers? Non, car vous ne voulez pas en entendre parler; vos anciennes idées contre ce Mémoire paraissent revivre, et elles seraient très-certainement plus fortes que moi. Je me suis d'ailleurs interdit toute visite chez vous; je ne veux même pas mettre le pied dans votre cabinet de l'Institut. Ce n'est pas le moyen de vous ramener à moi; je le sais parfaitement. Je n'ai donc d'autre parti à prendre que de publier mon travail et d'y joindre une plainte. J'en préviens M. Babinet, dont j'ai à me louer sous bien des rapports, et contrairement à mes espérances son zèle renaît. Ce zèle va me jeter bientôt dans des démarches fatigantes; mais je me suis promis d'aller jusqu'au bout.

---

(1) En citant une pièce, j'avais écrit qu'elle n'était pas mentionnée au compte rendu, et la susceptibilité de M. Arago a pris, je crois, ce renseignement utile pour un blâme adressé au bureau. En admettant que ce soit un blâme, et ce n'en est pas un, il ne tombe que sur lui et non pas sur le bureau.

Je viens chez lui tous les vendredis pendant le dernier tri-
mestre de 1843. Il se met sérieusement à l'œuvre, et d'abord il
veut voir le premier Mémoire pied à pied. A quoi bon, puisque
l'Académie a prononcé? Non. Il veut connaître à fond les choses.
Peut-être aussi est-il curieux d'apprendre s'il doit adopter le
jugement de l'auteur du premier rapport. Enfin, il a fini son
examen, et il obtient la satisfaction d'être parfaitement d'accord
avec M. Pouillet : « Il aurait, me dit-il, formulé les mêmes conclusions. » Mais tout cela vient de prendre un mois.

Nous passons à l'examen du second Mémoire. De temps en
temps vous apparaissez à M. Babinet comme une puissance
intraitable... Il ne peut pas croire que vous demandiez jamais
la réunion des commissions... Mon premier Mémoire ayant été
offert à l'Académie le 4 décembre, et quelques jours auparavant adressé à tous les académiciens, les opinions qui m'avaient
été défavorables avaient dû se modifier, et, pour tranquilliser
M. Babinet, j'essayai de solliciter la réunion dont il s'agit. Elle
fut ordonnée le 11 décembre 1843. Remarquez bien ce que
porte le compte rendu, page 1302 : « M. Vallée, qui avait
» adressé successivement deux Mémoires qui avaient été ren-
» voyés chacun à une commission différente, demande que les
» deux commissions soient réunies, afin que le rapport puisse
» porter sur l'ensemble du travail. Cette demande étant accor-
» dée, la commission se compose de MM. Arago, Magendie,
» Serres, Pouillet, Sturm et Babinet. »

Ainsi se trouve établi de nouveau qu'il y avait bien deux commissions. On voit de plus que vous, président de chacune d'elles,
qui aviez composé la dernière contrairement aux usages, vous
n'aviez pas, à la séance du 17 octobre 1842, sans doute par une
de ces distractions qui ne sont pas absolument rares chez vous,
saisi l'occasion de réparer la faute que vous aviez faite.

Rien à présent ne doit arrêter M. Babinet : nous marchons.
Il vous rend compte de nos entretiens, et vous faites quelques objections dont j'ai parlé pages 204 et suivantes. Je réponds à ces objections. Mais la troisième vous paraît très-forte :

M. Babinet y croit; je le presse de voir l'expérience; on prend jour; je prépare tout chez moi; il ne vient pas; on prend un autre jour; enfin, cet autre jour, le 28 décembre, il voit les faits. Le voilà convaincu.

Je lui avais remis une ébauche de rapport; il l'avait corrigée, et il ne lui restait plus que deux ou trois petites additions à y faire, dont une pour rendre compte de l'expérience précitée et une autre relative à l'expérience du n° 299, que je lui avais fait faire par occasion le 28. Il va terminer : ce sera pour lundi; puis pour l'autre lundi. Je vais chez lui, sur sa demande, le 14 janvier; puis le 21; puis le 26, et il m'ajourne au 28.

Mais je lui écris le même jour, 26, que je vois assez qu'il ne me reste qu'une voie, celle de la publication de ma plainte, et que j'adopte cette voie. Je fais une lettre que je me proposais alors de joindre à ma préface, et je vous l'adresse le 16 février 1845. Cette lettre-ci, comme vous pouvez le voir, n'est guère que la reproduction de celle du 16 février.

Le 11 mars suivant, M. Ch. Dupin présidait : je lui remets mon second Mémoire pour l'Académie, et vous vous hâtez de prendre la parole. Vous faites l'éloge de mes ouvrages; vous témoignez de vos regrets de ce que le rapport n'a pas été fait; vous demandez que la commission soit *stimulée* et qu'on la presse de rendre compte du 3ᵉ Mémoire. Le président accueille votre demande. Vous venez, Monsieur, avec M. Babinet, me témoigner à ma place ordinaire, de tout votre zèle, et je vous exprime vivement, devant mes voisins, le sentiment de répulsion que tout cela m'inspire.

Votre zèle n'ira pas loin. En effet, vous disposez du compte rendu de la séance, et puisque vous voulez des *stimulants* (j'emploie un mot que vous aimez), on doit penser que vous ne manquerez pas d'y insérer la décision prise : c'en sera un bien innocent, que vous avez sous la main. Non : il faut croire que ce serait trop stimulant, et il y a peut-être, dans la science,

des cas où l'on doit, autant qu'on le peut, étouffer toute publicité. Bref, le compte rendu est muet.

Ainsi, vous, président de la commission, qui pouvez l'as-
sembler et user en cela d'un stimulant toujours respecté,
vous vous abstenez. Puis, mon Mémoire étant offert à l'Académie, c'est une occasion que vous saisissez pour la prier d'or-
donner ce que vous avez, vous, le pouvoir et le devoir de faire;
vous demandez qu'on vous stimule. Bien, vous voilà stimulé.
Vous allez donc agir? Non. Et comment cela? Apparemment
que vous faites de nouvelles reflexions ; vous apercevez peut-
être un péril dont la science serait menacée... on pourrait faire
un second rapport qui me fût favorable.!! Non, non, la commission ne sera pas assemblée. En effet, comme si vous deve-
niez un tout autre homme en quittant l'auditoire académique,
vous ne vous souvenez plus qu'il y a lieu de la convoquer :
vous ne la convoquez pas.

Ajouterai-je que vous motiviez votre demande d'un rapport
sur ce que j'étais en dissidence avec les physiciens. *Avec les Physiciens!* Aurais-je eu le malheur de nier les lois de la réflexion
ou de la réfraction? Non ; je n'ai pas fait de si gros péchés, mais
j'ai pu en commettre de petits. Aurais-je dit que le bolide mon-
strueux du 27 octobre 1844 avait dû tomber dans la mer auprès
de Rennes (1), comme si, entre autres choses, les ondula-
tions causées par ce grain de sable n'avaient dû rider qu'à peine
l'Océan, ne submerger ni embarcations ni campagnes, et passer
inaperçues ? Aurais-je demandé, après avoir fait plusieurs
expériences, qu'une commission fut créée en toute hâte pour examiner la jeune fille qui, par son approche, renversait des meubles

----

(1) Il a été question de ce bolide à la séance de l'Académie du 14 avril 1845
(V. le compte rendu, page 1103). M. Arago a fait, dans cette séance, l'analyse d'une
note très-intéressante, et il en a profité pour étonner l'assemblée, au risque peut-
être de s'éloigner de son auteur. M. Arago ne donnait que 1280 mèt. de diamètre
au bolide, mais il admettait l'orbite qui le fait tomber auprès de Rennes, et comme
on ne l'y a pas rencontré, il disait que Rennes étant près de la côte, on devait supposer que l'astre s'était perdu en mer, ce qui, ajoutait-il, ne change que très-
faiblement l'orbite calculée.

et brisait des chaises (1)? Aurais-je écrit que, par la peur de l'é-
clipse de 1842, un chien laissa tomber le pain qu'il dévorait, et
ne le reprit que deux minutes après la fin de l'obscurité totale?
Qu'une linote, dans sa frayeur, se donna la mort, sans doute,
en heurtant avec force les barreaux de sa cage? Que des bœufs
se rangèrent, adossés les uns aux autres, les cornes en avant
(voyez un peu!) comme pour résister à un danger, etc. (2)?
Non; de telles choses étaient hors de mon sujet. D'ailleurs, il
n'y a que vous, Monsieur, qui aimiez assez le merveilleux et
soyez assez sûr de votre talent pour n'y pas regarder à deux
fois avant de les dire, et il n'y a que M. Babinet, si bien entendu en ce qui touche les taches du soleil, qui puisse ne pas
voir que ces billevesées sont des taches dans vos chefs-d'œuvre (3). Mais sur quoi donc était appuyée votre observation?
Je crois qu'au lieu de ces mots : *Avec les physiciens*, vous vouliez
dire : *avec le physicien Arago*, qui n'aurait pu appuyer son assertion, probablement, que sur les objections dont j'ai parlé
dans le P. S. de la page 204. Cela n'est pas plus sérieux que le
bolide, la jeune fille et la linote.

Je reviens à ma narration. Le 17 mai, mon 3ᵉ Mémoire est
offert à l'Académie et il a été distribué à tous les académiciens;
le P. S. qui le termine n'est pas à votre convenance, aussi
prenez-vous la parole. Vous vous plaignez de ce P. S., et vous
exprimez qu'il est tout à fait regrettable qu'on n'ait pas fait le
rapport. Vos paroles font un bon effet; et, en vous écoutant,
on est tenté de se dire : « Combien il est triste que M. Arago ne
» soit pas investi du droit de pousser vivement les commissions!

---

(1) Phénomène dont M. Arago entretenait l'Académie le 16 février dernier.
(V. le compte rendu, page 306.)

(2) Notice de M. Arago sur l'éclipse de 1842. (V. l'*Annuaire du Bureau des lon-
gitudes* de 1846, pages 303 et suiv.)

(3) Dans son mémoire *sur les nuages ignés du soleil* (compte rendu de la séance
du 16 février dernier, page 282), M. Babinet dit : *que personne, sans doute, ne re-
fusera de reconnaître* la notice de M. Arago sur l'éclipse *comme un chef-d'œuvre
de science, d'érudition et de logique*. Je ne le nie pas ; je voudrais seulement que
l'auteur eût diminué son chef-d'œuvre de quelques pages.

» S'il avait plus d'autorité, on aurait eu ce rapport ; mais, pré-
» sident d'une commission, que peut-il sur le rapporteur ?
» Rien, sans doute, ou presque rien. » Quoi qu'il en soit de
votre autorité, le compte rendu est encore muet.

A la séance du 2 septembre, vous reprenez de nouveau la
parole. Vous avez appris que je suis mécontent ; vous demandez,
pour vous personnellement, qu'il soit fait un rapport, apparemment verbal, et M. Babinet promet de faire ce rapport. C'est
un fait assez digne de remarque à l'Académie : le compte rendu
garde le silence.

Je reviens de ma tournée annuelle. Vos paroles ont fait quelque sensation, et l'on me dit que je ne dois pas douter de votre
bon vouloir. Voyons ; il m'est facile de le mettre à l'épreuve.

Je présente à la séance du 5 mai 1845, un 4° Mémoire. Le
président, M. Elie de Beaumont, veut bien me consulter sur la
commission à laquelle il le renverra. Je n'en demande pas une
nouvelle ; je ne repousse pas l'ancienne : on renvoie à celle-ci.
Me voilà encore avec vous et M. Babinet.

Il a les pièces et il fera le rapport. Il m'ajourne d'abord, tout
naturellement, après les examens de l'école polytechnique, et
puis de semaine en semaine.

Le 3 novembre je m'adresse à l'Académie. Le compte rendu,
page 1003, porte : « Un des membres de la commission annonce
» que le rapport demandé ne tardera pas à être fait. » Le
temps ensuite s'écoule et rien n'avance. J'écris à M. Babinet, le
31 novembre, et je lui envoie l'ébauche d'un rapport si simple
que, s'il recule, son peu de bonne volonté deviendra manifeste.
Je n'entends rien dire. Le 13 décembre je vous écris, à vous-
même, et je vous exprime combien il serait singulier, après
tout ce que vous avez dit touchant l'utilité d'un rapport, que
ce rapport fût écarté sans que jamais vous ayez assemblé la commission. Ma lettre, à votre retour de Metz, est l'objet d'une
communication mentionnée au compte rendu de la séance du

29 décembre, et peu de jours après, devant la commission enfin convoquée, M. Babinet promet de faire le rapport.

Il me demande quelques entretiens; je vais chez lui les 18 et 25 janvier. Il a corrigé une seconde ébauche de rapport que je lui ai remise; elle est terminée par des conclusions très-avantageuses, et, le lendemain 26, la commission assemblée doit l'entendre. Il me dit, le 26, qu'aucun des commissaires n'est venu; qu'on ne veut pas probablement de rapport, et que vous, Monsieur, vous exigez devant les commissaires un examen pied à pied que lui, M. Babinet, trouve infaisable. J'apprends, séance tenante, que la commission n'a point été convoquée; je me plains à M. Babinet; M. Pouillet se trouve témoin de ma plainte; M. Babinet lui communique son travail, qu'il tient en main; enfin M. Pouillet adopte le rapport et ses conclusions. J'ai lieu de croire que la commission sera convoquée pour le 4 février. On ne la convoque pas; mais M. Babinet m'annonce qn'il a vu M. Magendie, et qu'il y a maintenant trois commissaires qui sont d'accord.

De mon côté, j'annonce à M. Babinet que je me trouve suffisamment édifié sur tout ce qui se passe; que je ne m'occupe plus que de publier une lettre à M. Arago, et que si le rapport est fait à temps, je supprimerai ma lettre.

Vous avouerez que ma patience a été grande. Vous croyez sans doute qu'elle n'est pas à bout; je suis fâché qu'il soit nécessaire de publier cette lettre pour vous désabuser sur ce point.

D'après cet exposé, Monsieur, vos ennemis, et même des hommes impartiaux, ne pourraient-ils pas croire,

Que vos torts, quant à mes mémoires, au lieu d'être des résultats d'erreurs, sont l'effet de votre manière de comprendre l'Académie, et de combinaisons que vous calculiez;

Que par ces combinaisons, vous auriez manqué à M. Serres, à la séance du 17 mai 1841, en parlant de telle sorte qu'il a dû croire, en s'adjoignant à la commission, qu'il contribuerait à un rapport utile, tandis que pour vous il s'agissait de créer des obstacles qui empêchassent ce rapport de paraître;

Que vous avez manqué à M. Magendie en le rayant d'une commission à laquelle il appartenait;

Que vous avez manqué à M. Sturm en le rayant pareillement de la même commission;

Que vous avez manqué à M. Babinet en le mettant dans cette commission, à laquelle il n'appartenait pas, et où il lui a été certainement pénible de figurer;

Que, en ce qui me concerne, vous avez tâché de mettre la lumière sous le boisseau, en abusant des pouvoirs qui vous ont été donnés dans l'intérêt de la science;

Que vous avez manqué aux savants qui suivent les travaux de l'Académie et qui ne croient pas qu'il faille distinguer entre vos paroles et vos actes;

Enfin, que vous avez manqué à l'Académie, qui cesserait de mériter les respects du public si l'esprit de coterie se substituait chez elle au culte de la science?

Je souhaiterais, Monsieur, que vous voulussiez bien déclarer que, si des paroles sorties de votre bouche ont pu déprécier mes ouvrages, vous le regrettez sincèrement.

Je crois même qu'il faudrait, pour vous, quelque chose de plus que cette déclaration. On dit souvent que vous cherchez à dominer l'Académie; que vous voulez qu'il n'y ait *que vous et vos amis qui puissiez y avoir de l'esprit*, et l'on peut penser que je suis, entre les auteurs, un de ceux que vous n'aimez pas. Vous, citoyen de la république des lettres, voudriez-vous, en évitant de vous expliquer et d'avouer pleinement vos torts, justifier contre vous des soupçons d'arbitraire, d'usurpation,

d

d'absolutisme qui ne sont déjà que trop répandus ? C'est à vous de peser les choses sur ce point.

Sur un autre point, permettez-moi de vous faire une demande qui est l'un des principaux objets de ma lettre.

Il est clair que, par des circonstances dont l'ensemble ne peut laisser aucun doute, vous avez mis et mettez encore obstacle à la lecture du rapport relatif à mon quatrième Mémoire. Il est clair que cela fait peser sur mon travail des préventions fâcheuses. Il est clair que vous vous devez à vous-même de ne pas prolonger de pareilles entraves. Or, je ne vous vois que deux moyens de hâter les choses :

Le premier consiste à signer le rapport, s'il vous paraît bon et si les conclusions en sont justes ;

Le second, si vous pensez autrement que vos collègues, c'est d'ajouter, dans un court délai, vos observations à leur avis.

Je veux croire d'ailleurs que ces observations seront dignes de vous, c'est-à-dire que vous ne chercherez pas, dans un volume de 400 pages, des points faibles à critiquer, pour vous justifier, tellement quellement, de m'avoir été si constamment opposé. Je sais qu'il vous est arrivé, sur l'examen de quelques mots d'un livre, de condamner ce livre, *de par l'Arithmétique !* Je présume que vous ne voulez plus user d'un tel moyen.

Les deux partis que je viens d'indiquer ne vous plaisant ni l'un ni l'autre, la pensée vous viendra peut-être de quitter la commission et de la faire quitter à M. Babinet. Ce serait, Monsieur, abandonner le poste au moment du combat. Ce serait faire dire que, après 25 ans d'actes qui empêchaient l'Académie de se prononcer sur mes recherches, le rapport étant tout préparé, il ne vous restait qu'un moyen d'arrêter la commission, alors que ma publication ne pouvait plus être différée, et que vous avez eu recours à ce moyen. Ni la science, ni votre dignité ne vous permettent d'agir ainsi.

Je regrette, après avoir épuisé, en travail, en dépenses, en démarches polies, en demandes respectueuses, plus qu'on ne pouvait exiger de personne, de recourir à la publicité pour obtenir justice de vous. Comme auteur, je proteste contre les actes, difficiles à expliquer, très-certainement fâcheux, et dans tous les cas attentatoires au progrès, par lesquels vous avez entravé les opérations de l'Académie, en ce qui touche la théorie de l'œil. Comme Français, je m'inscris contre la pensée que, de par votre seule volonté, je puisse être obligé, pour cultiver utilement la science, d'adresser mes Mémoires à Londres, à Turin, à Berlin ou à Stockholm, lorsque nous avons un Institut à Paris. Je vous adjure de réparer, autant que vous le pourrez, les fâcheux résultats de vos fautes envers moi; je déclare que tout ce qui, à cet égard, sera fait dans l'intérêt de la science me convient; je déclare que je ne demande aucune indulgence, et j'attends de vous, pour un prompt rapport, le zèle dont vous avez plus d'une fois proclamé l'utilité.

Je suis avec les sentiments d'admiration qui vous sont dus, à beaucoup de titres, par tous les amis de la science,

Monsieur,

Votre très-humble et très-obéissant
serviteur,

L. L. VALLÉE.

P. S. Cette lettre, Monsieur, n'est pas pour l'Académie. Des débats où les personnes tiennent plus de place que la science, doivent, je crois, ne pas troubler ses travaux. Mais je m'adresserai à elle, dans la prochaine séance, pour demander, par une lettre toute simple, qu'elle veuille bien presser mon rapport.

Quelques mots sont nécessaires encore, à l'occasion de ce que vous m'avez dit hier à l'Académie, où vous êtes venu me donner le conseil de voir M. Babinet et de le presser de faire mon

rapport. . . . . . Vous le pressiez vous-même, disiez-vous. . .
. . . .

Chose singulière! Votre influence sur M. Babinet, pour qu'il finisse un rapport communiqué dès le 26 janvier, aurait besoin de MON AIDE! Si ce n'est pas de la dérision, il faut que son dévouement à votre amitié , dévouement dont il s'honore, se soit bien refroidi. Il est plus supposable, Monsieur, que c'est votre imagination qui vous trompe. Si vous la laissiez aller, et si l'état de mon affaire se prolongeait, vous pourriez bien rê-ver, tantôt, que vous persécutez M. Babinet en ma faveur, tantôt, que vous êtes mon juge suprême et que vous pouvez me dire du haut de votre tribunal : « Pour vous punir d'avoir » aimé la science d'une façon trop indépendante, je vous at-» tache aux pas de M. Babinet; vous le solliciterez sans cesse; » il vous promettra sans cesse ; je l'arrêterai continuellement , » et vous n'obtiendrez jamais rien. »

Je ne puis pas faire autre chose, Monsieur, *pour vous aider* dans la question d'obtenir le rapport, que de hâter la publica-tion de cette lettre. La puissance de l'Académie vaincra ensuite les résistances s'il y en a , et si cela convient. Dans tous les cas, j'aurai appelé l'attention sur des abus très-réels, auxquels il faut remédier, afin que personne ne puisse parvenir un jour à fausser les principes et les usages, dans des vues étrangères à la science.

PIÈCES DIVERSES

RELATIVES A LA POLÉMIQUE DE L'AUTEUR AVEC M. ARAGO.

PIÈCE Nº 1.

Voici la lettre adressée à l'Académie pour la séance du 16 mars 1846.

« Monsieur le Président,

» La commission à laquelle a été renvoyé mon quatrième
» mémoire sur la théorie de l'œil n'a pas encore fait son rap-
» port. J'approche beaucoup du moment de ma publication et
» je viens prier l'Académie de faire tout ce qui peut dépendre
» d'elle pour connaître l'état des choses et presser la commis-
» sion.

» J'ai l'honneur, etc. »

Après la lecture de cette lettre, MM. Arago et Babinet ont pris la parole. Le compte rendu, page 506, contient les notes suivantes. On a mis en italiques, dans ces notes, plusieurs passages qui doivent exciter l'attention.

PIÈCE Nº II.

Note de M. ARAGO.

« M. Arago a saisi l'occasion que lui offrait la demande de
» M. Vallée, pour réfuter verbalement, article par article, la

» lettre que cet ingénieur a publiée la semaine dernière. M. Arago
» a prouvé que les accusations de M. Vallée contre le secrétaire
» perpétuel reposent sur des faits *entièrement contraires à la*
» *vérité* et qu'elles ne peuvent supporter le moindre examen.
» Il a annoncé au surplus, que satisfait d'avoir montré
» à l'Académie le peu de cas qu'on doit faire *des outrages con-*
» *tenus dans le pamphlet* de M. Vallée, il ne les prendra pas
» pour sujet d'une polémique que bien des circonstances per-
» mettraient de rendre très-piquante. M. Arago s'attachera à
» répondre par de bons procédés aux *injures inexplicables de*
» *M. l'ingénieur* : si les trois derniers Mémoires sur la théorie
» de l'œil renferment quelque chose d'utile, M. Arago le décla-
» rera à l'Académie avec empressement et une véritable satis-
» faction. »

PIÈCE N° III.

Note de M. BABINET.

« M. Babinet proteste, de son côté, en sa qualité de rappor-
» teur, contre les *injures* que lui adresse M. Vallée. M. Babinet
» en a été tellement blessé, qu'il avait eu l'intention de proposer
» à l'Académie de manifester formellement son improbation
» contre un pareil langage tenu envers les membres d'une com-
» mission qu'elle a nommée. »

Nota. Il est bon de dire ici que MM. les membres de l'Académie ont seuls la res-
ponsabilité des articles qu'ils insèrent sous leur nom dans le compte rendu.

PIÈCE N° IV.

Extrait de la Réforme du 2 avril 1846.

Nota. Il est fort embarrassant de combattre une défense verbale, comme celle
de M. Arago, même quand on l'a écoutée avec attention. L'article de *la Réforme*,
sous ce rapport, est venu bien à propos au secours de M. Vallée. Sauf de légères

Additions et sauf de légers retranchements, cet article rend fidèlement le discours de M. Arago, et dans beaucoup d'endroits il reproduit si bien les paroles du secrétaire perpétuel qu'on serait, par cela seul, tenté de croire qu'il l'a dicté. Cet article est d'ailleurs tellement hostile à M. Vallée, tellement rempli d'éloges pour M. Arago, et le rédacteur avoue si naturellement qu'il ne s'est pas procuré la lettre de M. Vallée, qu'on pense, malgré soi, que M. Arago l'a tout au moins revu. Il mérite donc une certaine attention. Au surplus on le rapporte tel qu'il est dans *la Réforme*, sans qu'on se permette de corriger, ni la date mal mise du 16 mars, ni le nom mal écrit de M. Vallée.

ACADÉMIE DES SCIENCES. — Séance du 23 mars.

Théorie de la vision. — D'abord, nous devons faire connaître quelques chaleureuses paroles de M. Arago au sujet d'*imputations calomnieuses* (1) répandues contre lui et contre un de ses collègues, M. Babinet, dans une brochure adressée à la plupart des membres de l'Académie. C'est le propre du vrai mérite d'être en butte à l'envie, *à la calomnie même*, et ce triste privilège n'a pas plus manqué à l'illustre secrétaire perpétuel de notre Académie des sciences qu'au noble député, un des plus généreux défenseurs, un des plus fermes soutiens de l'opinion démocratique en France. Quelques mots mettront nos lecteurs au courant de la question. M. Vallé a consacré à l'étude des phénomènes de la vision une grande partie de sa vie. Malheureusement, de l'avis de beaucoup de personnes compétentes (2), c'est un temps à peu près perdu (3). M. Vallé a successivement adressé à l'Académie quatre mémoires dans lesquels il a consigné le fruit de ses recherches, l'ensemble de ses spéculations. M. Vallé sollicita à plusieurs reprises un rapport sur ses travaux, et la commission qui fut nommée, bien qu'un temps assez long

---

(1) On ne fait aucune observation sur les expressions de cette sorte, mais on les fait imprimer en italiques.

(2) Voyez l'avis opposé dans le rapport de MM. Arago, Magendie, Sturm et Pouillet.

(3) La question de connaître le mécanisme de l'œil et d'arriver à calculer toutes ses parties, n'est sans doute, dans les sciences, que d'un ordre secondaire; mais elle a excité l'intérêt de tant de grands hommes qui l'ont inutilement travaillée, que M. Arago ne peut pas, sans contredire ce qu'il a dit cent fois, appeler temps perdu le temps mis à la faire avancer.

se soit écoulé depuis, n'a pas encore terminé ce rapport. A qui s'en prit M. Vallé? A M. Arago, président de la commission (1). Alors, blessé de ce retard, sans preuves aucunes (2) à avancer, sur la foi de *dires tronqués ou mensongers*, M. Vallé rédigea une *injurieuse diatribe* qu'il fit parvenir à la plupart des membres de l'Académie des sciences. Nous n'avons pu nous procurer cette brochure (3) que nous ne connaissons que par la réponse de M. Arago (4). M. Vallé ayant adressé au président de l'Académie une lettre pour le prier de presser le rapporteur de la commission, M. Arago a demandé la parole, et quelques phrases ont suffi pour démontrer la *fausseté* des accusations dirigées contre lui (5). Sans s'arrêter à combattre quelques assertions, dont le moindre défaut est d'être malveillantes, sans soutenir, par exemple, contre M. Vallé, si, il y a trente-sept ans, le gouvernement eut raison de le nommer professeur d'analyse mathématique à l'école polytechnique et depuis directeur de l'Observatoire, etc. (6), M. Arago aborde immédiatement les *imputations mensongères* que son titre de membre de l'Académie des sciences et de secrétaire perpétuel lui ordonne de repousser. Et d'abord, il n'est accusé de rien moins que d'avoir changé, de son propre chef, une commission. Or, il n'en est rien. Un des mémoires ayant été renvoyé à une commission précédemment nommée, il y eut erreur au secrétariat, et un des employés écrivit une seconde fois les noms des commissaires nommés pour l'examen d'un mémoire de M. Abria, MM. Pouillet et Babinet (7).

M. Arago, qui se rappelait appartenir à la commission nommée pour M. Vallé sans savoir quels étaient les autres académiciens

---

(1) Pour les commissions de 1821, l'une relative à la *science du dessin*, l'autre relative à un mémoire présenté le 12 février 1821, de même que pour une note présentée en 1826 ou 1827, M. Arago n'était pas président, mais rapporteur.

(2) *Aucunes* n'est pas le mot.

(3) Elle a été tirée à 250 exemplaires, dont un a été envoyé à *la Réforme*.

(4) Ne serait-il pas impardonnable d'exiger du rédacteur, qui ne connaît les choses qu'à moitié, qu'il fût tout à fait juste?

(5) Voilà un homme qui démontre bien lestement.

(6) M. Vallée n'a pas parlé de ce directeur, qui est sûrement très-digne de sa place; mais cela ne prouve pas que le professeur ait toujours bien compris l'analyse appliquée. A la séance du 16 mars, M. Arago n'a parlé que du professeur.

(7) *Voyez* sur cet objet les pag. LXII-LXIII.

désignés avec lui (1), ajouta son nom à ceux de MM. Pouillet et Babinet; c'est de cette erreur involontaire, indépendante de M. Arago (2), que M. Vallé a fait un crime à celui-ci, et il ne se contente pas de signaler le fait, il en indique les causes. Selon lui, M. Arago a voulu écarter de la commission M. Magendie et M. Sturm (3), qu'il savait être favorables aux idées de l'auteur; mais M. Sturm est bien loin d'avoir du travail de M. Vallé une opinion très-favorable, car il a publié un mémoire sur la vision, où il émet des vues toutes différentes de celles de ce dernier (4). Pourquoi donc sur des données, des soupçons vagues faire planer sur un ancien camarade, sur le secrétaire perpétuel de l'Académie, une accusation aussi grave (5)? En séance publique, devant l'Institut, M. Arago a vivement défendu les conclusions du rapporteur, attaquées par MM. Biot et Poinsot (6); pour M. Vallé, cette noble conduite de M. Arago n'est qu'une tactique habile (7). Que comprendre à cela? On accuse M. Arago, président des deux commissions réunies (celle primitivement nommée et celle que lui adjoignit une erreur fortuite), de ne pas les avoir convoquées; mais est-ce là le devoir du président? Non, c'était celui du rapporteur, M. Babinet (8). M. Arago a demandé à plusieurs reprises que le rapport fût fait le plus promptement possible;

---

(1) M. Arago passe, apparemment à tort, pour avoir une mémoire excellente (*voyez* la pag. xxxviii).

(2) Une erreur involontaire, soit; mais indépendante de M. Arago, non. Est-ce que ce n'est pas le secrétaire perpétuel qui fait la lecture du procès-verbal? Et quand il voit des ratures, des noms interposés; quand il voit qu'il s'agit d'un auteur auquel il a été longtemps hostile; quand il a pris sur lui de proposer l'adjonction d'un physiologiste aux commissaires déjà nommés, ne doit-il pas redoubler d'attention?

(3) On aurait dit, plutôt, qu'il a voulu introduire M. Babinet dans la commission.

(4) Voir sur ce point la pag. lxii.

(5) Si une accusation pèse sur M. Arago, il ne doit s'en prendre qu'aux faits et non à l'ancien camarade, coupable seulement d'avoir présenté des mémoires et d'avoir souhaité des rapports. Ce n'est pas ce camarade qui a raturé le procès-verbal; ce n'est pas lui qui a voulu que M. Babinet devînt son rapporteur.

(6) *Voyez* sur cet objet les pag. xxxii, lxii-lxiii.

(7) On regrette d'avoir parlé de tactique, mais on remarquera qu'il est embarrassant de trouver le mot qui peut caractériser la singulière conduite de M. Arago, quant à ce rapport de M. Pouillet qu'il approuve et qu'il infirme. Tout ce qu'on peut dire, c'est que le rédacteur de l'article, en appelant cette conduite une *noble conduite*, est plus loin que personne d'avoir trouvé le mot propre.

(8) C'était celui du rapporteur! c'est bien ce que M. Arago a dit. Mais, le rapporteur s'abstenant, le président, qui se prétendait zélé, ne pouvait-il pas réunir la commission pour délibérer?

mais, dit la brochure, c'était du bout des lèvres, et la preuve, c'est que jamais cette demande n'a été insérée dans les comptes rendus; raison de nulle valeur que les précédents ne permettent pas d'invoquer (1).

La commission a été réunie dernièrement; les conclusions de M. Babinet, M. Arago les adopte complétement (2); il a seulement demandé que le rapport contînt une analyse plus détaillée des mémoires de M. Vallé, et que le bon fût séparé du mauvais; car le mauvais a une certaine part dans les travaux de M. Vallé; celui-ci le reconnaît bien lui-même (3). Le retard apporté par M. Arago est donc motivé, parfaitement motivé (4).

M. Vallé prétend que M. Arago est son ennemi personnel, qu'il nourrit depuis longtemps contre lui une animosité profonde, qu'il n'a manqué aucune occasion de jeter de la défaveur sur lui (5). Entre autres choses, M. Arago en aurait donné une preuve dans un comité secret où il aurait dit qu'il ne faisait pas de rapport sur les travaux de M. Vallé par bienveillance pour lui. M. Arago a déclaré que jamais il n'avait été l'ennemi de M. Vallé, et que, cela fût-il, il ne se ferait pas une arme de sa position scientifique pour servir ses haines personnelles; jamais il n'a cherché à nuire à M. Vallé dont souvent, au contraire, il a loué le zèle et la patience. S'il n'a pas toujours approuvé ses idées sur la vision, il est loin toutefois d'avoir voulu jeter de la déconsidération sur des travaux qui ont coûté à leur auteur trente ans de laborieuses recherches. Quant aux paroles prononcées par M. Arago dans un comité secret, elles ne s'appliquaient pas aux travaux en général de M. Vallé, mais seulement à un mémoire

---

(1) Voilà des précédents bien absolus! M. Arago, dans sa défense verbale, a donné encore cette autre raison, que l'insertion dans le compte rendu désobligerait un confrère. Le confrère, c'était M. Babinet.

(2) M. Arago ne dit ici que *du bout des lèvres* que les conclusions sont favorables à M. Vallée; mais, comme M. Vallée annonce dans sa lettre (pag. XLVIII) qu'elles sont *très-avantageuses*, c'est un point qui paraît acquis à la discussion.

(3) Le reconnaît lui-même! M. Babinet a dit cela aussi, en parlant à l'Académie; mais ces MM. se trompent. M. Vallée conviendra de ses fautes lorsqu'on les lui aura montrées, et pas avant.

(4) Si bien motivé que, par là, probablement, M. Arago aura retardé, empêché ou gêné la marche des choses, sans aucun profit pour la science.

(5) M. Vallée n'a jamais pu porter ombrage à M. Arago, et il ne s'est jamais plaint de lui comme d'un ennemi personnel. Pourquoi dénaturer et exagérer ainsi les plaintes de M. Vallée?

dans lequel il avait voulu expliquer la cause des sèches (1). On donne ce nom à Genève aux crues subites du Lac Léman. Il supposait que le lac communiquait avec le Mont-Blanc et que la fonte des glaciers de cette montagne pouvait occasionner ces hausses subites. Or, cette explication ressemble beaucoup à celle qu'avait donnée Voltaire des coquillages que l'on trouve sur le mont Saint-Bernard, et tous les physiciens de Genève en avaient ri. En effet, cette communication du lac de Genève avec le Mont-Blanc est inadmissible. Ce qui prouve d'ailleurs que la cause n'est pas là, c'est que le même phénomène se reproduit dans les lacs d'Écosse non entourés de montagnes à glaciers. D'après M. Boussingault, il a également lieu dans les lacs d'Amérique situés au milieu de vastes plaines à d'énormes distances de toute montagne, et dans ces deux derniers cas il est parfaitement impossible d'admettre qu'il y ait communication avec le Mont-Blanc (2). Il y avait donc réellement bienveillance de la part de M. Arago en négligeant de faire un rapport qui ne pouvait être que défavorable (3).

M. Arago a combattu aussi une prétention étrange, fabuleuse de M. Vallé. Celui-ci aurait, tant il a la manie du rapport, fait lui-même des brouillons de rapport qu'il aurait portés à M. Babinet et que celui-ci aurait acceptés (4) ; enfin, il a terminé en disant qu'il ne cesserait pas de faire partie de la commission, puisque M. Vallé le demandait, et que son approbation, qu'il avait déjà donnée, resterait toujours acquise aux conclusions du rapporteur (5).

M. Babinet, assez vivement attaqué dans la malencontreuse

---

(1) En ce cas, M. Arago aura, comme on dit, *fait d'une pierre deux coups*, car il ne paraît pas qu'il ait aucunement distingué entre la théorie des seiches et la théorie de l'œil.

(2) M. Arago sacrifie souvent l'exactitude pour se rendre amusant. Il trouve bon ici de substituer le Mont-Blanc aux profondeurs des glaciers, et de ne reconnaître dans les seiches d'Écosse et dans celles de Genève que le résultat d'une même cause.

(3) M. Arago semble bien sûr de son fait. Voir sur les seiches la pag. LXIV.

(4) M. Arago s'est fort étendu sur cette énormité de M. Vallée. Quant à M Babinet, il est beaucoup moins puritain : il trouve qu'un brouillon de rapport est une minute commode ; il la modifie : il la corrige, et il la montre ingénument à ses collègues. Ainsi, les conclusions si complètement adoptées par M. Arago étaient écrites par M. Babinet sur la pièce même remise par M. Vallée.

(5) Cette approbation acquise semble très-sérieuse. M. Arago en a parlé comme on en parle dans cet article : on verra ce qu'elle vaut.

brochure, s'est à son tour énergiquement défendu contre les accusations de M. Vallé, et il a *flétri la conduite* de ce dernier, qui n'a pas craint d'accuser un membre de l'Académie des Sciences *de faire de la science métier et marchandise* (1), quand il est de notoriété publique qu'il a employé à faire des expériences une partie de sa fortune (2).

----

(1) Ces mots sont en italiques dans *la Réforme.*

(2) M. Babinet a lu devant l'Académie les deux phrases dont il se plaignait. Les voici : « Nous verrons après si l'Académie est assez puissante pour vaincre la » résistance de M. Babinet. Mais son attention sera appelée sur des abus très» réels, auxquels il faut remédier, afin que personne ne puisse parvenir, en faus» sant les principes et les usages, à faire de la science métier et marchandise. »

M. Vallée a tâché de ne s'adresser qu'à M. Arago; s'il avait été possible de rendre compte des choses sans citer celui qui en est devenu l'agent principal, on n'aurait pas nommé M. Babinet. Pour le satisfaire, en ce qui concerne les phrases précédentes, M. Vallée a modifié dans ce qui précède (voir la page LII) le *P. S.* de sa lettre à M. Arago. Sauf ce *P. S.*, et sauf deux ou trois mots, cette lettre n'a subi aucun changement.

OBSERVATIONS

Il est d'usage à l'Académie, que chaque membre qui prend la parole en use comme il l'entend. M. Arago, dans sa réponse à M. Vallée, a-t-il usé discrètement de cet avantage? On ne le croit pas. Il s'agissait de la réclamation adressée à l'Académie (Pièce n° 1), et non de la lettre qu'il a voulu réfuter, *article par article*. Il n'était pas possible de donner la parole à M. Vallée pour lui répondre; ainsi le débat ne pouvait pas se vider contradictoirement. Par ces raisons, il aurait dû s'exprimer en peu de mots, et avec une réserve qui convint tout à la fois à sa dignité et à celle de l'Institut.

Cependant, on doit se louer beaucoup de la latitude que se sont donnée MM. Arago et Babinet. On se fait une idée de cette latitude en lisant les pièces précédentes; mais le premier a été plus circonspect dans ses paroles que par écrit, tandis que le second, au contraire, s'est modéré en rédigeant sa note, où il ne reproduit pas la proposition, dont il a égayé l'auditoire, d'exclure M. Vallée des séances de l'Académie.

Le rapport de M. Pouillet est un des premiers objets dont se soit occupé M. Arago. Il semblait éprouver le besoin de déprécier ce rapport. *Les membres de la Commission*, a-t-il dit, *n'en ont reçu communication que les uns après les autres* (notez que

M. Arago n'est pas aussi difficile quand M. Babinet est le rapporteur). *Tout s'est passé si singulièrement, a-t-il dit encore, que je n'ai pas remarqué qu'on eût communiqué le rapport à M. Magendie.*

L'assertion de M. Vallée que M. Sturm lui a fait des compliments sur son mémoire, ne paraît pas plausible à M. Arago. Sans considérer, apparemment, que M. Sturm n'a donné son adhésion au rapport qu'après avoir examiné le travail dans son cabinet, il est venu dire que M. Sturm, avec une théorie de la vision à lui, ne pouvait pas être d'accord avec M. Vallée. Eh! Monsieur, dans son premier mémoire, M. Vallée marche avec M. Sturm contre la théorie ancienne, circonstance qui n'a pas influé, très-certainement, sur l'avis favorable de M. Sturm, mais qui fait voir que votre argumentation porte à faux. Croiriez-vous donc que, parce qu'on est en discordance avec un auteur sur un point, on ne puisse pas lui rendre justice sur un autre point?

Mais, a dit M. Arago, *j'ai lu le mémoire, je l'ai trouvé bon, et je l'ai défendu.* Puis, chose fort singulière, il est venu combattre à outrance sa propre opinion; et, à cet effet, il a ajouté *que tout le monde n'était pas de son avis; que l'Académie s'était partagée sur les conclusions du rapport; que MM. Biot et Poinsot avaient parlé; qu'il y avait eu* DÉBAT, *et même un* LONG DÉBAT; enfin, et pour preuve, que le compte rendu portait ces mots : APRÈS UN LONG DÉBAT.

N'est-il pas permis de croire, d'après cela, que ces mêmes mots ne se sont pas trouvés par hasard dans le compte rendu?

Un point plus grave, c'est ce qui concerne la formation de la commission à la séance du 17 mai 1841. M. Arago avait en main le procès-verbal de la séance, et il a reconnu qu'il était bien vrai que ce procès-verbal contenait *des ratures, des erreurs...*, *que l'on s'était trompé...*, mais, a-t-il ajouté, on A RÉPARÉ LES FAUTES AUSSITÔT QU'ELLES ONT ÉTÉ APERÇUES.

Il n'a toutefois nullement expliqué comment il avait pu se faire qu'on eût raturé les noms de MM. Magendie et Sturm. Il aurait été plus embarrassé encore de dire comment le nom de M. Babinet, que le président n'avait pas prononcé, de M. Babinet, dont rien ne pouvait motiver l'adjonction aux commistires, avait pu, par une erreur des plus singulières, venir se glisser dans le procès-verbal.

Serait-il vrai, comme l'avance *la Réforme* (*V*. la page LVI), que les erreurs fussent venues d'un employé du secrétariat? On ne le croit pas; parce qu'il a été dit à M. Vallée, quand on lui a fait voir le procès-verbal raturé (*V*. la page XXXVIII), que le nom de M. Babinet, inséré après coup, était de l'écriture de M. Arago.

L'employé d'ailleurs a dû prendre les noms des commissaires sur la couverture du mémoire, comme on a fait sans doute pour le compte rendu, qui ne présente pas d'erreur (1).

Un autre fait semble déceler tout l'embarras de M. Arago, c'est qu'il ait voulu s'appuyer sur ce qu'on se serait empressé de réparer la faute. Eh! non, Monsieur, puisqu'à la séance du 17 novembre 1842, M. Vallée demandait vainement une chose qui devait opérer la réunion des deux commissions, et qu'il n'a pu obtenir cette réunion que sur une nouvelle demande, le 11 décembre 1843.

Pendant le discours de M. Arago, MM. Magendie, Pouillet et Sturm n'étaient pas dans la salle; mais M. Serres était présent. M. Arago l'a-t-il interpellé? Non. A-t-il, sur cette question, prononcé le nom de M. Babinet? Nullement. Hors MM. Arago et Babinet, pas un de messieurs les académiciens n'a parlé.

A défaut de raisons claires et positives, M. Arago s'est justifié négativement. *Si ces accusations étaient vraies*, a-t-il dit avec chaleur, *je serais indigne d'être l'un des secrétaires perpétuels de l'Académie.*

Peu de personnes seront aussi sévères. Sans doute, il importe plus d'être inaccessible à toute prévention que d'avoir du talent; sans doute que le talent même perd de son prix, quand M. Arago, confondant l'art avec la science, fait partir des capsules, à l'occasion du perfectionnement d'une gâchette de

---

(1) Depuis, le mémoire s'est perdu. M. Arago a bien voulu permettre de le chercher dans son appartement; mais on ne l'a pas retrouvé, et il a fallu que M. Vallée en reproduisît une copie. On a dû regretter l'original; car, le premier de MM. les commissaires qui l'aurait trouvé sous sa main, aurait découvert qu'on s'était trompé, ce qui aurait conduit à n'avoir qu'une commission, et, ce qui importait encore plus, c'est que M. Babinet n'aurait pas fait partie de cette commission.

fusil, dans l'enceinte académique ; mais M. Arago est grand et digne dans les occasions solennelles. Tout le monde l'admire quand il fait part d'une découverte sur la lumière ou sur l'électricité ; tout le monde aime la science et veut la cultiver quand il expose les recherches faites ou à faire dans un voyage de long cours, et personne alors ne pense à des défauts qui sont connus depuis longtemps et dont, par cela même, comme divers faits l'annoncent, les conséquences semblent destinées à s'amoindrir de plus en plus.

Passons à l'affaire des seiches, affaire très-bien reproduite par *la Réforme*. Cette affaire a été une véritable bonne fortune pour M. Arago. Qui ne croirait après l'avoir entendu : 1° que les Génevois, en fait de seiches, soit qu'ils tirent leurs inspirations de M. Arago, soit autrement, sont des hommes d'une capacité qui fait autorité devant l'Institut ; 2° que M. Arago, qui s'est probablement trompé en trouvant ridicule l'idée de la non-homogénéité du corps vitré, possède la science infuse en ce qui tient au phénomène des seiches ; 3° que M. Vallée ne s'est jamais occupé que d'une seule explication de ce phénomène ; 4° que cette explication n'est nullement plausible ; 5° que M. Vallée l'applique indistinctement aux seiches de Genève et aux seiches d'Écosse ; 6° qu'il est loin d'avoir donné des jaugeages soigneusement faits, dont on puisse conclure que les deux tiers environ des eaux alimentaires du lac de Genève proviennent des sources de fond de ce lac ; 7° que les sources de fond n'ont et ne peuvent avoir aucun rapport avec les circonstances de température et autres relatives aux glaciers ; 8° que M. Vallée se trouve lui-même si bien battu sur les seiches, qu'il ne veut présenter à l'Académie aucune nouvelle note sur la manière de les expliquer ; 9° que si quelqu'un a appliqué les calculs de la mécanique, pour faire exactement apprécier les mauvais côtés de l'explication dont M. Arago veut parler, ce n'est pas à coup sûr M. Vallée ?

Eh bien ! lisez l'ouvrage intitulé : *Du Rhône et du lac de Genève*, et le compte rendu de la séance du 28 octobre 1844, et vous verrez que toutes ces conséquences du discours de M. Arago, conséquences qu'on croirait si certaines, sont contraires à la vérité.

Cette assertion foudroyante :

C'EST PAR BIENVEILLANCE QU'ON NE FAIT PAS LES RAPPORTS DE M. VALLÉE;

Cette assertion reproduite, comme un arrêt de mort scientifique, et avec l'accent de la plus ferme conviction, à la séance du 16 mars, cette assertion n'est qu'un acte passionné, qu'on peut maintenant examiner à fond, et que l'unanimité des savants condamnera.

Quelque jour, peut-être, M. Arago lui-même verra les choses avec sang-froid, et l'on peut dire qu'il regrettera :

De n'avoir pas compris l'examen des troisième et quatrième livres de la *Science du Dessin,* dans le rapport qu'il a fait en 1821 sur cet ouvrage ;

De n'avoir pas fait de rapport sur notre mémoire présenté à l'Académie le 12 février 1821 ;

D'avoir longtemps empêché la lecture du rapport de M. Pouillet, rapport dont il a fait modifier les conclusions qu'il trouvait trop avantageuses ;

D'avoir mis dans le compte rendu , au bas de ce rapport , quatre mots qui en infirment les conclusions ;

D'avoir fait bien des fautes à l'occasion du procès-verbal de la séance du 17 mai 1841 ;

D'avoir, par ces fautes, introduit M. Babinet au nombre des commissaires chargés de l'examen de nos mémoires ;

De n'avoir pas hâté, comme il le devait, la réunion des deux commissions qui se sont trouvées créées pour ces mémoires ;

De n'avoir pas fait mention, dans le compte rendu de la séance du 25 octobre 1841, d'une note que nous avions communiquée sur les seiches ;

D'avoir dit que, si l'on ne faisait pas les rapports relatifs à nos mémoires , c'était par bienveillance ;

De n'avoir, sur ce point, fait aucune distinction entre les mémoires sur la théorie de l'œil et le mémoire sur la théorie du phénomène des seiches ;

D'avoir prononcé, sur ce phénomène, à la séance du 16 mars

dernier, des paroles qui prouvent qu'il n'avait rien examiné; qu'il ne connaissait pas les choses dont il parlait, et qu'il ne craignait pas d'en parler du ton le plus tranchant;

D'avoir eu, à l'occasion de nos mémoires, le tort de considérer la science du point de vue des personnes, et de dire son avis, plus ou moins fondé, de manière à gêner l'action des commissaires nommés par l'Académie;

De nous avoir jeté dans des démarches longues, dispendieuses, pénibles, rebutantes, qui doivent, sinon justifier, du moins excuser notre vif mécontentement;

D'avoir employé contre nous les expressions indiquées *en lettres italiques* dans la note du compte rendu de la séance du 16 mars (V. la page LIV).

D'avoir abusé de sa position, en se servant de ce compte rendu pour répandre dans le monde savant des paroles injustes qui nous inculpent gravement.

RAPPORT

FAIT A L'ACADÉMIE DES SCIENCES

SUR LE QUATRIÈME MÉMOIRE.

(Extrait du compte rendu de la séance du 4 mai 1846.)

(Commissaires, MM. Arago, Serres, Magendie, Pouillet,
Sturm, Babinet rapporteur.)

« L'Académie a reçu de M. Vallée quatre Mémoires sur la théorie de l'œil. Le premier a obtenu l'approbation de l'Académie, et une insertion partielle dans les *Mémoires des Savants étrangers* en a été ordonnée ; le deuxième et le troisième ont été livrés à la publicité par la voie de l'impression : c'est donc seulement sur le quatrième Mémoire que votre Commission est appelée à se prononcer.

» L'hypothèse fondamentale de l'auteur est que la réfringence de l'humeur vitrée croît rapidement du cristallin à la rétine, et que le cône de rayons convergents, formé d'abord par la cornée et le cristallin beaucoup avant le fond de l'œil, se transforme, par l'action des couches postérieures plus denses de l'humeur vitrée, en une surface courbe de révolution à pointe beaucoup plus aiguë que le cône ; ce qui, d'une part, diminue beaucoup l'aberration de chaque pinceau homogène, et, d'autre part, par une action contraire à celle de l'aberration de réfrangibilité ordinaire, produit jusqu'à un certain point l'achromatisme.

» D'après les calculs de M. Vallée appliqués à son hypothèse, et en prenant pour point de départ des mesures connues de divers types d'œil , on n'a besoin de supposer que de très-légères déformations de l'organe pour faire que le cône produit par la partie antérieure des corps réfringents de l'œil (la cornée, l'humeur aqueuse et le cristallin), système que M. Vallée appelle l'appareil concentrateur ; que ce cône, disons-nous, allongé ensuite en pointe aiguë par l'action opposée des diverses couches de plus en plus réfringentes de l'humeur vitrée (couches que M. Vallée appelle appareil acuteur ou cuspidateur) ; aille porter sur la rétine des rayons convergents sans trop d'aberration de sphéricité ou si l'on veut de figure et, de même, sans trop d'aberration de réfrangibilité. Il est évident d'ailleurs, d'après cette hypothèse, que les couches de l'humeur vitrée, à mesure qu'elles augmentent de densité du cristallin jusqu'au fond de l'œil, doivent être supposées augmenter aussi en force dispersive, ce qui n'a rien d'ailleurs d'invraisemblable. Au reste, tous les calculs que M. Vallée applique à ses hypothèses offrent, comme calculs d'application, d'heureux types et de bons modèles à suivre dans l'emploi des calculs pratiques qui ne sont pas moins importants que l'expérience même pour le progrès des sciences d'observation.

» Votre Commission s'est vue arrêtée dans l'appréciation du travail de M. Vallée, par le manque de démonstration de l'hypothèse fondamentale sur laquelle tout repose, savoir, que l'humeur vitrée augmente beaucoup de force réfringente et dispersive de la partie antérieure à la partie postérieure. L'auteur a constamment refusé de s'assurer positivement, par une expérience directe, de la vérité de cette assertion , malgré le peu de difficulté de cette détermination expérimentale et l'indispensable nécessité de cette donnée pour éclairer le jugement de la Commission sur l'hypothèse fondamentale. Dans cet état de la question, votre Commission déclare ne pouvoir se prononcer, faute de preuves suffisantes, sur le mérite du Mémoire de M. Vallée. En conséquence, elle propose à l'Académie de remercier M. Vallée de ses communications, de l'engager à continuer ses travaux, et surtout à les compléter par la détermination expérimentale du pouvoir réfringent et du pouvoir dispersif des diverses parties de l'humeur vitrée. »

Les conclusions de ce rapport sont adoptées.

CONCLUSION

DES DÉBATS DE L'AUTEUR AVEC M. ARAGO.

———

La commission s'est réunie le 30 mars ; mais les 6 , 13 et 20
avril, il n'était plus question de rien. D'après les renseignements
qui nous avaient été donnés par plusieurs de MM. les commissaires, nous avons écrit , le 20, la lettre suivante à l'Académie :

« MONSIEUR LE PRÉSIDENT,

» Si je suis bien informé , la commission chargée de l'examen
» de mon quatrième Mémoire sur la théorie de l'œil s'étant as-
» semblée le 30 mars, un de messieurs les commissaires aurait
» eu l'idée de prendre, sur des animaux vivants, le liquide du
» corps vitré pour le soumettre à des expériences, et l'on aurait
» désiré que je me chargeasse de ces expériences.
» Au moment de partir pour un voyage que j'ai différé dans
» l'espoir d'obtenir mon rapport, Monsieur le Président, je ne
» puis rien changer à mon travail , tel qu'il est dans les épreuves
» d'impression que j'ai remises à M. Babinet en janvier dernier.
» Si le rapport ne peut pas être lu à la séance du 27 de ce mois ,
» je serai obligé d'y renoncer.

» J'ai l'honneur, etc. »

Après la lecture de cette lettre, M. Arago a dit que la commission se réunirait le 27, et il a prononcé quelques mots sur notre refus de faire les expériences. M. Babinet était présent : il a gardé le silence.

Ce silence nous a fait perdre tout espoir d'obtenir notre rapport. Nous avons hâté notre publication , et il est tout naturel que les pages précédentes se trouvent empreintes du mécontentement que nous éprouvions.

Cependant le 27 (V. le compte rendu), M. Magendie a pris la parole pour annoncer que la commission avait achevé son travail, et que le rapport serait présenté dans la séance suivante. Nous avons dû, en conséquence , arrêter l'impression de cette notice sur la conclusion de nos débats.

Après la lecture du rapport, à la séance du 4 mai, MM. Liouville, Arago, Roux, Babinet, Serres, Magendie, Sturm et Flourens ont pris la parole.

Un des orateurs a dit que les expériences qui nous avaient été demandées étaient d'une plus grande utilité que les calculs. M. Arago qui, selon nous, s'est montré tout à fait impartial, a répondu que les calculs avaient une haute importance , et que les expériences les confirmeraient probablement.

Plusieurs des orateurs ont exprimé qu'il était fort difficile d'opérer sur le corps vitré, lequel suivant l'un d'eux ne semble pas devoir être homogène. M. Arago qui, sur ce point, n'avait pas suffisamment étudié la matière , a repris la parole pour expliquer comment on pouvait très-bien mesurer les indices au moyen d'un microscope (V. le n° 185), ou bien en faisant des prismes avec des morceaux d'humeur vitrée pris en avant, au milieu et en arrière de cette humeur.

Il suppose évidemment que le liquide du corps vitré et le corps vitré lui-même peuvent être considérés comme une seule et même chose : cela n'est pas (583). Il pense que les opérations faites sur le mort donnent des indices applicables au vivant, ce qui n'est nullement présumable (186, 187, 470). Il admet qu'on peut faire des prismes d'humeur vitrée sans que le liquide libre dans les cellules s'en échappe, et à cet égard il est dans une complète erreur. Il croit qu'on peut aisément faire les expériences directes, et tout au contraire ces expériences (supposé qu'il faille opérer sur le corps vitré et non sur le liquide qu'il contient) sont très-difficiles : c'est ce que MM. Roux et Serres ont parfaitement fait sentir. Enfin, M. Arago se figure que les expériences directes doivent être décisives, et c'est méconnaître l'action des forces vitales, qui sont susceptibles de produire dans le vivant des effets tout particuliers (191, 587).

M. Babinet a parlé dans le même sens que M. Arago.

M. Sturm a dit que, d'après son mémoire, le faisceau des rayons reçus dans l'œil n'a pas la forme que les physiciens ont admise, et que la formule dont nous nous sommes servi (115) ne doit plus être appliquée (715-735).

Suivant un de MM. les orateurs, la commission aurait pu faire les expériences elle-même : on a répondu que c'était à l'auteur d'opérer. Une autre opinion émise, c'est qu'on a bien fait de nous laisser l'honneur d'achever notre travail.

Après cette discussion, les conclusions du rapport ont été adoptées.

En lisant ce rapport, on est surpris de bien des choses. D'abord, on n'y voit pas cette *part de mauvais*, dont M. Arago voulait qu'on donnât le détail (V. la page LVIII   ). Ensuite on n'y trouve pas les conclusions que M. Arago avait *complétement adoptées* (V. la page LIX) ; conclusions qui ont été communiquées à MM. Pouillet et Magendie ; que M. Babinet avait écrites sous nos yeux, et dans lesquelles on demandait *l'insertion du 4e mémoire dans le recueil des savants étrangers.*

On n'y trouve rien sur les expériences optochromométriques (649 et 650); rien sur celles des yeux de lapin albinos et de bœuf (652 et 653) ; rien sur la loi des rayons virtuels normaux à la rétine (653, 654) ; rien sur l'expérience si concluante que M. Babinet a voulu vérifier (V. la page 207 et les nos 672 et 673) ; rien sur les images réfléchies et réfractées (658-670) ; rien sur la théorie de M. Sturm (716-735) ; rien sur le phénomène relatif à l'occultation des étoiles par la lune (744-747), objet que M. Arago, à l'occasion de la note que nous avons présentée sur ce phénomène à la séance du 3 novembre 1845, signalait comme ayant de l'intérêt ; etc., etc.

Nous avions cependant écrit notre résumé (623-714) en partie afin de donner, dans le 4ᵉ mémoire, assez de détails sur ces diverses matières, pour que la publication des mémoires précédents ne s'opposât point à ce qu'on rendît le rapport entièrement complet, quant à ces matières.

Nous n'en devons pas moins de sincères remercîments à la commission. Elle voulait être juste; les difficultés étaient grandes, et elle a dû se trouver heureuse, ainsi que nous, en voyant le rapport, rédigé d'ailleurs avec beaucoup de convenance, de M. Babinet.

Mais il nous sera permis de faire voir, sans blesser ni l'Académie ni la commission, que M. le rapporteur a très-mal instruit l'affaire. A cet effet, nous allons examiner les quatre objections que soulèvent les deux premières phrases du dernier alinéa du rapport.

1° *Le manque de démonstration de l'hypothèse fondamentale.* Nous renvoyons sur ce point à la table de la page 432. Il nous semble que les numéros auxquels cette table renvoie contiennent ensemble, non pas la preuve directe, mais la justification physique de cette hypothèse.

2° *Le refus constamment fait de nous occuper d'une expérience directe.* Le temps nous manquait absolument pour entrer dans cette nouvelle voie, et il est aisé de comprendre qu'il en fallait beaucoup pour se procurer les instruments, choisir les lieux où l'on pouvait opérer, se réunir aux personnes dont le concours était nécessaire, examiner les faits, les soumettre aux vérifications de MM. les commissaires, etc., etc. De plus, nous avons fait nous-même, sur des yeux de bœuf, il y a 25 ans (V. le n° 185), cette expérience directe, et nous regrettons que M. Babinet ne se la soit pas rappelée. Celle qu'on propose aujourd'hui, avec du liquide pris sur des animaux vivants, est certainement très-intéressante, et, bien qu'elle puisse ne pas être décisive, nous la ferons si personne ne l'entreprend; mais nous désirerions, dans l'intérêt de la science, que des physiciens plus à même que nous de la faire prochainement voulussent bien s'en charger. Enfin, nous ferons remarquer que M. Babinet ne nous a fait de la part de la commission aucune espèce de demande, et que la mention d'un prétendu *refus* CONSTAMMENT

FAIT est toute gratuite. Nous ajouterons que M. Magendie, qui a bien voulu nous indiquer l'expérience dont il s'agit, en nous offrant sa précieuse coopération pour nous en occuper, ne nous en a pas parlé au nom de la commission, mais en son nom seul, comme d'une chose utile qui devait nous être agréable.

3° *Le peu de difficulté de l'expérience.* Que M. Arago croie que l'expérience est facile, cela prouve seulement qu'on peut connaître à fond les théories les plus ardues et ne pas savoir de certaines choses dont l'étude est fort simple. Que M. Arago, répondant à un de ses collègues, croie qu'il entend la question mieux que personne, c'est une nouvelle preuve de l'habitude qu'il a d'être trop sûr de son savoir. Mais, que M. le rapporteur qui a dû lire l'ouvrage, qui l'a examiné dans nos diverses conférences, partage les mêmes erreurs, c'est ce qui surprend davantage.

M. Babinet était sans doute bien las de notre affaire; après tout ce qui s'était passé, il ne pouvait plus s'en entretenir avec nous, et il a probablement rédigé à la hâte la fin malencontreuse de son rapport.

4° *L'indispensable nécessité de l'expérience directe.* Oui, l'expérience directe sur le vivant même, si elle était faisable (et elle ne le sera jamais), serait une expérience excellente; mais est-elle d'une *indispensable nécessité?* Non. A défaut d'expériences directes possibles, les calculs et les expériences indirectes servent à l'établissement des doctrines, et M. Babinet se serait probablement trouvé satisfait de notre travail, s'il avait été dans une situation plus heureuse.

Au surplus, ce qu'il dit de l'objet principal de nos recherches est très-satisfaisant, et s'il avait retranché de son rapport le passage relatif aux expériences, nous n'aurions eu à faire aucune sorte de réclamation. Si, d'un autre côté, la réponse de M. Arago à notre lettre fâcheuse, mais nécessaire du 10 mars, avait été plus conciliante, et si l'on n'avait pas inséré dans le rapport les douze premières lignes du dernier alinéa, nous n'aurion pas reproduit cette lettre qui n'était connue que d'un petit nombre de personnes. Mais, la réponse verbale, et surtout la pièce n° 2, nous semblent si injustes, et si propres, venant de M. Arago, à induire un nombreux public en erreur, que nous avons dû nous défendre, auprès de nos lecteurs, en usant des armes que fournissait la discussion.

Nous aimons à croire, d'ailleurs, que la publication d'une légitime défense n'amènera pas M. Arago, dont le temps est précieux, à s'occuper de la polémique *piquante* dont il nous a menacé. Laissant de côté les démêlés personnels, il voudra probablement, comme dans la séance du 4 mai, ne voir les choses que du point de vue de la science, et nous devons désirer que son exemple soit suivi. Mais, on ne peut pas se dissimuler que sa note rapportée page LIII, n'ait été pour ses amis le signal d'une guerre où déjà plusieurs journaux nous ont vivement maltraité. Pour que cette guerre cesse, il ne suffit pas que M. Arago s'arrête, il faudrait encore que, par des paroles formelles, il rappelât dans la voie de la justice et du progrès les personnes qu'il a égarées.

P. S. Arrivé au bout de notre tâche, nous allions écrire à M. le président de l'Académie pour obtenir la rectification des erreurs du rapport; nous nous arrêtons devant la crainte de prolonger ces débats.

Veuillez examiner le n° 185, pourrions-nous dire, et vous verrez que nous avons fait une expérience directe. Elle ne décide rien : mais ce n'est pas de notre faute ;

Veuillez examiner les n°s 43, 214, 232, 245, 276 et 434, vous y verrez six expériences indirectes qui nous sont favorables ;

Veuillez examiner les n°s 37, 41, 108, 165, 184, 236, 276, 441, 469 *bis*, 579, 580, 599—607 et 743, vous y verrez quatorze faits de Physique, de Physiologie, de calcul et de Géométrie, qui achèvent d'établir notre hypothèse :

En présence de citations si faciles à vérifier que répondrait M. le rapporteur ?

Il est évident qu'il aurait à faire mettre dans le compte rendu :

Je déclare que je me suis trompé, en disant que l'hypothèse fondamentale de M. Vallée n'était nullement justifiée, et qu'il n'avait fait aucune expérience.

Nous ne demanderons pas cette déclaration. Avec le temps viendront les occasions de la faire, et nous nous confions à cet égard à M. Babinet qui aime la science, et à M. Arago, dont le talent et le zèle s'unissent si souvent pour la vulgariser.

THÉORIE DE L'OEIL.

PREMIER MÉMOIRE;

PRÉSENTÉ A L'ACADÉMIE DES SCIENCES, LE 23 JUILLET 1832.

LIVRE PREMIER.

DESCRIPTION DE L'OEIL.

CHAPITRE PREMIER.

DU GLOBE OCULAIRE.

1. Le globe oculaire, débarrassé des chairs et des graisses qui l'environnent, est, ainsi qu'on le voit par les figures 1, 2 et 3, d'une forme à peu près sphérique. Pl. 1. Fig. 1, 2 et 3.

2. En arrière, la peau qui le termine est épaisse, dure et opaque. On a donné à cette peau le nom de *sclérotique* ou de cornée *opaque*; cette dernière dénomination vient de ce que, par sa solidité et son opacité, elle ressemble à de la corne. Elle enveloppe toute la partie *yabx* de Fig. 2. l'organe, et son épaisseur diminue de *r* en *x*, et de *r* en *y*.

3. En avant, l'enveloppe *mdn* de l'œil est transparente; on lui donne le nom de *cornée*, et quelquefois celui de *cornée transparente*, afin qu'elle ne soit pas confondue avec la cornée opaque. C'est un segment de sphère

d'un rayon plus petit que celui de la partie postérieure du globe oculaire. Elle diminue d'épaisseur de la circonférence au centre.

Pl. 1.
Fig. 2.
4. L'intérieur de l'œil se divise en trois grands espaces : le premier, situé sur le devant de l'œil, entre la cornée *mdn* et le corps solide *t*Q*s*P ; le second, occupé par le corps *t*Q*s*P, et le troisième, situé entre ce corps et la partie *yabx* de la sclérotique.

5. Le premier espace est rempli par un liquide semblable à de l'eau, et qui par cette raison reçoit le nom d'*humeur aqueuse*. D'après M. Berzelius, 100 parties de ce liquide fournissent à l'analyse 98.10 d'eau ; 1.15 de muriates et lactates ; 0.75 de soude, et un peu d'albumine (*a*). Pendant la vie il se reproduit avec la plus grande facilité (*b*).

6. Le corps solide *t*Q*s*P, qui est d'une admirable transparence et d'une forme très-régulière, s'appelle le *cristallin*.

7. Le troisième espace, ou l'espace postérieur *x*Q*s*P*yabx*, contient une substance qui a l'apparence du verre fondu, et qu'on nomme le *corps vitré*, ou l'*humeur vitrée*.

8. Entre la cornée et le cristallin se trouve une cloison plane et très-mince *ozuv* percée d'un trou central *zu* à peu près circulaire. Cette cloison vue du dehors présente de belles couleurs qui lui ont fait donner le nom d'*iris*. Ce sont ces couleurs qui distinguent les yeux bleus, les yeux gris et les yeux bruns. En arrière, c'est-à-dire du côté de la sclérotique, l'iris est noir. Le trou central de cette membrane s'appelle la *prunelle* ou la *pupille*. Dans un œil ordinaire bien constitué la prunelle est noire, parce

---

(*a*) *Physiologie* de M. Magendie, t. Ier, p. 47.
(*b*) *Anatomie descriptive* de M. J. Cloquet, t. II, p. 252.

qu'il n'y a dans l'intérieur d'un tel œil, comme on le verra
plus loin, que des substances très-transparentes ou noires (c).
Elle se dilate ou se contracte, selon que l'iris lui-même se
contracte ou se dilate ; selon que les objets regardés, toutes
choses d'ailleurs égales , sont éloignés ou proches , vivement ou faiblement éclairés. C'est ce qu'il est facile
d'observer.

9. L'iris sépare l'espace compris entre la cornée et le
cristallin en deux parties. Celle qui existe entre la cornée
et l'iris s'appelle *chambre antérieure* , et l'autre située
entre l'iris et le cristallin *chambre postérieure*.

La chambre antérieure est tapissée, suivant quelques anatomistes, par une membrane qui est connue sous le nom
de *membrane de l'humeur aqueuse*.

10. La chambre postérieure, dans l'intervalle existant
depuis le cristallin jusqu'à la sclérotique , est terminée Pl. 1.
par une couronne circulaire de fibres *cx*, *cy*, formant ce Fig. 1.
qu'on appelle le *corps ciliaire*. Ces fibres, représentées au
moyen de hachures sur la fig. 6 , rayonnent vers le centre
de la couronne, et portent le nom de *procès ciliaires*. Du
côté intérieur elles adhèrent avec les membranes qui en-
ferment le cristallin. A l'extérieur elles sont adhérentes à
la choroïde et à la sclérotique. Leurs extrémités externes
sont tournées les unes vers la partie antérieure de l'œil, et
les autres vers la partie postérieure, de manière à laisser
entre elles, du côté de la choroïde, un petit triangle *a* qui Fig. 0
produit un canal prismatique à trois pans appelé *canal de
Fontana*. Les anatomistes, ainsi qu'on peut en juger par
les fig. 2 et 3 , sont d'ailleurs peu d'accord entre eux sur
l'existence de ce canal et sur les dispositions fibreuses qui
donnent dans le corps ciliaire ce qu'ils appellent le *liga-
ment ciliaire*, les *proj ciliaires*, le *cercle ciliaire*, et la

---

(c) Il en est autrement pour les yeux d'animaux albinos (27).

couronne ciliaire (*d*). Il nous suffira de savoir que les procès ciliaires forment la cloison qui termine la chambre postérieure autour du cristallin, et qu'ils fixent la position de ce corps.

Quant au cristallin et au corps vitré, ce sont des corps d'une organisation particulière, nous nous occuperons de ces corps dans le chapitre qui suit.

11. En arrière du corps vitré et en deçà de la sclérotique, on trouve deux membranes très-remarquables.

La première est extrêmement mince, opaque, dure et colorée; on l'appelle la *choroïde*. Elle tapisse la sclérotique et elle est enduite d'une substance noire, espèce de *membranule* ou de *pigmentum*, ressemblant à du noir de fumée qui colore aussi la couronne ciliaire, du côté du corps vitré, et l'iris du côté du cristallin, de sorte que toutes les surfaces de l'intérieur de l'œil se trouvent d'un no charbonneux très-intense.

12. La seconde se nomme la *rétine ;* elle est appliquée sur la substance noire qui recouvre la choroïde; elle est molle et transparente, et c'est sur elle qu'on suppose que se peint l'image qui nous sert à voir les objets. On verra plus loin (86) que c'est en arrière de la rétine que cette image existe.

13. La choroïde n'est pas seulement superposée sur la sclérotique, elle lui est unie par des filets nerveux et par des veines qui passent par des petits trous percés dans ces deux membranes.

Quant à la rétine, elle n'adhère ni au *pigmentum nigrum*, ni au corps vitré.

14. Au fond de l'œil, cette dernière membrane présente

(*d*) Voyez la *Physiologie* de M. MAGENDIE, t. Iᵉʳ, p. 51; l'*Anatomie descriptive* de M. CRUVEILHER, t. III, p. 454, et la *Physiologie* de M. ADELON, t. Iᵉʳ, p. 409.

un petit trou qu'on appelle le *trou central de la rétine*, et autour de ce trou une tache d'un jaune assez foncé chez les adultes. C'est Sœmmering qui, le premier, a remarqué ce trou et cette tache.

15. La choroïde, du côté du nez et dans le plan horizontal, mené par le centre de l'œil, présente un trou circulaire qui correspond à un autre trou, ou plutôt à une multitude de petits trous existants dans la sclérotique (*e*). Pl. 1. C'est par ces trous, indiqués fig. 1, à droite et au-dessous Fig. 1. de la lettre *n*, que le nerf CD, appelé *nerf optique*, com- et munique avec la rétine, laquelle, en avant du trou de la Fig. 2. choroïde, forme dans l'intérieur du globe oculaire une pe- tite saillie représentée en *n* sur la fig. 1 et en C sur les fig. Fig. 1, 2 et 3.   2 et 3.

Les deux nerfs optiques correspondants aux deux yeux viennent se réunir vers le cerveau, comme on le voit pl. I, fig. 5.   Fig. 5

16. La droite *dh*, qui est considérée comme normale à Fig. 2. toutes les surfaces qu'elle rencontre dans l'œil, et qui passe par le trou central *h*, est ce qu'on nomme *l'axe de l'œil* et plus souvent *l'axe optique*.

D'après cette définition, il est censé que la normale en *d* à la cornée coïncide avec cet axe (*f*).

17. Six muscles adaptés à l'œil agissent sur cet organe et servent à changer ses directions. Sur ces six muscles, il y en a quatre qu'on appelle *droits*, et qui se distinguent en *supérieur*, *inférieur*, *externe* et *interne*, et deux qu'on

---

(*c*) *Traité d'anatomie*, par M. H. CLOQUET, t. II, p. 242. Quelques auteurs appellent *lame criblée* la petite portion circulaire de la sclérotique dans laquelle sont les trous dont il s'agit.

(*f*) On verra par la suite que la normale en *d* est l'axe de révolution de la surface antérieure de la cornée. C'est cet axe de révolution, considéré hors de l'œil et dans l'œil, qui recevra expressément, à moins d'observation contraire, le nom d'axe optique.

appelle *obliques*, l'un *inférieur* et l'autre *supérieur*. Nous décrirons ces muscles chacun en particulier dans le livre VII.

Pl. 1.
Fig. 1
et
Fig. 6.

18. La peau fine de la face se développe sur les paupières, vient les tapisser en dedans, et retourne sur elle-même en *bad* et *grf*, fig. 1, et en *b'a'd'*, fig. 6, pour s'appliquer sur la cornée transparente à laquelle elle adhère et qu'elle recouvre entièrement. Cette peau, dans toute la partie qui appartient à l'œil, prend le nom de *conjonctive* (g).

19. L'œil est enfermé dans une cavité osseuse assez irrégulière et dont la figure, change d'un individu à l'autre. Cette cavité est ce qu'on appelle *l'orbite*.

Il s'appuie au fond de l'orbite et latéralement sur les muscles dont il vient d'être question (17), et sur des tissus graisseux d'une consistance demi-molle.

20. En haut et en dehors il supporte la *glande lacrymale*, dont l'objet est de secréter les larmes qui, en humectant continuellement la conjonctive, lui donnent l'éclat brillant au moyen duquel les moindres mouvements du globe oculaire sont visibles (h).

21. Pour que cet éclat, ou plutôt le poli qui en est la cause, s'entretienne parfaitement, les paupières, par ce qui est appelé leur *clignement*, se ferment et s'ouvrent à chaque instant, et dans ce mouvement égalisent la couche de larmes qui revêt la cornée.

Les paupières ont un second objet; elles servent en quelque sorte de rideaux destinés, pendant le sommeil et à la moindre attaque, à enfermer totalement l'œil et à le mettre à l'abri.

22. Les bords suivant lesquels se joignent les paupières, quand l'œil est fermé, sont garnis de poils appelés *cils*, courbés de manière que les corps légers, tels que la pous-

---

(g) Voyez Demours, *trad. de* Sœmmering; explication de la pl. XIII.
(h) Voyez la *Géométrie descriptive* de Monge, n° 34.

sière, ne puissent que difficilement venir toucher l'œil et l'endommager.

23. Les *sourcils* le protégent encore contre la sueur qui, quelquefois, s'écoule de haut en bas sur le front.

Le renfoncement osseux dans lequel il se trouve placé le soustrait d'ailleurs à la plupart des dangers que les chocs des corps extérieurs pourraient lui faire éprouver.

24. Les figures 2 et 3 donnent les dimensions principales de l'œil pour deux cas particuliers. Ces figures sont les coupes horizontales de deux yeux qui ont été décrits par le *Dr. Krause,* professeur d'anatomie à Hanovre (i). L'œil de la fig. 2 appartenait à une femme, et l'œil de la fig. 3 à un homme. Le Dr. Krause désigne le premier sous le N° 1 et le second sous le N° 2. Ces deux yeux ont été mesurés, ainsi que leurs diverses parties, avec un soin extrême; ils seront souvent cités dans cet ouvrage, et ils nous serviront pour l'application de beaucoup de calculs que nous aurons à faire.

Pl. 1.
Fig. 2
et
Fig. 3.

Comme tous les yeux d'hommes et d'animaux, ils présentent des formes irrégulières ; l'intérieur n'est pas sphérique à beaucoup près, les procès ciliaires, à droite et à gauche de l'axe optique, ne sont pas semblables entre eux, et la rétine elle-même, notamment dans l'œil n° 1, offre dans ses courbures de grandes inégalités. Mais les surfaces de la cornée et du cristallin, bien qu'elles diffèrent d'un œil à un autre, ont un aspect qui dénote que ces surfaces sont soumises à des lois très-rigoureuses.

25. En général, quand on veut raisonner sur la vision, on n'a aucun besoin de considérer les parties irrégulières

(i) Meckel, *Archiv für anatomie und physiologie,* 1832 ; *Remarques sur la structure et les dimensions de l'œil humain,* p. 86.

de l'œil. Dans ce cas, on ne craint pas de s'écarter de la vérité pour rendre sensibles les détails qu'on veut indiquer, et pour dessiner l'ensemble avec rapidité. C'est ainsi que les fig. 1 et 4 ont été composées. Cette dernière est celle que nous emploierons ordinairement. Les épaisseurs des membranes n'y sont pas figurées; un seul trait y indique en avant la cornée, et en arrière l'ensemble de la sclérotique, de la choroïde, du *pigmentum nigrum* et de la rétine, ce qui la rend très-simple. Quant à la première, elle représente la moitié supérieure d'un œil, avec la coupe du nez et la projection des cils et du sourcil. On a supposé que la sclérotique était une portion de sphère; que l'iris était une membrane bien plane et partout également épaisse; que les procès ciliaires avaient une même forme d'un côté et de l'autre du cristallin, et que la rétine, sauf la petite dépression qui existe à l'endroit de l'insertion du nerf optique (15), formait un grand segment de sphère.

Anatomiquement parlant, tout cela est contraire aux faits; cependant, le globe oculaire représenté fig. 1, s'accorde assez bien avec les idées générales qu'on acquiert par de nombreuses dissections, car cette figure est à peu près pareille à celle qu'on trouve sur la pl. 13 de la *traduction de Sœmmering*, par *Demours*. On peut la regarder comme offrant, en moyenne, des dimensions et des formes peu éloignées de la vérité. La fig. 6 donne sur une plus grande échelle, d'une manière un peu idéale et avec une certaine exagération, les détails qui ne pouvaient pas être bien distincts sur la fig. 1.

Quant aux mesures des principales parties de l'œil, et quant au pouvoir réfringent de ces parties, c'est l'objet des chapitres 3 et 4.

26. Les dimensions et les pouvoirs réfringents des yeux des animaux seront aussi un jour de la plus grande utilité pour approfondir la théorie de la vision. Cependant nous ne nous arrêtons pas à l'examen de beaucoup de faits très-

intéressants relatifs à ces yeux (*j*). Nous n'avons pas assez étudié l'anatomie comparée pour traiter cette matière, et d'ailleurs elle nous jetterait dans des détails immenses qui nous détourneraient de notre objet principal : c'est-à-dire de l'explication du mécanisme de l'œil humain.

27. Mais il y a une sorte d'yeux d'animaux dont nous nous occuperons fort utilement; il s'agit des yeux des animaux blancs connus sous le nom d'*albinos*.

Ces yeux, qu'un animal domestique fort commun, le lapin blanc, donne la facilité d'examiner, sont extrémement remarquables, en ce que la prunelle qui est noire chez les autres animaux, parce qu'elle ne laisse revenir vers nous que des rayons renvoyés par le *pigmentum nigrum*, est rouge chez eux. C'est que la sclérotique et la choroïde, dans ces yeux, sont transparentes, et qu'ils sont entièrement dépourvus de pigment ; de là résulte en effet que la lumière qu'ils nous renvoient par la prunelle ne peut avoir que la couleur rouge des chairs qui sont en arrière de l'œil et des veines assez nombreuses qu'il présente intérieurement dans la rétine, dans la choroïde et dans le corps vitré.

28. Selon toutes les personnes qui ont bien examiné les hommes albinos, leur vue se fatigue facilement (*k*). Il est naturel de penser que le *pigmentum nigrum* des yeux ordinaires absorbant les rayons qui, chez les albinos se réflètent en tous sens, la rétine de ces derniers est impressionnée beaucoup plus que celle des premiers.

(*j*) Voyez à cet égard l'ouvrage de M. Desmoulins, sur les couleurs de la choroïde.

(*k*) Voyez le *Dictionnaire abrégé des sciences médicales*, article LEUCE-THIOPIE, et l'*Histoire naturelle de l'homme*, par Buffon, *matières générales*, pages 322 et 326 du tome XXI, et pages 163 et 169 du tome XXII, de l'édition stéréotype.

CHAPITRE II.

DE LA CORNÉE, DU CRISTALLIN, DU CORPS VITRÉ ET DE LA TRANS-PARENCE DES MILIEUX INTÉRIEURS DE L'ŒIL.

29. CORNÉE. Il faut remarquer dans ce qu'on appelle en général la cornée, 1° la couche de larmes qui revêt la conjonctive; 2° la conjonctive; 3° la peau épaisse qui reçoit plus spécialement le nom de cornée; 4° la membrane qui renferme l'humeur aqueuse (9).

En avant, la cornée proprement dite paraît présenter un enduit muqueux défendu lui-même par un épiderme particulier. Elle n'est pas fibreuse; mais composée de lames qu'on dit être au nombre de six (a), superposées les unes sur les autres.

30. En se desséchant, la cornée prend une couleur blanche de plus en plus sensible. Quand on la comprime elle perd aussi de sa transparence; il en est de même par l'absorption des liquides dans lesquels on la plonge (b).

Pl. 1.   31. CRISTALLIN. Ce corps, représenté en $tQsP$, a la
Fig. 2. forme d'une lentille peu aplatie chez l'enfant, et dont l'épaisseur chez l'adulte est d'environ la moitié de la dimension PQ. L'axe de la lentille paraît être dirigé suivant l'axe dh de l'œil (16), et l'on admet que la génératrice de la surface extérieure est la courbe $tQsP$. Le cristallin, comme la figure le fait voir, est moins bombé en avant qu'en arrière.

32. Il se compose de couches ou enveloppes successives au centre desquelles paraît se trouver un petit noyau presque sphérique. Quand le cristallin est desséché, les

---

(a) *Traité d'anatomie*, par M. H. CLOQUET, t. II, p. 243.

(b) *Annales de chimie et de physique*, t. VIII, p. 217; *Mémoire* de M. CHOSSAT.

couches qui le forment peuvent se détacher les unes des autres par petites lames très-minces et d'une courbure bien manifeste. Une couche ayant son centre en un certain point, la couche intérieure suivante a le sien un peu plus en arrière : c'est-à-dire que, comparativement, les couches se trouvent minces en arrière et épaisses en avant ; ainsi qu'on le voit fig. 2.

33. Le cristallin est enfermé dans une membrane qu'on nomme *capsule*, qui est plus épaisse en avant qu'en arrière et à laquelle il n'adhère pas. D'après Haller, elle semble, par sa consistance, avoir de l'analogie avec la cornée (c).

34. La transparence du cristallin exposé à l'air se perd par quatre causes, 1° la compression ; 2° la diminution de température ; 3° la dessiccation ; 4° l'absorption des liquides dans lesquels on le plonge (d). En devenant opaque il prend une couleur blanche.

35. Corps vitré. Ce corps occupe environ les trois quarts postérieurs du volume de l'œil. En arrière il est à peu près sphérique et se trouve en contact avec la rétine. En avant il présente une dépression dans laquelle se loge la lentille cristalline. Au pourtour de cette lentille, le corps vitré est en contact avec la couronne ciliaire.

36. Quand on presse le corps vitré, on en fait sortir un liquide parfaitement transparent, et après l'entier écoulement de ce liquide on a entre les doigts les débris d'une membrane cellulaire appelée *hyaloïde*, dans laquelle il était renfermé. Malgré l'habileté des anatomistes on ne connaît guère la figure qu'affectent les cellules (e);

(c) *Traité d'anatomie*, par M. H. Cloquet, t. II, p. 255.

(d) *Annales de chimie et de physique*, t. VIII, p. 217 ; *Mémoire* de M. Chossat.

(e) Voyez les *Mémoires de l'Académie royale des sciences;* Denours, année 1741.

on sait seulement qu'elles communiquent les unes avec les autres, parce que si l'on en perce une, on peut, en plaçant la masse du corps vitré en dessus de l'ouverture faite, obtenir l'écoulement de tout le liquide.

Le poids de ce liquide est souvent de plus de cent grains, et la membrane hyaloïde ne se brise ni quand elle supporte ce poids, alors que toute la masse du corps vitré est déposée sur une table, ni sous la pression qu'elle éprouve quand on tient ce corps entre ses doigts.

37. Cependant, la membrane hyaloïde est d'une si grande ténuité qu'on n'a pas pu jusqu'à présent mesurer son épaisseur. Dans le corps vitré d'un animal fraîchement mort, elle est d'une transparence qui la rend absolument imperceptible. On voit suffisamment par là que c'est une pièce d'une admirable organisation.

38. Elle renferme tout à la fois le corps vitré et le cristallin. A cet effet, elle se dédouble à sa partie antérieure; une de ses parties passe en avant du cristallin, et l'autre passe en arrière.

Il résulte de l'écartement de ces deux parties sur le pourtour du cristallin un vide circulaire qu'on appelle le *canal goudronné* ou *canal de Petit*. Ce canal est engendré par le triangle curviligne *b*.

Pl. 1.
Fig. 6.

39. La membrane hyaloïde, en avant du cristallin, adhère avec la capsule. Quelques auteurs, et notamment le docteur Krause (*f*), pensent qu'elle est ouverte circulairement dans sa partie antérieure. Les fig. 1 et 6 sont construites d'après cette opinion.

Fig. 1
et
Fig. 6.

Selon M. J. Cloquet (*g*) la membrane hyaloïde se réfléchit sur elle-même à partir du point d'insertion du nerf optique (15), pour former un autre canal *mn*, qu'il

Fig. 1.

(*f*) Mémoire cité n° 24.
(*g*) *Manuel d'anatomie descriptive*, p. 284.

nomme le *canal hyaloïdien*, dirigé de l'arrière à l'avant Pl. 1.
du corps vitré.   Fig. 1

M. Jacobson assure que la membrane hyaloïde, autour du cristallin, est percée de trous par lesquels l'humeur aqueuse se trouve en communication avec le canal goudronné (*h*).

40. Le corps vitré, quand on le considère dans un œil bien frais, dont on place la partie postérieure en bas, et dont on vient d'enlever les parties antérieures et le cristallin, est d'une transparence très-belle. Mais retiré de l'œil, il présente toujours de l'opacité, ainsi qu'on l'a très-bien remarqué. M. Chossat pense que « ce phéno-
» mène tient à la présence de l'hyaloïde au milieu de l'hu -
» meur vitrée, ce qui suppose un pouvoir réfringent un
» peu différent dans ces deux milieux. Il n'en conclut
» pas que cette perte de transparence existe sur le vivant ;
» la déformation du corps vitré dans l'expérience suffit
» peut-être selon lui pour expliquer le phénomène (*i*).

41. Les physiciens, en traitant de la vision, ont admis comme une chose toute claire que ce corps était homogène. Cependant, l'organisation qu'il présente fait présumer que ses parties solides ne sont pas absolument de même nature, et l'on doit présumer aussi que le liquide renfermé dans ses cellules n'est pas le même dans toute l'étendue des circuits qu'il parcourt pour se renouveler. Les savants, au lieu d'admettre le fait prétendu de l'homogénéité du corps vitré, auraient donc dû tâcher de le justifier. C'est nous qui serons obligés de justifier, au contraire, le fait de la non-homogénéité du même corps. Il est sans doute fort surprenant que, jusqu'à nous, per-

---

(*h*) *Physiologie* de M. MAGENDIE, t. Ier, p. 49, 63 et 67.

(*i*) Ces lignes sont extraites du *Bulletin* de la Société philomatique. Voyez les *Annales de chimie et de physique*, t. VIII, p. 219.

sonne n'ait invoqué ce fait tout naturel pour rectifier une théorie dont les défauts ont singulièrement occupé les savants depuis un siècle et demi. Quoi qu'il en soit, cet ouvrage, du moins nous le croyons, portera dans les esprits l'idée que le corps vitré n'a pas l'homogénéité qui seule pourrait permettre que la lumière le traversât en ligne droite.

42. *Transparence de l'intérieur de l'œil.* Ainsi que nous l'avons déjà dit (8), si l'on observe une personne qui ait une bonne vue, on ne voit, par la prunelle de ses yeux, que la couche noire du pigment intérieur. Or, si les substances qui forment la cornée, le cristallin et le corps vitré, étaient opaques les unes ou les autres, ces corps renverraient vers l'observateur la lumière qui leur arrive de l'extérieur teinte de leur couleur propre, et la prunelle ne serait pas noire. C'est ce qui arrive pour les sujets qui sont affectés de la *cataracte*, c'est-à-dire dont le cristallin est opaque. C'est ce qui arrive aussi quand l'intérieur de l'œil contient du sang extravasé : la prunelle alors paraît rouge.

43. Lorsque l'on comprime un œil qui vient d'être extrait de son orbite, suivant ce que nous avons remarqué avec M. Magendie (*j*), la prunelle devient blanchâtre, d'où il faut conclure que la transparence de l'œil diminue sous l'influence d'une pression.

La même expérience, faite sur le vivant, bien qu'on n'emploie que des pressions très-faibles, donne le même résultat. Et c'est un fait qu'il était facile de prévoir, puisque, en pressant ou en déformant la cornée (30), le cristallin (34) et le corps vitré (40), on diminue la transparence de ces corps.

(*j*) Cette observation a été faite en 1821; elle est consignée dans la *Science du dessin*, p. 393 de la prem. édit.

44. Il faut conclure de là, nécessairement, que l'arrangement des parties qui composent la cornée, le cristallin et le corps vitré, est essentiel à la transparence de l'intérieur de l'œil.

Nous ne dirons rien des densités plus ou moins grandes que présentent ces différentes parties. Ces densités n'ont d'importance qu'à cause des angles successifs sous lesquels les rayons lumineux sont brisés en traversant l'œil, et ces angles s'obtiennent au moyen des indices de réfraction qui sont l'objet du chapitre 4.

CHAPITRE III.

DES DIMENSIONS DE L'ŒIL ET DE SES PARTIES, ET DE LA COURBURE DES SURFACES QU'IL PRÉSENTE, D'APRÈS LE Dr KRAUSE.

NOTA. Les mesures que nous empruntons au recueil allemand de Meckel (a), sont données en lignes. Nous supposons que la ligne employée par le Dr Krause est la ligne qu'on appelait nouvelle en France à l'époque où il a écrit; cette ligne, égale à $2^{mm}.3148$, est la 432e partie du mètre.

45. Le docteur Krause, comme nous l'avons déjà dit (24), a décrit deux yeux, n° 1 et n° 2, représentés fig. 2 et fig. 3 ; il en a mesuré les différentes parties avec de très-grands soins, et il a déterminé les courbures de leurs surfaces.

Avant lui, beaucoup d'autres anatomistes, et notamment Petit et Sœmmering, s'étaient occupés du même objet. Mais M. Krause ayant donné les dimensions spéciales de deux yeux, et non pas des dimensions prises en moyenne d'après plusieurs yeux, et ses observations étant

Pl. 1.
Fig. 2
et 3.

(a) Voyez la note (i) du n° 24.

récentes et ayant été faites avec de très-bons microscopes, son travail nous paraît être de beaucoup supérieur à tout ce qu'on avait avant lui. Ce sont en conséquence ses mesures que nous allons donner.

46. DIMENSIONS PRINCIPALES *de l'œil et de ses parties.* Voici le tableau de ces dimensions:

INDICATIONS DIVERSES.	OEIL No 1.		OEIL No 2.	
	lignes.	millimètr.	lignes.	millimètr.
1° *Dimensions du globe oculaire.*				
Diamètre dirigé dans le sens de l'axe optique	10. 20	23. 6111	10. 90	25. 2314
Diamètre horizontal perpendiculaire à l'axe optique.	10. 80	25. 0000	11. 25	26. 0416
Diamètre vertical	10. 10	23. 3796	10. 80	25. 0000
2° *Épaisseurs dans la direction de l'axe optique.*				
Cornée transparente.	0. 50	1. 1574	0. 40	0. 9259
Humeur aqueuse.	1. 10	2. 5463	1. 20	2. 7778
Cristallin.	3. 10	7. 1759	2. 00	4. 6296
Corps vitré..	4. 80	11. 1111	6. 65	15. 3935
Rétine et choroïde	0. 10	0. 2315	0. 10	0. 2315
Sclérotique..	0. 60	1. 3889	0. 55	1. 2731
TOTAUX.	10. 20	23. 6111	10. 90	25. 2314
3° *Épaisseurs des diverses parties du cristallin (b).*				
Couche molle antérieure.	0. 90	2. 0833	0. 90	2. 0833
Couche moyenne antérieure.	0. 55	1. 2732	»	»
Noyau.	0. 90	2. 0833	0. 90	2. 0833
Couche moyenne postérieure.	0. 45	1. 0417	»	»
Couche molle postérieure.	0. 30	0. 6944	0. 20	0. 4630
TOTAUX	3. 10	7. 1759	2. 00	4. 6296
4° *Dimensions diverses.*				
Diamètre du cristallin.	4. 00	9. 2593	4. 10	9. 4907
Diamètre du trou du nerf optique dans la choroïde.	0. 09	0. 2083	»	»
Hauteur de l'éminence du nerf optique sur la rétine.	0. 30	0. 6944	0. 20	0. 4630
Distance comprise entre le point central de cette éminence et l'extrémité de l'axe optique sur la choroïde.	1. 50	3. 4722	1. 60	3. 7037
Distance de la partie antérieure de la cornée à l'iris.	1. 50	3. 4722	1. 40	3. 2407
Diamètre de la pupille.	2. 10	4. 8611	1. 80	4. 1667

(*b*) On n'a pas trouvé dans l'œil n° 2 la couche de moyenne consistance que présentait l'œil n° 1.

47. Le mémoire du docteur Krause étant écrit en allemand, il nous a souvent été difficile de comprendre bien ses indications et quelquefois nous avons été jeté dans l'embarras par des erreurs qu'il nous paraît avoir commises.

Il dit, par exemple, que l'épaisseur de la rétine dans l'œil n° 1 est de 0.1389, et que celle de la choroïde est de 0.1157, ce qui donnerait 0.2546 pour ces deux membranes; or, nous n'avons porté que 0.2315, parce que la somme des épaisseurs, suivant l'axe optique, aurait été plus grande que le diamètre obtenu 23.6111.

48. En ce qui concerne le cristallin, si nous avons bien entendu ce que M. Krause a écrit, il commet une autre erreur. En effet, il porte l'épaisseur de la partie antérieure de la capsule à $\frac{1}{}$ de ligne, ou 0.03858, et il dit qu'en arrière elle est moindre : mais ne fût-elle que de 0.02315, ce serait en total 0.0625; et comme il porte l'épaisseur de la demi-lentille antérieure à 3.0093, et celle de la demi-lentille postérieure à 4.1667, on aurait pour le cristallin revêtu de sa capsule 7.2384, tandis qu'il ne doit avoir que 7.1759, pour composer avec les autres épaisseurs la longueur totale de l'œil trouvée de 23.6111.

Si l'on fait attention que le cristallin ne peut guère être mesuré avec soin que lorsqu'il est enfermé dans sa capsule, on reconnaîtra comme une chose très-vraisemblable que les épaisseurs de cette membrane, dans le tableau donné par M. Krause, sont comprises dans les épaisseurs de la couche extérieure du cristallin. C'est ce que nous admettons.

49. Des courbures *des surfaces de la cornée et du cristallin*. Le Dr. Krause donne, dans son mémoire, les tableaux des abscisses et des ordonnées qu'il a mesurées pour parvenir à la détermination des courbures des surfaces de l'œil rencontrées par l'axe optique, et il applique à la cor-

née et aux surfaces extérieures du cristallin le procédé de
M. Chossat (c).

Ce procédé consiste, comme on sait, à déterminer plusieurs points d'une courbe au moyen de leurs coordonnées,
et à chercher empiriquement la section conique qui
approche le plus de passer par ces points.

Et cette courbe pour chaque surface réfringente de l'œil
devant être l'intersection de cette surface et d'un plan passant par l'axe optique, on prend cet axe pour l'un des axes
OX, OY des abscisses ou des ordonnées, et le point A correspondant de la courbe est un des sommets de la section
conique cherchée.

Cela posé, les coordonnées des points A, M, M', M'' etc.,
étant connues, on juge à l'inspection que telle section
conique dont le sommet serait en A approcherait de passer par ces points. On écrit l'équation de cette section ; on
calcule ses ordonnées pour les abaisses OP, OP', OP'', etc.
des points M, M', M'', etc. ; on prend les différences de
ces ordonnées avec les ordonnées respectives PM, P'M',
P''M'', etc., qui ont été mesurées pour les points M, M', M'',
etc. ; on fait la somme de ces différences, et après avoir
essayé ainsi plusieurs courbes, on adopte comme bonne
celle qui ne donne pour cette somme qu'une quantité négligeable.

50. On suppose, d'après cela, quand on emploie le procédé qui vient d'être exposé, que les surfaces de l'œil sont
des surfaces de révolution décrites par des sections coniques,
conformément à l'opinion de M. Young (d). On verra par
la suite que nous ne partageons nullement cette opinion ;
cependant, la détermination des courbes génératrices des
surfaces de l'œil, en tant qu'elle a pour objet le calcul que

---

(c) *Annales de chimie et de physique*, année 1819, t. **X**, p. **337**.
(d) *Phil. trans.*, **1801**.

nous ferons des rayons de courbure correspondants aux sommets de ces courbes, sera résolu d'une manière suffisamment exacte par l'emploi des procédés de M. Chossat.

Nous avons en conséquence admis les principes adoptés par M. Krause; mais, par la vérification de son travail, nous avons trouvé que plusieurs des courbes auxquelles il est parvenu doivent être remplacées par d'autres courbes, qui satisfont mieux que les siennes à ces mêmes principes.

51. Quant aux surfaces des diverses couches intérieures du cristallin, le docteur Krause n'a pas pu opérer par points, selon le procédé de M. Chossat, parce qu'en enlevant successivement les couches de ce corps, quelque soin qu'on mette à ce travail, on altère la régularité des surfaces auxquelles on parvient. M. Krause a dû par cette raison se borner à prendre les mesures des demi-axes pour déterminer les sections coniques génératrices des surfaces des couches.

Pour parvenir le plus clairement possible à la détermination de ces sections, nous allons présenter d'abord le tableau des abscisses, des ordonnées et de plusieurs dimensions mesurées pour divers points des surfaces antérieure et postérieure de la cornée et du cristallin; nous donnerons ensuite les dimensions relatives aux couches de ce corps; enfin, nous nous occuperons des rayons des cercles, des paramètres des paraboles, et des demi-axes des ellipses, qui, d'après le travail de M. Krause et d'après nos rectifications, doivent être prises pour génératrices des surfaces de l'œil.

52. En ce qui concerne les abscisses et les ordonnées, on remarquera que l'origine est toujours sur l'axe optique, et que les ordonnées sont parallèles à cet axe.

La lettre x en tête des colonnes du tableau suivant indique les abscisses, et les lettres y et y' indiquent les ordonnées. La lettre y pour ces ordonnées correspond aux surfaces antérieures de la cornée et du cristallin , et la lettre y' aux surfaces postérieures des mêmes organes.

53. Voici en lignes et en millimètres le tableau dont il s'agit :

INDICATIONS DES SURFACES.	ŒIL N° 1.						ŒIL N° 2.					
	x		y		y'		x		y		y'	
	lig.	mill.	lig.	mill.	lig.	mill.	lig.	mill.	lig.	mill.	lig.	mill.
Surfaces antérieure et postérieure de la cornée.	0.00	0.0000	1.50	3.4722	1.00	2.3148	0.00	0.0000	1.54	3.5648	0.06	0.1389
	0.50	1.1574	1.45	3.3565	0.95	2.1991	0.75	1.7361	»	»	0.97	2.2454
	1.00	2.3148	1.35	3.1250	0.80	1.8519	1.00	2.3148	»	»	0.90	2.0833
	1.50	3.4722	1.20	2.7778	0.60	1.3889	1.25	2.8935	»	»	0.80	1.8519
	2.00	4.6296	1.00	2.3148	0.30	0.6944	1.50	3.4722	1.26	2.9167	0.70	1.6204
							1.75	4.0509	1.17	2.7083	0.55	1.2732
							2.00	4.6296	1.04	2.4074	0.42	0.9722
							2.25	5.2083	0.94	2.1759	»	»

Nota. Les valeurs de y et y' qui manquent pour l'œil n. 2 n'ont pu être observées.

INDICATIONS DES SURFACES.	ŒIL N° 1.						ŒIL N° 2.					
	x		y		y'		x		y		y'	
	lig.	mill.	lig.	mill.	lig.	mill.	lig.	mill.	lig.	mill.	lig.	mill.
Surfaces antérieure et postérieure du cristallin.	0.00	0.0000	1.30	3.0093	1.80	4.1667	0.00	0.0000	0.85	1.9676	1.15	2.6620
	0.50	1.1574	1.24	2.8704	1.70	3.9352	0.50	1.1574	0.82	1.8981	1.10	2.5463
	1.00	2.3148	1.10	2.5463	1.50	3.4722	0.75	1.7361	0.79	1.8287	1.03	2.3843
	1.50	3.4722	0.75	1.7361	1.10	2.5463	1.00	2.3148	0.73	1.6898	0.93	2.1528
							1.25	2.8935	0.65	1.5046	0.80	1.8519
							1.50	3.4722	0.55	1.2732	0.65	1.5046
							1.75	4.0509	0.38	0.8796	0.47	1.0880

INDICATIONS DES SURFACES.		ŒIL N. 1.		ŒIL N. 2.	
		lig.	mill.	lig.	mill.
Surfaces antérieure et postérieure du cristallin dépouillé de la couche molle.	Diamètre de la couronne	3.20	7.4074	»	»
	Épaisseur de la demi-lentille antérieure . .	0.90	2.0833	»	»
	Épaisseur de la demi-lentille postérieure. .	1.00	2.3148	»	»
Surfaces antérieure et postérieure du noyau.	Diamètre de la couronne.	2.00	4.6296	2.60	6.0185
	Épaisseur de la demi-lentille supérieure . .	0.40	0.9259	0.37	0.8565
	Épaisseur de la demi-lentille postérieure. .	0.50	1.1574	0.53	1.2269

Nota. La couche moyenne , comme on l'a déjà dit (46), manquait dans l'œil u. 2.

54. On voit que pour les surfaces de la couche moyenne et du noyau du cristallin, ce tableau, par les raisons exposées n° 51, ne présente pas les données nécessaires pour employer le procédé dû à M. Chossat. Pour obvier à cet inconvénient nous supposerons que ces courbes sont des

demi-ellipses ayant pour demi-petits axes, situés dans la direction de l'axe optique, les épaisseurs des demi-lentilles antérieure et postérieure, et pour grands axes les diamètres des couronnes. Le demi-grand axe étant a, et le demi-petit axe étant b, les valeurs de a et b, pour chacune de ces courbes, se déduiront immédiatement du tableau précédent. Elles sont rapportées dans le tableau qui suit.

Quant aux courbes génératrices des surfaces de la cornée et du cristallin, les résultats du docteur Krause sont ceux que nous avons adoptés, sauf deux exceptions que nous allons discuter; elles sont relatives aux surfaces antérieures de la cornée et du cristallin, pour l'œil n° 1.

55. *Surface antérieure de la cornée de l'œil n° 1*. Le docteur Krause trouve pour génératrice de cette surface le cercle dont le rayon est 9.3785. Le rayon 8.6806 nous paraît préférable. En effet la somme des différences (49) correspondantes au premier rayon est de $+0.3931$, tandis que pour le second elle n'est que de -0.0139. De plus, avec le rayon 8.6806 les coordonnées des points les plus rapprochés de l'axe, points les plus importants, s'accordent mieux qu'au moyen du rayon 9.3785 avec les ordonnées observées.

56. *Surface antérieure du cristallin de l'œil n° 1*. La courbe adoptée par M. Krause, pour cette surface, est l'ellipse dont le demi-axe situé sur l'axe optique égale 3.8898, et qui a 2.084 pour second demi-axe. En prenant pour abscisses les ordonnées du tableau précédent, et réciproquement, on trouve que la somme des différences des ordonnées calculées et des ordonnées observées est pour cette ellipse de -0.1354. Et si l'on prend au lieu d'une ellipse le cercle dont le rayon est 5.4829, cette somme de différences n'est que de $+0.0002$, en même temps que pour le point observé le plus près de l'axe la

différence qui est avec l'ellipse de — 0.0984, n'est avec le cercle que de — 0.0690. Il y a donc lieu de substituer ce cercle à l'ellipse du docteur Krause.

57. *Surface postérieure de la cornée du même œil n° 1.* La parabole dont le paramètre $p = 13.0481$ est la courbe adoptée par M. Krause, comme génératrice de la surface dont il s'agit. Nous avons trouvé que le cercle dont le rayon $r = 6.9097$ donne seulement — 0.0046 pour la somme des différences des ordonnées des quatre points observés, tandis que cette somme est de + 0.1875 en adoptant la parabole. Cependant cette parabole s'ajustant mieux que le cercle dont le rayon égale 6.9097 avec les trois points les plus essentiels, ceux qui sont les plus près de l'axe, nous préférons la solution du docteur Krause à la nôtre.

58. Connaissant les courbes génératrices des surfaces de l'œil, nous avons eu à calculer les rayons de courbure de ces surfaces aux points où elles sont rencontrées par l'axe optique. Or, on sait que ces rayons de courbure, dans le cas des courbes génératrices circulaires, sont les rayons de ces génératrices; que, dans le cas des paraboles, ce sont les moitiés des paramètres, et que, dans le cas des ellipses, ce sont, pour chaque ellipse, le carré du demi-axe perpendiculaire à l'axe optique divisé par l'autre demi-axe. Ainsi, d'après la signification des lettres r, p, b, a, dans le tableau qui suit (lisez les titres des colonnes), si on appelle R le rayon de courbure au sommet, on aura,

$$\text{Pour le cercle.} \ldots \quad R = r;$$

$$\text{Pour la parabole.} \ldots \quad R = \frac{1}{2} p;$$

$$\text{Pour l'ellipse.} \ldots \quad R = \frac{a^2}{b}.$$

59. Le tableau suivant donne, avec ces valeurs de R, les

chiffres en millimètres obtenus par le docteur Krause et rectifiés par nous (*e*).

DÉSIGNATION des SURFACES RÉFRINGENTES.	RAYONS *r* des courbes circulaires.	PARAMÈTRES *p* des courbes paraboliques.	DEMI-AXES des courbes elliptiques.		Rayons de courbure au sommet, c'est-à-dire à l'extrémité de *a*.	
			b dirigé suiv. l'axe optique.	*a* dirigé perpend. à l'axe opt.	œil no 1.	œil no 2.
Antérieure de la cornée.. . .	8.6806(*)	»	»	»	+8.6806	»
	10.0750	»	»	»	»	+10.0750
Antérieure de l'hum. aqueuse	»	13.0481	»	»	+6.5231	
	»	14.2229	»	»	»	+ 7.1113
Antérieure du cristallin . . .	5.4838(**)	»	»	»	+5.4838	»
	»	»	2.1991	4.7454	»	+10 2401
Antérieure de la couche moy.	»	»	2.0833	3.7037	+6.5833	»
	»	»	»	»	»	(**)
Antérieure du noyau.	»	»	0.9259	2.3148	+5.7870	»
	»	»	0.8565	3.0092	»	+10.5732
Postérieure du noyau	»	»	1.1574	2.3148	—4.6296	»
	»	»	1.2269	3.0092	»	—7. 3812
Postérieure de la couc. moy.	»	»	2.3148	3.7037	—5.9259	»
	»	»	»	»	»	(**)
Postérieure du cristallin. . .	»	7,4262	»	»	—3.7130	»
	»	10.3982	»	»	»	— 5.1991

(*) Cet astérique indique les rayons substitués par nous aux chiffres donnés par M. Krause [55 et 56].
(**) On sait que pour l'œil numéro 2 on n'a pas pu distinguer la couche moyenne [46].

CHAPITRE IV.

SUR LES INDICES DE RÉFRACTION DES MEMBRANES ET DES HUMEURS DE L'ŒIL.

60. Nous aurons à calculer, dans les chapitres suivants, les réfractions que la lumière éprouve en passant au travers de l'œil. Or, on sait que pour toute réfraction subie

---

(*e*) Voici, en lignes, les valeurs des rayons de courbure des deux dernières colonnes; elles facilitent la comparaison de nos résultats et de ceux de M. Krause :

OEil no 1.   3.750, 2.818, 2.369, 2.844, 2.500, 2.000, 2.560, 1.604;
OEil no 2.   4.352, 3.072, 4.424, 4.568, 3.189, 2.246.

par un rayon lumineux qui passe d'une substance dans une autre substance, le sinus de l'angle d'incidence divisé par le sinus de l'angle de réfraction est un nombre constant (*a*). Nous désignerons ce nombre par *l*.

On sait aussi que si le vide est substitué à la première substance, ce nombre *l* sera ce qu'on appelle l'*indice* de la seconde substance, et que si *i* et *i'* sont respectivement les indices de deux substances, le nombre *l*, pour le passage de la lumière de la substance dont l'indice est *i* dans la substance dont l'indice est *i'*, sera donné par l'équation (*b*),

$$l = \frac{i'}{i}.$$

Donc, si l'on connaît les indices qui appartiennent à l'air et à toutes les substances de l'œil, on pourra trouver le rayon réfracté par une des surfaces de cet organe, si la direction du rayon envoyé sur cette surface est donnée.

61. Voici, d'après des observations dues principalement à M. Brewster et à M. Chossat (*c*), le tableau des indices de réfraction pour le cas du rayon blanc, ou, ce qui revient au même, pour le cas du rayon de réfrangibilité moyenne, lorsqu'il passe du vide dans chacune des substances qui intéressent la vision.

(*a*) *Physique* de M. Pouillet, t. III, p. 235.

(*b*) *Physique* de M. Pouillet, t. III, p. 257.

(*c*) Voyez la *Physique* de M. Pouillet, t. III, p. 256, et les *Annales de chimie et de physique*, année 1818, t. VIII, p. 217 et suiv.

NOMS DES SUBSTANCES.	INDICES D'APRÈS	
	M. Brewster.	M. Chossat.
Air (d)	1.000	1.000
Cornée (e)	»	1.330
Humeur aqueuse	1.337	1.338
Capsule cristalline.	»	1.350
Couche extérieure du cristallin.	1.377	1.338
Couche moyenne.	1.379	1.395
Noyau.	1.399	1.420
Corps vitré.	1.339	1.339
Cristallin entier.	1.384	»

62. Au moyen de la formule $l = \dfrac{i'}{i}$ et du tableau précé-

dent nous avons formé le tableau qui suit :

SURFACES RÉFRINGENTES.		SUBSTANCES TRAVERSÉES dans chaque réfraction.		VALEURS DE $l = \dfrac{i'}{i}$.	
Nᵒˢ des surfac.	DÉSIGNATION des surfaces.	1ʳᵉ SUBSTANCE.	2ᵉ SUBSTANCE.	OEIL Nᵒ 1.	OEIL Nᵒ 2.
OEil nᵒ 1.	OEil nᵒ 2.				

1ᵉʳ CAS, où l'on considère les couches du cristallin.

OEil nᵒ 1.	OEil nᵒ 2.	DÉSIGNATION des surfaces.	1ʳᵉ SUBSTANCE.	2ᵉ SUBSTANCE.	OEIL Nᵒ 1.	OEIL Nᵒ 2.
1	1	Antérieure de la cornée.	Air	Cornée. . . .	$\dfrac{1.330}{1.000} = 1.330$	$\dfrac{1.330}{1.000} = 1.330$
2	2	Antér. de l'humeur aqueuse. . .	Cornée.. . . .	Humeur a-queuse.	$\dfrac{1.338}{1.330} = 1.006$	$\dfrac{1.338}{1.330} = 1.006$
3	3	Antér. du cristallin.	Humeur a-queuse	Couche extérieure	$\dfrac{1.338}{1.338} = 1.000$	$\dfrac{1.338}{1.338} = 1.000$
4	»	Antér. de la couche moyenne. . .	Couche extérieure.	Couche moyenne (f). .	$\dfrac{1.395}{1.338} = 1.043$	»
5	4	Antérieure du noyau.	Couche moyenne. . . .	Noyau. . . .	$\dfrac{1.420}{1.395} = 1.018$	$\dfrac{1.420}{1.338} = 1.061$

(d) L'indice de l'air a été déterminé par Bradley et par MM. Biot et Arago ; le premier l'a trouvé de 1.000276 et MM. Biot et Arago de 1.000294. (Voyez la _Physique_ de M. Pouillet, 2ᵉ édit., t. III, p. 256 et 268).

(e) M. Brewster n'a opéré ni sur la cornée ni sur la capsule cristalline, et M. Chossat n'a point opéré sur le cristallin entier.

(f) Pour l'œil nᵒ 2, c'est la couche antérieure.

N°ˢ des surfac. OEil n° 1.	OEil n° 2.	DÉSIGNATION des surfaces.	1ʳᵉ SUBSTANCE.	2ᵉ SUBSTANCE.	VALEURS DE $l = \frac{i'}{i}$. OEIL N° 1.	OEIL N° 2.
		Suite du 1ᵉʳ cas.				
6	5	Postérieure du noyau	Noyau	Couche moyenne (g) . .	$\frac{1.395}{1.420} = 0.982$	$\frac{1.338}{1.420} = 0.9{\scriptstyle[}$
7	»	Postér. de la couche moyenne . . .	Couche moyenne. . . .	Couche extérieure. . .	$\frac{1.338}{1.395} = 0.959$	»
8	6	Postér. du cristallin.	Couche extérieure.	Corps vitré.	$\frac{1.339}{1.338} = 1.001$	$\frac{1.339}{1.338} = 1.00$
		2ᵉ CAS, *où l'on suppose le cristallin entier.*				
1	1	Antérieure de la cornée.	Air	Cornée	$\frac{1.330}{1.000} = 1.330$	$\frac{1.330}{1.000} = 1.3$
2	2	Antér. de l'humeur aqueuse. . .	Cornée	Humeur aqueuse. . . .	$\frac{1.338}{1.330} = 1.006$	$\frac{1.338}{1.330} = 1.00$
3	3	Antér. du cristallin.	Humeur aqueuse.	Corps vitré. .	$\frac{1.384}{1.338} = 1.034$	$\frac{1.384}{1.338} = 1.0$
4	4	Postér. du cristallin.	Cristallin. . .	Cristallin. . .	$\frac{1.339}{1.384} = 8.967$	$\frac{1.339}{1.384} = 0.96$
		3ᵉ CAS, *où l'on considère la capsule et les couches du cristallin.*				
1	1	Antérieure de la cornée.	Air	Cornée. . . .	$\frac{1.330}{1.000} = 1.330$	$\frac{1.330}{1.000} = 1.330$
2	2	Antér. de l'humeur aqueuse. . .	Cornée. . . .	Humeur aqueuse. . . .	$\frac{1.338}{1.330} = 1.006$	$\frac{1.338}{1.330} = 1.005$
3	3	Antér. de la capsule	Humeur aqueuse. . . .	Capsule . . .	$\frac{1.350}{1.338} = 1.009$	$\frac{1.350}{1.337} = 1.009$
4	4	Antér. du cristallin.	Capsule . . .	Couche antérieure	$\frac{1.338}{1.350} = 0.991$	$\frac{1.377}{1.350} = 1.020$
5	»	Antér. de la couche moyenne . . .	Couche antérieure	Couche moyenne. . . .	$\frac{1.395}{1.338} = 1.043$	»
6	5	Antérieure du noyau	Couche moyenne (h). .	Noyau. . . .	$\frac{1.420}{1.395} = 1.018$	$\frac{1.399}{1.377} = 1.015$
7	6	Postérieure du noyau.	Noyau. . . .	Couche moyenne (i). .	$\frac{1.395}{1.420} = 0.982$	$\frac{1.377}{1.399} = 0.984$
8	»	Postér. de la couche moyenne. . .	Couche moyenne. . . .	Couche postérieure	$\frac{1.33}{1.395} = 0.959$	»
9	7	Postér. de la capsule	Couche postérieure	Capsule . . .	$\frac{1.350}{1.338} = 1.009$	$\frac{1.350}{1.377} = 0.980$
10	8	Postér. du cristallin.	Capsule. . . .	Corps vitré. .	$\frac{1.339}{1.350} = 0.992$	$\frac{1.339}{1.350} = 0.991$

(g) Pour l'œil n° 2, c'est la couche extérieure.
(h) Pour l'œil n° 2, c'est la couche antérieure.
(i) Pour l'œil n° 2, c'est la couche postérieure.

63. Ce tableau présente trois cas : le premier, où nous faisons abstraction de la capsule, mais où nous considérons le cristallin dans ses couches ; le second, qui ne diffère du premier que parce que nous supposons le cristallin entier ; enfin, le troisième où nous tenons compte de la capsule et des couches cristallines.

64. Pour l'œil n° 1 dans ces trois cas, et pour l'œil n° 2 dans les deux premiers cas, nous avons employé les indices déterminés par M. Chossat, et pour l'œil n° 2, dans le troisième cas, nous avons eu recours aux indices qui sont dus aux travaux de M. Brewster. Nous avons d'ailleurs suppléé aux indices manquants dans les colonnes du tableau du n° 60 au moyen de ceux qui sont donnés dans l'autre colonne du même tableau.

On verra dans le chap. 7 à quelles différences de résultats conduisent ces trois cas ; ici nous nous bornons à former, pour l'état actuel de la science, le tableau des indices qui peuvent être employés dans le calcul des réfractions de l'œil.

65. Ainsi que nous l'avons dit, n° 61, ces indices sont relatifs au rayon blanc, et ils sont les moyennes entre les indices du rayon rouge et du rayon violet pour chaque substance.

Mais nous avions besoin aussi des indices de réfraction du rayon rouge et du rayon violet ; nous ne connaissions de la part des physiciens aucun travail qui eût pour objet la détermination de ces indices, et il ne nous était pas possible de nous livrer à de longues expériences pour les obtenir. Nous avons en conséquence été forcé de recourir à des moyens de calcul dont nous allons présenter l'exposé et dont on appréciera le plus ou moins de justesse. On remarquera d'ailleurs que les calculs dont il sera question par la suite ne pouvant donner que des approximations, nous n'avions pas besoin d'indices déterminés avec une grande rigueur (*j*).

66. Cela posé, Frauenhofer ayant donné la table des indices de réfraction des sept principaux rayons du spectre pour douze substances soumises par lui à des expériences très-exactes, nous la prendrons pour base de nos recherches (*k*) et nous la rapportons ci-après en réduisant le nombre des décimales à cinq et en classant les substances de manière que les indices du violet augmentent du haut au bas de la table.

(*j*) On verra même que les indices bien connus par les expériences de MM. Brewster et Chossat ne s'accordant peut-être pas avec ceux que présente le vivant, nous sommes pour le rayon blanc, comme pour les rayons rouge et violet, forcé de nous jeter dans le champ des hypothèses. Nous croyons toutefois que celles que nous admettons ne peuvent pas être bien éloignées de la vérité.

(*k*) On trouve cette table dans les traités de physique. Voyez celui de M. Pouillet, t. III, p. 309.

SUBSTANCES.	No 1. rouge.	No 2. Orangé.	No 3. jaune.	No 4. vert.	No 5. bleu.	No 6. indigo.	No 7. violet.
Eau (no 1)	1.33098	1.33171	1.33358	1.33585	1.33779	1.34126	1.34416
Eau (no 2)...............	1.33094(**)	1.33171 (*)	1.33358 (*)	1.33585 (*)	1.33782	1.34129	1.34418
Potasse.................	1.33963	1.40052	1.40281	1.40563	1.40808	1.14258	1.41637
Huile de térébenthine..........	1.47050	1.47133	1.47443	1.47835	1.48174	1.48820	1.49387
Crownglass no 13..............	1.52431	1.52530	1.52798	1.53137	1.53434	7.53991	1.54468
Crownglass.................	1.52583	1.52685	1.52959	1.53300	1.53605	1.54166	1.54657
Crownglass litt. *M.*	1.55477	1.55593	1.55908	1.56315	1.56674	1.57354	1.57947
Flintglass no 3................	1.60204	1.60380	1.60849	1.61453	1.62004	1.63077	1.64037
Flintglass no 30..............	1.62357	1.62548	1.63059	1.63736	1.64347	1.65541	1.66607
Flintglas no 23 et prisme de 45o......	1.62656	1.62945	1.63367	1.64054	1.64678	1.65885	1.66968
Flintglass no 23 et prisme de 60o.......	1.62660	1.63847	1.63367 (*)	1.64050(**)	1.64676(**)	1.65885 (*)	1.66969
Flintglass no 13..............	1.62775	1.62968	1.63504	1.64202	1.64826	1.66029	1.67106

67. En examinant cette table on remarquera,

1° Que les chiffres des colonnes verticales vont en croissant de haut en bas, sauf huit exceptions indiquées par des astérisques ;

2° Que parmi ces huit exceptions il y en a trois qui sont des décroissements et que ces décroissements, que désignent des astériques doubles, s'élèvent au plus à quatre cent-millièmes ;

3° Que les cinq autres exceptions ne donnent pas d'accroissements, ou ce qui est la même chose, ne donnent que des accroissements nuls ;

4° Que les indices dont il s'agit, relatifs au passage d'un rayon d'une certaine couleur du vide dans chaque substance, devant donner, par voie de division, les valeurs de $l = \dfrac{i'}{i}$ (60) qui sont celles dont nous avons besoin, il arrivera que d'assez grandes erreurs en différence, entre les chiffres d'une même colonne verticale, n'influeront que faiblement sur les quotients à trouver.

D'après cela, on peut voir que les indices de Frauenhofer se trouvent soumis à une certaine continuité au moyen de laquelle, par voie d'interpolation, on doit pouvoir parvenir à déterminer les indices correspondants au rouge et au violet pour des indices donnés du rayon blanc.

68. C'est l'objet des calculs que nous allons présenter et auxquels va servir le tableau suivant :

Nos.	SUBSTANCES.	INDICES du BLANC.	1/2 diff. des ind. du rouge et du violet.	INDICES du ROUGE.	INDICES du VIOLET.
1	Air.	0.00027			
2	Eau (n° 2 du tableau précédent)	1.33756	0.00662	1.33094	1.34418
3	Eau (n° 1 du tableau précédent)	1.33757	0.00659	1.33098	1.34416
4	Potasse..	1.40800	0.00837	1.39963	1.41637
5	Térébenthine.	1.48218	0.01168	1.47050	1.49386
6	Crownglass 13..	1.53449	0.01018	1.52431	1.54467
7	Crownglass..	1.53824	0.01037	1.52787	1.54861
8	Crownglass litt. *M*.	1.56712	0.01235	1.55477	1.57947
9	Flintglass n° 3	1.62120	0.01916	1.60204	1.64036
10	Flingtlass n° 30..	1.64482	0·02125	1.62357	1.66607
11	Flintglass n° 23 et prisme de 45°	1.64812	0.02156	1.62656	1.66968
12	Flintglass n° 23 et prisme de 60°	1.64814	0.02154	1.62660	1.66968
13	Flintglass n° 13.	1.64940	0.02165	1.62775	1.67105

69. Pour former ce tableau, nous avons additionné d'a-
bord les indices extrêmes, rouge et violet, de Frauenhofer ;
nous avons pris la moitié des sommes obtenues, et nous
avons eu les indices moyens, ou indices du blanc, qui
forment la troisième colonne.

Ensuite, nous avons formé les différences des indices
du rouge et du violet ; nous en avons pris la moitié, et nous
avons eu, pour chaque ligne horizontale, un chiffre que
nous avons placé dans la quatrième colonne, et qui est
tel qu'en le retranchant de l'indice du blanc on a l'indice
du rouge placé dans la cinquième colonne, ou que, en
l'ajoutant à ce même indice du blanc, la somme est l'indice du violet placé dans la sixième colonne. Ce chiffre est
le double de ce qu'on appelle la dispersion (*l*).

(*l*) *Physique* de M. Pouillet, t. III, p. 310.

70. Enfin, nous avons mis l'air, avec l'indice **0.00027** (*m*), au nombre des substances dont nous nous occupons, et la question maintenant est de compléter notre tableau, en ce qui concerne l'air, et de trouver une loi qui représente suffisamment bien les nombres de la quatrième colonne, pour que, un nombre étant donné dans la troisième, on puisse calculer les nombres correspondants des quatrième, cinquième et sixième colonnes.

Or, si l'on prend les nombres de la troisième colonne pour abscisses et ceux de la quatrième pour ordonnées, et que l'on construise les points qui se trouveront déterminés par les deux premiers chiffres de chaque ligne horizontale, on verra, 1° que les points obtenus figurent à peu près l'arc d'une hyperbole BAD, qui aurait son centre C à droite de l'axe des y, et qui serait rapportée à des axes rectangulaires dont l'un O X serait une des asymptotes de cette courbe; 2° que l'ordonnée correspondante à l'indice de l'air sera moindre que toutes les autres; 3° que cette ordonnée sera fort petite.

Pl. 1.

Fig. 8.

71. L'équation d'une hyperbole B A D, dont a et b sont les demi-axes, et qui est rapportée à ses asymptotes C X, C P, étant

$$xy = -\frac{a^2 + b^2}{4};$$

elle deviendra, en prenant pour axe des y la droite OY, perpendiculaire à l'asymptote CX, qui sert d'axe des x,

$$y^2 + \frac{2ab}{b^2 - a^2}(x - n)\,y + \frac{a^2 b^2}{b^2 - a^2} = 0,$$

(*m*) D'après ce qui est dit dans la note (*d*) de ce chapitre, nous aurions dû prendre, au lieu de ce chiffre, le chiffre **1.00028**, ou plutôt le chiffre **1.00029**; mais il n'en serait résulté que des changements presque insensibles dans nos résultats. Nous les présentons tels que nous les a fournis le chiffre **1.00027**, adopté trop légèrement.

n étant égal à O C. Or, en faisant

$$\frac{2ab}{b^2-a^2}=m;\qquad \frac{a^2b^2}{b^2-a^2}=p;$$

elle prendra la forme

$$y^2-m(n-x)y+p=0.$$

D'où il résulte que si l'on se donne trois points de cette courbe on pourra déterminer m, n et p.

72. Nous avons pris dans le tableau précédent, pour faire nos calculs, les trois points qui correspondent aux substances désignées sous les n°s 2, 7 et 11, parce que ces points, sur la figure que nous avons construite, nous ont paru être de ceux qui s'accordaient le mieux avec la loi indiquée à la vue par la courbe cherchée. Nous avons trouvé

$$m = 0.104,798\,;$$
$$n = 2.054,63\,;$$
$$p = 0.000,453,053 :$$

valeurs qui substituées dans l'équation précédente la rendent propre à notre objet , c'est-à-dire au calcul de y, lorsque l'on connaît x, ou , ce qui revient au même, au calcul des chiffres des trois dernières colonnes du tableau précédent, pour des nombres quelconques donnés dans la troisième colonne.

73. D'après cela, si nous nous donnons le nombre 0.00027, comme nous l'avons dit n° 70, pour l'indice de l'air, et si nous prenons, conformément à ce qui sera dit n° 74, les chiffres, 1.485 pour indice commun à la cornée et à l'humeur aqueuse; 1.559 pour l'indice du cristallin, et 1.485 pour celui du corps vitré, il ne s'agira que de remplacer x par ces nombres, dans la valeur

$$y = \frac{1}{2}\left\{ m(n-x)\pm\sqrt{m^2(n-x)^2-4p}\right\},$$

tirée de l'équation précédente, et l'on trouvera numériquement les valeurs de y, c'est-à-dire de la demi-différence des indices du rayon rouge et du rayon violet, pour les quatre substances dont il s'agit; d'où l'on déduira ces derniers indices (n).

74. C'est ainsi que nous avons calculé les chiffres des troisième et quatrième colonnes du tableau suivant, dans lequel nous nous sommes donné les indices du blanc 1.485, 1.559 et 1.485, tels que nous les trouverons plus loin (132).

Quant aux valeurs de l calculées dans les deux dernières colonnes de ce tableau ce sont les rapports des sinus d'incidence et de réfraction, pour les trois surfaces réfringentes qui séparent les quatre substances indiquées dans la première colonne.

SUBSTANCES.	Indices du blanc.	1/2 dif. des ind. du rouge et du violet.	Indices du rouge.	Indices du violet.	VALEURS DE l	
					rayon rouge.	rayon violet.
Air.	1.00027	0.00427	0.99600	1.00454		
					1.48198	1.48718
Cornée et humeur aqueuse . .	1.48500	0.00894	1.47606	1.49394		
					1.04866	1.05098
Cristallin entier.	1.55900	0.01111	1.54789	1.57011		
					0.95359	0.95148
Corps vitré.	1.48500	0.00894	1.47606	1.49394		

75. Nous ferons remarquer, en terminant ce chapitre, que si l'on égale à zéro le radical de l'équation qui précède, on trouvera

$$m^2(n - x)^2 = 4p,$$

(n) Il est aisé de voir que la valeur cherchée de y est celle qui correspond au signe — du radical.

ce qui, au moyen des valeurs de m, n et p du n° 71, conduit à ce résultat,

$$x = 1.95294,$$

dans lequel x est la valeur de l'abcisse Op, correspondante Pl. 1.
à l'ordonnée $p\,n$ tangente à la branche B A D de l'hyper- Fig. 8.
bole. Or, ce chiffre nous fait voir qu'on ne saurait pas
trouver, au moyen de notre hyperbole, les valeurs de y
(c'est-à-dire (69) les demi-dispersions) correspondantes à
des indices plus grands que 1.95294.

Il faut conclure de là que l'hyperbole employée, bien
qu'elle s'accorde avec les chiffres de Frauenhofer d'une
manière qui la rend tout à fait propre à notre objet, n'est
pourtant pas la courbe qui convient pour des indices
élevés.

76. Si l'on voulait opérer pour des indices sensiblement
plus grands que l'indice 1.64812 de la onzième expérience
du tableau du n. 68, il faudrait donc calculer une autre
hyperbole. Celle qui, au lieu d'être déduite des expériences n. 2, n. 7 et n. 11 (72), s'obtiendrait au moyen des expériences 'n. 1 et n. 7 et au moyen des chiffres 2.974
et $\frac{1}{2} \times 0.770 = 0.37$, qui expriment, pour le chromate
de plomb, le premier l'indice de réfraction, le second
$\frac{1}{2} \times 0.770$ la demi-dispersion (o), s'appliquerait à des données fort étendues. Nous avons préféré l'hyperbole dont le
n. 72 donne les coefficients, parce que la question pour
nous était, non pas d'avoir un moyen de solution général,
mais d'avoir des résultats bien concordants avec ceux
de Frauenhofer.

(o) *Physiologie* de M. Pouillet, t. III, p. 250 et 314.

LIVRE II.

SUR LA THÉORIE DU MÉCANISME DE L'OEIL, EN SUPPOSANT
LE CORPS VITRÉ HOMOGÈNE.

CHAPITRE V.

DE L'IMAGE QUI SE PEINT SUR LA RÉTINE.

77. Si l'on extrait l'œil d'un lapin albinos (27) ou d'un pigeon albinos fraîchement tué, et qu'avec des ciseaux on dépouille cet œil des chairs et des graisses qui y sont adhérentes, de manière que son enveloppe postérieure devienne bien nette, on remarquera que tous les objets qui seront en avant de l'œil présenteront sur la sclérotique une belle image des objets, fort purement dessinée et teinte de couleurs pareilles à celles de ces objets.

78. Après cette première et importante observation, si l'on fait mouvoir un objet de droite à gauche ou de haut en bas et *vice versâ*, en avant de l'œil, on verra que son image se meut en sens contraire sur la sclérotique, et l'on reconnaîtra que l'image du fond de l'œil est le tableau renversé des objets placés au fond du globe oculaire.

79. Cela posé, laissons pour les chapitres qui suivent l'explication des phénomènes qui concourent dans l'intérieur de l'œil à la formation de cette image ; mais remarquons bien que c'est elle qui doit produire la vision, c'est-à-dire qui nous donne la sensation des objets.

En effet, elle existe quand nos yeux sont ouverts ; elle disparaît quand ils se ferment ; donc nous devons sentir, après un certain temps d'examen , ou, ce qui revient au même , après un certain temps employé à l'éducation de notre vue, que l'image dépend de certaines causes qui sont hors de nos yeux.

Si nos mains se meuvent devant nous, à mesure que notre volonté les fait avancer leur image se modifie et change de place sur le fond de l'œil ; si nous les tenons immobiles leur image est immobile ; donc nous devons sentir que la position de l'image dépend de la position des mains , et que les mains, dans la position qu'elles prennent, influent sur la position de l'image.

8o. Et, par cela seul qu'il y a un rapport entre cette forme et la position des différentes parties des objets, nous devons, à la longue, connaître ce rapport et juger des formes et des positions des corps par la sensation de l'image produite dans nos yeux.

81. Il y a plus, c'est que son renversement la rend peut-être éminemment propre à cette destination. Nous sentons en effet que, à mesure que nous fermons nos paupières, nous détruisons une partie de plus en plus considérable de l'image ; donc nous sentons que c'est par le devant de l'œil que nous arrivent les impressions auxquelles elle est due. Or, au moyen des yeux albinos, on voit que l'image occupe toute la moitié postérieure du fond de l'œil, c'est-à-dire deux à trois fois autant d'étendue qu'en offre l'espace que parcourent nos paupières sur la cornée pour que cette image paraisse et disparaisse ; nous sommes donc forcés de sentir que les impressions qui arrivent à nos yeux, ou, ce qui revient au même, que les rayons de la lumière qui pénètrent en nous par la petite ouverture de l'iris qu'on appelle la pupille (8), sont resserrés en avant de la rétine, et qu'il faut absolument qu'ils se croisent (a)

____

(a) On verra plus loin (253) que chaque objet est situé à peu près sur pour que les impressions s'épanouissent sur le fond de l'œil. Donc, nous devons sentir que l'image qui se peint en haut ou à droite correspond à un objet placé en bas ou à gauche, et *vice versá*.

C'est d'ailleurs ce que le toucher nous apprendrait plus tard et ce qu'il vient nécessairement confirmer.

82. Ainsi, il n'est pas exact de dire avec beaucoup de philosophes et avec Buffon (*b*), que nous voyons d'abord les objets renversés parce que leurs images dans nos yeux sont renversées. Il faut dire que dans les premiers moments de notre vie nous ne voyons pas, et que nous sentons seulement, lorsque nos yeux sont ouverts, l'image des objets ; que, peu à peu, nous reconnaissons qu'il y a un rapport entre cette image et les positions des corps ; que nous commençons à voir quand nous commençons à connaître ce rapport, et que nous voyons bien, c'est-à-dire que nous jugeons des objets par les images qu'ils peignent dans nos yeux, quand nous avons acquis bien sûrement la conscience de ce rapport.

83. Et l'on remarquera que l'image renversée ayant avec les objets un rapport inverse, mais exactement pareil à celui des mêmes objets et d'une image non renversée, elle était par cela seul, et abstraction faite de l'avantage de faciliter l'éducation de l'œil (81), aussi bonne que l'image droite pour nous procurer la vision.

---

la ligne droite déterminée par son image et par le centre de l'œil. Or, les objets qui s'entre-cachent à chaque instant devant nos yeux nous donnent promptement le sentiment des lignes droites, et l'enfant qui a ce sentiment et qui regarde ses mains, se trouve avoir tout à la fois la conscience de la position de leur image sur la rétine, celle de la position du centre de son œil, centre autour duquel se font les mouvements de cet organe, et celle de la position de ses mains ; il doit donc acquérir non-seulement le sentiment du resserrement des lignes droites qui joignent les objets et leurs images, mais encore celui du croisement de ces lignes droites, sinon en un point, du moins dans un espace fort petit.

(*b*) *Histoire naturelle de l'homme*, édit. stéréot., mat. gén., t. XXI, p. 8.

84. De plus, il faut reconnaître encore que la vision plus
ou moins parfaite ou plus ou moins défectueuse doit toujours, et nécessairement, être le résultat de l'existence de
l'image quelle qu'elle soit ; car, avec le besoin que chaque
individu éprouve sans cesse de bien connaître tout ce qui
l'environne, cette image offre un moyen d'investigation
dont on ne peut pas négliger le secours : on étudie donc ce
moyen, et quelque imperfection que donnent à l'image les
défauts des yeux ou les lésions de ces organes, ils sont toujours pour nous d'une immense utilité.

85. Quant à l'existence de l'image, elle n'est pas seulement connue par l'expérience des yeux d'albinos (77) ; on
peut la constater au moyen d'yeux d'animaux quelconques,
par exemple, au moyen d'yeux de bœuf ou de mouton (c).
Pour cela, on amincit la sclérotique ou même on l'entaille
entièrement à sa partie postérieure sans endommager la
choroïde ; on se place ensuite dans une chambre qui ne
soit éclairée que par une lumière, et, cette lumière étant
mise en avant de l'œil, on voit qu'elle se peint à l'envers
sur la choroïde (d).

86. L'existence de l'image est donc parfaitement prou-
vée. Mais est-elle peinte sur la sclérotique, sur la choroïde,
sur le pigment noir dont cette dernière membrane est enduite, ou sur la rétine, ou sur toutes ces substances à la fois?
Jusqu'à présent on a généralement admis qu'elle se peignait
sur la rétine ; il nous semble que c'est une erreur. En effet, on sait que les objets dont l'image correspond au trou
de la choroïde (15) ne sont pas sentis (264) ; or la rétine ne
présente pas de lacune en avant de ce trou, et en arrière du

(c) C'est aux recherches de Képler qu'est due la première observation
de ces images. Voyez son ouvrage intitulé : *Astronomiæ pars optica*, publié en 1604.

(d) Cette expérience fort connue, montre que la choroïde et le pigment
qui la recouvre ne sont pas absolument opaques.

même trou la sclérotique ne manque pas entièrement, puisque, dans cet endroit, elle est seulement percée par de nombreux pertuis : donc le défaut de perception ne peut provenir que de l'interruption de la choroïde ou du *pigmentum* qui la recouvre. Donc l'image se peint ou sur la choroïde, ou sur le *pigmentum*, ou sur ces deux corps, ce qui nous montre que l'objet de la rétine est uniquement de percevoir et de nous donner la sensation de l'image. D'après cela nous donnerons à cette image les noms d'*image du fond de l'œil*, d'*image de la choroïde*, et quelquefois, pour nous conformer à l'usage, le nom d'*image de la rétine*.

87. Maintenant, nous aurions à nous demander quel est pour un système quelconque de corps donnés le dessin linéaire de l'image. Les livres de physique disent ordinairement qu'elle est *très-exacte* ou qu'elle est *parfaite;* mais **sous le rapport géométrique**, qu'est-ce qu'une image exacte? qu'est-ce qu'une image parfaite? N'est-il pas clair que dès que les points vus et leurs images respectives sont liés par une loi déterminée, par exemple, la loi que les droites menées par ces points et par leurs images respectives se coupent en un point, ou touchent deux surfaces, ou touchent deux courbes données, etc., l'image sera toujours exacte et parfaite, bien que dans l'un de ces cas elle soit toute différente de ce qu'elle est dans les autres?

88. Cependant, pour remonter de l'image au mécanisme qui la produit, il importe de connaître, du moins à peu près, la loi dont il s'agit. Nous avons fait dans ce but de nombreuses expériences, dont il sera rendu compte plus loin (chap. 15). Il importe qu'elles ne soient décrites que lorsqu'on appréciera, jusqu'à un certain point, le mode d'action des diverses parties de l'œil dans la production de l'image.

Nous nous bornerons à dire ici que cette image est plus étendue sur la partie interne de l'œil que sur sa partie externe (274).

CHAPITRE VI.

COMMENT ON S'EST EXPLIQUÉ JUSQU'A PRÉSENT L'ACTION DU MÉCANISME
DE L'ŒIL POUR PRODUIRE L'IMAGE DE LA RÉTINE, LE CORPS VITRÉ
ÉTANT SUPPOSÉ HOMOGÈNE.

89. On sait que lorsqu'une chambre $a\,b\,c\,d$ n'est éclairée Pl. 1.
que par une petite ouverture mn, les objets R, J, V, qui Fig. 9.
sont en face de cette ouverture, envoient sur la paroi ab,
que nous supposerons blanche, des rayons dont les couleurs sont celles des points rayonnants qui les envoient, et
que ces rayons peignent sur la paroi ab des images renversées r, j et v des objets R, J et V.

Ainsi, en supposant que le premier de ces objets soit
rouge, le second jaune, le troisième violet, et qu'ils n'aient
derrière eux, par rapport à l'ouverture mn, que l'azur du
ciel, il se peindra sur la surface ab, qui sera d'un blanc
faiblement azuré, un objet rouge en r, un objet jaune en j
et un objet violet en v. Et si R, J et V, au lieu d'être trois
objets, sont trois points colorés d'un même objet, ces points
se trouveront représentés en r, j et v, avec leurs couleurs
sur le tableau ab.

90. Il est vrai que si l'ouverture mn n'est pas très-petite,
la représentation de chaque point R, J, V, ayant d'assez
notables dimensions, l'image sera confuse, et que si l'ouverture est fort petite, la même image ne sera pas pour cela
entièrement nette à beaucoup près ; elle se trouvera produite par des teintes de très-peu d'intensité, et en conséquence elle sera peu apparente. Cependant si ce sont, par
exemple, un jardin, des statues et des arbres fort différents
les uns des autres qui sont devant l'ouverture $m\,n$, l'image
correspondante à chaque objet sur le mur $a\,b$, fera parfai-

Pl. 1.
Fig. 9. tement reconnaître cet objet, pourvu qu'on se rende bien compte du renversement de ses parties.

91. Pour donner à l'image tout à la fois la vivacité des couleurs et la netteté, on modifie l'appareil qui précède en mettant dans l'ouverture *mn* un verre lenticulaire d'une convexité propre à amener les foyers des objets R, J, V, qui doivent se peindre sur la surface *ab*, justement à une distance de la lentille égale à l'écartement des parois *ab* et *cd*.

Fig. 10. L'image AB, que l'on obtient alors, est incomparablement plus satisfaisante que celle qui se trouvait produite avec l'ouverture libre, et la chambre ABCD est ce qu'on appelle une *chambre obscure*. On a soin d'en peindre les parois intérieures en noir, sauf le tableau AB, afin que les couleurs de l'image ne soient pas altérées par les reflets que renverraient des parois d'une autre teinte que le noir(a).

Fig. 13. 92. Mais l'image AB n'est pas encore sans défaut. On sait qu'une lentille AC, formée par deux portions de surfaces sphériques, réfracte les rayons de lumière qui lui arrivent d'un point L suivant les droites qui touchent une courbe E*f*G (b), tellement que ceux de ces rayons qui sont extrêmement rapprochés de l'axe L*f* de la lentille se réunissent au foyer *f*, mais que ceux qui en sont éloignés ont des foyers comme le point φ, situé en deçà de *f*, et que ces derniers rayons peignent sur un écran PQ, placé en *f*,

---

Fig. 10. (a) Le tableau AB de la chambre obscure est quelquefois horizontal, et pour éviter le renversement de l'image, on place au-dessus de la lentille un réflecteur *rr'* qui, par un second croisement des pinceaux de lumière, tels que NP, arrivant des objets extérieurs, redressent l'image correspondante *mn*.

Fig. 15. Quelquefois aussi, la paroi AB qui sert de tableau est en dessus, au lieu d'être en dessous, et cette paroi étant formée par un verre dépoli, la chambre obscure devient d'un usage plus commode pour calquer l'image que reçoit ce verre.

(b) Cette courbe est ce qu'on appelle une courbe *caustique*. (Voyez la *Science du dessin*, 2ᵉ édit., nº 565).

perpendiculairement à L f, des cercles comme le cercle Pl. 1.
vxy, dont le centre est en f, qui rendent confuse l'image Fig. 13.
entière peinte sur P Q.

93. Cet épanouissement de la lumière autour du foyer
principal f est ce qui s'appelle *l'aberration de sphéricité*, quand, ainsi que dans les lentilles, les surfaces
réfringentes sont sphériques (c), et c'est ce que nous
appellerons en général *l'aberration de courbure ;* parce
que nous considérerons souvent des surfaces non sphériques qui, de même que les surfaces sphériques, ne
réunissent pas en un même point les rayons qu'elles réfractent (d).

94. Un autre épanouissement de lumière provient de ce
que la réfraction sépare les rayons colorés. Ainsi, pour les
rayons même qui sont extrêmement rapprochés de l'axe de
la lentille si le foyer des rayons rouges est en r, celui des Fig. 11.
rayons violets sera en un point v, situé en deçà de r, et les
foyers des rayons orangés, jaunes, etc., seront situés entre
r et v. Donc si l'on place un écran blanc en PQ, et si, par le
moyen d'un autre écran RS, percé d'un trou, on ne laisse
arriver sur PQ que le filet central des rayons réfractés, la lumière émanée du point L étant blanche, le point r peint
sur l'écran sera rouge ; les rayons violets qui se croiseront
en v donneront autour du point r un cercle violet VOV' ; les
rayons bleus un cercle bleu, plus petit que VOV' ; les
rayons verts un autre cercle encore plus petit, et finalement
le point r se trouvera entouré d'une couronne circulaire

(c) Les procédés de l'art ne permettent guère, jusqu'à présent, de polir
d'autres surfaces que des surfaces sphériques.

(d) Il n'y a, comme nous le verrons dans la seconde partie, que les surfaces engendrées par les courbes auxquelles nous donnons le nom d'*optoïdes* qui puissent réfracter tous les rayons qui leur arrivent d'un point en
un même foyer, encore faut-il que le point rayonnant ait une position déterminée.

Pl. 1.
Fig. 11. présentant dans leur ordre naturel les couleurs de ce qu'on appelle l'*iris* ou *arc-en-ciel* (e).

Si le plan PQ était en ν, la couronne serait violette au centre et rouge au pourtour.

S'il était en deçà du point ν, il ne recevrait aucune lumière; la partie centrale serait un cercle de couleur noire, et ce cercle serait entouré d'une frange colorée comme l'iris (*f*). Enfin, s'il était au delà du point *r*, on aurait encore un cercle intérieur noir entouré d'une frange colorée des mêmes nuances; mais ces nuances seraient rangées dans le sens inverse de celles de l'iris.

95. Cet épanouissement particulier de la lumière, qui en même temps qu'il affaiblit l'intensité du foyer l'entoure d'une *frange irisée*, est ce qu'on nomme *l'aberration de réfrangibilité*, parce qu'elle est due à ce que les rayons colorés sont différemment réfrangibles.

96. Tant que la lentille n'est composée que d'une seule pièce on ne peut se débarrasser ni de l'aberration de courbure, ni de l'aberration de réfrangibilité, mais avec
Fig. 14. des pièces ABCD, BCDEGH, qui ont des densités et des courbures sphériques convenables, on peut produire des lentilles qu'on appelle *achromatiques*, dans lesquelles l'aberration de réfrangibilité est détruite, sinon en totalité, du moins en très-grande partie.

97. Pour cela, il faut que l'action de l'un des deux verres ABCD, BCDEGH, étant de faire converger les rayons, celle de l'autre les fasse diverger. Ainsi, pour des rayons émanés du point L, si le foyer d'une lentille ABCD de verre ordinaire est en F, et que celui d'un cristal BCDEGH, plus dense que le verre ordinaire, soit à une distance con-

---

(e) Nous supposons que l'on fait l'expérience dans une chambre noire, et que l'on place en L une lumière dont les rayons soient d'une couleur peu différente de celle des rayons du soleil.

(*f*) Voyez la *Science du dessin*, liv. III, chap. Iᵉʳ.

venable AF', en deçà du point A (*g*), ces deux verres jux - Pl. 1.
taposés auront leur foyer placé en un point φ, plus éloigné Fig. 14.
que F. Or, il arrivera qu'un rayon blanc LM se divisera,
par la réfraction de la surface BAD, en rayons colorés compris entre le rayon rouge MR et le rayon violet MV; puis,
que ces rayons colorés se croiseront en traversant le cristal
BCDEGH; puis, qu'ils se rapprocheront de l'axe LF en
sortant de ce cristal, et que, enfin, si les arcs BAD, BCD,
HGE, sont bien calculés d'après les densités des deux
verres, les rayons rouges et violets concourront en φ. C'est-
à-dire que l'action du cristal BCDEGH, en même temps
qu'elle diminuera la convergence, anéantira pour le rouge
et le violet, et par conséquent à peu de chose près pour les
couleurs intermédiaires, l'aberration de réfrangibilité.

Mais, pour obtenir ce résultat, il faut absolument un as-
semblage de verres courbes présentant, les uns, des surfaces
réfringentes qui fassent converger les rayons, et les autres
des surfaces qui les fassent diverger, tellement que les rapports de convergence et de divergence opèrent pour le rouge
et le violet une compensation qui produise la coïncidence
des foyers.

98. C'est ce qui n'arriverait pas si l'on avait des verres Fig. 12.
AB, CD, EG, HI, KM, dont les densités allassent en
croissant du verre AB au verre EG, et en décroissant de
ce dernier au verre extrême KM, et qui présentassent en
deçà de EG leurs convexités au point L, et au delà de
EG leurs concavités; parce que les rayons réfractés se
rapprocheraient de la normale, pour les surfaces convexes
vers le point L, et s'en éloigneraient pour les surfaces
concaves vers le même point : d'où il suit que les foyers

(*g*) Il est clair que ce foyer ne serait pas le point de concours des rayons
réfractés, mais bien le point de concours des prolongements de ces rayons;
c'est ce qu'on appelle un foyer *virtuel* ou *imaginaire*.

Pl. 1.
Fig. 12. successifs F, F′, F″, etc., seraient de plus en plus rapprochés du corps réfringent, ou que la convergence des rayons augmentant à chaque réfraction, l'aberration de réfrangibilité, ou ce qui revient au même la différence des angles de réfraction des rayons rouge et violet, augmenterait constamment par l'addition d'un nouveau verre.

99. Cela posé, la partie antérieure de l'œil étant formée de pièces courbes et transparentes qui agissent nécessairement à la manière des lentilles, et la chambre postérieure de cet organe se trouvant tapissée de noir (11), comme doit l'être une chambre obscure bien faite (91), on a dû se dire, en supposant le corps vitré uniformément dense, que le système de la cornée, de l'humeur aqueuse et du cristallin, pour un point rayonnant donné en dehors de l'œil, produisait un foyer dans le corps vitré, et que si un objet

Pl. 2.
Fig. 17. se trouvait convenablement éloigné, les rayons de lumière renvoyés par tous ses points, tels que, R′, R, R″, devaient donner pour chacun d'eux des points r', r, r'', de même couleur sur la rétine, et conséquemment produire sur cette mem

Pl. 1. brane une image $r'rr''$ correspondante à un objet R′ R R″.

Fig. 13
et
Fig. 12. 100. Et comme le foyer f d'une lentille, de même que le foyer F d'un système de verres AKMB, s'éloigne à mesure que le point L se rapproche, il est clair que si les objets

Pl. 2.
Fig. 17. placés devant l'œil sont trop près de cet organe, les rayons émanés des points tels que S de ces objets, convergeront en arrière du cristallin, vers des foyers tels que s, situés au delà de la rétine ; donc ces rayons, le corps vitré étant toujours supposé uniformément dense, peindront sur le tableau des cercles au lieu de points ; donc l'image sera confuse : donc ces objets seront mal vus. C'est en effet ce qui a lieu.

101. Mais pour des points tels que T, plus éloignés de l'œil que le point R, qui a son foyer en r sur la rétine, les rayons Tu, Tv, etc., devant avoir leur foyer en un point t situé en deçà de la rétine, ils devraient donner sur cette

membrane, comme ceux qui émanent du point trop rap- Pl. 2.
proché S, une image circulaire. C'est-à-dire que des objets Fig. 17.
trop éloignés de l'œil donneraient dans cet organe une
image confuse, et par conséquent ne seraient pas bien vus.

102. C'est ce que contredit l'expérience. On sait que
pour une bonne vue, et c'est d'une telle vue que nous nous
occuperons toujours, à moins que nous n'ayons prévenu le
lecteur du contraire, la vision est distincte à la distance
d'environ 25 centimètres; qu'elle est confuse en deçà, et
qu'au delà elle continue d'être distincte.

L'explication qui vient d'être donnée est donc ici en
défaut.

103. On lui reproche aussi d'être en défaut en ce qui
concerne l'aberration de réfrangibilité. En effet le corps
vitré étant supposé homogène, toutes les surfaces qui réfractent les rayons, de même que celles dont il a été question n° 63, se trouvent disposées de manière que chacune
d'elles rapproche le foyer (h) et augmente en conséquence
cette aberration. Donc l'image r, peinte sur le fond de l'œil
par un objet R, éloigné de 25 centimètres, devrait d'après
l'explication être irisée et produire conséquemment une
vision défectueuse. Or, c'est ce qu'on ne remarque pas.

104. Quant à l'aberration de courbure, on a pensé que
les surfaces courbes qui séparent les milieux différemment
réfringents du globe oculaire étaient, comme nous l'avons
dit n° 50, engendrées par des arcs de sections coniques,
et que ces surfaces n'étant pas propres en général à
réunir tous les rayons réfractés en un même foyer, l'expli-

(h) On peut dire que les parties antérieure et postérieure de la capsule
ayant une densité, ou, ce qui est la même chose, un indice plus fort que
celui de la substance qui vient après dans l'œil (61), cette capsule empêche Pl. 1.
qu'il n'y ait parité entre le globe oculaire et le système des verres AKMB; Fig. 12.
mais la capsule étant très-mince, elle est d'un effet de peu d'importance
dans les réfractions de l'œil (121).

cation de la vision était en défaut en ce qui concerne l'aberration de courbure, comme en ce qui concerne l'aberration de réfrangibilité (*i*).

105. Telles sont les objections qu'on a élevées contre l'explication du mécanisme de l'œil exposée dans ce chapitre.

Il paraît que c'est Léonard de Vinci qui a fait la découverte de cette explication (*j*) : il est mort en 1519, âgé de 67 ans, ainsi elle est connue depuis environ trois siècles et demi.

Attendu qu'elle a toujours été conçue en admettant que le corps vitré soit homogène, et attendu que c'est ce qui la distingue de la théorie qui nous semble destinée à prévaloir, nous l'appellerons quelquefois la *théorie fondée sur l'homogénéité du corps vitré*, et plus souvent la *théorie ancienne*.

106. Quoiqu'elle soit imparfaite, elle est vraie en cela que les parties antérieures de l'œil agissent comme un système de verres lenticulaires, et en ce que l'œil est une espèce de chambre obscure. Mais, comme la suite le fera voir, c'est une explication grossière et insuffisante. Il s'agit de la compléter.

107. Pour repousser les objections énumérées plus haut contre elle (101-103), on a fait quantité d'hypothèses plus ou moins ingénieuses, mais toujours en admettant l'homogénéité du corps vitré. Jamais les phy-

---

(*i*) On verra dans la seconde partie de cet ouvrage que les courbes génératrices des surfaces réfringentes ne doivent pas être des sections coniques, et que les réfractions produites par la cornée, l'humeur aqueuse et le cristallin, sont exemptes, du moins pour le cas le plus essentiel, des inconvénients de l'aberration de courbure. L'objection faite ici contre la théorie n'est en conséquence réelle que pour les cas les moins importants.

(*j*) *Essai sur les ouvrages physico-mathématiques de Léonard de Vinci*, par J.-B. Venturi, p. 23.

siciens ne se sont trouvés satisfaits des résultats de ces hypothèses.

108. Si l'on avait fait attention que le corps vitré est d'un volume et d'une organisation trop remarquables (35-41) pour qu'il ne joue pas un rôle très-important dans la vision, on aurait sûrement vu qu'en le supposant divisé en couches dont les densités crussent à mesure qu'elles sont plus proches de la rétine, ces couches pouvaient donner au mécanisme de l'œil, comme on le verra par la suite (441-443), un achromatisme d'une espèce toute particulière et d'une extrême perfection, ce qui aurait conduit à une explication du mécanisme de l'œil préférable à l'ancienne (*l*). Nous appellerons cette explication la *théorie nouvelle* et quelquefois la *théorie de l'organisme du corps vitré.*

109. Avant de nous occuper de cette nouvelle théorie nous devons soumettre l'ancienne au calcul, puis examiner avec détail les objections faites contre elle et les moyens qu'on a indiqués pour la justifier. Notre travail conciliera le double objet de combattre la théorie ancienne et de faire pressentir les avantages de la nouvelle. Nous nous livrerons ensuite à des recherches dans lesquelles les vérités de la géométrie jouent le principal rôle, et nous serons conduits à développer la véritable théorie et à reconnaître qu'elle s'étend à des faits importants, qui, jusqu'à présent et à cause des imperfections de la science, ne pouvaient nullement s'expliquer.

110. Nous ne terminerons pas ce chapitre sans ajouter ici quelques détails à ce que nous avons dit n° 102 sur les bonnes vues.

On appelle *portée de la vue* la distance à laquelle un

(*l*) Nous sommes arrivé à cette théorie par une autre route, c'est celle des considérations géométriques qui sont exposées plus loin (468).

objet doit être éloigné de l'œil pour qu'il soit vu dans ses détails de la manière la plus vive et la plus nette.

Cette distance est ce qu'on nomme la *distance de la vision distincte.*

Elle est, comme nous l'avons dit (102), de 25 centimètres pour ce qu'on appelle communément une bonne vue.

111. Lorsqu' elle est de plus de 25 centimètres, et par exemple de $0^m.50$ à $0^m.70$ l'œil est *presbyte*, et les vues composées de deux yeux de cette espèce sont des *vues longues* ou *presbytes*. Ce défaut constitue la *presbytie* ou *presbyopie*.

Enfin, lorsque les yeux ont une portée de moins de 25 centimètres, et par exemple de $0^m.12$ à $0^m.15$, ils sont ce qu'on appelle myopes ; la vue avec de tels yeux est *courte* ou *myope*, et ce défaut constitue la *myopie*.

CHAPITRE VII.

APPLICATION DU CALCUL A LA DÉTERMINATION DES FOYERS DANS LES YEUX DÉCRITS PAR LE DOCTEUR KRAUSE, LE CORPS VITRÉ ÉTANT TOUJOURS SUPPOSÉ HOMOGÈNE (*a*).

112. Pour connaître jusqu'à quel point l'ancienne théorie est satisfaisante ou défectueuse, le moyen le plus direct à employer c'est de soumettre au calcul les réfractions éprouvées par la lumière dans des yeux bien connus, afin

---

(*a*) Les calculs de ce chapitre ont été faits primitivement en prenant la ligne pour unité (voyez la note placée en tête du chap. III), afin de rendre les vérifications de nos données et des chiffres du Dr Krause plus faciles pour les commissaires que l'Académie a chargés de l'examen de notre travail. Nous avons, depuis cet examen, converti les lignes en millimètres, ce qui peut donner de légères erreurs dans les derniers chiffres de nos nombres ; mais ces erreurs ne conduiront à aucune conséquence fausse.

de voir quelles peuvent être au delà ou en deçà de la rétine, et selon les couleurs des rayons réfrangés, les positions des foyers correspondants aux éloignements plus ou
moins considérables du point rayonnant.

113. D'Alembert (*b*) et plusieurs physiciens, notamment
M. Young (*c*) et M. Lehot (*d*), se sont occupés de ces calculs pour lesquels l'insuffisance des données s'est toujours
fait remarquer. Aujourd'hui la science possède plus de
faits. Aux travaux de Petit, de Sœmmering et de plusieurs
autres anatomistes, se joignent les mesurages très-précis
du docteur Krause (*voy*. le ch. III) et les expériences de
M. Chossat (*voy*. le ch. IV) qui ont beaucoup ajouté aux
recherches de Jurin, de Rochon et de MM. Young,
Brewster, etc., sur la puissance réfractive des membranes
et des humeurs du globe oculaire. Le calcul d'après cela
doit nous fournir quelques lumières utiles sur la vision.

114. On sait que, pour un point rayonnant L, la sur- Pl. 2.
face sphérique réfringente SAS', dont le centre est en C, Fig. 18.
produit un foyer F, et que si l'on fait

$$AL = d,$$
$$AC = r,$$
$$AF = f,$$

$l =$ le rapport de réfraction $\dfrac{i'}{i}$ (60) correspondant aux deux
substances que sépare la surface SAS', on a

$$f = \frac{ldr}{(l-1)d - r};$$

<hr>

(*b*) *Opuscules* de d'Alembert, t. Ier, p. 265.

(*c*) *Phil. trans.*, 1801.

(*d*) *Nouvelle théorie de la vision*, par C.-J. Lehot. Cet ouvrage est composé de quatre mémoires. Le deuxième et le quatrième se vendent chez
Carilian-Gœury, quai des Augustins, n° 41; le premier et le troisième ne
portent que les noms des Imprimeurs.

formule bien connue (*e*), dont une démonstration sera donnée plus loin (seconde partie) et dans laquelle

$$d \text{ est positif quand } L \text{ est à gauche de A,}$$
$$r \quad\quad \text{id.} \quad\quad C \quad\quad \text{id.} \quad\quad A,$$
$$f \quad\quad \text{id.} \quad\quad F \quad\quad \text{droite de A.}$$

C'est cette formule qui va nous servir au calcul des réfractions des humeurs de l'œil. Nous l'appliquerons dans ce chapitre aux yeux n° 1 et n° 2 dont le docteur Krause a donné les dimensions (ch. III).

115. Nous supposerons d'abord que le point rayonnant soit situé à la distance de la vision distincte (110), c'est-à-dire à $0^m.25$ en avant de la cornée, et nous opérerons dans trois cas indiqués chap. 4 (63), le premier où le cristallin est considéré dans ses couches ; le second où on le suppose entier, et le troisième où l'on tient compte de la capsule.

Cela posé, le tableau suivant présente avec les données les valeurs de f calculées pour les diverses surfaces réfringentes de l'œil.

Nous désignerons ces surfaces dans chaque cas par les lettres S_1, S_2, S_3, etc., le chiffre placé en bas et en avant de la lettre S indiquant le numéro de la surface réfringente.

(e) Pour employer facilement et sûrement cette formule, il convient de la mettre sous la forme

$$f = \frac{r}{1 - \dfrac{d+r}{ld}}.$$

INDICATION des surfaces réfringentes.		VALEURS de l.	RAYON du courbure r.	DISTANCES du point rayonnant d.	DISTANCES focales f.	ÉPAISSEURS des substances traversées g.	VALEURS de $f - g$.
PREMIER CAS, *où l'on considère les couches du cristallin.*							
Antérieure de la cornée. . . .	S_1	1.330	8.6806	250.0000	39.0995	1.1574	37.9421
Antér. de l'hum. aqueuse. . .	S_2	1.006	6.5231	— 37.9421	36.8842	2.5463	34.3380
Antérieure du cristallin. . . .	S_3	1.000	5.4838	— 34.3380	34.3380	2.0833	32.2546
Antér. de la couche moyenne.	S_4	1.043	6.5833	— 32.2315	27.7870	1.1574	26.6296
Antérieure du noyau.	S_5	1.018	5.7870	— 26.6296	25.0347	2.0833	22.9514
Postérieure du noyau.	S_6	0.982	— 4.6296	— 22.9514	20.6921	1.1574	19.5347
Post. de la couche moyenne. .	S_7	0.959	— 5.9259	— 20.4607	16.5023	0.6944	15.8079
Postérieure du cristallin. . . .	S_8	1.001	— 3.7130	— 15.8079	15.8796	11.1111	4.7685
Antérieure de la cornée. . . .	S_1	1.330	10.0750	250.0000	46.2523	0.9259	45.3264
Ant. de l'hum. aqueuse. . . .	S_2	1.006	7.1113	— 45.3264	43.9259	2.7778	41.1481
Antérieure du cristallin. . . .	S_3	1.000	10.2401	— 41.1481	41.1481	2.0833	39.0648
Antérieure du noyau.	S_4	1.061	10.5732	— 39.0648	33.8310	2.0833	31.7477
Postérieure du noyau.	S_7	0.942	— 7.3812	— 31.7477	23.9375	0.4630	23.4745
Postérieure du cristallin. . .	S_6	1.001	— 5.1991	— 23.4715	23.5995	15.3935	8.2060
DEUXIÈME CAS, *où l'on suppose le cristallin entier.*							
Antérieure de la cornée. . . .	S_1	1.330	Comme dans le premier cas.				
Antér. de l'hum. aqueuse. . .	S_2	1.006	Comme dans le premier cas.				34.3380
Antérieure du cristallin. . . .	S_3	1.034	5.4838	— 34.3380	29.2731	7.1760	22.0972
Postérieure du cristallin. . .	S_4	0.967	— 3.7130	— 22.0972	17.8611	11.1111	6.7500
Antérieure de la cornée. . . .	S_1	1.330	Comme dans le premier cas.				
Antér. de l'hum. aqueuse. . .	S_2	1.006	Comme dans le premier cas.				41.1481
Antérieure du cristallin. . . .	S_3	1.031	10.2408	— 41.1481	37.4352	4.6296	32.8055
Postérieure du cristallin. . .	S_4	0.967	— 5.1991	— 32.8055	26.2546	15.3935	10.8611

Dans le premier cas, le premier groupe correspond à **ŒIL N° 1** et le second à **ŒIL N° 2**. Dans le deuxième cas, le premier groupe correspond à **ŒIL N° 1** et le second à **ŒIL N° 2**.

INDICATION des surfaces réfringentes.	VALEURS de l.	RAYON de courbure r.	DISTANCES du point rayonnant d.	DISTANCES focales f.	ÉPAISSEURS des substances traversées g.	VALEUR de $f-$

TROISIÈME CAS,

où l'on considère la capsule et les couches du cristallin.

OEIL N° 1.

Antérieure de la cornée. . . . S_1	1.330	8.6806	250.0000	39.0995	1.1574	37.94?
Antér. de l'hum. aqueuse. . . S_2	1.006	6.5232	—37.9421	36.8842	2.5463	34.33?
Antérieure de la capsule. . . S_3	1.009	5.4838	—34.3380	32.7986	0.0386	32.75?
Antérieure du cristallin. . . . S_4	0.991	5.4444	—32.7593	34.3241	2.0440	32.28?
Antér. de la couche moyenne. S_5	1.043	6.6574	—32.2801	27.8588	1.1574	26.70?
Antérieure du noyau. . . . . S_6	1.018	5.7870	—26.7014	25.0972	2.0833	23.01?
Postérieure du noyau. . . . . S_7	0.982	— 4.6296	—23.0139	20.7431	1.1574	19.58?
Post. de la courbe moyenne. S_8	0.959	— 5.9259	—19.5857	16.5417	0.6687	15.87?
Postérieure de la capsule. . . S_9	1.009	— 3.6852	—15.8750	16.6644	0.2708	16.63?
Postérieure du cristallin. . . S_{10}	0.992	— 3.7130	—16.6366	15.9329	11.1111	4.82?

OEIL N° 2.

Antérieure de la cornée. . . . S_1	1.330	10.0750	250.0000	46.2523	0.9259	45.32?
Antér. de l'hum. aqueuse. . . S_2	1.00527	7.1113	—45.3264	44.0856	2.7778	41.30?
Antérieure de la capsule. . . S_3	1.00972	10.2041	—41.3079	40.1343	0.0231	40.11?
Antérieure du cristallin. . . . S_4	1.02000	10.2683	—40.1111	37.9491	2.0619	35.88?
Antérieure du noyau. . . . . S_5	1.01598	10.5732	—35.8888	34.5856	2.0833	35.50?
Postérieure du noyau. . . . . S_6	0.98427	— 7.3813	—32.5023	29.9190	0.4444	29.47?
Postérieure de la capsule. . . S_7	0.98039	— 5.1898	—29.4745	26.0000	0.0162	25.98?
Postérieure du cristallin. . . S_8	0.99185	— 5.1991	—25.9838	24.7639	15.3935	9.37?

116. Les valeurs de l placées dans la troisième colonne de ce tableau sont extraites du tableau du n° 62.

La quatrième colonne présente les valeurs r des rayons de courbure de l'œil n° **1**, tels qu'ils sont rapportés dans le tableau du n° 59, sauf ce qui concerne la capsule dont il sera question plus loin (122).

La valeur de d, pour la première surface réfringente,

est indiquée pour chaque cas au haut de la cinquième colonne par le nombre 250, attendu que le point rayonnant est supposé à 250 millimètres de l'œil (115). Pour chacune des autres surfaces, comme on va le voir tout à l'heure (118), la distance d est égale au chiffre $f-g$ de la dernière colonne pris avec un signe contraire.

117. Les valeurs de f dans la sixième colonne sont celles que donne la formule du n° 114 au moyen des valeurs particulières l, r et d relatives à chaque surface.

Dans l'avant-dernière colonne se trouvent les épaisseurs des humeurs de l'œil n. 1, telles qu'elles sont rapportées dans le tableau du n. 46. Nous avons désigné ces épaisseurs, qui sont les écartements des surfaces réfringentes successives entre elles, par la lettre g.

118. Il est clair que si pour chaque surface on retranche de la distance focale f l'écartement g de cette surface et de la surface qui suit, le reste $f-g$ exprime la distance de cette dernière surface au point où concourent les rayons de lumière qui lui arrivent ; donc $f-g$, pour chaque ligne horizontale du tableau, est égal en grandeur à la valeur que d doit avoir dans la ligne suivante ; mais comme f et d, pris positivement, indiquent des grandeurs dirigées dans des sens opposés (114), on comprend qu'il faut changer le signe de la quantité $f-g$ prise sur une ligne pour avoir le d de la ligne d'après.

119. Les nombres cherchés sont soulignés dans la dernière colonne, et ils sont positifs, ce qui fait voir que, pour les données d'après lesquelles les calculs sont faits, et d étant égal à 250 millimètres, les rayons lumineux ont dans le corps vitré supposé homogène des directions qui concourent au delà du fond de l'œil à des distances de la rétine qui sont :

$$\text{Pour l'œil n° 1} \ldots \left\{ \begin{array}{l} \text{1}^{\text{er}} \text{ cas, de} \ldots \ldots \quad 4.7085 \\ \text{2}^{\text{e}} \text{ cas, de} \ldots \ldots \quad 6.7500 \\ \text{3}^{\text{e}} \text{ cas, de} \ldots \ldots \quad 4.8218 \end{array} \right.$$

$$\text{Pour l'œil n}^\text{o}\text{ 2} \dots \left\{ \begin{array}{l} 1^\text{er} \text{ cas, de} \dots \dots \quad 8.2060 \\ 2^\text{e} \text{ cas, de} \dots \dots \quad 10.8611 \\ 3^\text{e} \text{ cas, de} \dots \dots \quad 9.3704 \end{array} \right.$$

Ces résultats sont bien loin de s'accorder avec la théorie, puisqu'ils placent les foyers qui devraient être sur la rétine à des distances de 5 à 11 millimètres au delà.

120. S'il ne s'agissait que d'expliquer comment, pour le premier cas, les résultats peuvent être vicieux, on serait porté à se dire que M. Chossat (*f*) ayant distingué dans les cristallins de carpe, de dindon et de bœuf six couches ; sept dans l'ours et neuf dans l'éléphant, lesquelles présentent toutes des indices de réfraction de plus en plus forts à mesure qu'on approche du noyau, il est tout naturel que des calculs, où il n'est tenu compte que de trois couches pour l'œil n° 1, et de deux seulement pour l'œil n° 2, donnent des nombres trop forts.

Mais cette explication est renversée par les calculs faits pour le deuxième cas, puisque dans ce deuxième cas nous n'employons pas les indices des couches, mais bien l'indice du cristallin entier, ce qui, en admettant que la théorie soit vraie et que nos autres données soient bonnes, devrait nous conduire à des nombres plus justes, et par conséquent plus petits que dans le premier cas, tandis que nous en obtenons au contraire de plus grands.

121. On remarquera d'ailleurs que la diminution de grandeur des nombres calculés, dans le cas où l'on a considéré les couches du cristallin, ne tient pas à ce que l'on a omis parmi les substances traversées la capsule dont il est enveloppé ; car cette capsule est trop peu épaisse, ainsi que nous l'avons dit plus haut (note (*i*) du chapitre 6), pour changer sensiblement les résultats.

(*f*) *Annales de chimie et de physique*, t. VIII, p. 220.

Toutefois, c'est afin de ne laisser subsister aucun doute sur ce point que nous avons fait les calculs pour le troisième cas où figure cette capsule.

122. Pour l'œil n° **1**, nous avons donné au-devant de la capsule, dans ce troisième cas, l'épaisseur de 0.0386, indiquée par le docteur Krause (48), et pour la partie postérieure nous avons réduit cette épaisseur à 0.0278, c'est-à-dire d'environ trois dixièmes.

Pour l'œil n° **2**, qui a moins d'épaisseur que l'œil n° **1**, nous avons réduit les épaisseurs 0.0386 et 0.0278 employées pour ce dernier aux nombres 0.02315 et 0.01620.

Conformément à ce que nous avons dit n° 48, ces épaisseurs de la capsule sont prises sur celles que le docteur Krause a données pour la couche extérieure du cristallin.

123. Pour déterminer les rayons de courbure des deux surfaces internes de la capsule, nous avons admis que ces surfaces sont elliptiques et que l'épaisseur de la membrane capsulaire au pourtour du cristallin est seulement de 0.014 pour l'œil n° 1, et de 0.008 pour l'œil n° 2.

124. Les indices de M. Brewster ayant été substitués pour l'œil n° 2, troisième cas, à ceux de M. Chossat employés dans le deuxième cas pour le même œil (64), on peut voir par le tableau précédent que cette substitution, de même que la prise en considération de la capsule, ne produit que de faibles changements dans les résultats obtenus.

125. Ce tableau nous fournit une autre remarque plus importante, c'est que les nombres de la dernière colonne vont toujours en diminuant : c'est-à-dire que le foyer, à chaque réfraction, se rapproche du cristallin. Nous avons vu (98) que les densités augmentant de la cornée au noyau et diminuant du noyau au corps vitré, le rapprochement du foyer à chaque réfraction a nécessairement lieu ;

notre calcul montre que la capsule, bien qu'elle ait plus de densité que les substances qui la suivent dans l'œil, n'empêche pas qu'il en soit ainsi.

126. D'après ce qui précède, il est donc bien établi que, pour les yeux n° 1 et n° 2, le calcul donne des foyers, comme nous l'avons dit n° 119, situés beaucoup au delà du fond de l'œil.

Ces yeux, dans le vivant, étaient-ils mal constitués? Cela ne paraîtrait guère admissible, car le docteur Krause, dans le mémoire cité n° 24, dit que son but a été d'être utile aux opticiens; qu'il a tenu compte des observations antérieures de Petit, de Sœmmering, de Young, de Brewster, de Chossat, de Tiedemann, de Treviranus, etc.; qu'il a parfaitement compris que l'examen d'un seul œil humain dont on connaît la portée, la clarté et la netteté dans le vivant est *préférable à de nombreux mesurages d'yeux d'hommes inconnus, et surtout d'yeux d'animaux sur la puissance virtuelle desquels nous formons des conjectures sans avoir sur cette puissance que des données contradictoires et très-peu certaines;* que les deux yeux n° 1 et n° 2 ont été pris sur deux suicidés, le dernier n° 2 provenant d'un homme de trente ans, et le premier n° 1 d'une femme de cinquante ans; que ce dernier œil lui a paru le plus parfait de tous ceux qu'il avait jamais vus (*die mir jemals vorgekommen*); qu'il a fait ses préparations avec le plus grand soin, et que les mesures qu'il a prises sont exactes à un vingtième de ligne près.

Cependant, M. Krause ajoute qu'il n'a pas pu savoir si ces deux individus étaient pourvus d'une bonne vue et si la femme s'était jamais servi de lunettes (g).

(g) Voici, à cet égard, les expressions de M. Krause : *Von beiden habe ich nicht mehr in erfahrung bringen können, als dass sie mit guten schkrüften begabt gewesen, und die frau sich keiner brille bedient hat.*

127. D'après cela, il est raisonnable de supposer que si les deux yeux n° 1 et n° 2 n'étaient pas très-bons, ils n'étaient pas du moins sensiblement défectueux. Nous continuerons en conséquence d'examiner ce qui concerne ces yeux, qui sont les seuls dont on ait des mesures précises ; ils conviennent d'ailleurs beaucoup à nos recherches, ainsi qu'on le verra plus loin (156), et notamment en ce que le cristallin de l'un étant fort épais et celui de l'autre fort mince, ils semblent devoir ou s'accorder l'un et l'autre avec la vérité, ou donner des limites entre lesquelles elle soit comprise.

Nous découvrirons peu à peu, dans la suite, les moyens d'acquérir de nouvelles notions sur la bonté de ces yeux. Ici, la question est d'en tirer parti, ainsi que de deux autres yeux, dont nous parlerons dans le chapitre suivant, pour apprécier l'ancienne théorie.

Dans ce but nous ferons l'hypothèse bien simple que, dans le vivant, et pour amener le foyer sur la rétine, lorsque le point rayonnant est à la distance de la vision distincte, les rayons de courbure étaient tous plus petits, et les indices tous plus grands que ceux que l'on a obtenus. Le tâtonnement nous a conduit en suivant cette marche à des résultats qui, ainsi que nous le ferons voir, ne peuvent pas s'éloigner beaucoup de la vérité, et que d'autres calculs faits en suivant une tout autre marche confirmeront dans le livre V.

128. Mais, avant de nous occuper de ces nouveaux rayons et de ces nouveaux indices, nous ferons remarquer que dans le calcul de la position du foyer, il convient d'après ce que l'on a vu précédemment (120 et 121), d'employer le cristallin entier au lieu de ses couches, et que l'épaisseur de la cornée étant faible, en même temps que les indices de réfraction de cette membrane et du corps vitré paraissent devoir différer très-peu, dans le cadavre comme dans le vivant (voyez le tableau du n° 63),

on peut supposer avec d'Alembert (*h*), en suivant l'exemple de M. Lehot (*i*), que l'œil ne présente que trois surfaces réfringentes.

1° La surface antérieure S_1 de la cornée ;

2° La surface antérieure S_2 du cristallin ;

3° La surface postérieure S_3 de ce même corps.

129. Dans les calculs de ce chapitre et des chapitres suivants, nous ferons toujours cette supposition, et nous désignerons, savoir :

Par i_1, i_2, i_3, les indices respectifs de réfraction de la cornée (confondue avec l'humeur aqueuse), du cristallin et du corps vitré, pour le passage du vide dans chacune d'elles, l'indice de l'air étant 1,000 (61) ;

Par l_1, l_2, l_3, les rapports des sinus d'incidence aux sinus de réfraction correspondants aux mêmes surfaces ; c'est-à-dire les quotients de l'indice de la substance qui suit chaque surface divisé par l'indice de la substance précédente ;

Par r_1, r_2, r_3, les rayons de courbure des mêmes surfaces ;

Par d_1, d_2, d_3, la distance de chaque surface au point d'où les rayons qui lui arrivent sont censés émaner ;

Par g_1, g_2, g_3, l'épaisseur de la cornée et de l'humeur aqueuse, réunies ensemble, l'épaisseur du cristallin et celle du corps vitré ;

Enfin, par f_1, f_2, f_3, les distances respectives des surfaces réfringentes à leurs foyers.

Les grandeurs r_1, r_2, r_3, d_1, d_2, d_3, f_1, f_2, et f_3, auront d'ailleurs les signes $+$ et $-$ selon les conventions exposées n° **114**, et les lettres i, l, r, etc., sans accents, nous

---

(*h*) *Opuscules*, p. 268.
(*i*) Second mémoire, p. 20 et suiv.

serviront à indiquer les groupes respectifs de chiffres, i_1, i_2, i_3, l_1, l_2, l_3; r_1, r_2, r_3; etc.

130. Cela posé, nous supposerons selon l'opinion de MM. Young, Chossat et Krause, que les génératrices des surfaces de l'œil sont des sections coniques, et que les rayons de courbure que nous avons précédemment employés, et qui sont consignés dans le tableau précédent, doivent tous être diminués d'un dixième.

Cette correction en la faisant seule donne par le calcul des foyers situés au delà de la rétine.

Et si en admettant ces rayons diminués d'un dixième, on substitue aux indices du tableau du n° 61, ceux que M. Chossat a déterminés pour les humeurs de l'œil de la carpe (j), lesquels sont les plus forts que lui aient fournis les divers animaux sur lesquels il a opéré, on a encore des résultats trop grands.

131. Mais, en prenant les indices de la carpe, augmentés d'un dixième, et les rayons de courbure du tableau n° 115 diminués d'un dixième nous arriverons à des valeurs satisfaisantes de f. C'est une manière d'y arriver assurément fort arbitraire; toutefois nos hypothèses ont l'avantage d'être simples, et comme nous l'avons dit précédemment (117) elles ont aussi l'avantage de conduire à des résultats qui paraissent peu éloignés de la vérité.

132. Voici nos données. L'indice de la cornée de la carpe est de 1.350, et nous l'avons pris pour l'ensemble de la cornée et de l'humeur aqueuse (128), le chiffre 1.417 est la moyenne des indices de six couches trouvées dans le cristallin du même animal (k) et le chiffre 1.350 est ce-

---

(j) *Annales de chimie et de physique*, t. VIII, p. 220.

(k) Les indices de ces six couches sont les nombres 1.374, 1.387, 1.415, 1.436, 1.442 et 1.450. Le noyau n'y est pas compris, parce qu'il n'a pu être mis en expérience.

lui que nous avons employé comme indice du corps vitré (l). Ces chiffres augmentés d'un dixième donnent,

> Pour la cornée et l'humeur aqueuse. **1.485**
> Pour le cristallin. **1.559**
> Pour le corps vitré. **1.485**

133. De ces indices nous avons déduit, pour le rayon blanc, les valeurs de l qui suivent,

$$1^{\text{re}} \text{ surface.} \quad \frac{1.485}{1.000} = 1.485$$

$$2^{\text{e}} \text{ surface.} \quad \frac{1.559}{1.485} = 1.050$$

$$3^{\text{e}} \text{ surface.} \quad \frac{1.485}{1.559} = 0.953$$

Ces valeurs figurent dans la troisième colonne du tableau suivant qui présente les données et les résultats de nos calculs.

134. Les valeurs de l pour les rayons rouge et violet sont prises dans le tableau du n° 74; elles sont inscrites parmi les données dans les deuxième et troisième colonnes.

Les rayons de courbure pour les trois surfaces que nous considérons sont ceux du tableau du n° 115 diminués d'un dixième; ils sont placés dans les cinquième et sixième colonnes.

Enfin, les valeurs de g déduites du même tableau sont dans les septième et huitième colonnes.

(l) L'indice de l'humeur aqueuse est 1.349, et cette humeur ayant plus d'épaisseur que la cornée, nous aurions dû le préférer au chiffre 1.350 employé pour l'ensemble de ces deux substances. Quant à l'indice du corps vitré, M. Chossat l'a trouvé de 1.349 et non pas de 1.350; mais nos calculs ont été faits par inadvertance avec les nombres 1.350, 1.417 et 1.350, et nous les conserverons tels qu'ils sont, attendu qu'une rectification ne modifierait pas sensiblement les résultats obtenus, lesquels d'ailleurs n'en seraient pas moins dus à des hypothèses arbitraires.

135. On remarquera que les calculs sont faits pour deux cas, l'u. où $d = 0^m.25$ et l'autre où d est égal à l'infini. Le premier cas correspond au foyer situé le plus loin, en arrière de la cornée, et l'autre au cas où il est le moins éloigné de la même cornée.

Le tableau donne les différences entre les deux valeurs de f et g correspondantes à ces deux cas.

Les valeurs de f sont calculées au moyen de la formule du n° 114, laquelle, lorsque $d = \infty$, devient $f = \dfrac{lr}{l-1}$.

136. Nous désignons, dans le tableau suivant plusieurs grandeurs importantes par des lettres dont nous devons ici donner la signification.

Soient F le foyer des rayons blancs, ν le foyer des rayons violets et r le foyer des rayons rouges, pour le point rayonnant situé à l'infini, et F′, ν' et r' les foyers des mêmes rayons blancs, violets et rouges, pour le point situé à $0^m.250$ de distance. Pl. 2. Fig. 19.

Δ désigne la portion FF′ de l'axe optique occupée par les foyers du rayon blanc pour un point mobile sur cet axe entre l'éloignement de $0^m.250$ et l'éloignement égal à l'infini;

δ désigne la portion νr du même axe occupée par les foyers colorés depuis le violet jusqu'au rouge, pour un point situé à l'infini;

δ' désigne la portion $\nu' r'$ du même axe occupée par les foyers colorés depuis le violet jusqu'au rouge pour un point blanc situé à $0^m.250$;

φ désigne la longueur de la portion de l'axe optique occupée par les foyers de toutes les couleurs correspondants à un point blanc en mouvement sur cet axe entre la distance $0^m.250$ de la vision distincte et l'infini;

n désigne le coefficient qui multiplié par Δ donne $\dfrac{\delta+\delta'}{2}$:

c'est-à-dire que l'on a $n = \dfrac{\delta+\delta'}{2\,\Delta}$;

λ désigne la longueur du globe oculaire mesurée sur l'axe optique ;

Enfin, R désigne le quotient $\dfrac{\varphi}{\lambda}$, c'est-à-dire la fraction de la longueur de l'œil sur laquelle se trouvent tous les foyers dont il est question dans la définition précédente de φ.

137. Voici, au moyen de ces notations, le tableau que nous avons annoncé :

	SURFACES RÉFRINGENTES.	VALEURS DE l.			VALEURS DE r.		VALEURS DE g.	
DONNÉES.		rouge.	blanc.	violet.	œil nº 1.	œil nº 2,	œil nº 1.	œil nº 2.
	1re surface	1.4820(*m*)	1.4850	1.4872	7.8125	9.0671	3.7037	3.7037
	2e surface.	1.0487	1.0500	1.0510	4.9352	9.2176	7.1759	4.6296
	3e surface.	0.9536	0.9530	0.9515	3.3426	4.6782	11.1111	15.3935

	INDICATIONS DIVERSES.	Distances de la rétine aux foyers ou valeurs de $f_3 - g_3$.		
RÉSULTATS.		violet.	blanc.	rouge.
	OEil nº 1. { Pour $d = \infty$	−2.551	−2.433	−2.338
	{ Pour $d = 250$ millimètres.	−1.727	−1.593	−1.484
	Différences, pour les trois couleurs	0.824	0.840	0.854
	OEil nº 2. { Pour $d = \infty$	−1.220	−1.063	−0.954
	{ Pour $d = 250$ millimètres.	−0.011	+0.171	+0.299
	Différences, pour les trois couleurs (*n*)	1.208	1.234	1.252

	œil nº 1.	œil nº 2.
Valeurs de $\delta = vr$ (fig. 19, pl. 2).	0.213	0.266
Valeurs de $\delta' = v'r'$.	0.243	0.311
Valeurs de $\dfrac{\delta + \delta'}{2}$	0.228	0.288
Valeurs de $\Delta = FF'$	0.840	1.234
Valeurs de $\varphi = vr'$.	1.068	1.522
Valeurs de la longueur λ de l'œil (46).	23.611	25.231
Valeurs du nombre $n = \dfrac{\delta + \delta'}{2\Delta}$	$\dfrac{27}{100}$	$\dfrac{23}{100}$
Valeurs de R $= \dfrac{\varphi}{\lambda}$.	$\dfrac{1}{22}$	$\dfrac{1}{16}$

(*m*) Par erreur, on a employé dans le calcul le chiffre 1.4830, qui ne donne pas des résultats sensiblement différents de ceux qu'on devait obtenir.

(*n*) Voyez le *post-scriptum* de la page 95.

138. D'après la définition donnée plus haut pour la lettre φ, on trouve au moyen du tableau précédent

$$\text{Œil n}^\text{o} \text{ 1.} \quad \ldots \quad \varphi = 2.551 - 1.484 = 1.067,$$
$$\text{Œil n}^\text{o} \text{ 2.} \quad \ldots \quad \varphi = 1.220 + 0.299 = 1.519.$$

Or, il est bon de remarquer que ces valeurs de φ, sauf quelques millièmes, sont égales à $\Delta + \dfrac{\delta + \delta'}{2}$; car on a

$$\text{Œil n}^\text{o} \text{ 1.} \quad \ldots \quad \Delta + \frac{\delta + \delta'}{2} = 1.068,$$
$$\text{Œil n}^\text{o} \text{ 2.} \quad \ldots \quad \Delta + \frac{\delta + \delta'}{2} = 1.523;$$

ce qui donne $\varphi = \Delta + n\lambda$. Il s'ensuit que si l'on avait connu n, Δ et λ, on aurait pu sans calculer δ et δ', déduire de ces quantités,

$$1^\text{o} \text{ la valeur de} \quad \frac{\delta + \delta'}{2} = n\Delta,$$
$$2^\text{o} \text{ la valeur de} \quad \Delta + \frac{\delta + \delta'}{2} = \varphi,$$
$$3^\text{o} \text{ la valeur de} \quad R = \frac{\varphi}{\lambda}.$$

Toutefois, ce qui arrive ici pour les deux yeux n° 1 et n° 2 pourrait ne pas se vérifier avec la même exactitude dans les calculs qui seraient faits pour d'autres yeux, mais il est aisé de voir qu'en tirant R, ainsi que nous venons de le dire, de n, Δ et φ, on ne sera jamais jeté dans des erreurs bien notables. Et comme c'est un moyen de s'épargner en traitant d'autres exemples les calculs très-laborieux que nous avons exécutés pour le violet et le rouge, nous appliquerons ce procédé plus loin (150).

Nous renverrons d'ailleurs au chapitre suivant, afin de les rendre plus claires, les conclusions que peut fournir le tableau précédent.

139. Mais, avant de passer à ce chapitre, il convient

de nous arrêter un moment à la détermination de la portée des yeux n° 1 et n° 2, en admettant les mesures du
docteur Krause rectifiées par nous (59).

Cherchons d'abord les formules qui donnent la distance
de la vision distincte, quand on connaît les indices, les
rayons de courbure et les écartements des surfaces réfringentes. Il est clair que pour cette distance la valeur
de f_3 sera telle que le foyer soit sur la rétine; ainsi on
aura $f_3 = g_3$. Les trois réfractions donneront donc

$$f_1 = \frac{l_1 r_1 d_1}{(l_1 - 1)d_1 - r_1};$$

$$f_2 = \frac{l_2 r_2 (g_1 - f_1)}{(l_2 - 1)(g_1 - f_1) - r_2};$$

$$g_3 = \frac{l_3 r_3 (g_2 - f_2)}{(l_3 - 1)(g_2 - f_2) - r_3},$$

et ces équations, résolues par rapport aux trois quantités
f_2, f_1 et d_1, qui seront les inconnues et que nous rempla-
cerons par les majuscules F_2, F_1 et D_1, conduiront à ces
valeurs

$$F_2 = \frac{\left\{(l_3 - 1)g_2 - r_3\right\}g_3 - l_3 r_3 g_3}{(l_3 - 1)g_3 - l_3 r_3};$$

$$F_1 = \frac{\left\{(l_2 - 1)g_1 - r_2\right\}F_2 - l_2 r_2 g_1}{(l_2 - 1)F_2 - l_2 r_2};$$

$$D_1 = \frac{r_1 F_1}{(l_1 - 1)F_1 - l_1 r_1}.$$

D'où l'on voit qu'étant données les quantités l_1, l_2, l_3;
g_1, g_2, g_3; r_1, r_2, r_3, on trouvera successivement F_2 et F_1 et
finalement D_1, ou la distance de la vision distincte.

On pourrait bien éliminer F_2 et F_1 de ces trois équations et chercher directement D, mais la vérification de
nos calculs sera plus facile en calculant directement F_2 et
F_1 pour en déduire D_1.

140. Nous avons pour les dimensions rectifiées du docteur Krause (59) :

$$\text{OEil n}^\circ\ 1 \dots \begin{cases} r_1 = 3.750, & r_2 = 2.369, & r_3 = -1.604, \\ g_1 = 1.600, & g_2 = 3.100, & g_3 = 4.800. \end{cases}$$

$$\text{OEil n}^\circ\ 2 \dots \begin{cases} r_1 = 4.352, & r_2 = 4.424, & r_3 = 1.246, \\ g_1 = 1.600, & g_2 = 2.000, & g_3 = 6.650. \end{cases}$$

Quant aux valeurs des indices, on aura (61) pour les deux yeux :

$$i_1 = 1.338, \quad i_2 = 1.384, \quad i_3 = 1.339,$$
$$l_1 = 1.338, \quad l_2 = 1.034, \quad l_3 = 0.907.$$

Au moyen des équations précédentes, dans lesquelles on substituera les chiffres particuliers dont il s'agit, on trouvera, savoir :

Pour l'œil n° 1 . . . $f_3 = 4.800$, $F_2 = 8.628$, $F_1 = 11.071$ et $D_1 = -32.549$;

Pour l'œil n° 2 . . . $f_3 = 6.650$, $F_2 = 5.200$, $F_1 = 6.831$ et $D_1 = -8.459$.

141. Ces résultats nous font voir que la distance de la vision distincte, pour l'œil n° 1 comme pour l'œil n° 2, avec les données admises serait négative. Ainsi, le point rayonnant, éloigné successivement jusqu'à l'infini, aurait toujours son foyer au delà du fond de l'œil, ce qui d'ailleurs s'accorde avec tout ce qui précède relativement aux yeux en question. Et pour que le foyer se trouvât juste sur la rétine, il faudrait que le point rayonnant fût en arrière de la tête et de l'œil : c'est-à-dire qu'avec les indices connus et les mesures déduites du travail du docteur Krause, les deux yeux n° 1 et n° 2 seraient à peu près des yeux d'aveugles distinguant seulement le jour de l'obscurité.

142. Il résulte de là nécessairement, ou que la mort avait altéré les dimensions de l'œil avant qu'on opérât le mesurage, ou que dans le vivant les indices de réfraction sont plus forts que ceux que les physiciens ont déterminés au moyen du cadavre.

Ce n'est pas ici le lieu d'examiner cette question des indices plus élevés dans le vivant que dans le mort; nous nous bornerons à dire que tous les calculs qu'on verra par la suite, et notamment dans les livres V et VI, s'accordent sur ce point, que l'indice du cristallin est dans le vivant plus élevé que l'indice 1.384 trouvé par M. Brewster (61).

Quant à la bonté des yeux n° 1 et n° 2, avec les dimensions obtenues par le docteur Krause, on verra dans les livres suivants à quelles conditions elle est admissible.

CHAPITRE VIII.

APPLICATION DU CALCUL A LA DÉTERMINATION DES FOYERS DANS DEUX YEUX, L'UN DONT LES DIMENSIONS ONT ÉTÉ EMPLOYÉES PAR M. LEHOT, ET L'AUTRE QUI A ÉTÉ DÉCRIT PAR SŒMMERING; CONSÉQUENCES QUI RÉSULTENT DES CALCULS DE CE CHAPITRE ET DE CELUI QUI PRÉCÈDE.

143. M. Lehot a présenté pour le cas du rayon blanc (a) un calcul tout pareil, quant à la forme, à ceux que nous ont fournis les résultats du tableau précédent. Il a donné aux indices i_1, i_2, et i_3 (130) les valeurs 1.3366, 1.3767, 1.3394, déterminées par M. Brewster (61) pour l'humeur aqueuse; pour l'enveloppe extérieure du cristallin, et pour le corps vitré. Puis, après avoir annoncé qu'il adoptait les dimensions indiquées par le docteur Petit, il a supposé

$$r_1 = 7.50, \; r_2 = 6.76, \; r_3 = -5.00, \; g_1 = 3.00, \; g_2 = 4.60, \; g_3 = 17.40 \; (b),$$

(a) Second mémoire, p. 19.

(b) Ces trois valeurs de g_1, g_2, g_3, augmentées de l'épaisseur de la sclérotique, supposée de 1.087 suivant Sœmmering, donnent pour la longueur φ (136) de l'œil $26^{mm}.087$

et il a trouvé, en partant de ces données, que le foyer, pour $d = \infty$, était dans le corps vitré à deux millimètres six dixièmes en deçà de la rétine, ou ce qui revient au même que $f_3 - g_3 = -2^{\text{mm}}.600$.

144. M. Lehot a bien reconnu que l'indice moyen 1.3841 des humeurs du cristallin, d'après M. Brewster, est plus fort que celui de la couche extérieure; mais il a préféré ce dernier qui est égal à 1.3767, et il en donne pour raison que la *prunelle est fort étroite*, ce qui ne nous paraît pas motiver l'emploi du nombre 1.3767. D'un autre côté on remarquera que, d'après Petit, on a

$$r_1 = 11.844, \quad r_2 = 9.00, \quad r_3 = 7.896, \quad g_1 = 2.82, \quad g_2 = 4.51.$$

Ce sont des dimensions que d'Alembert emploie (c), et il emprunte à Jurin la dimension g_3; parce qu'elle manque dans les recherches de Petit : or, cette dimension est égale à 13.87 et non pas à 17.40. Il suit de là que les données de M. Lehot sont un peu arbitraires et différentes de celles que donnent réellement les auteurs qu'il cite.

145. En prenant pour i_2 le nombre 1.3841, qui doit être substitué à 1.3767, et sans rien changer aux autres données adoptées par M. Lehot, nous trouvons :

$$\text{Pour } d = 250. \ldots \begin{cases} f_1 = 32^{\text{mm}}.695, \\ f_2 = 26 \quad .752, \\ \qquad f_3 - g_3 = 1^{\text{mm}}.353. \end{cases}$$

$$\text{Pour } d = \infty. \ldots \begin{cases} f_1 = 29^{\text{mm}}.781, \\ f_2 = 24 \quad .435, \\ \qquad f_3 - g_3 = 0 \quad .386 \ (d). \end{cases}$$

$$\text{Différence.} \ldots\ldots\ldots \varphi\,(136) = 1^{\text{mm}}.739.$$

146. Ces résultats comparés à ceux du chapitre précé-

(c) *Opuscules*, t. Ier, p. 269.

(d) Cette valeur diffère de celle de 2.600, rapportée plus haut, non-seulement à cause du changement de i_2, mais aussi à cause de plusieurs erreurs de calcul que nous avons rectifiées.

dent nous font voir que les dimensions adoptées par M. Lehot se prêtent mieux que celles qui nous sont fournies
par le Dr Krause à la condition que le foyer soit amené
sur la rétine sans changement considérable à faire soit aux
rayons soit aux indices.

Pour tâcher d'avoir, sans recourir à des données arbitraires, des résultats qui aient cet avantage, c'est-à-dire
qui soient aussi rapprochés que possible de ceux qui correspondent aux mesures employées par M. Lehot, et en
même temps pour appliquer le calcul à des dimensions obtenues par des anatomistes recommandables, et dont les
observations aient été faites par de bons procédés, nous
avons mesuré sur les belles figures de Demours les dimensions trouvées par Sœmmering (e) ; les voici :

$$r_1 = 8^{mm}.720, \quad r_2 = 9^{mm}.000, \quad r_3 = -5^{mm}.000 ;$$
$$g_1 = 3 \quad .407, \quad g_2 = 4 \quad .111, \quad g_3 = 16 \quad .935 \ (f).$$

Si l'on prend, d'après M. Brewster (g),

$$i_1 = 1.337, \quad i_2 = 1.384, \quad i_3 = 1.339,$$

d'où résulte

$$l_1 = 1.337, \quad l_2 = 1.035, \quad l_3 = 0.967,$$

on trouvera que les valeurs de $f_3 - g_3$ correspondantes à ces
données sont, savoir :

(e) *Traité des maladies des yeux*, par S.-T. Sœmmering, traduction de
A.-P. Demours.

(f) Ces valeurs de g_1, g_2 et g_3 ajoutées à l'épaisseur de la sclérotique au
fond de l'œil, laquelle est, d'après les dessins de la traduction de Sœmmering par Demours, de 1.087, donnent pour la longueur φ (130) de l'œil
$25^{mm}.510$.

(g) Nous choisissons les indices de M. Brewster pour que les calculs
suivants soient en rapport avec ceux de M. Lehot ; on sait d'ailleurs que
ces indices ne diffèrent que fort peu de ceux de M. Chossat (61), et qu'ils
donnent à peu près les mêmes résultats que ces derniers (124).

$$\text{Pour } d = 250 \ldots \left\{ \begin{aligned} f_1 &= 38^{\text{mm}}.589, \\ f_2 &= 28 \quad .788, \\ f_3 &- g_3 = 5^{\text{mm}}.863. \end{aligned} \right.$$

$$\text{Pour } d = \infty \ldots \left\{ \begin{aligned} f_1 &= 34^{\text{mm}}.595, \\ f_2 &= 28 \quad .788, \\ f_3 &- g_3 = 3 \quad .586. \end{aligned} \right.$$

$$\text{Différence.} \ldots \ldots \varphi = 2^{\text{mm}}.277.$$

147. Ces valeurs de $f_3 - g_3$ sont beaucoup plus fortes que celles qui sont fournies par l'œil que M. Lehot a composé; si, pour en avoir de moindres, on augmente les indices de M. Brewster d'un dixième, et qu'on diminue les rayons de courbure d'un quarantième, on aura

$$\begin{aligned} i_1 &= 1.471, & i_2 &= 1.522, & i_3 &= 1.473; \\ l_1 &= 1.471, & l_2 &= 1.035, & l_3 &= 0.968; \\ r_1 &= 8.502, & r_2 &= 8.775, & r_3 &= 4.875. \end{aligned}$$

Et l'on trouvera, en conservant pour g_1, g_2 et g_3 les valeurs indiquées n° **146**

$$\text{Pour } d = 250 \ldots \left\{ \begin{aligned} f_1 &= 28^{\text{mm}}.619, \\ f_2 &= 23 \quad .726 \ (h), \\ f_3 &- g_3 = - 0^{\text{mm}}.129. \end{aligned} \right.$$

$$\text{Pour } d = \infty \ldots \left\{ \begin{aligned} f_1 &= 26^{\text{mm}}.553, \\ f_2 &= 21 \quad .944 \ (i), \\ f_3 &- g_3 = 1 \quad .495. \end{aligned} \right.$$

$$\text{Différence.} \ldots \ldots \varphi = 1^{\text{mm}}.366.$$

148. Avec ces valeurs, et au moyen de celles que nous avons obtenues pour l'œil dont s'est occupé M. Lehot (**145**) et pour les deux yeux dont il s'agit au tableau du n° **137**, nous avons formé le tableau suivant dans lequel les lettres λ, Δ, n, δ, δ', φ et R ont les significations expliquées n° **136**.

(h) Cette valeur de f_2 conduit à $f_2 - g_2 = 19.615$.
(i) De cette valeur de f_2 on tire $f_2 - g_2 = 17.833$.

INDICATIONS DIVERSES.	RÉSULTATS OBTENUS pour les yeux décrits ou employés par			
	le Dr Krause.		Sœmmering.	M. Lehot.
	n° 1.	n° 2.	n° 3.	n° 4.
Valeurs de λ.	23.611	25.231	25.540	26.087
Epaisseurs du corps vitré (j). .	11.111	15.393	16.935	17.400
Valeurs de Δ.	0.840	1.234	1.366	1.739
Valeurs de n.	$\frac{27}{100}$	$\frac{23}{100}$	$\frac{25}{100}$	$\frac{25}{100}$
Valeurs de $\frac{\delta + \delta'}{2} = n\,\Delta$.	0.228	0.288	0.342	0.440
Valeurs de $\varphi = \Delta + n\,\Delta$.	1.068	1.522	1.708	2.179
Valeurs de $R = \frac{\varphi}{\Delta}$.	$\frac{1}{22}$	$\frac{1}{16}$	$\frac{1}{15}$	$\frac{1}{12}$

Tous les chiffres des deux premières colonnes étaient connus par le tableau du n° 137; les trois premiers chiffres de l'avant-dernière et de la dernière sont fournis par la note (f) de ce chapitre; par les n°^{os} 146 et 147; par la note (b) de ce même chapitre, et par les n°^{os} 143 et 145.

149. Or, notre objet était d'obtenir la valeur de R, et pour cela il fallait d'abord trouver $\frac{\delta + \delta'}{2}$. En opérant directement, comme nous avons fait pour les yeux n°^{os} 1 et 2, il aurait fallu déterminer les indices du rouge et du violet (voyez le ch. 4); puis calculer les valeurs de $f_3 - g_3$ correspondantes à ces indices pour $d = 250$ et $d = \infty$, et c'eût été un travail long que nous avons pensé devoir nous épargner, parce que la quantité $\frac{\delta + \delta'}{2}$ étant petite, par

_____

(j) Pour les yeux n° 1 et n° 2, ces épaisseurs, comme on le voit au tableau du n° 115 du chapitre précédent, sont de 11.1111 et de 15.3935.

rapport à Δ, elle influe peu sur le chiffre $\varphi = \Delta + \dfrac{\delta + \delta'}{2}$

et peu aussi par conséquent sur la valeur de R. Il ne s'agit pas, d'ailleurs, pour un œil dont nous avons pris les dimensions au compas (celui que Sœmmering a décrit), et pour celui que M. Lehot a composé (144), d'avoir des chiffres d'une grande exactitude.

D'après cela, nous nous sommes proposé de déduire de Δ, suivant ce qui a été dit n° 138, les valeurs 0.342 et 0.440 de $\dfrac{\delta + \delta'}{2}$, au moyen des valeurs de n. Il fallait donc trouver n pour les deux dernières colonnes.

Pl. 2.
Fig. 19. 150. Le foyer r', des rayons rouges, pour $d_{\iota} = 250$ étant sur la rétine, ou à peu près, les grandeurs $FF' = \Delta$, $\nu r = \delta$, $\nu' r' = \delta$, doivent différer de rapport, pour les différents yeux; mais elles ne peuvent pas en différer beaucoup. Nous avons donc pu supposer, sans erreur bien sensible, que le nombre n pour les deux dernières colonnes était égal à la moyenne $\frac{26}{100}$ des deux valeurs qu'il a dans les première et deuxième colonnes, valeurs qui sont le résultat de calculs directs rapportés au tableau du n° 137.

Au moyen de cette valeur de n nous avons trouvé, pour les yeux n° 3 et n° 4, $n\Delta$ et R.

151. Il résulte de ces calculs qu'en admettant, 1° que le corps vitré soit homogène; 2° que pour amener sur la rétine le foyer d'un point rayonnant situé à $0^{\mathrm{m}}.25$ de l'œil, les indices de réfraction et les rayons de courbure dans le vivant soient tels qu'ils sont indiqués, savoir : pour les yeux n° 1 et n° 2 au n° 131; pour l'œil n° 3 au n° 147, et pour l'œil n° 4 au n° 145; 3° que les yeux dont il s'agit aient été d'ailleurs bien constitués, la vision ne pourrait s'opérer à toutes distances, au delà de la vision distincte, qu'au moyen d'un raccourcissement qui serait pour l'œil n° 1 d'un vingt-deuxième; pour l'œil n° 2 d'un seizième; pour l'œil n° 3,

décrit par Sœmmering, d'un quinzième, et pour l'œil n° 4, employé par M. Lehot, d'un douzième.

M. Young a trouvé au lieu de ces chiffres un sixième (*k*).

D'après ce qui précède et suivant ce qui suit, on reconnaîtra que ses calculs lui ont donné un résultat trop fort. Au surplus, si le chiffre $\frac{1}{6}$ était préférable à ceux que donne le tableau précédent, les conclusions auxquelles nous serons conduit n'en seraient que mieux motivées.

152. Maintenant et sans nous arrêter au chiffre obtenu par M. Young, nous nous demanderons quel est celui des yeux n° 1, n° 2, n° 3 et n° 4 que nous devons adopter comme donnant les meilleurs résultats. D'abord nous repousserons l'œil n° 4, parce que ses dimensions ont été prises trop arbitrairement (144), et nous repousserons également les dimensions admises par d'Alembert, pour cet œil, attendu que par cela seul qu'elles associent les mesures de Petit avec une mesure importante empruntée à Jurin (144), on n'est nullement sûr qu'elles conviennent à un même œil.

Notre choix doit donc se faire entre les yeux n° 1, n° 2 et n° 3.

153. Nous remarquerons que dans l'œil n° 1 le corps vitré n'occupe pas tout à fait la moitié de la longueur de l'organe ; que cet œil est dépourvu de ce qu'on appelle le canal goudronné (v. la fig. 2, pl. 1), que le cristallin de l'œil n° 2 est fort aplati, et que l'œil n° 3 est plus rapproché des dimensions de l'œil généralement considéré comme bon (*l*).   Pl. 1. Fig. 2.

D'un autre côté, dans le système de corrections que nous avons employé n° 131 et n° 147, l'œil n° 3, pour que le foyer soit sur la rétine, ne nous a demandé qu'une ré-

---

(*k*) Voyez le *Mémoire* de Dulong inséré dans le *Journal des savants*, année 1818, p. 348, et le *Second mémoire* de M. Lehot, p. 24.

(*l*) Les propres expressions du Dr Krause montrent que l'œil n° 1, qui lui paraissait très-beau, était toutefois assez extraordinaire (126).

duction d'un quarantième sur les rayons de courbure, et une augmentation d'un dixième sur les indices (147), tandis que pour les yeux n° 1 et n° 2 nous avons dû employer des corrections beaucoup plus fortes (133).

Par ces raisons, et sans nous appuyer sur des considérations qui seront examinées plus loin, et qui tendent à faire ranger les yeux n° 1 et n° 2, décrits par le Dr. Krause, parmi les yeux défectueux, nous adopterons l'œil n° 3 comme type du bon œil.

154. On peut être surpris d'après cela que nous n'ayons pas appliqué nos calculs exclusivement à cet œil. Mais si l'on se reporte aux observations du n° 127, et si l'on considère, premièrement, que le travail du Dr. Krause est, quant aux mesures des yeux, le document le plus complet et le plus remarquable que l'on connaisse ; secondement, que ce travail, dans lequel on a appliqué les procédés employés par M. Chossat, nous fournissait les ordonnées et les abscisses de beaucoup de points des courbes de l'œil (voyez le ch. 3) ; troisièmement, qu'en opérant au moyen des yeux n° 1 et n° 2 nous n'empruntions au docteur hanovrien que des chiffres que nous ne pouvions ni augmenter ni diminuer, tandis qu'en opérant au moyen de l'œil n° 3 nous étions forcé de prendre nous-même, sur les figures de Demours, des dimensions que nous pouvions rendre plus ou moins propres à nos vues, on verra que le travail de M. Krause était extrêmement précieux pour nous.

Il est en conséquence bien établi maintenant, que si nous avons quelque légère préférence pour l'œil n° 3, comme type, ce n'est pas dans l'intérêt de telle ou telle théorie, c'est uniquement dans l'intérêt de la science.

155. Admettons donc que, si la lumière se mouvait en ligne droite au travers du corps vitré, les foyers du rouge et du violet, pour des points rayonnants situés respectivement à $0^m.25$ de distance et à l'infini, sur l'axe optique, seraient écartés de $1^{mm}.708$ dans un œil de $25^{mm}.540$ de lon-

gueur (148), et que les foyers colorés correspondants à un point rayonnant blanc occuperaient dans le corps vitré une petite ligne dirigée de l'avant à l'arrière de l'œil, et présentant une longueur de $0^{mm}.342$, ou d'un tiers environ de millimètre. On aura conséquemment,

$$F'r'=0.171, \quad v'r'=0.342, \quad rr'=1.366, \quad Fr'=1.537 \text{ et } v'r'=1.708.$$

Pl. 2.
Fig. 19.

156. Cela posé, il sera possible de déterminer, pour un point rayonnant d'une position donnée sur l'axe optique, les rayons des cercles colorés peints sur la rétine (m).

Il est clair que la position F d'un foyer étant calculée, le cercle ZZ' qui lui correspondra serait déterminé si l'on connaissait, sur la surface postérieure M d m du cristallin, le cercle Mm qui appartient au cône des rayons qui concourent en F.

Or, comme tous les cercles tels que ZZ' sont fort petits, on peut admettre que la partie du fond de l'œil sur laquelle ils sont reçus est plane. Donc les deux triangles cmF, Fr Z, dont le dernier à la rigueur est mixtiligne, peuvent être considérés comme semblables, ce qui nous donnera

$$cF : cm :: Fr' : r'Z ;$$

d'où nous tirerons

$$\text{Le rayon cherché} = r'Z = \frac{cm \times Fr'}{cF} = \frac{cm \times Fr'}{cr' - Fr'} :$$

valeur qui sera connue si l'on obtient numériquement

(m) Ayant eu, depuis la rédaction de ce chapitre, beaucoup de rayons semblables à calculer, nous avons cherché une formule par laquelle ils s'obtiennent. Nous n'appliquerons pas toutefois cette formule aux recherches qui nous occupent ici, parce qu'il ne s'agit pas seulement dans ces recherches de trouver les valeurs numériques de quelques rayons, mais encore celles de diverses autres lignes que les constructions graphiques nous donnent, et parce que nous voulons, en publiant ce Mémoire, lui conserver sa forme première.

Pl. 2.
Fig. 19.

cm et *cr'*; car F*r'* est une grandeur donnée. Cherchons donc à déterminer la grandeur et la position du cercle M*m* qui sert de base au cône MF*m*.

Fig. 22.

157. Soient OP l'axe optique de l'œil n° 3, T*stmd*M et *u'r'u* les coupes respectives du cristallin et de la rétine de cet œil, et portons sur OP, de *s* en f, de *d* en f' et de *r'* en F, les valeurs

$$f_1 - g_1 = 25.212, \quad f_2 - g_2 = 19.015, \quad f_3 - g_3 = -0.129,$$

obtenues au n° 147, pour le point rayonnant éloigné de 250 millimètres; les points *f*, *f'* et F seront les foyers du rayon blanc, après les première, deuxième et troisième réfractions produites par les surfaces réfringentes principales du globe oculaire.

Soient H*p* le plan de l'iris, et O*h* le rayon de l'ouverture de la pupille. Les rayons réfractés par la surface extérieure de la cornée ayant leur foyer en *f*, *hf'* sera la ligne extérieure du cône que formeront ces rayons. En *t* il y aura une seconde réfraction, et le rayon *ht* prendra la direction *tf'* qui coupe en *m* la courbe T*stmd*M. Enfin, en *m* le rayon lumineux se brisera de nouveau, et il prendra la direction *m*F, de sorte que le rayon passant par le point *h* aura décrit la ligne *htm*F. De même le rayon HT, tel que OH = O*h*, décrira la ligne HTMF : les rayons qui forment le faisceau *ht*TH, dont le foyer est en *f*, concourront d'après cela en *f'*, après la réfraction de la surface T*st*, et finalement en F à leur sortie du cristallin.

Le diamètre de l'ouverture de la prunelle a été trouvé, en lignes, de 2.10 et de 1.80 (46); supposons-le de deux lignes, ou que l'on ait O*h* = 2ᵐᵐ.315 (*n*). (Voyez la note mise

---

(*n*) Cette dimension atteint à peu près le maximum correspondant à la grandeur de la pupille chez les personnes qui ont une bonne vue. A

en tête du chap. 3). Si la figure dont il s'agit est construite avec soin et sur une grande échelle on trouvera que pou rle point m, déduit de cette grandeur de Oh, on a

Pl. 5.
Fig. 22.

$$cm = 1^{mm}.920 \quad \text{et} \quad cr' = 17^{mm}.250 \ (o).$$

158. Si le point rayonnant était à l'infini, au lieu d'être à la distance $d=250$, les valeurs $f-g=26.553$, $f_1-g_1=21.944$ et $f_3-g_3=-1.495$, étant un peu plus petites que celles qui viennent d'être employées, les points f, f' et F seraient plus rapprochés du cristallin ; on trouverait donc pour la même ouverture de pupille que le point m serait sur la courbe Mdm un peu plus rapproché du point d. Mais, toutes choses d'ailleurs égales, la pupille s'agrandit lorsque la vue se porte d'un point sur un autre point plus éloigné que le premier (521); donc la valeur de Oh d'après laquelle il faudrait construire le point m, pour $d=\infty$, devrait excéder le chiffre $2^{mm}.315$ que nous avons employé en supposant $d=250$, ce qui tendrait à éloigner le point m du point d. De là, nous devons conclure que ce point demeure à peu de chose près invariable quelle que soit, au delà de la distance $d=250$, la position du point rayonnant sur l'axe optique : c'est-à-dire que les valeurs trouvées plus haut, pour cm et cr' ne changent pas sensiblement, ou que Fig. 19. le cercle Mm sert de base à tous les cônes de rayons qui donnent les foyers ν, F, r', etc.

---

l'époque où nous l'avons choisie, il ne s'agissait pour nous que d'apprécier les choses par aperçu, et il est aisé de voir que la figure gagnait en exactitude avec une dimension Oh plutôt forte que faible. Si nous recommencions notre travail, nous prendrions pour le rayon de la pupille 1.40 ou 1.50; les diamètres d'images dont il va être question seraient diminués de beaucoup, mais nos conclusions seraient les mêmes.

(o) La figure 22 est de grandeur naturelle et ne permet pas une vérification précise de ces chiffres : l'échelle qui nous a servi était de cinq centimètres pour millimètre, et nous pouvions opérer, avec une loupe et avec des mesures métalliques bien divisées, à deux ou trois millièmes de millimètre près. La facilité, la rapidité et l'exactitude se trouvaient en

159. Maintenant, mettons dans la formule du n° 156, au lieu de cm et cr' les valeurs trouvées n° 157, et faisons Fr égal successivement aux valeurs de $F'r'$, $v'r'$, rr', Fr' et vr' données n° 155, nous trouverons

$$r'R = 0.019, \qquad r'r'' = 0.039, \qquad r'z = 0.165;$$
$$r'Z = 0.188 \quad \text{et} \quad r'z' = 0.211.$$

160. Et si l'on calcule que pour le point rayonnant situé à 3^m de distance on a

$$f_i = \frac{l_i d_i r_i}{(l_i - 1)\, d_i - r_i} = 26^{mm}.714,$$

tandis que pour $d = \infty$ on a $f_i = 26.553$ (147), on reconnaîtra que deux points situés l'un à 3^m de distance sur l'axe optique, et l'autre à l'infini, ont leurs divers foyers situés à très-peu près aux mêmes points dans le corps vitré.

161. On peut toutefois reprocher aux évaluations précédentes,

1° Qu'elles sont basées, comme celles dont nous avons parlé n° 131, sur les données trop arbitraires indiquées n° 147;

2° Qu'elles sont obtenues au moyen d'opérations graphiques difficiles à vérifier.

Ces évaluations ayant de l'importance, nous devons montrer ici qu'elles sont assez satisfaisantes, et pour cela nous allons rapporter dans le tableau suivant les données et les résultats de divers calculs dont quelques-uns ne seront présentés que dans les chapitres 22 et 23 du livre V.

---

conséquence réunies. Il est d'ailleurs bon d'observer que la question étant de dévoiler les imperfections grossières de l'ancienne théorie, on n'a besoin ici, ni d'hypothèses ni de procédés d'une extrême justesse.

INDICATIONS DIVERSES.	DONNÉES.			RÉSULTATS.
	Surfaces S_1.	Surfaces S_2.	Surfaces S_3.	
dices d'après M. Brewster (61).............	1.377	1.384	1.339	»
dleurs de l tirées de ces indices (146).........	1.377	1.035	0.967	»
yons rectifiés du docteur Krause (59)........	8.681	5.461	3.713	»
Cas du chap. 7. — Indices employés (137).............	1.485	1.559	1.485	»
Cas du chap. 7. — Valeurs de l (137)...............	1.485	1.050	0.953	»
Cas du chap. 7. — Rayons employés (137)............	7.812	4.915	3.342	»
Cas du chap. 7. — Valeurs obtenues (137)...... de Δ....	»	»	»	0.840
Cas du chap. 7. — Valeurs obtenues (137)...... de $\Delta + n\Delta$.	»	»	»	1.067
Cas du chap. 22. — Indices employés (415).............	1.330	1.4543	1.330	»
Cas du chap. 22. — Valeurs de l (416)...............	1.330	1.0938	0.914	»
Cas du chap. 22. — Rayons employés (415)............	8.681	5.0461	3.713	»
Cas du chap. 22. — Valeurs obtenues (417 et 418). de Δ....	»	»	»	0.887
Cas du chap. 22. — Valeurs obtenues (417 et 418). de $\Delta + n\Delta$.	»	»	»	1.290
yons d'après Sœmmering (146).............	8.720	9.000	5.000	»
Cas du chap. 8. — Indices employés (147).............	1.471	1.522	1.473	»
Cas du chap. 8. — Valeurs de l (147)...............	1.471	1.035	0.968	»
Cas du chap. 8. — Rayons employés (147)............	8.502	8.775	4.875	»
Cas du chap. 8. — Valeurs obtenues (148)...... de Δ....	»	»	»	1.366
Cas du chap. 8. — Valeurs obtenues (148)...... de $\Delta + n\Delta$.	»	»	»	1.708
Cas du chap. 22. — Indices employés (367).............	1.330	1.4376	1.330	»
Cas du chap. 22. — Valeurs de l (367)...............	1.330	1.0809	0.9251	»
Cas du chap. 22. — Rayons employés (362)............	8.720	9.0000	5.000	»
Cas du chap. 22. — Valeurs obtenues (387 et 390). de Δ....	»	»	»	1.326
Cas du chap. 22. — Valeurs obtenues (387 et 390). de $\Delta + n\Delta$.	»	»	»	1.854

162. Examinons les conséquences qu'il faut tirer de **ce** tableau.

Pour chacun des deux exemples relatifs aux yeux n° 1 et n° 2 les données sont loin d'être les mêmes, et cependant les valeurs de Δ ne diffèrent que très-faiblement. De plus, c'est dans le second exemple, sauf un cas sur quatre cas, que les chiffres sont les plus forts.

On peut donc admettre que les résultats obtenus dans ce chapitre doivent être considérés comme faibles, et malgré cela, ainsi qu'on le voit, ils conduisent à des images dont l'étendue est considérable.

Quant à la question de savoir si les données des chap. 22 et 23 sont préférables à celles des chap. 7 et 8, elle sera résolue livre V en faveur des premières. Nous nous bornerons à faire remarquer ici que les indices de l'humeur aqueuse et du corps vitré dans les chapitres 7 et 8 sont faibles et tous les rayons de courbure grands, tandis que dans les chapitres 22 et 23, les indices de la même humeur sont beaucoup plus forts et les rayons plus petits, ce qui montre que les données, dans les deux exemples relatifs à chaque œil, sont très-différentes : on pourrait presque dire même qu'elles appartiennent à des cas extrêmes.

163. Nous conclurons donc de ce qui précède :

1° Que si un point blanc infiniment petit est situé à $0^{m}.25$ de distance de l'œil n° 3 il donnera sur la rétine un point rouge environné de cercles colorés qui auront des diamètres compris entre zéro et $2 \times 0.039 = 0.078$, celui du vert, qui occupera la position que nous venons de calculer pour le blanc, étant de $0.078 = 2 \times 0.019$;

2° Que si ce point blanc est éloigné de $3^{m}.00$ il peindra sur la rétine un ruban circulaire dont le diamètre intérieur sera de $2 \times 0.165 = 0.330$, et dont le diamètre extérieur sera de $2 \times 0.211 = 0.422$;

3° Que si un fil vertical blanc est éloigné de $0^{m}.25$ il aura pour image sur la rétine un ruban large de $0^{m}.078$, rouge au milieu, violet sur ses bords, et présentant du rouge au violet toutes les couleurs du spectre;

4° Que si ce même fil est à la distance de 3^m, la largeur du ruban sera de 0.422; qu'il présentera de chaque côté une frange irisée de $0.211 - 0.165 = 0.046$ de largeur, violette à l'extérieur et rouge à l'intérieur, et qu'entre ces deux franges la rétine recevra des rayons de toutes couleurs, mais où le rouge dominera et après le rouge l'orangé; puis après le jaune, et ainsi de suite : car les cercles différemment colorés, du rouge au violet, ayant des rayons de plus en plus grands, les rayons rouges, orangés, jaunes, etc., seront de moins en moins serrés en s'approchant du violet.

164. Supposons qu'un cheveu blanc vertical de $0^{mm}.10$ de largeur soit placé devant l'œil n° 3 à 3 mètres de distance. Si l'on admet que les droites qui, virtuellement, projettent le point rayonnant sur le fond de l'œil (p) se croisent dans le corps vitré à $0^{mm}.016$ de distance de la rétine, ce qui doit différer peu de la vérité (275), la largeur du cheveu étant à celle de son image comme les distances 3000^{mm} et 16^{mm} sont entre elles, on trouvera que la largeur de l'image est de cinq dix-millièmes de millimètre.

Donc l'un des bords du cheveu, bord qui formera une ligne infiniment étroite, aura pour image un ruban de $0^{mm}.422$, ou d'un demi-millimètre environ de largeur, et l'autre bord un autre ruban de même largeur placé à côté du premier à une distance de celui-ci de 0.0005. Et c'est l'ensemble de ces deux images et des images intermédiaires placées dans l'intervalle de cinq dix millièmes de millimètre qui devra produire, dans le système de l'homogénéité du corps vitré, la sensation du cheveu.

Or, il est aisé de voir que les images dont il s'agit

(p) On verra plus loin (251) que nous désignons ces droites sous le nom de *rayons virtuels*.

n'ayant qu'un demi-millimètre de largeur, la rétine ne recevra, en chacun des points de l'image, ou qu'un rayon, ou que très-peu de rayons, et qu'il ne peut résulter de là qu'une sensation bien faible, si toutefois elle est appréciable (q).

D'un autre côté, si l'on suppose que l'œil considère par exemple une mèche de cheveux, on remarquera que toutes les images d'un demi-millimètre de largeur se superposant, à cinq dix-millièmes près, chacune sur sa voisine, donneront lieu à une tache confuse étendue et de peu d'intensité qui sera loin de former une représentation vive et nette de la mèche de cheveux dont il s'agit.

165. Le calcul nous amène donc à repousser le système de l'homogénéité du corps vitré, car on ne peut guère admettre que la vision, pure comme elle l'est chez les personnes qui ont de bons yeux, soit produite par des images qui, l'œil étant supposé invariable de forme, n'auraient ni netteté, ni vigueur.

Quant aux changements de forme du globe pour faciliter la vision à des distances différentes, ils vont être l'objet du chapitre suivant; les résultats numériques obtenus ci-dessus seront d'ailleurs confirmés, comme nous l'avons déjà dit (161), par les calculs du livre V.

(q) On verra n° 353 que l'œil ne perçoit pas les impressions qui ne sont produites sur un point de la rétine que par deux rayons lumineux.

CHAPITRE IX.

DES CHANGEMENTS DE FORME DE L'ŒIL OU DE SES PARTIES PROPOSÉS
POUR EXPLIQUER LA VISION, LE CORPS VITRÉ ÉTANT HOMOGÈNE.

166. Les physiciens et les physiologistes, pour expliquer la netteté de l'image peinte sur la rétine lorsque les points rayonnants varient d'éloignement, ont eu recours à bien des hypothèses sur la déformation que l'œil et ses parties pouvaient prendre au besoin dans l'acte de la vision. Mais, raisonnant dans le cas de l'homogénéité du corps vitré, ils étaient obligés d'admettre des changements de figure assez considérables, et qu'ils supposaient plus forts encore qu'ils ne doivent l'être (151). Ces grandes déformations ont été combattues comme inadmissibles. Dulong, notamment, dans un mémoire inséré dans le Journal des savants, année 1818, page 342, s'est rangé parmi leurs adversaires. Il a reproduit les arguments de M. Th. Young et ceux des autres physiciens. C'est un travail fort complet et qui présente l'état de la science à l'époque de nos premières recherches. Nous le citerons souvent, à cause de la juste célébrité de l'auteur, et parce que notre liaison intime avec lui, depuis notre entrée commune à l'École polytechnique jusqu'à sa mort, nous a mis à même de bien connaître ses idées.

Nous nous occuperons d'abord de la déformation du globe oculaire, considéré en masse; puis des changements de forme que pourraient éprouver ses différentes parties.

167. Nous avons vu n° 43 que lorsqu'on presse un œil il devient opaque. Il n'est pas présumable, d'après cela,

que pour secourir la vision et pour la rendre nette et
exempte de toute irisation à des distances très-différentes,
cet organe doive se raccourcir ou s'allonger d'une partie de
sa longueur horizontale. Il résulte d'ailleurs de ce qu'on
a vu n° 151, qu'il faudrait pour cela qu'il fût soumis à une
compression considérable.

M. Lehot, dans son premier mémoire, page 31, appuie
l'invariabilité de forme du globe oculaire sur une autre raison : c'est qu'il y a des poissons chez lesquels la sclérotique
est osseuse. Il faudrait donc que ces poissons n'eussent pas
besoin de voir des objets situés à des distances différentes,
ce qui, dit-il, n'est pas admissible. Nous ne partageons pas
entièrement son opinion ; parce qu'il nous semble que la
vue des animaux est restreinte, surtout chez les poissons,
à de faibles distances : toutefois l'argument de M. Lehot
tend à montrer que l'œil de l'homme ne doit pas subir,
dans l'acte de la vision, de fortes déformations.

168. Les physiciens ont cru d'ailleurs que le globe oculaire n'était pas pourvu des moyens de se déformer. Il n'est
entouré en effet d'aucun organe qui, ainsi que l'anneau
charnu existant à l'extrémité du rectum et appelé *muscle
sphincter* (a), soit destiné à serrer l'œil et à l'allonger. Les
quatre muscles droits (17), les seuls dont ils croyaient
devoir tenir compte, avaient bien paru être propres, par
leur contraction, à raccourcir l'œil en le comprimant de
l'avant à l'arrière (b) ; mais le coussin graisseux contre le-

---

(a) *Physiologie* de M. Magendie, t. II, p. 110.

(b) M. Lehot (1er mémoire, p. 31) dit que chez certains poissons les
quatre muscles droits et leurs points d'insertion sur l'orbite sont à
peu près dans le même plan, et que par conséquent ils ne peuvent pas
servir à comprimer l'œil. Il nous a semblé que, d'après les lois de l'anatomie comparée établies par M. Geoffroy Saint-Hilaire, il était bien surprenant que certains poissons eussent des yeux constitués ainsi que
M. Lehot le dit. Nous avons disséqué des yeux de carpe avec le secours

quel il est appuyé (c) ne présentant qu'une faible consistance, on pensait qu'elle ne pouvait pas suffire pour qu'on obtînt une déformation notable. D'un autre côté, les humeurs de l'œil n'étant pas sensiblement compressibles, on trouvait là encore une objection contre les changements de forme du globe par voie de compression.

Dulong ajoute que, « d'après la disposition des parties, » il est évident que l'allongement du globe se ferait toujours » suivant la direction de l'axe de l'orbite (d); donc lorsque » l'organe serait tourné en dehors on en dedans on devrait perdre la faculté de voir à des distances différentes, ce qui est contraire à l'observation la plus vulgaire (e). »

169. La possibilité de l'allongement de l'œil a toutefois eu beaucoup de partisans. D'après Dulong, « c'est M. le » docteur Young qui dans un savant mémoire, et par des » procédés aussi ingénieux que délicats, a mis hors de » doute l'invariabilité du globe oculaire (f). » Parmi ces procédés le physicien français en cite un que nous allons rapporter.

La conjonctive étant une surface très-polie, elle présente des images brillantes (g), et il résulte de là que l'axe optique étant placé dans une direction fixe, si la vision se porte,

---

de M. le Dr Fortoul, et nous avons trouvé que les muscles de ces yeux étaient disposés comme dans l'œil humain. Cependant, l'observation de M. Lehot mérite qu'on s'y arrête : nous la livrons aux physiologistes; c'est à eux qu'il appartient de l'apprécier.

(c) *Physiologie* de M. Magendie, t. Ier, p. 57.

(d) On verra (chap. 29, seconde partie de cet ouvrage) que les axes des deux orbites concourent l'un vers l'autre en arrière des deux globes oculaires.

(e) *Journal des savants*, p. 350.

(f) *Ibid.*, p. 349.

(g) Dulong emploie ici l'expression d'*images réfléchies*, et c'est une erreur qui a été reproduite par des physiciens qui ont écrit depuis lui. Il

sans que l'œil bouge, successivement sur une étoile et sur
un fil vertical éloigné de 3 à 4 décimètres, par exemple,
l'image brillante d'une lumière distante de 8 ou 10^m devra
changer sensiblement de forme et de position. En effet,
soient C le centre du globe oculaire, ami l'intersection de
ce globe avec un plan mené par l'axe optique ax, et i l'image
brillante : on sait que la normale ib fera des angles égaux
lib, biv, avec les droites il, iv, menées respectivement du
point i à la lumière qui donne l'image et au point de vue
de la personne qui observe cette image. Or, si l'œil qui regarde le fil s'allonge par exemple d'un sixième (h) pour
regarder l'étoile, l'arc générateur circulaire ami sera remplacé par un arc $a'm'$I d'ellipse, et la coupe elliptique devant
avoir la même superficie que la coupe circulaire, Ca' sera
égal aux 7/6 de Ca et Cm' aux 6/7 de Cm. Cela posé, si le
point de vue de l'observateur est éloigné de l'œil soumis à
l'expérience de 30 à 40 centimètres, on pourra supposer,
sans erreur sensible, que dans les changements de position de l'image le rayon de lumière il et le rayon visuel iv
se meuvent parallèlement à eux-mêmes, et que, par conséquent, la normale ib au point brillant i conserve la direction Ci, que nous rapporterons en CG sur l'ellipse amI.
Mais, pour cette direction CG, le point brillant de l'ellipse
$a'm'$I sera le point I, qui a sa tangente IT perpendiculaire
à CG. Si donc on mène IK parallèle à ax ; si l'on porte CK
en CK' ; si l'on mène K'N' parallèle à ax, et si l'on porte KI

Pl. 2.
Fig. 20.

---

est clair qu'il s'agit d'images brillantes, produites par une surface polie et
situées sur cette surface, et non pas d'images réfléchies, qui sont les
images d'objets vus par réflexion au moyen de miroirs. (Voyez la *Science
du Dessin*, liv. III, ch. IV et V.)

(h) C'est l'allongement que Dulong, d'après M. Young, admet comme
nécessaire pour que la rétine qui recevait le foyer de l'objet rapproché,
s'éloigne assez pour recevoir encore celui de l'objet éloigné. Ce chiffre,
comme on peut le voir n° 151, est beaucoup trop fort.

en K'i', le nouveau point brillant sera en i' sur K'N', c'est-à- Pl. 2.
dire que le point brillant primitif i, comme il est d'après Fig. 20.
cela aisé de le voir, se sera porté très-sensiblement en
avant.

170. Au lieu d'admettre avec M. Young que les limites
d'allongement du globe de l'œil, pour la vision nette des
objets les plus éloignés, soit du sixième du diamètre de ce
globe, prenons pour cette limite le chiffre un vingtième,
qui est à peu près le chiffre moyen résultant des calculs que
nous avons appliqués aux yeux n° 1 et n° 2 (148). Si l'on
suppose que le globe oculaire ait 14 millimètres de rayon
(i) et que l'image brillante se trouve en i, sur le rayon incliné à 45 degrés avec l'axe optique, les coordonnées x et y
du point i seront égales à $9^{mm}.9$, et l'on aura pour les coordonnées de l'image brillante i', après l'allongement, $x =$
$10^{mm}.9$ et $y = 8^{mm}.9$.

Ainsi l'image se porterait en avant d'un millimètre, et
elle se rapprocherait aussi de l'axe optique d'un millimètre;
elle parcourrait donc environ une longueur d'un millimètre
et demi : d'où il faut conclure que l'on apercevrait très-
bien son mouvement. Et comme M. Young a observé avec
beaucoup de soin, il doit être reconnu que l'œil ne s'allonge pas, d'une manière tant soit peu appréciable, pour
que la vision s'opère à des distances différentes (j), ni à
plus forte raison d'un vingtième comme nous venons de
le supposer.

(i) Si nos calculs étaient à faire, nous prendrions 12 millimètres au
lieu de 14, parce que c'est un chiffre mieux d'accord avec les dimensions
de l'œil ; mais les résultats que nous allons obtenir ne seraient pas plus
concluants.

(j) Nous trouvons par le calcul que si l'observateur était en V, à Fig. 21.
39 centimètres environ du centre d'un globe oculaire supposé de 14 millimètres de rayon, et que l'œil d'abord allongé d'un vingtième présentât
l'image brillante au point i', tel que les coordonnées de ce point fussent

171. Une autre opinion a été émise pour expliquer la vision à de grandes distances.

On a supposé que la sclérotique conservait sa forme, mais que la cornée s'aplatissait et qu'elle acquérait dans sa partie centrale un plus grand rayon de courbure, ce qui, en reportant le foyer en arrière, le maintenait sur la rétine. Cette opinion a eu pour elle beaucoup de défenseurs et entre autres le célèbre astronome Olbers qui, suivant Dulong (k), l'a développée et soutenue avec beaucoup de talent. On peut évidemment la soumettre au même genre d'épreuves que la précédente, « et pour rendre l'ex-
» périence plus exacte et plus décisive, ajoute Dulong,
» Ramsden proposa d'observer l'image formée sur la cor-
» née à l'aide d'un microscope, ce qui permettait d'appré-
» cier les plus petits changements de courbure par le
» déplacement du foyer de l'instrument. Ce procédé fort
» ingénieux, mais d'une exécution très-difficile, a d'abord
» été employé par M. Home, puis avec de nouvelles
» précautions par M. Young, qui n'a pu découvrir aucune

Pl. 2.
Fig. 21.
$x = 10^{mm}.00$ et $y = 9^{mm}.60$, pour le point lumineux L' situé à 10 mètres de distance, l'œil redevenant sphérique recevrait en i, tellement qu'on eût, pour les coordonnées du point i, $x = 10^{mm}.00$ et $y = 9^{mm}.70$, l'image brillante correspondante à un point lumineux L, éloigné de l'œil de 10 mètres et distant du point L' de 31 millim. Or, il suit de là que si l'on mettait à 10 millim. environ de l'œil deux lumières L' et L, et en deçà de ces lumières deux écrans EE', ee'; que si ensuite l'œil regardait un point éloigné, l'image i' existerait; que si, dans cet état de choses, le rayon $i'L'$ rasait les écrans, le point rayonnant L n'aurait pas d'image; que si l'œil se raccourcissait après pour observer un objet rapproché, l'image i' disparaîtrait, et qu'une autre image i, après un certain temps, remplacerait l'image i'. En opérant ainsi, on aurait donc pour juger de l'allongement de l'œil, non-seulement le déplacement de l'image, mais encore sa disparition.

Nous nous étions proposé de refaire ainsi l'expérience de M. Young; mais nous n'avons pas réalisé notre projet, dont l'utilité aujourd'hui ne nous paraît pas bien grande (400).

(k) *Journal des savants*, p. 349.

» variation sensible. Si l'on considère qu'il faudrait une
» diminution d'environ 7/5 dans le rayon de courbure de
» la cornée pour rendre son foyer stationnaire, il devra
» rester peu de doute sur l'opinion dont il s'agit. Cepen-
» dant, si la difficulté de bien assujettir l'œil dans une posi-
» tion fixe pendant toute la durée de l'observation laissait
» encore quelque incertitude sur les résultats, l'expérience
» suivante, due encore à M. Young, est de nature à entraî-
» ner une conviction entière. »

172. Le savant anglais a regardé au travers d'un tube
rempli d'eau des objets différemment éloignés. Le tube
était appuyé sur son œil par une extrémité, et l'autre extrémité se trouvait garnie d'une lentille d'une convexité
convenable. Or, l'eau ayant la même densité que l'humeur
aqueuse, les mouvements prétendus de la cornée dans
l'acte de la vision devenaient indifférents, et M. Young
ayant trouvé que l'appareil dont il s'agit ne modifiait
nullement l'action ordinaire de son œil, on doit conclure
de ce résultat, toujours suivant Dulong, que non-seulement la cornée, mais encore la sclérotique, qui ne resterait
pas invariable si la cornée variait, est constante de forme
dans la vision à des distances différentes (177).

173. L'humeur aqueuse pour rapprocher le cristallin de
la cornée passerait-elle de l'avant à l'arrière de ce corps
au moyen des ouvertures qui, selon M. Jacobson, existent
dans la capsule cristalline le long du canal goudronné (39)? Dulong repousse cette idée comme tout à fait
invraisemblable, et parce qu'elle entraînerait, suivant
lui, des changements de forme dans la cornée (*l*). Nous
verrons ailleurs qu'il y a encore d'autres motifs de la
repousser (509).

(*l*) *Journal des savants*, p. 350.

174. Passons à l'examen du cas où le cristallin lui-même subirait quelque altération.

« C'est à cette opinion, d'après Dulong (*m*), que s'arrête
» le docteur Young, qui a cherché à réunir en sa faveur
» tous les genres de présomptions. On sait que la lentille
» cristalline se laisse facilement diviser en un grand nom-
» bre de couches concentriques très-minces. Depuis long-
» temps on avait remarqué dans ces lames une apparence
» fibreuse ; plusieurs anatomistes même ont annoncé que
» leur substance est analogue au tissu musculaire. M.
» Young, en admettant cette idée, suppose que chaque
» couche, dans sa partie voisine de l'axe du cristallin, pos-
» sède une certaine contractilité, en sorte que par le gon-
» flement qui accompagne toujours l'exercice de cette
» propriété, la lentille cristalline devenant plus convexe, sa
» distance focale se trouve nécessairement diminuée. Mais
» il nous semble que pour justifier cette conjecture, d'ail-
» leurs très-ingénieuse, il faudrait des preuves plus convain-
» cantes que celles qui sont alléguées par ce célèbre phy-
» sicien. Comment admettre, en effet, l'existence de la
» contractilité musculaire dans un organe si différent des
» muscles par sa structure, et qui reste impassible sous
» l'influence des stimulants les plus énergiques ? On ne
» saurait alléguer que dans cette épreuve la contraction
» a pu se dérober à l'observation par son exiguïté ; car M.
» Young a cherché à la constater par l'effet qu'elle produi-
» rait dans l'acte même de la vision, c'est-à-dire par le
» changement de la distance focale, procédé qui par sa
» nature est d'une sensibilité extrême. Si l'on s'appuyait
» sur ce qu'il existe des parties dépourvues d'irritabilité
» qui se gonflent comme les muscles, il faudrait supposer

(*m*) *Journal des savants*, p. 350.

» entre ces parties et le cristallin une similitude d'organi-
» sation qui est inadmissible.

» 175. Enfin, suivant Dulong, la perte du cristallin par
» l'opération de la cataracte devrait entraîner celle de la
» faculté de voir à des distances très-différentes. Or, les
» observations rapportées par M. Young lui-même, exa-
» minées sans prévention, sont plutôt contraires que favo-
» rables à son opinion, puisqu'elles prouvent que des indi-
» vidus privés de la lentille cristalline possèdent encore la
» faculté de voir entre des limites assez écartées, de 7 à 15
» pouces, par exemple. Nous ferons encore remarquer que
» l'hypothèse de M. Young, fût-elle solidement établie,
» expliquerait seulement la possibilité de discerner les
» objets en deçà de la portée ordinaire de la vue, et qu'il
» resterait toujours à rendre raison de la faculté de voir au
» delà. C'est au surplus un défaut commun à toutes les
» théories fondées sur l'existence des mouvements internes
» de l'œil. »

176. On peut faire beaucoup d'objections contre la plupart des doctrines précédentes. Ainsi l'on peut dire :

Que l'œil fortement pressé entre les doigts peut devenir opaque, et que, déformé par des pressions exercées sur
des couches concentriques d'humeur, et dans des sens
convenables, il resterait transparent ;

Que s'il n'est point entouré d'une espèce de muscle
sphincter, c'est apparemment parce qu'il n'est pas nécessaire qu'il subisse les grandes déformations que nécessiterait
l'action d'un tel muscle ;

Que les muscles qui l'environnent sont au nombre de
six et non pas de quatre, et que l'action de ces six muscles
peut encore être aidée par les mouvements contractiles
de l'iris ;

Que le concours en arrière des yeux des axes des deux
orbites ne paraît pas devoir être un empêchement à l'ac-

tion attribuée aux muscles droits, rien ne s'opposant à leur contraction dans des proportions différentes propres à donner des raccourcissements déterminés ;

Que, dans l'homme vivant, la respiration et le battement des artères produisent un mouvement continuel qui ne permet nullement d'obtenir une grande précision dans les observations qui concernent la position de l'image brillante de la cornée ou de la sclérotique.

177. Et cette autre observation de M. Young, faite au moyen d'un tube rempli d'eau placé devant son œil, bien qu'elle ait été admise comme concluante par tous les physiciens, n'est pas exempte d'objection grave. Supposons en effet que l'œil, adapté à la vision d'un point très-éloigné, vienne à considérer un point très-rapproché, et qu'il faille, suivant ce qu'on verra n° 482, le corps vitré étant composé de couches différemment réfringentes, 1° que le rayon de la cornée diminue d'un vingt-cinquième ; 2° que le cristallin s'avance dans l'œil de trois dixièmes de millimètre ; 3° que le globe s'allonge de 278 millièmes de millimètre, le tube de M. Young anéantira il est vrai l'effet du changement de la cornée, mais si le déplacement du cristallin et l'allongement du globe deviennent un peu plus grands (n), la vision distincte sera produite. L'œil sera gêné sans doute, mais comme il l'est aussi, bien évidemment, quand son action se produit par l'intermédiaire d'un tube rempli d'eau appuyé sur le globe et sur les paupières, il sera impossible à l'observateur le

---

(n) L'œil, par hypothèse, ayant la faculté de se monter convenablement pour que la vision à une distance quelconque soit distincte, il est clair que si l'effet du changement de courbure de la cornée se trouve annulé, les autres moyens qui concouraient avec ce changement seront tout naturellement sollicités de prendre une plus grande extension, afin que la netteté nécessaire soit obtenue.

plus habile de discerner aucunement la cause de la gêne
éprouvée.

178. Il nous semble donc que tout ce qu'on peut conclure
de ce chapitre, c'est que les nombreuses observations des
physiciens et des physiologistes, quoiqu'elles ne fussent
pas absolument concluantes, avaient toutefois fait admettre
l'opinion que l'œil et ses parties, dans l'acte de la vision,
n'éprouvent pas de fortes déformations; mais qu'il n'y a
rien de prouvé contre des déformations aussi faibles que
celles que nous venons d'indiquer.

Il sera établi plus loin (286 et 287) que de telles déformations existent réellement, et nous verrons dans les livres VI et VII que le globe oculaire et les muscles qui
l'environnent sont parfaitement disposés pour produire ces
déformations.

POST-SCRIPTUM.

Pour faciliter l'intelligence du tableau de la page 65,
nous ferons remarquer ici :

1° Que les différences entre deux des nombres qui
expriment les valeurs de $f_3 - g_3$ s'obtiennent par une sous-
traction lorsqu'ils ont le même signe, et par une addition
lorsqu'ils ont des signes différents ;

2° Que les valeurs de δ et δ' sont les différences des
nombres qui expriment les valeurs de $f_3 - g_3$ pour le
violet et le rouge (136) ;

3° Que les différences des valeurs de $f_3 - g_3$ correspondant au blanc, pour $d = 250$ et $d_1 = \infty$, sont les valeurs
de Δ (136).

Il est donc bien clair que l'on a, savoir :

Pour l'œil n° 1.

$$\delta = 2.551 - 2.338 = 0.213 ,$$
$$\delta' = 1.727 - 1.484 = 0.243 ,$$
$$\Delta = 2.433 - 1.593 = 0.840 ;$$

Et pour l'œil n° 2.

$$\delta = 1.220 - 0.954 = 0.266 ,$$
$$\delta' = 0.011 + 0.299 = 0.310 ,$$
$$\Delta = 1.063 + 0.171 = 1.234 .$$

Faute à corriger.

Page 1, ligne 3, *au lieu de :* 1332 *lisez :* 1839.

LIVRE III.

DE DIVERS FAITS IMPORTANTS QUI MILITENT EN FAVEUR DE LA NOUVELLE THÉORIE.

CHAPITRE X.

CONSIDÉRATIONS PHYSIOLOGIQUES RELATIVES A L'IMPOSSIBILITÉ D'ADMETTRE L'HYPOTHÈSE DE L'HOMOGÉNÉITÉ DU CORPS VITRÉ.

179. Que la lumière traverse l'humeur aqueuse en ligne droite, c'est une chose toute naturelle, puisque cette humeur est liquide et ne peut, en conséquence, présenter qu'un milieu d'une homogénéité parfaite. Mais, le corps vitré et la cornée étant des corps organisés, ces corps se composent nécessairement de parties hétérogènes qui réfractent la lumière plus ou moins, et lui font décrire des lignes dont les courbures en chaque point doivent varier selon les densités.

180. On conçoit, par exemple, que le liquide renfermé dans les cellules de la membrane hyaloïde doit se renouveler, sans quoi les épanchements sanguins dans l'œil ne se guériraient jamais ; or, pour qu'il se renouvelle, il faut qu'il ait un cours déterminé dans le globe oculaire. Donc

il arrive par un endroit et s'en va par un autre. Et comme les humeurs se perfectionnent ou s'altèrent en parcourant les canaux qui les contiennent, le liquide dont il s'agit ne peut pas être le même dans une cellule et dans la cellule voisine.

181. La membrane hyaloïde que l'on connaît fort peu, et dont l'analyse chimique, ce nous semble, n'a pas même été faite, n'est sûrement pas identiquement la même dans toutes ses parties, et le liquide distribué dans ses différentes cellules ne doit pas lui-même être homogène.

Ces considérations, plausibles sans doute, trouvent d'ailleurs de l'appui dans les opinions des physiologistes.

182. Ainsi M. Chossat, comme nous l'avons dit (40), admet que la membrane hyaloïde et le liquide qu'elle renferme n'ont pas une même densité.

M. Ribes (a) pense que ce liquide s'entretient par le moyen de sécrétions fournies par les procès ciliaires et d'excrétions absorbées par la choroïde. Dans ce système, il est vraisemblable que ce même liquide serait plus dense par le côté où il sort du corps vitré que par celui où il entre dans ce corps, ce qui s'accorde avec ce qu'on verra plus loin (193).

183. « Le cristallin après la mort, dit M. Chossat (b), » doit absorber les humeurs aqueuse et vitrée comme il » absorbe l'eau dans laquelle on le plonge. » D'après cela, si l'on admet avec M. Ribes (182) que les excrétions du liquide du corps vitré soient absorbées par la choroïde et qu'après la mort, comme le suppose M. Chossat, l'absorption du cristallin donne au liquide en question un cours dirigé dans le sens opposé de celui qu'il avait pendant la vie, il est clair que ce liquide tendra encore, par cette nou-

---

(a) Voyez le *Dictionnaire des sciences médicales*, article *OEil*.
(b) *Annales de chimie et de physique*, année 1819, t. X, p. 358.

velle raison, à devenir homogène dans l'œil mort. Et si,
comme le pense M. Chossat (*c*), le liquide blanchâtre
qu'on trouve entre le cristallin et sa capsule, et qui porte
le nom d'*humeur de Morgagni* (*d*), n'est pas autre chose
qu'un produit de l'absorption cadavérique, il serait naturel
de penser que le corps vitré, dans un œil que l'on dissèque,
arrive à l'homogénéité longtemps avant que ce produit
puisse être formé.

184. D'un autre côté, s'il avait fallu que le liquide du
corps vitré dans le vivant fût homogène, ce liquide serait
sûrement, comme l'humeur aqueuse, libre dans l'œil. La
seule existence de la membrane hyaloïde est donc un motif de croire que le corps vitré n'a pas dans toutes ses
parties le même pouvoir réfractif.

185. Pour tâcher de nous en assurer, nous avons dû recourir d'abord à l'expérience, et M. Cauchoix à cet effet a
bien voulu nous prêter son assistance (*e*). Nous avons opéré
sur des yeux de bœuf, par le moyen d'un microscope, suivant le procédé que l'on doit à M. Brewster (*f*). Nous pre-
nions le liquide contenu dans les cellules de la membrane
hyaloïde alternativement auprès du cristallin et au fond de
l'œil, mais nous trouvions toujours des réfractions égales.

Il n'en serait peut-être pas de même en opérant sur des
yeux d'oiseau d'une organisation probablement supérieure
à celle de l'œil du bœuf.

186. Se prévaudrait-on de cette expérience pour établir
que, dans le vivant, le corps vitré est homogène? Ce serait
à tort sans doute; car, après la mort les artères se vident,
la circulation des humeurs s'arrête, les organes absorbants
se gonflent, les autres se dessèchent et les formes chan-

(*c*) *Annales de chimie et de physique*, année 1819, t. X, p. 158.
(*d*) *Traité d'anatomie descriptive*, par M. H. Cloquet, t. II, p. 255.
(*e*) Voyez la *Science du dessin*, 1re édit., note 4, p. 395
(*f*) *Précis de physique* de M. Biot, t. II, p. 346.

gent, ainsi que la nature des substances, surtout de celles qui sont liquides. On ne peut donc pas considérer les indices de réfraction des humeurs observées sur l'œil mort comme absolument vraies pour l'œil vivant.

187. Et si l'on fait attention : 1° que le corps vitré est un peu opaque dans un œil que l'on dissèque aussitôt après la mort, tandis qu'il est transparent dans l'état de vie (40), et qu'il suit de là que ce corps est déjà altéré quand on ouvre un œil ; 2° que la cessation de la vie, par l'évaporation ou l'absorption qu'elle occasionne, rend le globe oculaire flasque au bout de très-peu de temps, ce qui opère nécessairement une diminution de volume dans le liquide que renferment les cellules, ce qui, en conséquence, permet qu'elles se transvident les unes dans les autres, et ce qui tend à rendre la masse homogène ; 3° que le mouvement donné à un œil que l'on dissèque et la chaleur des mains qui le travaillent doivent hâter le mélange du liquide des diverses cellules ; 4° que le refroidissement de ce liquide après la mort suffit peut-être pour lui donner le maximum ou le minimum de densité qu'il peut avoir, on comprendra que les choses, dans l'état de vie, peuvent être tout autres que dans le cadavre.

188. Cependant, on peut dire que les indices obtenus par M. Chossat pour l'homme et pour différents animaux présentent un accord satisfaisant, et que le plus ou le moins d'altération de l'œil ne paraît pas, d'après ces indices, avoir influé sur les résultats. C'est vrai ; mais il résulte seulement de là que la mort et les pressions exercées sur le globe oculaire qu'on extrait de son orbite, que l'on manie et que l'on ouvre, suffisent pour rendre le corps vitré homogène.

189. On peut objecter encore que les images peintes sur le fond de l'œil d'un lapin albinos paraissent fort nettes, bien qu'un tel œil ait subi les épreuves de la mort, de l'extraction et du nettoiement, ce qui suppose que les hu-

meurs ont conservé, sinon toutes leurs qualités, beaucoup
au moins des propriétés qu'elles avaient pendant la vie. A
cela nous répondrons qu'on voit distinctement, avec de
bons yeux, un cheveu placé à 3 mètres de distance, bien
que la largeur de son image sur le fond de l'œil ne soit que
de cinq dix-millièmes de millimètre (164), c'est-à-dire
d'une excessive petitesse. Or, si l'on suppose que dans
l'expérience du lapin albinos une telle largeur soit centu-
plée, par exemple, ce qui exigerait une assez grande altération de l'œil, l'image dessinée avec des traits cent fois
plus gros que dans le vivant, et toutefois de six centièmes
de millimètre de largeur seulement, devra nous paraître
encore fort nette.

190. La composition chimique du corps vitré jetterait-
elle quelque jour sur la question qui nous occupe? M. Berzélius a trouvé que ce corps contient, pour cent parties,
savoir : eau 98.40 ; albumine 0.16 ; muriates et lactates
1.42 ; soude, avec une matière animale soluble seulement
dans l'eau 0.02 (g). Il est bien difficile de voir ce qui mo-
tive cette composition ; toutefois, on doit reconnaître que
les substances obtenues par l'analyse sont en grand nombre, et qu'elles pouvaient très-bien être combinées différemment dans les cellules antérieures et dans les cellules
postérieures de la membrane hyaloïde.

Peut-être qu'en faisant l'analyse de cette membrane on
acquerrait quelque lumière sur cette question.

191. Mais, ainsi que les physiologistes le reconnaissent (h), on remarquera que ce ne sont pas seulement les
affinités chimiques qui associent entre eux les éléments des
humeurs, ce sont ces affinités modifiées par les forces vitales;
de sorte que nos humeurs, et nous croyons que c'est depuis

(g) *Physiologie* de M. Magendie, t. Ier, p. 49.
(h) *Physiologie* de M. Adelon, t. Ier, p. 104.

longtemps l'opinion de M. Chevreul, sont des espèces d'ê-tres vivants qui au moment de la mort changent de nature.

Il peut donc n'y avoir, un instant après la mort, que de faibles différences entre les liquides du corps vitré pris à l'avant ou à l'arrière de l'œil (différences qui disparaî-traient par le mélange pendant la dissection), et y avoir eu dans le vivant des pouvoirs réfractifs très-différents entre ces mêmes liquides.

192. Il résulte de ce qui précède que la physiologie éta-blit complétement que, dans l'état de vie, il peut ne pas y avoir identité parfaite entre les diverses parties du corps vitré, bien que ces parties soient sensiblement pareilles dans le cadavre ; que cet état de vie peut accroître sensi-blement les effets physiques dus à de petites différences de composition chimique de ces diverses parties ; que la supposition du mouvement en ligne droite de la lumière, entre le cristallin et la rétine dans le vivant, est en con-séquence de tout ce qui précède absolument inadmis-sible, et qu'il est au contraire tout naturel de penser que les pouvoirs réfractifs des humeurs contenues dans les cellules de la membrane hyaloïde peuvent donner à chaque rayon de lumière, dans le corps vitré, une cour-bure très-notable.

193. Nous développerons plus loin (troisième Mémoire, chap. 24 et 26) des considérations physiques et géomé-triques qui appuient fortement l'existence de cette cour-bure. Nous serons conduits par là, et par le peu de lu-mières à attendre des expériences comme celles qui sont mentionnées au n° 185, à reconnaître que lorsqu'on veut pénétrer dans les causes délicates du phénomène de l'orga-nisme, la voie expérimentale nous fait quelquefois défaut, et qu'on est alors obligé de recourir à la voie philosophi-que, éclairée par les calculs et par la géométrie, en un mot de recourir à la science abstraite pour parvenir à expli-quer ces causes.

CHAPITRE XI.

SUR L'ABERRATION DE COURBURE DES SURFACES RÉFRINGENTES
DE L'ŒIL.

194. Les instruments d'optique composés de verres lenticulaires présentant, sans aucune exception, cette diffusion de lumière appelée aberration de courbure (58) qui empêche que les rayons réfractés ne se réunissent tous au foyer, on a pensé que l'œil devait avoir le même défaut que ces instruments, et que, ne fût-ce que pour cette seule raison, l'image formée sur le fond de l'œil devait être confuse.

Cependant la vision, d'après le sentiment de la plupart des hommes, s'opérant purement, les physiciens ont voulu justifier la théorie du mécanisme de l'œil du reproche que soulevait contre elle l'aberration de coubure.

195. Dans ce but, on a dit que l'iris en se dilatant (8) pour diminuer l'ouverture de la prunelle arrêtait les rayons trop écartés de l'axe optique, lesquels effectivement sont ceux qui augmentent le plus l'aberration de courbure. Mais cette aberration, par les dilatations de l'iris, ne serait que diminuée; elle ne serait pas anéantie. D'un autre côté, comme il y a des animaux qui ont la pupille allongée, et dont quelques-uns, les chats par exemple, ont la vue très-bonne, il faudrait supposer que ces animaux eussent une organisation d'yeux toute particulière (a), ce qui ne paraît pas admissible, et ce qui ne conduirait qu'à

(a) « Les chats et plusieurs animaux qui font leurs expéditions dans
» les ténèbres, ont la faculté d'élargir leurs pupilles bien plus que les
» hommes, et les hiboux ont toujours leurs pupilles trop ouvertes pour
qu'ils puissent supporter un médiocre degré de clarté. » (*Lettre 42e*
d'Euler à *une princesse d'Allemagne.*)

transporter la difficulté qui nous occupe des yeux humains à d'autres yeux.

196. De plus, si l'iris se dilatait pour arrêter un plus grand nombre de rayons divaguants, il faudrait qu'il fût le plus dilaté possible quand la vision s'opère mal : or, il se contracte, au contraire, dans les lieux peu éclairés où la vision par défaut de clarté devient difficile (521) ; il se contracterait donc justement dans des cas où il serait nécessaire qu'il se dilatât, ce qui ne peut être admis.

Enfin, on sait que dans des milieux très-peu éclairés où les prunelles sont fortement ouvertes, les objets vus, bien qu'ils soient difficilement perceptibles, sont aperçus cependant avec leur netteté ordinaire ; donc l'élargissement de la prunelle n'est pas le moins du monde un obstacle à la netteté de la vision. Cet élargissement, loin de nuire à l'action de voir, lui est au contraire d'un grand secours, comme nous le verrons par la suite (chap. 28).

197. L'organisation du cristallin a paru fournir un autre moyen d'expliquer comment l'aberration de courbure pouvait être détruite (b). Ce corps étant composé de couches de plus en plus denses à mesure qu'elles sont plus centrales, il est évident que si leurs rapports de densité étaient convenables, toutes les couronnes cristallines pourraient renvoyer vers un seul et même foyer les rayons de lumière émanés d'un point situé à une certaine distance de l'œil, ce qui pour cette distance expliquerait, à part l'aberration de réfrangibilité, la netteté de la vision.

Mais, pour une distance plus grande du point rayonnant, l'aberration de courbure ne serait pas détruite et la vision serait confuse. Or, les observations des personnes douées d'une bonne vue témoignent contre cette conséquence.

198. Ce qu'il y a de plus étonnant sur cette matière,

(b) *Physiologie* de M. Magendie, t. 1er, p. 57.

c'est qu'on se soit toujours circonscrit dans la supposition que les courbes génératrices du globe oculaire sont des arcs de cercles ou de sections coniques produisant nécessairement une aberration de courbure. N'était-il pas en effet plus naturel de se demander si les courbures des surfaces de la cornée, du cristallin, etc., n'avaient pas la propriété de faire converger vers un même foyer les rayons émanés du point rayonnant situé à la distance de la vision distincte?

C'est ce que nous allons admettre dans le chapitre suivant, qui roule sur des questions relatives à la portée de la vue, et nous traiterons des courbures et des surfaces de l'œil avec beaucoup de détail dans un des livres de la seconde partie.

CHAPITRE XII.

DE L'OPTOMÈTRE ET DES FAITS CONSTATÉS AU MOYEN DE CET INSTRUMENT.

199. Soit OP une carte, et concevons qu'on ait percé Pl. 2. dans cette carte deux petites fentes f et f', parallèles entre Fig. 23. elles, et tellement courtes et rapprochées l'une de l'autre qu'elles forment deux cordes d'un cercle égal à celui que présente la prunelle. Supposons que sur un carton blanc et horizontal $O'b$ on ait tracé une ligne droite (AB, ab), Fig. 29. et que la carte (OP, O'P') soit collée au bord du carton de manière que les fentes f et f' soient verticales; que leur plan soit perpendiculaire à la droite (AB, ab); qu'elles soient à la même distance, l'une à gauche, l'autre à droite, du plan vertical AB, et que leur élévation au-dessus du plan $O'b$ soit de deux à trois centimètres, l'instrument ainsi construit sera ce qu'on nomme un *optomètre*.

Cela posé, si l'on se place auprès de cet instrument de

Pl. 2.   façon à voir la droite (AB , *ab*) par chacune des deux fentes,

Fig. 29.   on apercevra au lieu de cette droite deux lignes A′DB, A″DB, qui , pour une bonne vue ou pour une vue presbyte (111) , se réuniront en une seule à partir d'un point D ; qui , pour une vue myope (111) , se croiseront en ce même point , et qui , pour toutes les sortes de vues , seront généralement de plus en plus écartées et de plus en plus grosses à mesure que le point considéré de D en A sera plus proche du plan OP.

200. Il est d'abord aisé de s'expliquer ce phénomène.

Fig. 27.   Soit OP la projection horizontale d'une carte dont les fentes F′, F″, sont supposées verticales, et soit R un point rayonnant situé très-près de l'œil LMNQ. Si la carte n'était pas placée au devant de cet œil, le point R irait peindre sur la rétine un petit cercle (*mn*, *m′n′*); mais les parties conservées de cette carte arrêtant les rayons qui ne se trouvent pas dirigés vers les fentes F′, F″, il n'arrivera sur la cornée que deux lames planes RF′, RF″, de rayons ; ces lames traverseront l'œil suivant des lignes que la figure indique (*a*), et leurs intersections avec la rétine peindront sur cette membrane deux petites cordes verticales *cd* , *c′d′*,

Fig. 27 et Fig. 29.   du cercle (*mn*, *m′n′*). Or, il en sera de même pour tous les points de la droite AB, fig. 29 , situés en deçà de la distance de la vision distincte, avec cette différence que plus le point rayonnant sera loin de l'œil, plus le cercle (*mn* . *m′n′*) sera petit, et plus les cordes *cd* , *c′d′* seront courbes , fines et serrées. Donc, le point D étant à la distance de la vision distincte , les points de AD peindront sur le fond de l'œil

Fig. 24.   des cordes contiguës *u* et *v*, *u′* et *v′*, etc., dont l'ensemble formera deux lignes *a′d* , *a″d*, sur la rétine : donc on percevra

---

(*a*) Ces lignes sont courbes dans le corps vitré, parce qu'il n'est pas homogène (Voyez le chap. 10) ; mais en les supposant droites on ne changerait rien à l'explication dont il s'agit.

la sensation des deux lignes bien distinctes A'D , A"D , Pl. 2.
tracées fig. 29.   Fig. 29.

201. Si le point rayonnant de AB, vu par les deux fentes,
est en D, exactement à la distance de la vision distincte,
il devra peindre sur le fond de l'œil un point unique, et
non un cercle, et les deux lames. RF', RF", de rayons Fig. 27.
arrivant à l'œil, porteront sur la rétine l'impression de ce
point, au lieu de celle de deux petites droites; donc les
deux lignes vues seront réunies en D.   Fig. 29.

Pour une bonne vue et pour une vue presbyte, il en
sera de même de tous les points situés au delà du point D,
d'où l'on voit que les deux lignes A'DB, A"DB, se confondront en une seule à partir d'un même point D correspondant à la distance de la vision distincte.

202. Mais il en est autrement pour une vue myope.
On sait en effet, et c'est ce que nous expliquerons par la
suite, que les personnes qui ont de telles vues ne distinguent nettement les objets qu'à une certaine distance au
delà et en deçà de laquelle ils paraissent confus, c'est-à-
dire qu'alors ils sont peints sur la rétine par des cercles.
Donc pour un myope, à partir du point d, correspondant Fig. 30.
à la distance de la vision distincte, les deux lignes vues adr,
$a'dr'$, s'écartent l'une de l'autre en venant vers l'œil et en
s'éloignant de l'œil.

203. D'après cela, en supposant que la cornée touche
la carte OP ; en faisant abstraction de la diffraction, dont Fig. 27.
l'effet pour briser la direction des lames RF', RF", peut
être considéré comme nul, et en supposant que l'œil soit
si peu élevé au-dessus du plan horizontal mené par AB Fig. 29.
que sa hauteur au-dessus de ce plan puisse être négligée,
l'éloignement du plan OP au point D sera égal à la distance
de la vision distincte. Et comme la position de ce point D,
en opérant avec beaucoup de soin, est assignable pour
l'observateur, on voit que l'optomètre donne jusqu'à un

certain point, la mesure de cette distance, ce qui justifie le nom qu'il a reçu.

Pl. 2.   204. Si, au lieu de percer la carte *op* par deux fentes, Fig. 23. on la perçait par deux trous d'épingle *t*, *t'*, situés à la même hauteur, présentant chacun le diamètre d'une des fentes et ayant entre eux l'écartement de ces mêmes fentes, chaque point rayonnant situé en deçà de la vision distincte se peindrait sur le fond de l'œil par deux points, au lieu de s'y peindre par deux petites lignes droites, et Fig. 29. la ligne objective AB donnerait, comme avec l'optomètre à fentes, la sensation des deux lignes A′DB, A″DB, seulement ces deux lignes seraient moins vivement senties.

205. Il suit de là qu'il suffit de coller, avec un pain à Fig 25. cacheter, une carte *op* contre le bord d'une table *lmn*, et de tirer sur le plan *lmn*, ou sur une feuille de papier posée sur ce plan, une droite AB, de manière que cette droite soit parallèle à *mn* et passe par un point de la verticale *xy*, perpendiculaire au milieu de la ligne *tt'* qui joint les deux trous d'épingle *t* et *t'*, pour composer un optomètre. Il sera donc fort aisé de répéter nos expériences.

Mais il est bon de remarquer que si l'écartement des deux trous d'épingle ou des deux fentes était trop grand, Fig. 27. les deux cônes ou les deux lames de rayons RF′, RF″, n'entreraient pas à la fois dans l'œil et qu'on ne verrait Fig. 29. pas les deux lignes A′DB, A″DB. Toutefois, cet écartement doit être aussi grand que peut le permettre l'ouverture de la pupille.

206. Si l'on veut opérer avec plus d'exactitude, on Fig. 28. prendra une règle AB, à l'extrémité de laquelle s'élève une pinule AC portant les deux petites fentes, et l'on aura sur cette règle une autre règle DE, mobile le long de AB, et garnie d'un écran FG sur lequel soit tracée une droite *mn*. Cette droite sera la droite objective; sa direction devra être parallèle aux petites fentes, et la droite menée par le point central de ces fentes et par le

milieu de *mn* devra être parallèle à la règle et perpendi- Pl. 2.
culaire aux plans *fg* et FG. Fig. 28

Il suit de ce que nous avons dit précédemment (200) que si la ligne *mn*, supposée horizontale, est fort proche des fentes, chacun de ses points sera représenté sur la rétine de l'observateur par deux petites lignes droites horizontales, et que, pour les divers points de la ligne objective *mn* tout entière, les couples de petites droites s'ajustant bout à bout, cet observateur verra deux lignes parallèles, au lieu de la ligne *mn* ; que si l'écran FG s'éloigne les lignes se rapprocheront ; que si cet écran est juste à la distance de la vision distincte, les lignes vues se confondront en une seule, et que si elle s'éloigne encore l'image continuera d'être simple, pour une bonne vue ou pour une vue presbyte, et qu'elle redeviendra double pour une vue myope (210).

207. On pourra se faire une échelle en divisant la règle fixe AB en centimètres. La partie *uv*, appartenant à la règle mobile, et d'un centimètre de longueur, sera divisée en millimètres ; on admettra que la cornée, afin de permettre le jeu des paupières, soit à six millimètres des fentes ; on placera le zéro de l'échelle dans le plan perpendiculaire à la règle et tangent à la cornée, et la position que prendra la droite *st*, pour que l'œil en observation ne voie qu'une seule image, bien nette et bien fine, donnera immédiatement la distance de la vision distincte.

208. Mais il sera bon que la position de l'œil soit invariable, et pour cela il conviendra que la pinule AC présente un cylindre *abc* de deux centimètres et demi de diamètre, saillant de dix millimètres sur le plan *def'* des fentes, afin qu'il serve d'appui circulaire à l'œil. Et pour qu'il n'arrive sur la cornée que la lumière envoyée par le disque FG, on pourra pratiquer les fentes dans la base *def'* d'un second cylindre *def'g'h*, mobile dans le premier.

Enfin, pour que la ligne objective soit bien apparente,

Pl. 2.
Fig. 28.
on pourra noircir l'écran et prendre un fil blanc bien ciré pour figurer la droite *mn*. Il sera préférable encore de substituer à cette droite une fente pratiquée dans une plaque métallique très-mince. A cet effet, l'écran devra être disposé comme la pinule, c'est-à-dire qu'il présentera un premier cylindre *ikl*, fixé au montant $F'G'$, et un second cylindre *prqxyz*, mobile dans le premier, et dont la base *prqx* portera la fente $m'n'$ (b). Si on expose l'instrument de manière qu'il reçoive, dans le sens PQ, la lumière naturelle ou factice dont l'appartement sera éclairé, la fente $m'n'$, bien qu'elle soit très-étroite, donnera l'impression d'une ligne droite fort sensible.

Fig. 31.
209. Si l'on veut encore perfectionner l'instrument qui vient d'être décrit, on placera comme oculaire, à l'extrémité d'un tuyau cylindrique *mn*NM, une feuille métallique (*mn*, $m'n'$) percée des deux petites fentes ; on disposera un écran objectif (xy, $x'y'$), mobile en dedans du cylindre et présentant une fente en ligne droite *uv*, très-fine, et parallèle aux fentes de l'oculaire *mn*. L'intérieur du cylindre étant noir, et la lumière ne pouvant y pénétrer que par les fentes de l'oculaire et de l'objectif, la ligne droite *uv* sera très-apparente, surtout si on a le soin de diriger l'instrument vers le grand jour ou vers une lumière très-vive. Il est clair d'ailleurs que cet instrument fonctionnera comme le précédent (214). Ainsi, après quelques tâtonnements on trouvera, pour un observateur donné, la position D de l'écran (xy, $x'y'$) correspondante à la distance de la vision distincte ; et, par le moyen d'une

---

(b) La longueur de cette ligne ne devra pas excéder un centimètre, afin que l'œil qui en considérerait successivement des points différents ne pût pas prendre des mouvements très-sensibles. Dans le même but, on devra recommander à l'observateur de regarder toujours le milieu de la ligne objective.

échelle placée le long du cylindre, on obtiendra le chiffre qui exprimera cette distance pour l'œil soumis à l'expérience.

210. D'après cela, en fait d'optomètres, nous distinguerons ces trois instruments : 1° l'optomètre proprement dit, ou *l'optomètre simple*, représenté fig. 25 ; 2° *la règle optométrique*, représentée fig. 28 ; 3° enfin, la *lunette optométrique* (c), représentée fig. 31.

211. Le premier de ces trois instruments est évidemment fort imparfait. D'abord, on remarquera que pour s'en servir l'axe optique doit prendre successivement des directions différentes *rc, rd, rb*, ce qui oblige l'œil à bouger continuellement. En second lieu, la distance O'*r'* ne pouvant être petite et négligeable qu'à la condition que la droite AB se présente à l'œil en raccourci, il arrive, ou qu'on apprécie mal la distance de la vision distincte, ou que cette distance doit se mesurer par la ligne *r'd*, et non par la ligne O'*d*. Enfin, il arrive encore que l'œil doit s'élever pour observer un point *c* après avoir observé un point *b*, ou s'abaisser pour observer un point *d* après un point *c*, à moins que la longueur des fentes n'excède la dimension strictement nécessaire, ce qui est un autre inconvénient, en ce que la position convenue de l'œil n'est pas sentie, d'où il résulte que l'axe optique varie de direction et que l'œil lui-même ne reste pas immobile, ce qui fait varier l'ouverture de la prunelle et produit dans une appréciation délicate beaucoup d'anomalies.

Il est aisé de voir, d'après cela, que pour observer avec quelque précision au moyen de l'optomètre simple il faut de très-grands soins. Ils seront indiqués ailleurs (240).

212. La règle optométrique et la lunette optométrique

(c) Cet instrument ne diffère pas sensiblement de celui que M. Lehot a nommé *Focopsiomètre*, et qu'il a décrit dans son 4° Mémoire, p. 6.

sont d'un emploi plus satisfaisant. Avec ces deux instruments, l'axe optique pendant les observations peut rester absolument immobile, pourvu qu'il coïncide avec l'axe des cylindres $def'g'h$, $prqxyz$, dans le cas de la règle optométrique, ou avec l'axe du cylindre AC, dans le cas de la lunette. Dans l'un et l'autre de ces deux cas, la position de l'œil se trouve déterminée par la condition que le cercle pupillaire soit circonscrit aux deux lames des rayons réfractés, ou, ce qui revient au même, par la condition que l'observateur voie la ligne objective également par chacune des deux fentes et par le haut et le bas d'icelles. Cette position une fois trouvée, on ne la change plus pour la perdre plus ou moins, comme il arrive avec l'optomètre simple. Enfin, le milieu de la droite objective étant perpendiculaire à l'axe optique, cette droite se peint sur la rétine le plus convenablement possible.

213. Quelquefois il est utile de donner à la ligne objective des positions horizontale, verticale, à 45 degrés d'un côté et à 45 degrés de l'autre côté, sans que l'œil fasse aucun mouvement. Dans ce cas, la règle optométrique peut être fort commode, parce qu'il ne s'agit que de faire tourner de 45,90 et 135 degrés, les cylindres $def'g'h$, $prqxyz$, pour obtenir toutes ces directions, ce qui peut se faire en un instant au moyen d'une personne qui aide l'observateur.

Avec la lunette, on change encore plus facilement la direction des fentes, puisqu'il suffit de la faire tourner plus ou moins sur elle-même, mais il est à craindre que dans ce mouvement la position de l'œil n'éprouve quelque changement (d).

(d) Au moyen de goupilles φ, φ', saillantes sur les cylindres $def'g'h$, $prqxyz$, et correspondantes à des encastrements des cylindres $abcc'$, $ikll'$, les positions exactes que doivent prendre les cylindres mobiles intérieurs

214. D'après cela, nous pensons que c'est avec la règle optométrique qu'il convient d'opérer pour vérifier les résultats que nous avons indiqués plus haut (199), et qui sont relatifs aux vues bonnes, presbytes et myopes. Ces résultats sont pour nous bien certains. Notre propre vue, lors de nos premières expériences, était excellente; depuis, nous sommes devenu presbyte et l'optomètre simple lui-même n'a pas cessé de nous donner, au delà de la dis- Pl. 2. tance de la vision distincte, une ligne unique DB, qui en Fig. 30. deçà de cette distance se divise en deux lignes courbes DA', DA'', tangentes entre elles et s'écartant de plus en plus en approchant de l'œil. Mais nous ne nous sommes pas borné à opérer sur nos propres yeux, nous avons opéré sur un grand nombre de personnes (e), et nous n'avons remarqué que chez les myopes l'exception qui consiste en ce qu'il y a *croisement* des deux lignes vues *adr*, *a'dr'*.

215. Cependant, plusieurs physiciens posent en principe qu'en général ce croisement existe : c'est ce que dit notamment M. Lehot, page 38 de son 2e mémoire et page 6 du 4e. Attendu qu'il est myope, on pourrait présumer qu'il a trop généralisé ses propres observations; mais Dulong, page 352 du mémoire cité n° 166, dit aussi que les deux lignes vues se croisent, et comme il parle après avoir pris connaissance des observations de M. Young relatives à cet objet, son opinion doit être d'un grand poids.

216. Nous croyons toutefois que cette opinion est une erreur due en partie aux imperfections de l'optomètre

---

se trouvent déterminées. Quant aux encastrements, ils doivent donner Fig. 28, sur les bords *g'h*, *yz*, des deux cylindres mobiles, des dents obliques composées chacune d'une petite droite et d'un arc d'hélice ayant pour projection sur la base un arc de cercle de 45 degrés.

(e) Voyez les notes IV et V de la *Science du dessin*, 1re édition.

simple, le seul que cite Dulong et le seul probablement avec lequel on ait opéré avant M. Lehot.

Pl. 2.   Il arrive en effet que, lorsqu'on s'approche de cet instru-
Fig. 29. ment pour s'en servir, l'apparence des deux lignes A'DB, A"DB, par les petits mouvements que subit l'œil, change sans cesse, et que l'attention portée principalement sur les parties voisines de l'observateur, pour qu'il trouve bien les deux lignes A'D, A"D, lui fait juger qu'elles varient
Fig. 26. dans toute leur étendue, qu'elles ont des figures A'D'M'N', A"D'MN et qu'elles se coupent en un point D'.

Pour détruire cette illusion, il suffit de placer un papier PQ sur la ligne AB, à l'endroit du point D où les courbures des lignes A'DB, A"DB, varient le plus dans les petits mouvements de l'œil ; on voit alors en deçà du papier PQ deux lignes bien séparées, et au delà on ne voit qu'une ligne unique mB (f).

217. Au moyen de la règle optométrique, toujours pour une bonne vue qu'on ne force nullement, les expériences ne donnent lieu à aucune illusion, et la ligne objective est simple et non pas double, du moins pour nous, au delà de la distance de la vision distincte. Or, il résulte de ce dernier fait qu'il ne peut pas y avoir croisement des lignes vues dans l'expérience de la fig. 29 ; en effet, pour que ce croisement eût lieu, il faudrait que, au delà de la distance de la vision distincte, les points de la ligne objective se peignissent sur la rétine chacun suivant un petit cercle ; il en serait de même en opérant avec la règle optométrique : donc, chaque petit cercle donnant deux cordes parallèles, l'expérience faite avec cette règle donnerait deux lignes vues au delà de la distance de la vision dis-

---

(f) Ce passage est extrait de la *Science du dessin* (page 401, n° 34), publiée en 1821, longtemps avant la publication du 2ᵉ mémoire non daté de M. Lehot, qui n'a publié le premier qu'en 1823.

tincte, tandis qu'avec une très-bonne vue, comme nous
venons de le dire, on n'en voit réellement qu'une (voyez
après le n° 355 le *post-scriptum* qui termine ce Mémoire).

Il n'en est pas de même pour les vues défectueuses, et
il y en a beaucoup et de beaucoup de sortes, ainsi que
nous le verrons livre VII; mais ces exceptions, qui s'ex-
pliqueront très-bien chacune en particulier, ne peuvent
nullement infirmer la règle générale.

218. Nous devons examiner ici une particularité dont
M. Young a parlé, ainsi que Dulong (mémoire cité au
n° 166). Elle consiste en ce qu'il y a des personnes qui
font varier à volonté le point de croisement des lignes
vues. C'est ce qui doit arriver en effet si l'œil, comme on
le verra n° 287, se monte en raison de l'éloignement de
l'objet vu, et si chez certains individus, par des circonstances quelconques dues à des habitudes de travail ou
à des infirmités, la faculté de l'adapter à la distance se développe de telle sorte qu'elle obéisse à leur volonté comme
aux besoins de la vision.

Cette variation du point de croisement des lignes vues
ayant été bien constatée, elle nous servira d'argument en faveur de la déformation que subit l'œil pour qu'il s'applique
à voir successivement des points inégalement éloignés (470).

219. Nous avons fait avec l'optomètre une autre observation aussi fort remarquable (g) : c'est que l'une des deux
fentes de l'instrument étant plus large que l'autre, les deux
lignes vues sont d'inégales grosseurs, et que la plus grosse
est vue en deçà de la distance de la vision distincte à l'opposé de la fente la plus large.

Pour s'expliquer ce fait, on remarquera que, d'après
ce qui a été dit n° 208, les rayons qui composent les

(g) Cette observation est consignée dans la *Science du dessin*, page 399,
édition de 1821.

Pl. 2.
Fig. 27. lames RF′, RF″, ne se croisant pas dans le globe oculaire, la fente large et l'image large du fond de l'œil sont du même côté de l'axe optique; or, les images des objets sur la rétine étant renversées par rapport à ces objets (78), il arrive nécessairement que l'image large située d'un côté de l'axe optique donne la sensation d'une ligne large située du côté opposé. C'est-à-dire que les images large et étroite produites par les fentes large et étroite n'étant pas renversées par rapport à ces fentes, les perceptions dues à ces images sont renversées (h).

Fig. 30. 220. Si c'est une personne myope qui fait l'expérience dont il s'agit, elle voit comme nous l'avons dit précédemment (207) deux lignes au delà du point d, correspondant à la distance de la vision distincte; mais la ligne large étant par exemple à droite de la ligne fine, en deçà du point d, elle se trouve à gauche au delà de ce point. Les deux lignes vues adr, $a'dr'$, se croisent donc chez les myopes en un point d.

Les expériences de M. Lehot confirment ce croisement, car il dit (i) que si l'on masque une des deux fentes (M. Lehot les suppose égales) au moyen d'une seconde carte, glissée contre la carte qui est percée, on fait par là disparaître celle des deux lignes vues qui est du côté opposé à la fente masquée, lorsque la ligne objective est en deçà de la distance de la vision distincte, et celle au contraire, qui est du côté de cette même fente masquée, lorsque la ligne objective est en delà du point d.

221. Il est bien clair d'après cela que le point considéré, toujours pour une vue supposée myope, étant au delà de

---

(h) Cette expérience nous paraît être la première qui, faite sur le vivant, ait été propre à faire voir que les images de la rétine sont renversées par rapport aux objets. On en verra une autre dans la seconde partie de cet ouvrage.

(i) 2ᵉ mémoire, page 27, et 4ᵉ mémoire, page 7.

la distance de la vision distincte, les rayons émanés de ce point projettent sur la rétine RR'R''R''' un petit cercle *mn*; que ceux qui viennent du point situé à la distance de la vision distincte donnent un point *f* sur le même tableau RR'R''R''', et que les rayons émanés d'un point très-rapproché de l'œil coupent ce tableau suivant un autre cercle *m'n'* : d'où l'on voit que l'image peinte sur le fond de l'œil est comprise dans les deux angles *mfn* et *m'fn'*. Or, le côté *mf*, situé à droite de *nfn'*, ayant pour prolongement le côté *m'f*, situé à gauche de la même ligne *nfn'*, il faut que le pinceau de rayons dont la base est *mn* ait son sommet en un point F de l'intérieur du corps vitré lorsque celui qui produit le cercle *m'n'* a le sien en un point F' situé au delà du fond de l'œil. D'où l'on voit que les rayons ne se croisant pas dans le corps vitré pour arriver en *m'n'*, ils s'y croisent nécessairement pour arriver en *mn*. Cela s'accorde avec l'ancienne théorie ainsi qu'avec celle que nous développerons livre IV, bien que pour cette dernière les rayons dans le corps vitré ne soient pas des lignes droites.

222. L'optomètre, comme l'expérience du n° 219 l'a déjà fait voir, offre donc sous quelques rapports l'avantage de faire connaître ce qui se passe dans l'intérieur du globe occulaire. D'autres expériences vont montrer combien il y a de vérité dans cette remarque.

Soit ACDE la projection d'un œil sur un plan vertical perpendiculaire à l'axe optique, et soit OB la projection sur le même plan de la droite objective, supposée horizontale et vue par les fentes *uv*, *zx*, de l'oculaire d'une règle optométrique. Il est clair que les lames de rayons passant par les fentes *uv*, *zx*, et envoyés par chaque point de la droite OB, éprouveront pour se rapprocher et arriver sur la rétine des réfractions qui s'opèreront dans des plans à peu près verticaux, et que, pour le point milieu de la droite objective, celui qui devra être observé pour obtenir bien exactement la distance de la vision distincte, les réfrac-tions dont il s'agit s'opèreront principalement dans le plan vertical PQ.

223. De même, si l'optomètre était disposé de manière que la ligne objective eût la direction PQ, il donnerait la distance de la vision distincte correspondante aux réfractions produites dans le plan horizontal OB. Enfin, s'il était disposé de façon que la droite objective fût inclinée à 45 degrés, dans le sens RS ou dans le sens TU, il mesurerait les distances de la vision distincte correspondantes aux plans de réfraction respectifs TU et RS.

224. Or, nous avons observé sur nous-même, dans un temps où notre vue était excellente sous tous les rapports, que la distance de la vision distincte mesurée avec l'optomètre était la même dans le plan horizontal, dans le plan vertical et dans les plans à 45 degrés menés par l'axe optique. Nous conclurons de là que pour les yeux très-bien organisés les surfaces qui brisent les rayons lumineux sont des surfaces de révolution.

225. Mais si au contraire l'œil soumis à l'expérience est imparfait, et si les surfaces réfringentes qui séparent les substances différemment denses dont il est rempli ne sont pas des surfaces de révolution, l'optomètre fait connaître tout à la fois, et ce défaut d'organisation, et son intensité.

226. S'il arrivait, par exemple, que les fentes ayant une direction, la distance de la vision distincte fût de $0^m.15$, et que pour les fentes placées dans une autre direction elle fût de $0^m.50$, l'œil considéré dans le plan perpendiculaire à la première direction serait myope, et considéré dans le plan perpendiculaire à la seconde il serait presbyte.

Il n'y a peut-être pas d'yeux ainsi conformés, c'est-à-dire myopes dans un plan et presbytes dans un autre plan;

mais M. Herschell (*j*) cite une personne dont l'œil gauche avait dans le plan vertical et dans le plan horizontal des portées très-différentes, ce qui rendait l'usage de cet œil, dit M. Herschell, *absolument inutile.*

Nous donnerons aux vues composées d'yeux de cette espèce le nom de *vues à portées diverses.*

227. Il semble que de telles vues soient fort rares, mais si l'on faisait avec soin de nombreuses expériences au moyen d'optomètres bien faits, de manière à mesurer de faibles différences de portée, on trouverait peut-être qu'il n'y a que les très-bons yeux qui aient exactement une même portée dans tous les plans menés par l'axe optique.

Bien que les différences de portée soient faibles, on conçoit qu'elles doivent jeter de l'incertitude dans la détermination des figures qu'affectent les deux lignes vues au travers des fentes de l'optomètre ; et cette circonstance a pu s'ajouter à celles dont nous avons parlé n° 224 pour accréditer l'idée que ces lignes se croisent lorsque la personne qui observe a une bonne vue ou une vue presbyte.

D'après cela, pour vérifier nos assertions du n° 207, il faudra s'assurer d'abord que les yeux qu'on soumet aux expériences ont dans tous leurs plans menés par l'axe optique une même portée.

228. On doit voir maintenant que l'optomètre est un instrument d'une très-haute importance, comme moyen d'étudier le mécanisme de l'œil. On en verra de nouvelles preuves dans le chapitre suivant et dans le liv. VII, où nous nous occuperons des yeux à portées diverses.

Nous ferons remarquer en terminant ce chapitre que les observations faites avec l'optomètre, quant à la figure des lignes vues, sont d'autant plus concluantes que, la pupille étant plus ouverte et les fentes de l'instrument

____

(*j*) *Traité de la lumière*, tome 1, page 185.

plus écartées, les courbures des lignes vues se trouvent plus accentuées (voyez la note (*a*) du chapitre suivant). Sous ce rapport, il doit arriver que si l'on frotte avec de l'extrait de belladone la paupière de l'observateur, ce qui engourdit l'iris et dilate la prunelle, on facilite l'examen des faits qui viennent d'être exposés.

CHAPITRE XIII.

SUR L'ABERRATION DE RÉFRANGIBILITÉ DE L'ŒIL.

229. On sait qu'il n'y a aucun corps transparent qui ne réfrange la lumière, c'est-à-dire qui ne sépare dans la réfraction les rayons lumineux qui le traversent en rayons colorés élémentaires, et que, en conséquence, les rayons différemment colorés doivent suivre des routes différentes dans le corps vitré. Nos calculs des chap. 7 et 8 sont une conséquence de ce principe ; on va voir que la dispersion des rayons colorés dans l'œil est confirmée par beaucoup de faits.

230. Si l'on approche très-près de l'œil un papier blanc imprimé, et qu'on dispose ce papier par rapport à la lumière solaire de façon qu'il soit bien éclairé, les caractères deviennent de plus en plus confus à mesure qu'ils sont plus près, et finalement ils ne présentent plus, quand ils sont très-rapprochés de la cornée, qu'une teinte de couleur violette. Considérons une des lettres vues, une *l* minuscule par exemple. Il est clair que chaque point rayonnant adjacent aux bords noirs de cette *l* se peindra sur la rétine suivant un cercle, et que l'image qui donnera le sentiment de la lettre *l* sera enfermée dans quatre lignes de cercles LL', *ll'*, L*l* et L'*l'*.

Pl. 3.
Fig. 32.

Si l'éloignement est tel que les cercles soient très-petits,

ils ne seront pas sensiblement irisés et ils laisseront entre Pl. 3.
les deux lignes de cercles LL', *ll'*, une petite bande qui Fig. 32.
ne recevra pas de lumière colorée et qui par conséquent
sera noire ; donc la lettre *l* paraîtra tout simplemement
confuse. Mais, si le rapprochement du papier et de l'œil
donne aux cercles toute la grandeur qu'ils peuvent avoir,
ils seront irisés à l'extérieur en rouge ; la bande centrale
noire ne donnera qu'une teinte sale, et l'objet vu AA' aura Fig. 33.
l'apparence d'une tache oblongue de couleur violacée.

Le fait confirme donc ici ce que donne la théorie.

231. Il en sera de même si l'on regarde de fort près un
très-petit cercle de papier blanc évidé intérieurement et
réduit à une petite bande circulaire très-étroite. Ses points
se peindront sur le fond de l'œil suivant des cercles, et ces
cercles donneront l'impression d'une couronne confuse et
sensiblement rousse à sa partie intérieure.

232. Dulong cite dans le Journal des Savants (*a*) un
autre exemple plus décisif encore, c'est celui d'une ligne
noire PQ tracée sur un papier blanc, dirigée vers l'œil Fig. 34.
et vue de fort près. On aperçoit en effet cette ligne *très-
distinctement irisée sur ses bords.*

Et ce résultat si facile à vérifier s'explique comme les
précédents : les points du papier blanc contigus à la ligne
noire se peignent suivant des cercles sur la rétine, ce qui
donne une image *mm'p*, noire à l'intérieur et terminée
par deux lignes *mnp*, *m'n'p*, de cercles décroissant de
rayon ; et comme ces cercles sont irisés, les lignes *mnp*,
m'n'p le sont aussi.

233. Nous rapporterons plus loin, chap. 14, des expériences qui nous sont propres et qui achèveront de prouver que dans le corps vitré il y a réellement séparation
des différents pinceaux de rayons colorés. Le corps vitré

(*a*) Année 1818 , page 354.

étant donc supposé homogène, ces rayons auraient des foyers différemment éloignés de la rétine, ainsi que le calcul nous les a donnés chap. 7.

C'est ce qu'ont admis les physiciens, et la difficulté, dans l'ancienne théorie, était de concilier ce fait avec la vision pure et distincte à des distances très-différentes.

234. D'Alembert (b), pour expliquer comment il peut y avoir séparation des rayons colorés dans l'œil sans que les objets soient environnés d'iris, admet comme un fait prouvé par Jurin qu'il suffit, pour que la vision soit distincte, que l'image d'un point rayonnant n'occupe qu'un petit espace au fond de l'œil (c); ensuite il suppose que la rétine soit placée de façon à recevoir le foyer du vert; il fait remarquer que le rouge et le violet se réuniront sur un même cercle; le jaune et le bleu sur un autre cercle, et il pense que le foyer d'un vert très-vif qui se trouvera sur le fond de l'œil donnera une impression d'où résultera la sensation du blanc. Mais, si les choses se passaient comme d'Alembert l'entend, le champ de la vision étant supposé rempli d'objets blancs différemment éloignés, on n'aurait l'impression du blanc que pour ceux de ces objets qui seraient à la distance précise où le foyer du vert serait sur la rétine; les autres seraient nuancés de couleurs diverses, et si les distances changeaient par le mouvement de l'observateur, toutes les couleurs du tableau varieraient. Ces résultats sont tout à fait démentis par l'observation.

Au surplus, en lisant les deux mémoires de d'Alembert on verra qu'il était fort préoccupé des grandes difficultés rencontrées pour expliquer l'action de l'œil, notamment en ce qui concerne les images réfléchies et

---

(b) *Opuscules*, tome 3, pages 58 et 191.

(c) Voyez l'opinion de Jurin dans l'*Optique de* SMITH, t. 1er, p. 236, traduction française de 1767.

réfractées , et qu'il ne prétendait pas donner la solution de ces difficutés (*d*).

235. Euler, dans la 43ᵉ de ses *Lettres à une princesse d'Allemagne* (*e*), dit que l'achromatisme de l'œil doit être produit par des compensations de réfrangibilités dues aux différentes humeurs du globe oculaire. Mais ces compensations ne pouvant s'opérer que pour un certain éloignement du point rayonnant, l'œil serait imparfait pour tous les autres éloignements , sans compter même que pour une distance donnée il ne peut jamais y avoir compensation exacte des réfrangibilités de tous les rayons colorés à la fois. Euler ne s'arrête pas devant ces difficultés , et dans la 44ᵉ lettre, où il décrit le mécanisme de l'œil , il dit que *les yeux de chaque homme sont arrangés pour une certaine distance , et que celui qui voit distinctement les objets médiocrement éloignés a la vue bonne* (*f*).

Toutefois, dans la 199ᵉ lettre , où sa pensée apparemment n'est plus sous l'influence de la théorie ancienne et imparfaite développée dans la 44ᵒ , il dit qu'on trouve des yeux si bien conditionnés *qu'ils voient également bien les objets voisins et les éloignés* (*g*). Il présume d'ailleurs que la rétine , *par quelque compression, peut tant soit peu raccourcir ou allonger les yeux.*

236. On verra , dans le chap. 24, que les parties non homogènes du corps vitré doivent produire des compensations de réfrangibilités propres à donner l'achromatisme pour un certain éloignement, mais que les pinceaux Pl. 3. de rayons colorés rf, of', jf'', etc., rouges, orangés, Fig. 37.

(*d*) **Les deux mémoires dont il s'agit sont intitulés** : *Doutes sur différentes questions d'Optique.*

(*e*) Traduction de J.-B. Labey , tome 1ᵉʳ , page 195.

(*f*) 44ᵉ lettre, tome 1ᵉʳ , page 198.

(*g*) 44ᵉ lettre, tome 1ᵉʳ , page 198.

Pl. 3. jaunes, etc., étant courbés (192 et 193) en pointes dont
Fig. 37. les convexités sont tournées vers l'axe *ft*, ces pinceaux
viennent, quoique séparés, percer la rétine en un même
point, et qu'il en résulte un second moyen d'obtenir l'achromatisme, moyen qui suffit peut-être à lui seul pour toutes
les distances du point rayonnant, ou qui tout au moins
supplée, complète et porte à la perfection celui des compensations de réfrangibilités, lequel par là n'est plus en
défaut pour aucun éloignement dépassant la distance de
la vision distincte.

D'après cela, il ne manquait guère à Euler, pour qu'il
s'expliquât l'achromatisme de l'œil sans sortir du cercle
d'idées que sa haute raison lui avait fournies, que de
reconnaître dans le corps vitré un milieu qui ne pouvait
pas être parfaitement homogène (235).

CHAPITRE XIV.

DE L'OPTOCHROMOMÈTRE ET DES FAITS CONSTATÉS AU MOYEN DE CET INSTRUMENT.

237. L'optomètre simple (210) nous indiquant d'une
manière assez exacte la distance de la vision distincte,
nous avons pensé que cet instrument pouvait nous servir
à juger si cette distance demeure la même lorsque les
rayons éclairants sont successivement de couleurs différentes. Dans ce but, nous avons essayé de tracer des lignes
objectives colorées et nous avons cherché pour ces lignes
le point de la vision distincte ; mais nos résultats étaient
toujours mal concordants, ce qu'on peut attribuer, du
moins en partie, aux grosseurs et aux intensités diverses
des lignes que nous observions.

Ces recherches nous ont occupé en 1820 ; nous termi-
nions alors le traité de la Science du dessin ; nous désirions
constater les faits pour éclaircir dans ce traité la théorie
de la vision ; nous demeurions à la campagne ; nous étions
privé de tous les secours que fournit un cabinet de physique, et nous nous trouvions réduit à n'employer que des
moyens assez grossiers.

238. Nous imaginâmes de substituer aux lignes droites
colorées des bandes de papier de couleur que nous oppo-
sions, par un bord bien droit, à une feuille de papier blanc.
La bande étant rouge, nous apercevions au travers des
fentes de l'optomètre une teinte blanche A″DBN , une
teinte rouge A′DBM et entre les deux une teinte de couleur intermédiaire A′DA″, dont l'extrémité D correspondait au point de la vision distincte. Et comme le bord du
papier était une ligne d'une largeur véritablement nulle,
le point D se trouvait très-nettement indiqué (*a*). Ce résultat nous conduisit à l'instrument dont nous avions besoin.

Sur une planche (*mr*, *m′r′*), nous collâmes par leurs
extrémités des bandes de toutes les couleurs du spectre,
et nous plaçâmes dans une coulisse *mn* la pinule mobile (*p*, *p′p″*), percée des deux fentes que présente un
optomètre. Cette pinule, par sa mobilité dans la rainure,
permettait qu'on la fît glisser aisément vis-à-vis du bord
de chaque bande colorée, et quand nous voulions opérer,
nous passions une feuille de papier blanc successivement
sous les diverses bandes ; nous marquions sur cette feuille

Pl. 3.
Fig. 38.

Fig. 39.

(*a*) Il résulte aussi de ce que la ligne observée est sans largeur , et de
ce que les espaces A″DBN, A′DBM , ont des couleurs fort sensiblement différentes de la couleur intermédiaire de l'espace A′DA″, que
les courbures des lignes A′D , A″D , sont fort sensibles. D'après cela,
pour apprécier bien cette courbure , en opérant avec l'optomètre simple ,
il convient de couvrir la planche *lmn* d'une feuille de papier blanc sur
laquelle on colle une feuille de papier noir dont le bord en ligne droite
figure la ligne objective AB.

Fig. 38.

Pl. 2.
Fig. 25.

Pl. 3.
Fig.39.

le point où la vision était distincte , et comme nous avions soin de placer toujours la feuille de papier blanc de manière qu'un de ses côtés bien droit coïncidât avec la ligne xy, tracée parallèlement à mn à un décimètre de distance, les points obtenus se trouvaient de suite rapportés à la ligne xy. Nous avons trouvé à l'aide de ces moyens que les distances de la vision distincte n'étaient pas les mêmes pour les différentes couleurs essayées.

239. Voici le tableau , en millimètres , des résultats obtenus par cinquante-six observations consécutives (b).

COULEURS essayées.	DISTANCES DE LA VISION DISTINCTE.							
	Mlle A.	M.L.A.V.	Mme V.	M. P.		M. V.	M. H.	
Rouge.	157	195	201	224	244	229	585	593
Orangé. . . .	155	190	204*	221	233	221	580	587
Jaune.	152	187	194	218	226	211	574	576
Vert.	150	183	190	214	220	204	568	568
Bleu.	148	180	186	210	218	196	564	556
Indigo.	146	176	175	206	212	189	560	548*
Violet.	144	170	168	202	214*	184	556	543

L'œil était probablement mal placé quand on a obtenu les résultats marqués d'une astérisque.

240. Nous avons fait ces observations avec une pinule $(p , p'p'')$ dont les fentes avaient un tiers de millimètre de largeur, un millimètre d'écartement et trois millimètres de hauteur. Les fentes étaient à un centimètre au-dessus du plan $m'r'$ des bandes colorées ; le plan de la pinule était perpendiculaire aux bords en ligne droite des bandes, et pour chaque opération on disposait la pinule de manière que la ligne regardée passât juste au milieu des deux

---

(b) Ce tableau est extrait de la *Science du dessin* , publiée en 1821.

fentes. On avait soin que la personne soumise à l'expérience eût son œil placé le plus près possible de la pinule ;
on tâchait que la tête ne fût penchée ni à droite ni à
gauche ; on recommandait de diriger l'axe optique d'abord
au delà de l'instrument, de rapprocher cet axe peu à peu
jusqu'à ce qu'il vînt se fixer où l'image cessait d'être fine ;
c'est-à-dire sur le point de la vision distincte, et pour
que la position adoptée en observant ne changeât pas, une
autre personne marquait les distances. Enfin, le plan
(mr, $m'r'$) était toujours incliné de manière qu'il fût bien   Pl. 3.
éclairé, et la planche (mr, $m'r'$) était à une hauteur con-   Fig. 39.
venable pour qu'on observât, étant assis, sans éprouver
aucune gêne.

Le tableau précédent fait voir qu'au moyen de toutes
ces précautions on arrive à des résultats presque exempts
d'anomalies. Celles qu'on remarque dans ce tableau ne
sont qu'au nombre de trois, et nous nous étions imposé
la condition, en opérant sur nous-même et sur les cinq
autres personnes citées, de ne recommencer aucune expérience et d'accepter de l'observateur, sans lui rien objecter,
les points qu'il indiquait pour la vision distincte.

241. L'instrument représenté fig. 39 , et qui sert à mesurer les distances de la vision distincte selon les couleurs
qui pénètrent dans l'œil, est ce que nous nommons l'*optochromomètre*.

Pour lui donner plus de perfection , il faut employer la
règle ou la lunette optométriques décrites n° 206 et n° 207,
et placer successivement en avant de la ligne objective des
verres polis rouge, orangé, jaune, etc., qui ne laissent
pénétrer dans l'œil que la lumière colorée que l'on veut
essayer.

242. Comme il est difficile d'avoir des verres qui aient
des couleurs bien exactement pareilles aux couleurs élémentaires du spectre, on pourra se borner à des observations faites avec de bons verres rouge et violet pour

constater que la distance de la vision distincte change avec la couleur de l'objet.

Si l'on veut avoir des observations bien satisfaisantes, il conviendra d'opérer dans une chambre obscure, en éclairant la ligne objective $m'n'$ ou uv successivement avec des rayons colorés obtenus par les réfractions du prisme.

243. Ce dernier moyen est dû à M. Lehot. Les résultats qu'il a publiés en 1828 dans son 4e mémoire, page 4 et suivantes, confirment ceux que nous avions obtenus dès 1821.

D'après cela, et d'après ce qui a été dit chap. 12, nous pouvons poser en principe, que *les rayons colorés sont divisés dans le corps vitré, et que leur réunion s'opère à des distances du cristallin de plus en plus grandes à mesure que ces rayons sont moins réfrangibles.*

244. M. Lehot cite une autre expérience à l'appui de ce principe. Il dit, page 16 de son 4e mémoire, que si l'on regarde avec une loupe des fils violets et des fils rouges, la vision distincte commence à une moindre distance entre les fils et la loupe pour les fils violets que pour les fils rouges (c). Nous n'avons pas vérifié cette expérience, mais la différence d'éloignement de la vision distincte, pour le rouge et le violet, étant quelquefois d'après le tableau du n° 239 de $0^m.013$, de $8^m.025$ et même de $0^m.050$, ces différences doivent être sensibles à l'œil nu (d).

(c) M. Lehot ajoute que la distance de la vision distincte cesse à un moindre éloignement pour les rayons violets que pour les rayons rouges, mais ceci tient probablement à l'erreur dont nous avons parlé (215 et 216) et ne doit s'entendre que des vues myopes.

(d) Si l'on faisait teindre avec les diverses couleurs du spectre des fils bien fins et bien pareils, on pourrait peut être en former un optochromètre, en les rangeant parallèlement les uns aux autres, couleur par couleur, sur de petites planches qu'on observerait avec soin, et que l'on éloignerait plus ou moins pour obtenir la vision distincte.

245. Il résulte de ces faits que si le corps vitré était Pl. 3.
homogène, un point rayonnant blanc aurait dans ce corps Fig. 37.
une infinité de foyers colorés F, F', F'', etc., et que son
image sur la rétine AB serait bien réellement formée de
cercles de diverses couleurs, variables de rayon selon
l'éloignement, et tels que le calcul nous les a donnés à la
fin du chap. 8 (e).

Cela posé, en admettant que les rayons lumineux ne se
courbent pas en traversant le corps vitré (192 et 193),
comment se peut-il que les foyers colorés F, F', F'', etc.,
soient séparés, et que le point rayonnant soit vu nettement, ce qui suppose, ou que l'image de la rétine est
un point, ou tout au moins que cette image ne soit
qu'un cercle très-petit, et non pas un ensemble de cercles
comme ceux qui correspondent nécessairement aux foyers
F, F', F'', etc.? Il nous semble qu'il n'y a qu'une manière
de résoudre cette question, c'est de supposer, ainsi que
nous l'avons déjà fait comprendre (236), que les rayons
colorés rf, of', jf'', vf''', rouges, orangés, jaunes,
verts, etc., soient des courbes dont les convexités se trouvent tournées vers l'axe optique ft, de telle sorte que les
pinceaux correspondants à ces rayons soient tous réunis
sensiblement en f. En effet, l'image f sera petite; par cette
raison elle sera blanche, et chaque pinceau correspondant
à un rayon coloré rf, of', jf'', vf''', etc., aura un point
f, ou f', ou f'', ou f''', etc., qui pour sa couleur sera l'a-
nalogue de F, ou F', ou F'', ou F''', etc., et qui se placera
en f, sur la rétine, si le point rayonnant devient succes-

____

(e) M. Lehot reconnaît par ses expériences, qui ne sont au fond que
la répétition des nôtres, que les foyers colorés F, F', F'', F''', etc., sont
séparés dans l'œil; il admet que le corps vitré est homogène, et il
suppose que ce corps est le siége de la vision : nous nous livrerons dans
la seconde partie de cet ouvrage à un examen approfondi de cette
théorie.

sivement rouge, orangé, jaune, vert, etc., et s'il s'éloigne un peu et convenablement de l'œil (f).

Cette idée de la transmission de la lumière en ligne courbe dans le corps vitré est une de celles sur lesquelles se fonde notre théorie. On voit que cette théorie est en cela quelque chose de plus qu'une hypothèse plausible, puisque, du moins nous le croyons, elle offre le seul moyen qui puisse être proposé pour concilier l'achromatisme de l'image f avec la séparation des foyers colorés f, f', f'', f'''.

(f) Si l'on admet l'hypothèse de l'homogénéité du corps vitré, et si l'on suppose qu'on ait déterminé pour un œil vivant et pour la couleur rouge, par exemple, la distance D' de la vision distincte, on aura (voyez le n° 139)

$$D' = f(r_1, r_2, r_3, g_1, g_2, g_3, l_1, l_2, l_3).$$

Supposons que l'on adopte pour les humeurs de l'œil des indices comme ceux que M. Chossat a déterminés (61), on pourra en déduire par la méthode d'interpolation du n° 73, les valeurs de l_1, l_2 et l_3, relatives au rouge.

D'où l'on voit que si l'on opérait de cette manière pour les six couleurs du spectre, on aurait six équations entre les six quantités r_1, r_2, r_3, g_1, g_2, g_3, ce qui ferait connaître ces six quantités.

Ainsi, dans l'hypothèse de l'homogénéité du corps vitré, on déterminerait pour le vivant les dimensions intérieures et principales de l'œil. Et comme il y a sept couleurs, donnant sept équations (sans compter que le blanc en donnerait une huitième) dont six seulement sont nécessaires, il y aurait sept manières de faire le calcul, conduisant à sept groupes de résultats qui devraient être pareils, avec de bonnes observations optochromométriques, si l'œil ne présentait réellement que trois milieux et si les indices employés étaient les véritables. On aurait donc à choisir parmi ces résultats ceux qui, en moyenne, seraient les plus satisfaisants.

Si l'observateur mourait et qu'on prît les mesures de ses yeux, elles contrôleraient les résultats obtenus.

On conçoit d'après cela que si l'on opérait dans un hôpital, sur les sujets les plus exposés à une mort prochaine, on obtiendrait sur les indices dans le vivant, sur les dimensions de l'œil et sur ses altérations après la mort, des notions fort importantes.

Nous reviendrons sur cette matière dans la seconde partie de cet ouvrage.

Le calcul, dans le livre VI, appuiera et développera ce qui précède.

246. Nous terminerons ce chapitre par une observation relative au tableau du n° 239, c'est que deux séries d'expériences ayant été faites sur M. P. et sur M. H., elles ont donné des chiffres très-sensiblement différents d'une série à l'autre, mais bien d'accord entre eux dans la même série.

En général, deux expériences faites sur une même personne, après un intervalle de temps pendant lequel la vue se porte sur d'autres objets, donnent une autre série de résultats, et pour que les résultats de chaque série soient bien d'accord, il faut opérer avec promptitude et recommander à l'observateur de ne pas cesser un instant de considérer la ligne objective dans sa partie où la vision est distincte.

Faut-il conclure de là que l'œil n'est pas exactement monté de la même manière dans deux expériences bien séparées? Nous reviendrons ailleurs sur cette question.

CHAPITRE XV.

SUR LA CONFIGURATION GÉOMÉTRIQUE DE L'IMAGE QUI SE PEINT SUR LA RÉTINE ; SUR DIVERSES CONSÉQUENCES RELATIVES A CETTE CONFIGURATION, ET SUR LA FORME DU FOND DE L'ŒIL.

247. Dans le but d'arriver à bien connaître le mécanisme de la vue, une des questions les plus importantes qu'on devait se faire était de trouver, pour des positions connues du point rayonnant, les lieux de l'image de ces points sur la

rétine. Cependant aucun physicien, que nous sachions, ne s'était occupé de cette question (a).

Au moyen d'yeux de lapins albinos (27) on arrive facilement, ainsi qu'on va le voir, à des résultats qui sont d'un grand intérêt.

Pl. 3. 248. Pour obtenir ces résultats, nous avons d'abord tiré, sur une planche à dessiner, deux lignes rectangulaires
Fig. 43. AB, FG ; nous avons décrit de leur point d'intersection comme centre un demi‑cercle AGB, de $0^m.35$ environ de rayon, que nous avons divisé en arcs de 10 degrés, et nous avons enfoncé dans la planche, au point d'intersection de AB et FG, un clou d'épingle dont nous avons ensuite limé la tête pour qu'il présentât une pointe au-dessus de la planche.

Par des expériences antérieures nous avions déterminé les dimensions d'un œil de lapin albinos adulte, de grosseur ordinaire, et nous avions construit une petite capsule en plâtre sur laquelle le globe en expérience pouvait être placé de manière que l'effet de son poids n'altérât pas sa forme. Le dessous de cette capsule présentait un trou, répondant au centre de figure de l'œil, et ce trou, par le moyen de la pointe dont il vient d'être parlé, servait à fixer la capsule sur la planche. Nous donnions à l'axe optique, c'est-à-dire à la droite qui, à la sortie de l'œil, nous paraissait être l'axe de révolution de la cornée (16), la direction FG (b).

249. Dans cet état de choses, nous dessinions le contour de la projection de l'œil sur une feuille de papier collée

---

(a) M. Magendie s'est occupé de la grandeur des images, en raison des distances (*Physiologie*, tome 1er, page 61), mais non pas précisément de la configuration des images.

(b) Cette direction ne peut être trouvée que par le sentiment, et conséquemment d'une manière peu exacte ; mais il n'est pas nécessaire qu'on la connaisse très-bien.

par ses angles à la planche. Et pour opérer avec exactitude Pl. 3.
et rapidité, nous nous servions d'un instrument MNR, Fig. 45.
composé d'une règle MN et d'une tige PR, fixée rectan-
gulairement sur la règle et présentant l'arête *ab* qui, pro-
longée à l'encre sur la face MN de cette règle, donnait le
point P. Cet instrument étant successivement placé dans
plusieurs positions telles que le plan MN*b* fût toujours
tangent à l'œil en un point de *ab*, nous tirions sur le
papier, pour chaque position de l'instrument, les droites
mn, M*m'*, N*n'*; ensuite l'œil étant enlevé, nous remettions
cet instrument, au moyen de ces mêmes droites, successivement dans toutes les positions qu'il avait occupées, et
pour chacune d'elles nous marquions le point P sur le
papier et sur la droite connue *mn*. Nous obtenions donc,
en définitive, les tangentes telles que *mn* à la projection
de l'œil, et les points de contact tels que P de ces tangentes avec le contour du globe, ce qui permettait de
dessiner en très-peu de temps, et comme on voit assez
exactement, la projection cherchée.

250. Cela fait, nous rétablissions l'œil et la capsule dans
la position dessinée, puis en opérant dans une chambre
obscure, nous mettions une bougie successivement aux
points de division placés de 10 en 10 degrés sur le demi-
cercle AGB. La flamme de cette bougie donnait sur le Fig. 43.
fond de l'œil une belle image située dans le plan mené par
l'axe optique et par la bougie, ou sensiblement dans ce
plan; nous placions l'instrument MNR de manière que le Fig. 45.
plan MN*b* fût tangent au globe oculaire à l'endroit de
l'image et suivant un point de *ab*, et ensuite nous marquions, pour chaque image, les droites correspondantes
mn, M*m'*, N*n'*. Cette opération achevée, nous enlevions
l'œil et la capsule; nous remettions de nouveau l'instrument MNR dans toutes les positions qu'il avait occupées,
et pour chacune nous marquions, au moyen du point P
de l'instrument, la projection de chaque image corres-

Pl. 3.
Fig. 43. pondante à chaque position de la bougie. Nous obtenions donc toutes les projections r, s, t, u, etc., des images correspondantes aux points de division R, S, T, U, etc., du demi-cercle AGB.

251. Nous faisions pour chaque œil deux expériences. Dans l'une, le plan mené par l'axe optique et par le point d'insertion du nerf optique était horizontal : c'est celle

Fig. 43
et
Fig. 44. que représente la fig. 43, et dans l'autre, ce même plan était vertical : c'est celle que représente la fig. 44.

Fig. 43. Enfin, chaque projection et les images correspondantes étant obtenues, nous tracions les lignes Rr, Ss, Tt, etc., que nous appellerons *rayons virtuels* (c), qui joignaient chaque position de la bougie, c'est-à-dire chaque point de division du demi-cercle AGB, avec l'image correspondante à ce point, image que nous supposons toujours dans le plan de l'axe optique et de la bougie. Ces rayons sont

Fig. 43
et
Fig. 44. indiqués sur les fig. 43 et 44, selon les deux expériences qui nous ont paru avoir été faites dans les circonstances les plus favorables.

252. D'après ces deux figures, les rayons virtuels, pour la section horizontale d'opération comme pour la section verticale, sont assujettis à la loi du toucher des courbes nVx, fig. 43, xvn, fig. 44, très-petites et très-voisines du centre de l'œil. Nous donnerons à ces courbes le nom de *courbes virtuelles*.

Il est clair que si l'on avait répété l'expérience pour tous les plans inclinés compris entre le plan horizontal d'opé-

---

(c) La dénomination de *rayons visuels*, qui s'emploie d'ordinaire en supposant que le globe oculaire soit un point, ne pouvait pas nous convenir ; parce que, hors le cas où le rayon visuel coïncide avec l'axe optique, on ne sait pas par rapport à l'œil quelle est la position de chaque rayon visuel : il fallait donc une nouvelle expression. Celle de rayons virtuels nous a paru satisfaisante, attendu que ces rayons, pour la plupart du moins, traversant la sclérotique, il est clair qu'ils ne peuvent avoir aucune sorte de réalité.

ration et le plan vertical , on aurait obtenu dans ces différents plans des courbes analogues aux courbes nVx , Pl. 3.
fig. 43 , et xvn , fig. 44 , et que l'ensemble de ces courbes Fig. 43
détermine une petite surface que touchent tous les rayons   et
virtuels qui joignent les points de la sphère de $0^m.35$ de Fig. 44.
rayon , ou ce qui revient au même les points rayonnants
quelconques situés dans l'espace , avec les images correspondantes à ces points. Cette petite surface est ce que nous
nommerons *la surface virtuelle*.

253. Comme elle n'a que de faibles dimensions , il nous
arrivera quelquefois de supposer qu'elle se réduit à un
point que l'on peut appeler le *centre virtuel*. On saura
que ce centre est situé , par rapport au fond de l'œil , un
peu au delà du centre du globe oculaire.

Si les points rayonnants sont placés près de l'axe optique,
on voit que les rayons virtuels couperont cet axe en des
points plus éloignés de la rétine que ne l'est le centre
virtuel ; et que, au contraire, s'ils s'éloignent angulairement
et de plus en plus de l'axe FG de l'œil, ils se rencontreront Fig. 43.
avec FG en des points de plus en plus rapprochés du
point *e*.

S'ils sont en A et B , à $0^m.35$ du point d'intersection de
AB et FG , ils n'enverront sur la cornée que des rayons
perpendiculaires à l'axe FG , et ces rayons peindront fort
nettement en *r* et en *w* les points A et B.

254. On peut observer très-bien ces images *r* et *w* sur
le lapin albinos sans l'appareil que nous avons décrit. Il
suffit pour cela d'avoir un œil frais et bien nettoyé ; on le
place de manière que sa partie antérieure soit bien éclairée,
et l'on reconnaît immédiatement qu'un objet situé tout à
fait à droite ou tout à fait à gauche , sur une ligne inclinée
à 90 degrés avec cet axe , en un mot placé comme en A
ou en B , se peint à l'opposé en *r* ou en *w*. Cette expérience est sans doute d'un haut intérêt pour la théorie de
l'œil.

Pl. 3. **255.** Si l'on opère sur l'œil droit et que l'objet soit en
Fig. 43. Z, à 95 ou 98 degrés environ à droite de l'axe optique, il se
peint encore sur le fond de l'œil ; son image est en un point
z, et toujours dans la ligne droite menée par le point
objectif Z et à peu près normalement à la rétine.

Mais si l'on porte l'objet à la droite du même œil, son
image disparaît lorsque cet objet passe au delà du point A,
c'est-à-dire lorsqu'il est à plus de 90 degrés environ de
l'axe optique FG.

Il suit de là que le tableau entier qui se peint sur la
rétine du lapin occupe un peu plus de la moitié de la
surface intérieure de l'œil, et que le centre de ce tableau,
par rapport à l'extrémité de l'axe optique prolongé en ligne droite dans le globe oculaire, est sur la partie interne
ew de la choroïde. Nous supposerons que l'œil de l'homme
est organisé de la même manière : les motifs de cette supposition seront indiqués plus loin (270).

Fig. 43 **256.** On voit aussi par les fig. 43 et 44 que les images
et placées auprès de l'extrémité de l'axe optique sont celles
Fig. 44. qui sont dessinées sur la plus grande échelle, ce qui est
avantageux à la vision ; puisque ces images répondent aux
objets sur lesquels s'exerce plus particulièrement l'attention, tandis que les autres images, surtout celles dont la
position s'approche plus du devant de l'œil, n'ont guère
d'autre utilité que d'avertir de la présence des corps sur
lesquels, au besoin, se porte l'axe optique pour que ces
corps soient vus avec précision.

257. Avant d'opérer sur des yeux de lapin albinos (d),

(d) Notre première expérience sur les yeux de lapin date de 1822,
et elle est consignée dans un Mémoire présenté à l'Académie des sciences
vers 1826. Dans cette expérience, deux bougies et un œil de lapin
étaient placés dans une chambre obscure, de manière à former un
triangle équilatéral dont les côtés avaient six mètres de longueur ;
l'axe optique était dirigé perpendiculairement au côté opposé à l'œil,

nous avions opéré sur des yeux de bœuf. Les résultats que
nous ont fournis ces derniers yeux sont indiqués sur les Pl. 3.
fig. 41 et 42, où les diamètres de l'œil sont de la moitié Fig. 41
de la grandeur naturelle. et
 Fig. 42.

Voici d'ailleurs pour l'œil du bœuf, dont la sclérotique
est opaque, comment nous opérions. Après avoir bien nettoyé le globe oculaire, nous tracions à l'encre la courbe
d'intersection de sa surface et d'un plan mené par l'axe
optique (e); puis nous faisions dans la sclérotique, avec
un rasoir, un certain nombre d'entailles qui mettaient la
choroïde à nu suivant autant de points de la courbe tracée.
Mais l'épaisseur et la dureté de la membrane à percer empêchaient que ces points ne fussent nombreux et également
espacés. Nous ne pouvions donc pas opérer d'une manière
aussi satisfaisante que pour l'œil du lapin albinos. Après
avoir placé dans une capsule coulée en plâtre le globe oculaire ainsi préparé, nous faisions mouvoir la bougie sur le
cercle MGN, jusqu'à ce que son image correspondît au Fig. 41.
trou d'une entaille, et nous marquions sur la planche à
dessiner la position de la bougie et la projection de l'image.
C'est ainsi que nous avons obtenu les fig. 41 et 42.   Fig. 41
 et
 Fig. 42.

---

et les images bien visibles des deux bougies se trouvaient séparées sur
la sclérotique par un arc de 60 degrés décrit à peu près du centre de
l'œil : ce résultat s'accorde avec ce que nous avons dit n° 253. Il est
clair que si l'angle de 60 degrés des deux rayons virtuels s'était trouvé
remplacé par des angles successifs de 50, 40, 30, etc., degrés, l'arc de
sclérotique correspondant aurait eu son centre de plus en plus éloigné
de la rétine.

(e) D'après les expériences faites par M. Chossat (*Annales de Chimie
et de Physique*, tome X, p. 366), le cristallin du bœuf n'est pas un
solide de révolution. Il s'ensuit que le rayon lumineux GE, dirigé sur
la cornée suivant l'axe optique, ne traverse pas l'œil en ligne droite;
l'image correspondante au point G peut donc ne pas être en *g*, et la
normale en *g* peut ne pas coïncider avec l'axe optique GE. Nous reviendrons, dans la seconde partie de cet ouvrage, sur cette circonstance
importante et applicable sans aucun doute à l'œil de lapin et même à
celui d'homme.

258. Ces deux figures nous font voir que les expériences faites sur les yeux de bœuf s'accordent à peu près avec celles que nous avons faites sur les yeux de lapin (f); toutefois les rayons virtuels, dans l'œil du bœuf, nous ont semblé tomber moins normalement sur la rétine que dans l'œil du lapin. Et nous avons remarqué aussi que pour ce dernier œil ils approchent plus d'être normaux que dans la section horizontale, fig. 43, que dans la section verticale, fig. 44.

On doit peut-être, comme on va le voir, s'expliquer ces différences par le détail des opérations.

259. La sclérotique du lapin albinos est unie, facile à nettoyer, et nous avions l'avantage de choisir nos sujets et de les faire tuer à l'endroit même où nous faisions l'expérience. Or, nous opérions d'abord dans le plan horizontal (g), et il résulte de là que pour ce plan l'œil encore chaud était peu altéré.

Il l'était beaucoup plus quand ensuite nous nous occupions du plan vertical, parce que la sclérotique des yeux de lapin étant mince, ces yeux se dessèchent promptement.

Pour l'œil du bœuf, il y avait encore une détérioration plus grande, 1° parce que l'animal étant abattu loin du lieu de l'expérience, l'œil s'altérait dans le transport; 2° parce que la sclérotique des yeux de bœuf étant épaisse, dure, inégale et rugueuse, il fallait un travail long pour nettoyer le globe oculaire (h); enfin, parce que la diffi-

---

(f) Nous avons opéré sur douze yeux de bœuf et quatre de lapin; mais les premières expériences n'ont servi qu'à nous mettre à même de faire les dernières avec une exactitude que l'on n'obtient pas tout d'abord.

(g) Le plan que nous désignons ainsi est celui qui passe par l'axe de l'œil (248) et par le point d'insertion du nerf optique.

(h) A la suite de ce travail la surface postérieure de l'œil était une surface factice produite par l'enlèvement des inégalités plus ou moins épaisses de la sclérotique.

culté de faire les entailles nous obligeait à presser l'œil de manière à l'altérer beaucoup.

260. D'après cela, il est supposable que si nous avons trouvé les rayons virtuels plus obliques sur la choroïde dans le plan vertical de l'œil du lapin que dans le plan horizontal, et plus obliques encore dans l'œil du bœuf que dans l'œil du lapin, c'est uniquement la conséquence de la plus ou moins grande détérioration de l'œil. Si, à l'époque de nos expériences, nous avions pensé à cet effet probable de la détérioration, nous aurions pu en opérant sur un œil encore chaud de lapin albinos, et sur le même œil plusieurs heures après le refroidissement, voir sans changer la position de l'œil si les rayons virtuels étaient demeurés les mêmes, c'est-à-dire si, pour les mêmes positions de la bougie, les images occupaient les mêmes places.

Mais, soit que les réfractions du globe oculaire éprouvent immédiatement par la cessation de la vie (153) un changement notable, soit qu'après la mort ce changement s'opère graduellement à mesure que l'œil remué, pressé, desséché, se détériore davantage, toujours est-il bien remarquable que dans le cadavre les rayons virtuels approchent d'être normaux à la rétine autant que les expériences le constatent.

261. Ce fait, rapproché d'une opinion de d'Alembert, acquiert une nouvelle importance. « Le rayon qui frappe » le fond de l'œil, dit l'illustre académicien (i), n'affecte » pas l'organe suivant sa propre direction, mais son action » tion sur le fond de l'œil doit s'exercer et s'estimer (con-» formément aux lois de la mécanique) suivant une di-» rection perpendiculaire à la courbure que le fond de » l'œil forme en cet endroit. »

(i) *Opuscules*, tome 1ᵉʳ, page 266.

Or, de ce rapprochement de l'expérience et de la théorie, il nous semble qu'on doit induire cette loi, que, *dans le vivant, les rayons virtuels sont exactement normaux à la choroïde* (*j*).

Et c'est en effet ce qui convient pour qu'aucune des parties de l'image du fond de l'œil ne soit nullement viciée par le défaut qui se fait observer dans ce qu'on appelle les *perspectives curieuses* (*k*).

Nous désignerons la conclusion qui vient d'être énoncée, sous le nom de *loi des rayons virtuels* (*l*).

262. Cette loi nous montre tout d'abord que les surfaces virtuelles (252) données par les rayons virtuels ne sont autre chose que les surfaces formées par les centres de courbure de la choroïde, puisque les rayons virtuels ne diffèrent pas des normales à la surface de cette membrane (*m*). Et comme la surface des centres a deux nappes, il s'ensuit que les rayons virtuels se coupent deux à deux suivant les deux nappes d'une petite surface placée dans l'intérieur de l'œil.

(*j*) Nous ferons remarquer ici que la choroïde étant unie et roide comme un parchemin, tandis que la rétine présente une surface molle et même inégale d'une courbure fort indécise, c'est sur la choroïde et non sur la rétine que doit se mesurer la perpendicularité des rayons virtuels.

Le poli et la régularité de la choroïde sont aussi, probablement, des motifs de croire que cette membrane est le lieu des images reçues par le fond de l'œil (86).

(*k*) Les perspectives curieuses sont faites sur des surfaces rencontrées fort obliquement par les rayons visuels, ce qui fait qu'elles sont d'une figure singulière par rapport aux images ordinaires des objets et qu'elles ne donnent pas le sentiment de ces objets (voyez la *Science du Dessin*, livre II, chap. vi).

(*l*) La citation qui précède contient implicitement cette loi ; mais d'Alembert ne l'avait pas énoncée, et quoique la publication de ses *Opuscules* date de quatre-vingts ans, aucun physicien que nous sachions n'avait fait attention au principe très-important vu ou entrevu par lui.

(*m*) Voyez notre *Traité de la Géométrie descriptive*, livre VI, chap. iv.

263. Or, il résulte de là que la perspective dessinée sur le fond de l'œil est soumise à la condition géométrique d'être l'intersection du tableau, c'est-à-dire de la choroïde, avec les droites menées par les différents points de l'objet, tangentiellement chacune aux deux nappes de la surface des centres de courbure de la surface de la choroïde.

Donc la configuration de l'image en question serait entièrement connue, si l'on parvenait à déterminer rigoureusement ou la surface de la choroïde, ou la surface des centres de courbure de cette membrane.

264. L'expérience qui suit, laquelle présente l'avantage d'être faite sur l'œil humain et sur le vivant, a pour objet d'acquérir quelques données sur la figure que présente cette dernière surface.

On sait que deux pains à cacheter étant collés en deux points A et B d'une cloison verticale, si l'on s'éloigne graduellement de cette cloison en se tenant debout de manière qu'ayant l'œil droit toujours placé sur la droite horizontale AD, passant par le point A situé à gauche de B et perpendiculaire à la cloison, l'axe optique soit toujours dirigé suivant cette droite, on voit d'abord le pain à cacheter B; que ce pain à cacheter disparaît ensuite pour de certaines distances, et qu'après on l'aperçoit de nouveau. Et comme la rétine est interrompue à l'endroit i où le nerf optique pénètre dans le globe oculaire (15), il est naturel de supposer que les éloignements de l'œil au point A, lorsque le pain à cacheter B disparaît, sont tels que ce point B se peint sur la partie i du fond de l'œil correspondante à l'insertion du nerf optique : c'est une explication généralement admise.

Or, nous avons percé deux trous A et B dans la cloison, nous avons mis au delà de ces trous deux lumières bien vives; nous nous sommes placé en deçà, dans l'obscurité, puis nous avons observé avec l'œil droit et avec l'œil gauche.

Pl. 3. **265.** La distance AB étant de $0^m.40$, nous avons
Fig. 48. trouvé :

1° Pour notre œil droit, que l'image B disparaissait depuis l'éloignement de $1^m.17$ jusqu'à celui de $1^m.62$, ce qui suppose que la ligne Bc, moyenne entre les deux directions Bp, Bq, suivant lesquelles commence et finit la disparition, donne pour Ac une valeur d'environ $1^m.356$;

2° Pour notre œil gauche, que l'image A disparaissait depuis l'éloignement de $1^m.22$ jusqu'à celui de $1^m.76$, c'est-à-dire que la distance Bc', relative à la ligne moyenne, est à peu près de $1^m.445$.

Cela posé, en opérant graphiquement nous avons reconnu que le point c, où la droite moyenne Bi coupe **AD**, serait dans nos yeux, par rapport au centre de l'œil, c'est-à-dire par rapport au milieu du diamètre ad qui comprend la sclérotique, savoir :

D'un quart à un cinquième de ad en avant du milieu m, si le point d'insertion du nerf optique était placé chez nous comme il l'est dans l'œil n° **1** décrit par le docteur Krause (24) et représenté fig. **2** ;

D'un cinquième à un sixième, si le même point d'insertion se trouvait placé chez nous comme dans l'œil n° **2**, représenté fig. **3** ;

D'un sixième à un dixième, s'il se trouvait comme dans la fig. 3 de la pl. 9 de la traduction de Sœmmering par Demours ;

D'un quart à un sixième en arrière du milieu m, s'il se trouvait placé comme dans la fig. 2, pl. 10, de la même traduction ;

Enfin, d'un quart à un cinquième en avant, si, quant au point d'insertion dont il s'agit, nos propres yeux avaient les proportions que nous avons trouvées dans deux yeux humains que nous avons disséqués nous-même (*n*).

266. D'après cela, et bien que chez nous les dimensions des globes oculaires puissent être fort différentes de celles des yeux avec lesquels nous venons d'établir des comparaisons, on peut dire que le point *c* est placé dans l'intérieur de l'œil à une distance de la choroïde qui est à peu près, savoir :

Pour l'œil n° 1 de $16^{mm}.32$;

Pour l'œil n° 2 de $15^{mm}.56$;

Et pour l'œil n° 3 (celui de la fig. 10, pl. 2, de la traduction de Sœmmering) de $16^{mm}.58$.

Et comme le point de rebroussement de la développée qui dans l'œil de l'homme serait l'analogue de la courbe $n V x$ trouvée pour l'œil du lapin (262), est un peu plus éloigné de la choroïde que le point *c* dont il vient d'être question, on peut supposer que dans des yeux bien constitués ce point de rebroussement est en avant de la choroïde, selon la grosseur de ces yeux, d'environ 15 à 18 millimètres.

Fig. 43.

Fig. 48.

267. Dans le but d'avoir d'autres lumières sur cet objet, nous avons dû recourir tout naturellement aux mesurages que le docteur Krause a faits pour la voûte postérieure de l'œil. Or, il a pris l'axe optique OP^7 pour l'axe des abscisses OP, OP^1, OP^2, etc., qu'il désigne par a, de la section horizontale $O N N^1 N^2 N^3 N^4$; il a mesuré perpendiculairement les ordonnées $P\overline{N}$, $P^1 N^1$, $P^2 N^2$, etc.,

Fig. 49
et
Fig. 51.

(*n*) Si l'on opérait dans un hôpital, ainsi que nous l'avons dit note (*f*) du n° 245, et que, après la mort des sujets soumis à l'expérience, on mesurât les diamètres des trous de la choroïde et les distances des bords de ces trous à l'extrémité de l'axe optique, on acquerrait pour le vivant des notions utiles sur la question qui nous occupe et sur la grandeur et la figure de la partie où l'image ne se peint pas sur le fond de l'œil.

Pl. 3.
Fig. 49
et
Fig. 51.

qu'il désigne par b, et pour la section verticale il a pris des abscisses α, aboutissant en p, p^1, p^2, etc., sur la verticale passant par le centre du globe, et il a mesuré les ordonnées ϵ aboutissant aux points observés n, n^1, n^2, etc., parallèlement à l'axe optique. Voici le tableau des chiffres qu'il a obtenus, la ligne étant l'unité de mesure :

INDICATIONS diverses.	1º SECTIONS PLANES PASSANT PAR L'AXE OPTIQUE.					
	HORIZONTALE.			VERTICALE.		
	Points observés.	Abscisses a.	Ordonnées b.	Points observés.	Abscisses v.	Ordonnées 6.
	N	0.3	1.8	O	0.0	4.30
	N^1	1.3	3.5	n	0.5	4.25
	N^2	2.3	4.3	n^1	1.5	4.05
	N^3	3.3	4.7	n^2	2.5	3.66
Fig. 49; œil nº 1.	N^4	4.3	4.9	n^3	3.5	3.00
	N^5	5.3	4.8	n^4	4.5	1.60
	N^6	6.3	4.5			
	N^7	7.3	3.7			
	N	0.5	2.30	O	0.0	4.50
	N^1	1.5	3.90	n	0.9	4.45
	N^2	2.5	4.60	n^1	1.9	4.15
	N^3	3.5	5.00	n^2	2.9	3.75
Fig. 51; œil nº 2.	N^4	4.5	5.16	n^3	3.9	3.00
	N^5	5.5	5.05			
	N^6	6.5	4.70			
	N^7	7.5	3.90			

	2º DIAMÈTRES OBLIQUES du globe et axes calculés de la voûte intérieure et postérieure.	ŒIL Nº 1.	ŒIL Nº 2.
	Plus grand diamètre DM de l'œil.	10.8	11.2
	Plus petit diamètre dm (p).	10.2	11.0
Fig. 40 (o). . . .	Axe horizontal $= 2 \times$ CA, calculé.	8.84	8.90
	Axe horizontal BB' calculé.	9.80	10.25
	Axe vertical projeté en C calculé.	9.27	9.70

(o) Les points d et D sont sur la partie inférieure de l'œil, et les points m et M sur sa partie supérieure.

(p) Le docteur Krause attribue les dimensions du plus petit et du plus

268. Les valeurs de a et de b, de α et de β, que contient ce tableau, ne correspondent qu'à des moitiés des sections horizontale et verticale de l'œil. Le docteur Krause n'indique la détermination d'aucun point des autres moitiés ; il suppose que les sections sont symétriques par rapport à l'axe optique ; il cherche par la méthode de M. Chossat (49) les ellipses qui approchent le plus de passer par les points observés, en admettant que ces ellipses aient pour axes des droites situées sur les deux axes rectangulaires qu'il a pris pour les coordonnées a et b, α et β, et il arrive ainsi aux petit, grand et moyen axes de ce qu'on appelle un *ellipsoïde général* (q).

De plus, il dit page 110 de son mémoire qu'il peut assurer, avec une pleine conviction, que pour trois yeux qu'il a examinés la voûte de la rétine enfermant le corps vitré était une voûte elliptique (r).

269. Nous ne pouvons nullement, sur cette matière, partager l'opinion de M. Krause. Il reconnaît lui-même que les droites inclinées, *st*, ST, donnent, la première, le plus petit diamètre *dm* joignant la partie postérieure interne inférieure avec la partie antérieure externe supérieure, et la seconde, le plus grand diamètre DM, joignant la partie postérieure externe inférieure avec la partie antérieure interne supérieure ; d'où il résulte nécessairement que le globe oculaire humain, bien que les proéminences qu'il présente soient moins accentuées que dans

Pl. 3.
Fig. 40.

---

grand diamètre à deux yeux, un petit et un grand, sans que nous ayons pu voir bien positivement, page 90 de son Mémoire, que ces yeux sont bien les yeux qu'il désigne dans sa table par les numéros 1 et 2.

(q) Voyez notre *Traité de la Géométrie descriptive*, livre 6, chap. 4.

(r) Voici le texte du mémoire : Ich habe mich vielfältig bemüht, die Wölbung der Netzhaut und des Glaskörpers im menschlichen Auge auf eine zuverlässigere Weise zu bestimmen, und kann jetzt für die Augen mit vollkommenster Ueberzeugung versichern, dass sie nach einer Ellipse gekrümmt sey.

les yeux des animaux, et que, en conséquence, il approche Pl. 3.
plus que ces derniers d'avoir une forme sphérique, est Fig. 40.
pourtant un globe d'une forme essentiellement différente
de celle de l'ellipsoïde général dont AC, BC = CB', et
une droite verticale projetée en C seraient les demi-axes.

C'est ce que témoignent aussi les fig. 2 et 3, pl. 1,
prises sur celles que le docteur Krause a données, et
c'est ce qu'on reconnaît à la simple inspection des globes
extraits du cadavre. Enfin, c'est ce que l'on comprend
par la lecture de tous les traités d'anatomie ; car on si-
gnale toujours pour l'œil, dans ces traités, des irrégularités
de figure incompatibles, non pas avec une forme soumise
à une loi algébrique, mais avec la forme ellipsoïdale indiquée par M. Krause.

270. De plus, on sait que l'axe optique divise les sections horizontale et verticale en parties qui ne sont pas
symétriques, et c'est ce que témoignent encore les propres
figures du docteur Krause, et ce qui paraît s'expliquer
très-bien. En effet, la saillie du nez dans le plan horizontal, et celle du front dans le plan vertical, diminuant le
champ de la vision vers l'extérieur et vers le haut, l'image
doit s'étendre plus sur le côté interne de la choroïde que
sur son côté externe, et plus aussi sur la partie supérieure
que sur la partie inférieure, afin que, l'œil étant dirigé en
avant, nous soyons avertis par les impressions respectives
des deux yeux de ce qui survient à droite, à gauche,
en haut et en bas, dans un champ de vision le plus étendu
possible.

271. Or, par cela seul que l'axe optique sépare les sections de l'œil en parties inégales, on ne saurait admettre
que ces sections fussent des ellipses dont la somme soit
l'extrémité de cet axe.

Quelle que soit d'ailleurs la nature algébrique des sections, il ne peut pas arriver qu'elles aient au point d'intersection de l'axe optique et de la cornée des rayons de

courbure différents ; parce que, ainsi que nous l'avons dit précédemment (226), l'œil n'aurait pas la même portée dans le plan horizontal et dans le plan vertical, ce qui rendrait la vision fort défectueuse.

272. Pour pouvoir nous rendre compte de la figure des sections de l'œil, d'après les chiffres du tableau précédent, nous avons construit avec une échelle de deux centimètres pour ligne, les fig. 49 et 51, qui, sur la pl. 3, sont de grandeur naturelle. Les sections verticales $Onn'n^2n^3$ n'ayant que très-peu de points, tous situés sur la partie postérieure, la construction en grand n'a pu nous conduire à aucune conclusion; mais les points N^4, N^5, N^6, et N^7 des sections horizontales nous ont montré clairement que les rayons de courbure décroissent en avançant vers la cornée, ce qui n'arriverait pas si les courbes $ONN'N^2N^3$ étaient elliptiques.

Sous ce rapport, ces courbes seraient plutôt des épicycloïdes, suivant l'opinion de Tréviranus exposée et combattue par le docteur Krause (*s*), que des ellipses. Leur nature sera examinée dans la seconde partie de cet ouvrage.

273. Nous avons décrit le mieux qu'il nous a été possible les courbes indiquées par les points construits, ce qui nous a fait considérer comme anomales les ordonnées de plusieurs d'entre eux (*t*); nous avons mené des normales à ces courbes, et ces normales nous ont paru présenter très-peu d'accord; toutefois la fig. 51 donnait assez bien un arc de développée représenté en vx sur la fig. 52, et le sommet v de cet arc se trouvait à 6 lignes 2 dixièmes du point o. Pour la fig. 49, la développée se dessinait

---

(*s*) Page 110 du Mémoire.

(*t*) Celles des points N, N^3, n et n' pour la fig. 49, N et n' pour la fig. 15, paraissaient trop petites, et celles des points n^2 et n^3, pour la fig. 49 et N' pour la fig. 51, paraissaient trop grandes, notamment la dernière et la valeur de l'ordonnée N^3, fig. 49.

très-mal ; mais le sommet ν se trouvait déterminé par la Pl. 3.
concordance de plusieurs normales peu inclinées sur l'axe Fig. 50.
optique, et ce sommet se trouvait à 6 lignes environ du
fond de l'œil. Ces chiffres de $6^{li}.20 = 14^{mm}.35$ pour l'œil
n° 1, et de $6^{li}.00 = 13^{mm}.89$ pour l'œil n° 2, sont moindres que ceux de 15 à 18 millimètres auxquels nous sommes
arrivé n° 266.

274. Il nous semble qu'il ne faut pas attacher beaucoup
d'importance aux dernières des considérations qui viennent
de nous occuper ; cependant elles nous ont déterminé
à adopter pour l'éloignement $o\nu$ de la choroïde *coz* au Fig. 52.
point ν, où les rayons virtuels très-peu inclinés sur l'axe
optique se croisent avec cet axe, les deux tiers seulement
de la distance *dh* du fond de la rétine au sommet de la Pl. 1.
cornée.

Fig. 2.

Comme nous aurons souvent besoin de désigner cette
distance *dh*, nous lui donnerons le nom de *diamètre optique* de l'œil.

On peut voir n° 146 que ce diamètre, pour l'œil n° 3,
est de 24.453 ; d'où il suit que pour cet œil, l'éloignement Pl. 3.
$o\nu$, égal aux deux tiers du diamètre optique, se trouve Fig. 52.
d'environ 16 millimètres.

275. Nous ne pousserons pas plus loin, dans ce chapitre,
les recherches relatives à la forme du fond de l'œil, parce
qu'il est nécessaire pour les continuer de connaître bien
les différences qui existent entre l'œil mort, l'œil vivant et
l'œil exerçant telle ou telle sorte d'action. Nous reviendrons dans la suite sur ce sujet (*u*).

(*u*) Le rayon lumineux A*d*, dirigé sur l'œil suivant l'axe optique, ne Fig. 48.
traverse pas le globe oculaire en ligne droite ; il en résulte que la normale en *a* ne doit pas exactement coïncider avec l'axe de révolution AD
de la surface extérieure de la cornée : c'est une observation d'une grande
importance, mais dont nous avons cru devoir faire abstraction dans ce
mémoire.

En résumant ce qui précède, on voit qu'il est établi :

1° Que les rayons virtuels sont normaux à la surface de la choroïde : c'est cette propriété que nous avons désignée sous le nom de *loi des rayons virtuels* (261);

2° Que ces rayons touchent dans l'intérieur de l'œil la surface des centres de courbure de la choroïde (262);

3° Que cette surface présente un sommet situé vers la cornée aux deux tiers environ de la longueur de l'œil (266 et 273);

4° Que l'image de la rétine est assujettie à la loi d'être l'intersection de la choroïde et des droites menées par les points rayonnants tangentiellement aux deux nappes de la surface des centres de la choroïde ;

5° Que cette image occupe un peu plus de la moitié postérieure du globe oculaire (255);

6° Enfin, qu'elle s'étend plus loin sur la partie interne de l'œil que sur sa partie externe (255);

Pl. 3.
Fig. 54.
276. Cela posé, concevons dans le plan de la fig. 54, qui représente la coupe de l'œil de femme mesuré par le docteur Krause (24), un point rayonnant situé hors de la figure, et placé de manière qu'il envoie sur la cornée un faisceau *abcd* de rayons sensiblement parallèles et perpendiculaires à l'axe optique; ces rayons pénétreront dans l'œil; ils s'y réfracteront, et ils iront peindre sur la choroïde un point *r* qui, en conséquence de la loi de perpendicularité des rayons virtuels sur le fond de l'œil (261), sera le point de contact de la tangente *mn*, parallèle à l'axe optique OP, ou, ce qui revient au même, qui sera le point *r* de la choroïde auquel correspond la normale dirigée sur le point rayonnant. Or, quelles sont les courbures que la réfraction doit donner aux rayons du faisceau *abcd* pour que l'image de ce même point rayonnant soit placée en *r*, et pour que cette image soit nette? C'est ce que la figure indique et ce qui sera expliqué avec beaucoup de développement dans le livre VI et dans la seconde partie

de cet ouvrage. Ici nous nous bornerons à faire observer
qu'il serait bien difficile de répondre à cette question si
l'on supposait, comme autrefois, que l'image d'un corps
MNP se projette en *mnp* sur le fond de l'œil au moyen de Pl. 3.
lignes droites conçues dans le corps vitré, ainsi que l'indi- Fig. 53.
quent les livres de physique, dans lesquels on trouve toujours une figure à peu près semblable à la fig. 53.

On remarquera encore que si la lumière traversait l'œil
conformément au tracé de cette dernière figure, les objets
qui sont embrassés par la vision, objets dont le *champ*
dans l'œil humain, ainsi que chacun peut s'en assurer,
est de plus de 180 degrés, se peindraient, non pas sur toute
l'étendue et un peu plus de la moitié postérieure de l'œil
(255); mais sur une faible partie du tableau que présente
le fond de cet organe.

277. Tout s'éclaircira peu à peu dans cet ouvrage,
ainsi qu'on doit déjà le pressentir ; les grandes imperfections qu'une fausse théorie forçait d'attribuer à l'organe
de la vue disparaîtront, et la pièce de cet organe qui ne
jouait aucun rôle dans l'acte de la vision, le corps vitré,
deviendra la pièce la plus importante.

Aussi, cette pièce se trouve-t-elle en arrière du globe
oculaire, ce qui la met à l'abri de beaucoup de lésions
auxquelles la cornée, l'iris et le cristallin sont exposés.
C'est qu'il suffit que ce corps se maintienne intact pour
que l'on voie passablement bien, malgré les cicatrices et
les petites taies qui altèrent la cornée; malgré la déformation de l'iris, et malgré les taches mobiles dont il sera
parlé dans le ch. 19, n° 335. Enfin, c'est que l'extraction
elle-même du cristallin ne nous prive pas de la vision,
puisque les cataractés, quand leurs yeux sont d'ailleurs
bien constitués, voient et même voient très-bien à une
distance quelconque, pourvu qu'ils arment leur vue de
lunettes à verres très-convexes choisies pour cette distance.

LIVRE IV.

DE LA VISION DES OBJETS PAR RÉFLEXION ET PAR RÉFRACTION.

CHAPITRE XVI.

THÉORIE GÉNÉRALE DES IMAGES RÉFLÉCHIES ET RÉFRACTÉES ; DES QUESTIONS QUE SOULÈVENT CES IMAGES RELATIVEMENT A L'ŒIL.

278. Les rayons de lumière qui émanent des points d'un corps sont assujettis à la loi de diverger en nombre infini de chacun des points de ce corps ; mais il n'en est pas de même de ceux qui ont été réfléchis ou réfractés ; ils sont assujettis, comme on va le voir, à une tout autre loi. Cependant, les surfaces réfléchissantes ou réfringentes, en nous renvoyant les images des corps, nous donnent la sensation d'objets qui sont très-distincts, bien qu'ils n'existent pas à la place où on les voit, et bien que leurs formes soient le plus souvent fort différentes de celles des corps qui les produisent. Ces objets apparents sont ce qu'on appelle des *images réfléchies* ou *réfractées*.

Au point où nous en sommes dans cet ouvrage, on comprend que l'étude des effets à l'aide desquels ces images nous trompent est nécessairement d'une haute importance dans la question du mécanisme de l'œil.

279. Pour parvenir à connaître ces effets, occupons-nous d'abord de la loi à laquelle sont soumis les rayons réfléchis et réfractés.

Soient ABCD, une surface réfléchissante ou réfringente Pl. 3.
quelconque, et P un point de cette surface. Un rayon de Fig. 46.
lumière envoyé en P par un point rayonnant donné sera
réfléchi ou réfracté dans une certaine direction PP' et l'on
sait (a), 1° qu'il n'y a généralement sur la surface donnée
que deux directions PO, Po, suivant lesquelles on puisse
passer du point P à des points voisins O et o, tellement
que les rayons OV, ov, réfléchis ou réfractés par ces points
rencontrent le rayon PP'; 2° que la suite des points P,O,
N,M, etc., dont chacun est déterminé par rapport au précédent comme O vient d'être déterminé par rapport à P,
forme une ligne MNOPQR, qu'on nomme *ligne de réflexion* dans le cas des surfaces réfléchissantes et *ligne de
réfraction* dans le cas des surfaces réfringentes ; 3° que,
pareillement, les points P,o,n,m, etc., dont chacun est
déterminé par rapport au précédent comme le point o est
déterminé par rapport à P, forment une autre ligne $mnoPqr$
de réflexion ou de réfraction ; 4° que si par chaque point
d'une ligne MNOPQR on mène une ligne telle que
$mnoPqr$, on aura tout un système de lignes de réflexion
ou de réfraction, dont l'ensemble couvrira la surface
donnée ; 5° que de même, les lignes telles que MNOPQR,
menées par les points de $mnoPqr$, donneront un second
système de lignes de réflexion ou de réfraction dont l'ensemble couvrira encore la surface donnée.

280. Et de ce que le rayon OV renvoyé par le point O
rencontre PP' en un point V, il s'ensuit que le rayon NU
renvoyé par le point N rencontre OV en un point U;
que le rayon MT renvoyé par le point M rencontre NU
en un point T, et ainsi de suite : d'où l'on voit que tous les
rayons renvoyés MT,NU,OV,PX,QY,RZ, forment une
surface développable, et se coupent deux à deux en des

(a) Voyez la *Science du Dessin*, livre 3, chap. 5, n° 540-563.

points T,U,V,X,Y,Z, qui déterminent l'arête de re-broussement TUVXYZ de cette surface, arête qui porte le nom de *courbe caustique*. De même les rayons renvoyés par les points de la ligne *mnoPqr* forment une autre surface développable qui détermine la courbe caustique *tuvxyz*.

Cela posé, il est clair que toutes les surfaces développables qui correspondent au système des lignes telles que MNOPQR sont superposées les unes sur les autres; que leurs arêtes de rebroussement telles que TUVXYZ sont contiguës chacune à chacune; que l'ensemble de ces arêtes forme une nappe de la surface que touchent tous les rayons réfléchis ou réfractés, et que les arêtes de rebroussement telles que *tuvxyz* forment une autre nappe de la même surface.

Cette surface à deux nappes s'appelle une *surface caustique*.

281. Et la loi, l'unique loi, à laquelle sont soumis les rayons réfléchis ou réfractés, c'est qu'ils touchent ces deux nappes. En effet, ces mêmes nappes étant données, il suffira pour avoir le rayon passant par un point connu quelconque de l'espace, de circonscrire à chacune de ces nappes un cône dont ce point soit le sommet, on aura deux cônes, et la droite d'intersection de ces cônes sera évidemment le rayon cherché. D'où l'on voit que si l'on se donnait un plan quelconque, on saurait déterminer, au moyen des deux nappes de la caustique dont il vient d'être question, les rayons renvoyés à tous les points de ce plan, c'est-à-dire le système entier des rayons réfléchis ou réfractés; donc, les deux nappes de la caustique étant données, ce système de rayons sera connu; donc, etc.

282. Maintenant, nous nous demanderons quelles images peuvent être peintes sur la rétine par des rayons réfléchis ou réfractés émanant d'un point rayonnant et soumis à une telle loi.

Considérons sur la cornée d'un œil donné un cercle Pl. 3.
$abcd$, égal à peu près au cercle pupillaire, et concevons Fig. 56
que cet œil s'étant tourné du côté où la lumière réfléchie
ou réfractée lui arrive, son axe optique $x'x$ se soit placé
dans la direction $x'x$ d'un rayon arrivant. Ce rayon $x'x$,
d'après ce qui précède, sera l'intersection de deux surfaces développables de rayons. Soient $uvxyz$ l'intersection
de la cornée $abcd$ et d'une de ces surfaces, et $u'v'xy'z'$
l'intersection de $abcd$ et de l'autre surface. Les rayons qui
rencontrent l'œil en u, v, x, y, z, etc., appartiendront à
la première surface, et ils se couperont deux à deux consécutivement suivant les points de l'arête de rebroussement de cette surface, ou, ce qui revient au même, sur la
courbe caustique $onrst$. De même, les rayons arrivant sur
la cornée en u', v', x, y', z', toucheront la courbe caustique
$o'n'r's't'$, c'est-à-dire se couperont consécutivement deux
à deux sur cette courbe.

La lumière arrivera donc sur les lignes $uvxyz$, $u'v'xy'z'$,
de la cornée comme si elle émanait des deux caustiques
$onrst$, $o'n'r's't'$, et qu'elle s'échappât de ces deux caustiques
suivant leurs tangentes. Or, chaque point o, n, r, s, t, ou
o', n', r', s', t', d'une caustique est l'intersection de deux
rayons consécutifs; ces deux rayons réfractés dans l'œil
portent sur la rétine l'impression du point de la caustique
sur laquelle ils se coupent; donc chaque caustique $onrst$,
$o'n'r's't'$, enverra sur le fond de l'œil une image YXV, $Y'XV'$, Fig. 55
dont chaque point sera peint seulement par deux rayons.
Ainsi, toutes les courbes caustiques d'une des nappes de
la surface caustique donneront sur la rétine un système
YXV, yxv, d'images linéaires, et toutes les courbes caustiques correspondantes à l'autre nappe donneront un autre
système d'images analogues $Y'XV'$, $y'x'v'$.

283. Mais nous ne traiterons pas dans ce mémoire la
question des images réfléchies et réfractées dans toute la
généralité qu'elle peut comporter ; nous nous bornerons
à l'examen du cas où les rayons ne sont brisés qu'une

seule fois, et où la caustique se compose d'une surface et d'une ligne.

Dans ce cas, pour une des deux nappes, chaque arête de rebroussement devient un point, qui est le sommet d'une surface conique de rayons, et les arêtes de rebroussement consécutives qui formaient une nappe se trouvent remplacées par une suite de points consécutifs et forment une ligne.

Pour distinguer ces deux nappes, nous nommerons *caustique linéaire* la nappe qui se réduit à une ligne, et l'autre nappe *caustique non linéaire*.

284. Supposons, d'après cela, que les lignes telles que YXV, $\gamma x \nu$, correspondent à la caustique non linéaire; les courbes telles que Y'XV', $\gamma' x' \nu'$, correspondant chacune à un point de la caustique linéaire, et ce point se peignant sur la rétine suivant un autre point, chaque ligne telle que Y'XV', $\gamma' x' \nu'$, se trouvera remplacée par un point, de sorte que l'ensemble de ces lignes donnera sur la rétine une suite de points contigus formant la ligne $\omega \sigma$.

Et il faut bien remarquer que chacun des points des lignes telles que YXV, $\gamma x \nu$, sera peint sur le fond de l'œil par deux rayons seulement, tandis que les points de la ligne $\omega \sigma$ seront peints chacun par une infinité de rayons, sauf les deux derniers ω et σ qui ne seront donnés chacun que par un seul rayon.

Ainsi donc, les rayons qui pénètrent dans l'œil y portent une sensation qui ne peut être appréciée que par la considération de deux images, 1° l'image $\omega \sigma$ d'une petite portion de la caustique linéaire; 2° l'image formée par une suite de petites lignes contiguës, telles que YXV et $\gamma x \nu$, correspondantes à la caustique non linéaire, ou, ce qui est la même chose, l'image d'une petite facette de cette caustique.

285. Mais ici se présente une difficulté qu'il importe d'examiner. Elle tient à ce que tous les rayons réfléchis ou réfractés appartiennent sans exception à chacune des deux séries de surfaces développables, et elle soulève cette

question : Les deux images, l'une formée par la ligne $\omega\sigma$, Pl. 3.
l'autre par les lignes YXV, yxv, etc., existent-elles à la Fig. 58.
fois, ou, ce qui revient au même, est-il possible qu'un
même rayon, considéré comme appartenant à l'une des
surfaces coniques dont les sommets sont les points de la
caustique linéaire, fasse partie d'un pinceau qui donne
sur la rétine un point π, par exemple, de la ligne $\omega\sigma$, et
que, considéré comme appartenant à l'une des surfaces
développables dont les arêtes de rebroussement forment
la caustique non linéaire, il peigne sur la rétine une autre
image située en un point π' différent de π ?

La question, énoncée de cette dernière manière, ne
pourrait sans absurdité être résolue affirmativement, d'où
il faut conclure que les deux images n'existent pas à la fois.

Mais ce raisonnement, tout rigoureux qu'il soit, ne fait
pas voir comment les choses se passent. On va trouver
la solution de la difficulté au moyen d'un théorème que
nous allons démontrer *à priori*.

286. Soit RR'S une droite oblique à l'axe optique Rr et Fig. 17.
pénétrant dans l'œil par le bord de la pupille; soit Frr'F'
la choroïde; soit ST la cornée, et soient R et R' deux points
rayonnants situés sur RR'S. Les points R et R' seront sur
deux directions différentes Rr,R'r', du rayon virtuel (251);
donc ils auront deux images différentes r et r' sur la rétine : donc l'image particulière peinte par le rayon RR'
appartiendra tout à la fois à l'image r et à l'image r'.

Ainsi, par cela seul que les points rayonnants se peignent
sur le fond de l'œil au moyen de pinceaux qui ont une base
d'une étendue finie, correspondante à la pupille, et qui en conséquence se confondent en partie et ont des rayons communs,
les images de la choroïde ne peuvent être des points (b) ma-

(b) Nous appelons points ici les images excessivement petites qui
donnent la sensation bien nette d'un point rayonnant aussi petit qu'on
puisse l'imaginer.

thématiques, tout au plus, que pour une certaine surface contenant les points rayonnants, par exemple, la sphère pRP dont le centre serait le centre de l'œil ; et cette hypothèse une fois admise relativement à la sphère pRP, pour toute autre sphère, comme la sphère p'R'P', les pinceaux tels que νRV, νR'V, ayant des rayons communs tels que RR', l'image r' s'étendra jusqu'en r et sera un cercle d'un rayon $r'r$.

On peut même calculer l'étendue de l'image circulaire du point R'. Supposons que le point R soit éloigné de la cornée de 30 centimètres ; que le point R' en soit à la distance de 25 centimètres ; que le diamètre optique de l'œil (274) soit de 24 millimètres ; que le point intérieur o suivant lequel se coupent les rayons virtuels très-rapprochés de l'axe Rr soit à 16 millimètres de la choroïde (274) ; que le diamètre de l'ouverture de la pupille soit d'environ 4 millimètres, et que cette ouverture soit distante de la cornée aussi de 4 millimètres, la distance du point R à l'iris sera de 304 millimètres ; celle du même point R à la surface nR' de 50, et la largeur du faisceau SRT à l'endroit de l'iris de 4 millimètres : d'où l'on voit que la largeur nR' sera donnée par la proportion :

$$304 : 50 :: 4 : n\mathrm{R}' = 0.658.$$

Il ne s'agira donc plus que de poser cette autre proportion :

$$258 : 16 :: n\mathrm{R}' : 2 \times rr',$$

dans laquelle le chiffre 258 exprime la distance du point R' au point o, pour trouver la valeur de rr' qui sera de $0^{mm}.020$.

C'est comme on voit un rayon d'image bien petit, mais qu'il est aisé d'assigner numériquement quels que soient les rapports de distance des deux points R et R', et quelle que soit la direction du rayon RR', pourvu qu'il pénètre dans l'œil jusqu'en un point r de la choroïde.

287. Il est donc rigoureusement démontré que, par cela seul que la pupille a une certaine étendue (c), l'image d'un point rayonnant ne pourrait se réduire à un point sur la rétine que pour une distance déterminée, si l'œil avait une forme absolument invariable.

Or, comme les objets sont aussi nettement distincts, chez les personnes qui ont une bonne vue, pour l'éloignement de 0^m.30, de 0^m.40, de 0^m·50, etc., que pour l'éloignement de 0^m.25 (d), il s'ensuit que l'œil se dispose, s'ajuste, *se monte* (c'est l'expression que nous adopterons) pour que la vision s'opère en raison de la distance de l'objet.

C'est une proposition très-importante à laquelle nous avons, comme on le voit, été conduit par des considérations de géométrie relatives aux caustiques, et qui est indépendante de toute hypothèse sur l'homogénéité ou la non homogénéité du corps vitré.

288. Revenons à la question soulevée plus haut (285). Il est clair que si l'œil est monté pour la distance de la caustique non linéaire, les images peintes sur la rétine par les points de la caustique linéaire seront des cercles, et que l'impression reçue se trouvera produite par les lignes YXV, $\gamma x \nu$, etc. Si ensuite l'œil se monte peu à peu pour la distance de la caustique linéaire, les images circulaires des points de celle-ci diminueront de plus en plus de grandeur, et quand elles seront réduites à des points, la ligne $\omega \sigma$ se trouvera produite par tous les rayons envoyés dans

Pl. 3. Fig. 58.

(c) Si la pupille était infiniment petite, l'image d'un point rayonnant sur le fond de l'œil serait un point, et pour un objet de forme quelconque embrassant tout le champ de la vision, aucune image n'aurait rien de commun avec ses voisines.

(d) Il est clair que plus le point rayonnant s'éloigne, moins il envoie de lumière dans l'œil, et plus la vivacité de son image diminue; mais il ne s'agit ici que de la netteté, qui est une propriété indépendante de la vigueur des teintes

Pl. 3. l'œil, et elle concentrera conséquemment en elle tous les
Fig. 58. points des lignes YXV, *yxv*, etc.

Si ces raisonnements pouvaient laisser quelques doutes,
ils seraient levés par l'examen des exemples qui vont nous
occuper dans les chapitres suivants, et notamment par
l'exemple du n° 311, appuyé des figures 60, 63 et 64.

289. Il est toutefois bien établi dès à présent, pour les
personnes auxquelles sont familières les considérations de
la géométrie à trois dimensions, que l'image $\omega\sigma$ et l'image
composée de lignes telles que YXV, *yxv*, sont deux images qui n'existent pas simultanément.

Mais quel sera sur l'œil l'effet de ces images?

Où sera situé le point vu?

De quelles circonstances la vision sera-t-elle accompagnée dans des cas où le rayonnement de la lumière se
trouve soumis à la loi toute particulière indiquée n° 281?

290. Les physiciens se sont fait depuis longtemps la
deuxième de ces trois questions. Newton, Bouguer et d'A-
lembert (*e*) s'en sont occupés après Barrow, Smith et le
P. Tacquet (*f*); ils ont très-bien vu, au moyen de quelques-uns des exemples que nous allons traiter dans les
deux chapitres suivants, que les rayons réfléchis ou réfractés qui entrent dans l'œil ne se coupent pas au dehors
en un même point, et que leurs points communs sont situés sur une ligne et sur une surface qui sont notre caustique linéaire et notre caustique non linéaire. Plusieurs
en ont conclu que l'image vue était située quelque part
entre les deux caustiques. Telle est notamment la conclusion de Newton (*g*), mais il ne l'appuie d'aucun fait.

(*e*) Voyez Newton, *Lectiones Opticæ*, page 78; Bouguer, *Traité
d'Optique*, page 500, et D'Alembert, *Opuscules*, 1er volume, page 274.

(*f*) L'ouvrage du père Tacquet est de 1669; il a pour titre : Opera
Mathematica.

(*g*) Lectiones Opticæ, page 78.

Ainsi, cet illustre géomètre ne résolvait pas la question; il la tranchait. Et en même temps il faisait de l'œil un instrument grossier, dont les appréciations étaient les mêmes, soit que les impressions perçues provinssent de rayons divergeant en nombre infini et en tous sens de chaque point de l'objet, comme dans les cas ordinaires, soit qu'elles provinssent de rayons assujettis à toucher deux nappes d'une caustique, comme dans le cas des rayons réfléchis et réfractés : c'est-à-dire dont les appréciations ne différaient pas pour des données essentiellement différentes (*h*).

291. Depuis, la même question a été tranchée d'une autre manière par les auteurs des traités de Physique (*i*). Ils se sont accordés pour placer l'image vue sur la caustique non linéaire où elle n'est pas, comme nous le verrons par ce qui suit, et ils n'ont rien dit de la caustique linéaire sur laquelle elle est. M. Hachette a même construit avec beaucoup de soin les images réfléchies et réfractées dans les cas les plus remarquables, et toujours il a placé l'objet vu sur la caustique non linéaire (*j*).

292. Enfin, l'auteur de la belle théorie des lignes de réflexion et de réfraction, Malus, au commencement de ce siècle, s'est occupé du lieu de l'image, et sans approfondir la question il a adopté les idées de Newton (*k*).

C'est cependant une question qui mérite d'attirer l'attention des géomètres, puisqu'elle se lie à ces mystères de la vision qui depuis deux cents ans occupent à peu près vainement les savants. On peut même dire que cette question est une bonne fortune pour la science, car elle

---

(*h*) D'Alembert, plus réservé que d'autres géomètres, s'est à peu près borné à faire voir que les difficultés signalées par Barrow, Newton et le père Tacquet étaient loin d'être levées.

(*i*) Voyez l'ouvrage de Haüy et les autres ouvrages publiés au commencement de ce siècle.

(*j*) *Programme d'un Cours de Physique*, par M. Hachette.

(*k*) *Journal de l'École Polytechnique*, tome 7.

permet d'interroger l'œil sur les sensations dues à des rayons qui, comme faisceaux de lignes droites, sont en dehors de la loi suivant laquelle les rayons de lumière sont émis par un point rayonnant. Donc, sous ce rapport, les rayons réfléchis et réfractés substitués aux rayons ordinaires doivent être pour le physicien ce que sont des réactifs nouveaux qui, par les produits particuliers qu'ils fournissent, éclairent le chimiste sur les vérités qu'il cherche à découvrir.

293. Si au lieu de trancher la question on s'était demandé quels sont les caractères de la vision ordinaire, en ce qui touche la loi des rayons qui émanent des points d'un objet, on aurait été conduit à remarquer parmi ces caractères :

1° Que du point rayonnant perçu divergent en tous sens des rayons, et qu'il y a un nombre infini de ces rayons qui viennent peindre sur la choroïde une image infiniment petite du point considéré ;

2° Que dans les mouvements que l'observateur fait sans cesse, et même sans intention (176), l'impression reçue est constamment produite par une infinité de rayons qui, en dehors de l'œil, concourent rigoureusement au point vu, de sorte que ce point vu paraît immuable dans la position où l'œil a jugé d'abord qu'il était.

Or, il n'en est pas ainsi pour les points de la caustique non linéaire ; puisque, en premier lieu, chacun de ses points n'envoie dans l'œil que deux rayons (284), et que, en second lieu, le point vu, comme on le verra clairement par l'exemple du n° 311, ne peut pas conserver la constance de position que présente un point rayonnant ordinaire. Mais les points de la caustique linéaire envoyant chacun dans l'œil une infinité de rayons, ils doivent satisfaire à peu près aux conditions de la vision commune.

Si donc l'œil est considéré comme un instrument d'une grande perfection, il sera tout naturel de supposer que le lieu d'un point vu par réflexion ou par réfraction est sur la caustique linéaire correspondante à ce point. C'est ce qui arrive en effet. Mais pour que cette théorie soit bien comprise et bien justifiée il est nécessaire de la soumettre aux vérifications de l'expérience par l'examen d'un grand nombre d'exemples d'images réfléchies et réfractées : c'est l'objet des chapitres suivants.

CHAPITRE XVII.

CAS DES IMAGES RÉFLÉCHIES.

294. Quoique la théorie des images réfléchies et réfractées repose sur des propriétés géométriques d'une conception difficile, nous allons la développer dans ce qui va suivre d'une manière simple, qui n'empruntera guère au chapitre précédent que les définitions des caustiques et des lignes de réflexion et de réfraction.

Nous nous bornerons toutefois à l'examen des exemples les plus usuels des images dues à des miroirs ou surfaces réfléchissantes ; nous traiterons brièvement de ce qui concerne ces exemples, et nous commencerons par le cas des miroirs plans.

295. PREMIER EXEMPLE. Soit ABCD l'un de ces miroirs Pl. 3. et soit R le point rayonnant. De ce point R abaissons Fig. 57. sur le plan ABCD la perpendiculaire RP, et soit r un point pris sur le prolongement de cette perpendiculaire de manière qu'on ait Pr égal à RP. Si l'on mène par un point quelconque m du miroir un rayon incident Rm, une normale mN et la droite rmM, les trois droites Rm, mN, mM, seront dans un plan RrM, normal au miroir, et les angles RmN, NmM seront égaux ; d'où

Pl. 3.
Fig. 57. il suit que mM sera le rayon réfléchi par le point quelconque m.

Nous conclurons de là que tous les rayons réfléchis concourent en r, et conséquemment, 1° que de quelque manière qu'un point se meuve sur un miroir plan il parcourt une ligne de réflexion ; 2° que les nappes de la surface caustique d'un miroir plan, pour un point rayonnant R, se confondent en un point r par lequel passent tous les rayons réfléchis ; 3° que l'image réfléchie du point R est le point r, puisque les rayons réfléchis entrent dans l'œil, quelle que soit la position de l'observateur, exactement comme s'ils émanaient de ce point r ; 4° enfin, que cette image réfléchie r que l'on appelle le *foyer imaginaire* correspondant au point R, est située sur la perpendiculaire RP, menée au miroir par le point R, à une distance rP en arrière du miroir égale à la distance RP du point rayonnant R en avant du même miroir.

296. Il est clair que si au lieu d'un point R on a un objet, l'image réfléchie aura les mêmes dimensions que cet objet et qu'elle lui sera symétrique. Dans tous les autres cas d'images réfléchies, l'objet réfléchi et l'objet réel n'ont jamais les mêmes dimensions ; il en est de même pour les images réfractées. On se convaincra de ces vérités en lisant ce chapitre et le suivant.

L'exemple dont il vient d'être question n'a rien, comme on le voit, qui fasse exception aux circonstances que présente la vision directe ; mais il était utile de s'en occuper afin que les constructions que nous allons employer fussent bien comprises.

Pl. 4.
Fig. 59. 297. Deuxième exemple. Soit ADG un miroir concave cylindrique et vertical posé sur un plan horizontal, et soit R un point rayonnant placé sur ce plan dans la concavité du miroir. Tous les rayons envoyés à la surface ADG dans un plan Rν se réfléchiront dans un plan $\iota\nu f$, comme s'ils étaient renvoyés par le plan tangent νV, c'est-à-dire

comme s'ils émanaient du point t, foyer imaginaire (295) Pl. 4. du miroir plan νV. D'autres rayons tels que Rν' donneront Fig. 59. d'autres points tels que t' et d'autres lignes telles que $t'\nu'f'$. La suite des points tels que t et t' formera la caustique linéaire TSBT'; les lignes telles que $t\nu f$, $t'\nu'f'$, seront tangentes à une courbe $lmnop$ qu'elles détermineront, et cette ligne sera la base d'un cylindre vertical formant la caustique non linéaire.

En effet, les rayons renvoyés toucheront tous la ligne TSBT'; ils toucheront aussi la surface verticale $lmnop$; ils seront en nombre infini dans une même lame plane $t\nu f$, et ils se couperont au point t de TSBT'. Les verticales telles que ν seront donc les lignes de réflexion du premier système, et les points de TSBT' représenteront chacun une des lignes caustiques correspondantes à ce système. Quant aux lignes de réflexion du second système, de quelque manière qu'elles soient placées sur ADG, deux points consécutifs projetés en ν et ν', d'une de ces lignes, donneront deux rayons qui se couperont en un point h du cylindre $lmnop$, et la suite des points tels que h formera sur ce cylindre une des courbes caustiques du second système.

Il sera facile de reconnaître, 1° que les deux courbes TSBT', $lmnop$, sont divisées en parties symétriques par la droite BRCz; 2° que la première TSBT', considérée dans son intégralité et à laquelle appartient l'arc wy', est une courbe fermée qui entoure le cercle ADGadg; 3° que la partie de cette courbe située du côté G de Bz correspond au demi-cercle DGad, la partie BT' répondant à l'arc DG, et la partie ponctuée T$yy'w$ répondant à l'arc G$a'ad$; enfin, que les parties pleines de la courbe $lmnop$ répondent au miroir ADG, limité aux points A et G, et les parties ponctuées à l'arc A$g'gdaa'$G du cercle ADGadg.

298. Cela posé, supposons qu'il y ait en R un corps

Pl. 4.
Fig. 59. très-apparent, comme un petit morceau de pain à cacheter rouge, et soit zz' la projection du diamètre horizontal d'un cercle de la cornée égal à peu près au cercle de la pupille, pour un spectateur placé verticalement à la hauteur qu'on voudra au-dessus du plan de la figure et considérant le pain à cacheter vu dans le miroir.

Si par les points z et z' on mène les tangentes zZ, $z'Z'$, à la branche lm de la courbe $lmnop$, il est clair que les plans $zZ, z'Z'$, comprendront un faisceau de rayons pénétrant dans l'œil. De plus, les plans tangents $zZ, z'Z'$, ne contiendront chacun, évidemment, qu'un rayon de ce faisceau, tandis que les plans tangents intermédiaires, menés par des points de zz' compris entre z et z', en contiendront chacun une infinité. Donc le petit arc ZZ' de la caustique linéaire $TSBT'$ se peindra sur la rétine par

Fig. 66. une petite ligne $\theta\zeta$, dont les extrémités seront produites, chacune, par un seul rayon, et tous les autres points, chacun, par un nombre infini de rayons.

Tous ces rayons toucheront la caustique non linéaire sui-

Fig. 59. vant une facette NN' de cette caustique ; cette facette sera formée par une infinité de petits arcs de courbes caustiques, et chaque point de ces courbes sera l'intersection de deux rayons. Donc chaque petit arc de ces courbes se peindra sur la rétine suivant une petite ligne $\omega\sigma$ qui cou-

Fig. 66. pera la ligne $\theta\zeta$. D'où l'on voit que la figure $\theta\omega\zeta\sigma$ représente les deux images envoyées au fond de l'œil, l'une linéaire $\theta\zeta$ correspondante au cas où l'œil est monté pour l'éloignement de la caustique linéaire $TSBT'$ (287), et l'autre composée de lignes telles que $\omega\sigma$ pour le cas où l'œil est monté en raison de la distance de la caustique non linéaire.

299. Maintenant, la question est de savoir où sera vue l'image du pain à cacheter. Or, l'expérience prouve qu'en

Fig. 59. plaçant en ADG un miroir vertical dont le rayon soit égal à CD l'image vue est en I, sur la caustique linéaire $TSBT'$, et non pas en NN' sur la caustique non linéaire.

Et comme on peut mener par les points z et z' des Pl. 4.
tangentes à la partie *op* de la ligne *lmnop*, il est clair que Fig. 59.
le miroir donne une autre image I', tout à fait de même
espèce que l'image I (*a*). Or, il arrive pour l'image I'
comme pour l'image I, que le pain à cacheter est vu en I',
sur la caustique linéaire, et non pas en M sur la surface
caustique *lmnop*.

300. Si l'observateur se donne un petit mouvement
d'oscillation qui fasse varier la position de son œil, zz'
variera, les positions des images I et I' varieront aussi, et
le mouvement devenant rapide on verra ces images courir
sur la caustique TSBT'; ou les verra se joindre sur cette
caustique dans le cas où l'une des solutions viendra se confondre avec sa voisine, ou bien se séparer, si les deux solutions confondues en une seule se détachent l'une de l'autre.

301. Et si l'on donne au morceau de pain à cacheter
une forme allongée dans le sens convenable pour que les
images I et I' occupent de plus grandes longueurs sur la ligne
TSBT', le petit mouvement d'oscillation rendra la caustique
TSBT' sensible sur des parties considérables de son étendue, ce qui ne laissera nullement douter que la position
des images ne soit en arrière du miroir sur la ligne TSBT'.

302. Troisième exemple. Soit ADG un miroir cylin- Fig. 65.
drique vertical convexe. Si N est un point rayonnant, il
enverra sur la droite verticale quelconque r' du miroir un
plan r'N de rayons; ces rayons seront réfléchis par la
surface ADG comme ils le seraient par le miroir plan r'R,

(*a*) On peut mener aussi par les points z et z' les tangentes zB, $z'i$, à
la partie ponctuée *rnr'* de la caustique *lmnop*, et l'on obtient une troisième image Bi du point R; mais cette image répondant à la partie antérieure *adg* du cylindre réfléchissant ADG*adg*, laquelle partie *adg* ne
peut exister si le miroir est visible pour l'œil dont la cornée est en zz',
il est évident que l'image Bi est comme non avenue dans l'expérience
dont il s'agit.

Pl. 4.
Fig. 65.
dirigé suivant le plan tangent en r', et par conséquent leurs
directions passeront par le point r, foyer imaginaire (295)
correspondant au point N; d'où l'on voit qu'ils se réfléchiront dans le plan vertical $rr'r''$. D'autres points tels
que r' donneront des points tels que le point r, et des
droites telles que $rr'r''$; les points tels que le point r détermineront la caustique linéaire $snrx$N, et les lignes telles
que $rr'r''$ détermineront une surface cylindrique verticale
AEF qui sera la caustique non linéaire (*b*).

Cela posé, l'œil étant placé en un point quelconque V,
à une hauteur arbitraire au-dessus du plan horizontal,
il ne pourra recevoir que les rayons réfléchis dans le plan
tangent Vn au cylindre AEF, et l'image sera nécessairement en n sur la caustique linéaire, ou en n' sur la caustique non linéaire.

303. Pour un autre point rayonnant M, l'image vue
sera de même en un point m de la caustique linéaire correspondante au point M, ou en un point m' de la caustique
non linéaire correspondante au même point M. Un objet
ONM étant donné, on pourra donc construire par points
l'image *onm* ou *o'n'm'* (*c*) qu'il doit présenter, et la question sera de savoir si l'objet vu par réflexion paraît être
en *onm* ou s'il paraît être en *o'n'm'*.

304. Or, si l'on place en ADG, sur la figure, un miroir
vertical ADG d'un rayon égal à CD, on reconnaîtra que
l'image vue est située en *onm*, tout à fait au delà du plan

(*b*) La figure 65 ne donne que les parties de caustique AEF, $snrx$N,
répondant à l'arc AD du miroir; il est clair que les autres parties de la
même caustique sont par rapport à CN symétriques des premières, et
telles que la fig. 62 les présente. Ainsi, sur cette dernière figure, EFE'
est la base de la caustique non linéaire, et N$prat$N est la caustique non
linéaire pour le point rayonnant N.

Fig. 62.

(*c*) Il est aisé de voir que les deux courbes *mno*, *m'n'o'*, prolongées,
doivent passer par le point t, où la droite OM rencontre le cylindre ADG.

vertical NC, et que, en conséquence, elle correspond aux
caustiques linéaires et non pas aux caustique non
linéaires; car, si elle correspondait à ces dernières, elle
serait vue en $o'n'm'$, c'est-à-dire en partie en deçà du
plan NC.

305. Cependant, la position d'un corps s'appréciant,
non-seulement par la manière dont les rayons divergent
de ses points, mais aussi par la connaissance que nous
avons de l'aspect ordinaire des corps, et par l'effet des
ombres, de la perspective, des points brillants, de la coloration, etc. (d), et ces effets ayant quelquefois, comme
dans un tableau, une puissance suffisante pour que l'objet
vu soit tout autre que celui qui envoie réellement les
rayons lumineux, il arrivera dans divers cas que l'image
onm ne paraîtra pas occuper la position que les constructions lui assignent.

Si l'objet, par exemple, est une aiguille cylindrique
horizontale DNM, l'image vue devra être la ligne horizontale Dnm, et ce sera en effet l'objet vu si l'aiguille a peu
de longueur; mais si elle en a beaucoup, la ligne brillante
de DNM conservera sur toute la longueur de Dnm un
éclat qui ne convient pas à une image courbe comme Dnm,
et cette image donnera l'idée d'un corps qui se relèvera
pour devenir vertical à mesure que le point n sera plus
éloigné.

306. D'un autre côté, si l'on conçoit que le rayon CD
du cylindre donné soit très-petit; que le point rayonnant
N soit à une grande distance du miroir, et que le point V
soit aussi éloigné du même miroir que le permettra la
portée de la vue, l'image n sera très-éloignée, en même
temps que, eu égard aux dimensions de la pupille, elle

(d) Voyez *la Science du Dessin*, liv. 4, chap. 6.

Pl. 4. sera disséminée sur un long arc de $NprntN$ (e), de sorte
Fig. 62. que celui de ses points qui sera vu au lieu du point N enverra peu de lumière, tandis que l'image n', au contraire,
aura ses points très-serrés, bien que rigoureusement il ne
diverge de chacun d'eux que deux rayons; l'image
$o'n'm'$, pour des données convenables, pourra donc être
Fig. 65. l'image vue.

Mais de telles exceptions à la règle générale qui place
l'image d'un point sur la caustique linéaire, et dans lesquelles l'œil est gêné et la vision indécise, n'infirment
nullement cette règle, qui d'ailleurs est justifiée suffisamment par l'exemple du n° 297 et par les exemples du chapitre suivant.

Fig. 61. **307. Quatrième exemple.** Soit C le centre d'un miroir
sphérique dont ADG soit un grand cercle situé dans le
plan de la figure ; soit M un point rayonnant, et menons
par ce point et par le point C la droite MC. Si l'on prend
sur le cercle ADG un point quelconque r', il sera facile de
déterminer le rayon $rr'r''$ réfléchi par le point r', ainsi que
le point E où ce rayon coupera la droite MC. Or, il est
évident que le point E sera le sommet d'un cône commun
à tous les rayons réfléchis par les points de la sphère situés
sur le cercle $r'R$, dont le plan est perpendiculaire à MC;
d'où il suit que ce cercle $r'R$ est une ligne de réflexion du
miroir, et que le point E est l'arête de rebroussement des
rayons renvoyés par les points de cette ligne.

En faisant varier le point r' sur ADG, on obtiendra
d'autres droites telles que $rr'r''$, et ces droites détermineront une courbe HKFK'H' à laquelle elles seront tangentes,
ou, ce qui revient au même, sur laquelle se couperont

(e) Il est aisé de voir que si l'on représentait la largeur de la prunelle
Fig. 59. sur la fig. 62, ainsi qu'on l'a représentée par zz' sur la fig. 59, l'image
aurait, comme sur cette dernière figure, une longueur ZZ' très-sensible.

deux à deux les rayons renvoyés par les points consécutifs Pl. 4.
du cercle ADG. Ce cercle sera donc une autre ligne de Fig. 61.
réflexion, et la courbe HKFK'H' sera l'arête de rebroussement correspondante à cette ligne (f).

Il est facile de voir par là que CE est la caustique
linéaire du miroir, et que la surface de révolution dont
HKFK'H' est la méridienne et CE l'axe est la caustique
non linéaire du même miroir.

308. Cela posé, si V est un œil situé dans le plan de la
figure et qu'on mène un plan VB tangent à la courbe
HKFK'H', il déterminera le rayon Vmm'B qui touche la
caustique linéaire en m et la caustique non linéaire en m'.
De même, pour un autre point rayonnant N, d'un objet
quelconque MN situé dans le plan ABG, on déterminera
les points n et n' où les caustiques correspondantes au
point N sont touchées par un rayon mené par le point de
vue V. On saura donc construire les images $mon, m'o'n'$ de
l'objet MN, la première donnée par les caustiques linéaires
et la seconde par les caustiques non linéaires (g).

309. La question est maintenant de savoir laquelle de ces
deux images $mon, m'o'n'$ donne la sensation de l'objet MN
vu par réflexion. Or, l'expérience fort connue d'un miroir concave sphérique vers lequel on présente une épée
et qui renvoie en sens contraire l'image de cette épée et
menace l'expérimentateur, montre que l'image vue est
l'image mon, laquelle est seule assez près de l'œil pour
produire une illusion qui puisse effrayer.

La seconde image $m'o'n'$ ne donne aucune sensation.

(f) Les parties pleines de cette arête répondent au miroir ADG, et
les parties ponctuées à l'arc APQG qui complète le cercle ADG.

(g) Voyez la *Science du Dessin*, livre 3, chap. 6, probl. 4.

CHAPITRE XVIII.

CAS DES IMAGES RÉFRACTÉES.

310. L'exemple des surfaces réfringentes planes, ou des corps vus dans l'eau par un spectateur placé au-dessus du liquide, est de tous les cas que peuvent présenter la réflexion et la réfraction celui qui permet de faire le plus facilement des expériences : aussi allons-nous l'examiner avec beaucoup de détail. Les résultats très-complets et très-satisfaisants que nous fournira cet exemple pourraient à la rigueur nous dispenser d'en traiter aucun autre ; nous reviendrons toutefois sur ce sujet dans le livre VII, à l'occasion des lunettes qui aident la vision chez les myopes et chez les presbytes.

Pl. 4.
Fig. 60.
311. Soit O un point rayonnant situé dans une masse d'eau séparée de l'œil par le plan horizontal PQ. Ce plan sera une surface réfringente, et chaque rayon Ors envoyé par le point O suivra dans l'air, après la réfraction qu'il aura subie en traversant la surface PQ, une droite zrv qu'il sera facile de déterminer ; puisque le rapport du sinus d'incidence st au sinus de réfraction vu pour le passage de l'air dans l'eau est égal au nombre $\frac{4}{3}$ (a). Avec un assez grand nombre de droites telles que zrv, on construira la courbe $HxyzFz'$ que ces droites touchent, et cette courbe sera la caustique correspondante aux rayons réfractés par la droite PQ dans le plan de la figure. Il est aisé de voir, d'après cela, que la caustique non linéaire est la surface de révolution décrite autour de la verticale OG par la ligne $HxyzFz'$; que toutes les droites

---

(a) Voyez les *Éléments de Physique* de M. Pouillet, tome 3, page 257.

menées par le point G, dans le plan PQ, sont des lignes Pl. 4.
de réfraction ; que tous les cercles horizontaux décrits dans Fig. 60.
le plan PQ autour du point G comme centre, sont d'autres
lignes de réfraction, auxquelles correspondent des cônes
de rayons réfractés dont les sommets sont sur la verticale FG, et que, enfin, cette verticale est la caustique
linéaire.

312. Si V est la position d'un œil situé dans le plan de
la figure, la droite $Vo'o$, tangente à la courbe $HxyzFz'$,
sera le rayon réfracté qui pénétrera dans l'œil ; ce rayon
touchera la caustique linéaire FG correspondante au point
rayonnant O en un point o, et la caustique non linéaire
décrite par la courbe $HxyzFz'$ en un autre point o'.

Pour un autre point rayonnant N d'un objet NO, situé
dans le plan de la figure, on déterminera de même les
points n et n', suivant lesquels les caustiques correspondantes à ce point seront touchées par le rayon $Vn'n$ pénétrant dans l'œil. D'où l'on voit qu'avec des opérations faites
pour un assez grand nombre de points tels que O et N, on
pourra construire les figures omn, $o'm'n'$, des deux images
réfractées de NO, la première relative à la caustique linéaire, et la seconde à la caustique non linéaire (b).

313. Maintenant, la question sera de savoir si l'objet
vu est en omn ou s'il est en $o'm'n'$.

Pour la résoudre, supposons d'abord que l'objet vu par
réfraction se réduise au seul point rayonnant O ; imaginons
que pour un spectateur d'une position donnée, dans le
plan de la figure, TR soit la projection verticale d'un Fig. 63.
cercle de la cornée égal à peu près au cercle pupillaire,

(b) Il est aisé de voir que les deux courbes omn, $o'm'n'$, prolongées, Fig. 60.
se coupent au point g, où la droite NO rencontre PQ, et au point de
rencontre de la même droite NO et de la verticale abaissée par le
point V.

Pl. 4. et que $wuw'u'$, soit la projection horizontale de ce cercl
Fig. 63. (c). Il est clair que les rayons enfermés par la courb
$(wuw'u', \text{TR})$ pénétreront jusqu'au fond de l'œil.

314. En premier lieu, considérons les rayons lumineu
comme s'ils émanaient de la caustique linéaire FG, e
menons à la courbe caustique $\text{H}xyz\text{F}$ les tangentes $\text{R}r, \text{T}t$
la petite partie rst de la caustique linéaire FG sera cell
qui enverra de la lumière dans le cercle TR. Pour un poin
quelconque s de cette ligne rst, les rayons envoyés forme
ront une petite portion de la surface conique droite qu
touchera la caustique non linéaire suivant l'arc S'S'' d'u
cercle horizontal décrit par une point (y', y) de la courb
$\text{H}xyz\text{F}$, et si le point s est remplacé par l'un des point
extrêmes r et t, cet arc S'S'' sera réduit à l'un des deu
points R' et T'. Les portions de surfaces coniques passan

Fig. 63 par les arcs tels que S'S'' couperont la cornée suivant de
et courbes $s's''$, lesquelles, pour les points T' et R', se rédui
Fig. 64. ront à des points t'' et r'' correspondant aux extrémité
t et r de la partie tsr de la caustique linéaire, partie qu
nous avons rapportée en $t's'r'$ sur la fig. 64, et cette lign
$t's'r'$, dont chaque point, sauf t' et r', enverra une infinit
de rayons dans l'œil, se peindra sur la rétine suivant un
ligne $0\sigma\varsigma$ image renversée de $t's'r'$. Les rayons émanant d
la caustique linéaire appellent donc notre attention su
trois petites figures, 1° la verticale $r's't'$, ou la petite por
tion de la caustique d'où partent virtuellement les rayon

Fig. 64. qui en réalité viennent du point rayonnant O (fig. 60)
2° la figure $s'r''s''t''$, dans laquelle sont enfermées les ligne
d'intersection telles que $s's''$ de la cornée avec les lame
coniques de rayons qui la coupent; 3° l'image $0\sigma\varsigma$, peint
sur le fond de l'œil par les rayons émanés de $r's't'$.

(c) Dans le but de rendre toutes les parties de la figure bien distinctes
Fig. 63. les lignes ow, ow', qui devraient être égales à la moitié de TR ou à $o'\text{R}$
ont été plus que doublées.

315. Si, en second lieu, on considère les rayons réfractés Pl. 4.
comme émanant de la caustique non linéaire, on recon- Fig. 63.
naîtra que tous ceux qui pénètrent dans le cercle TR touchent cette caustique suivant les points compris dans la
courbe T'BS"AR'CS'D, et que ces rayons sont distribués
dans l'espace de telle sorte qu'ils se coupent deux à deux
consécutivement suivant des arcs projetés en AB, R'T',
CD, etc., des méridiennes de la surface caustique décrite
par HxyzF. On aura donc sur cette surface une facette Fig. 63
$cabd$ envoyant de la lumière dans le cercle TR ; chaque et
point des lignes ab, cd, n'émettra que deux rayons dont Fig. 64.
ce point sera l'intersection, et ces rayons feront entre eux
un angle infiniment petit. Les surfaces développables correspondantes à chacun des arcs tels que ab, cd, couperont
la cornée suivant d'autres lignes $a'b'$, $c'd'$, qui rempliront
le cercle $c'a'b'd'$ projeté en TR ; pour chaque point de la
surface objective $ca\,bd$, les rayons dont ce point sera l'intersection iront peindre un autre point sur le fond de l'œil,
et tous ceux de ces points qui correspondront à une même
ligne telle que ab ou cd, donneront sur la rétine des images
$\alpha\delta, \gamma\delta$, qui composeront l'image $\alpha\gamma\delta\delta$ correspondante à $cabd$.
Ainsi les rayons étant supposés émanés de la caustique
non linéaire, nous sommes conduits encore à trois figures,
1° la facette $cabd$ qui envoie la lumière ; 2° le cercle
$c'a'b'd'$ qui enferme les intersections de la cornée et des plans
de rayons qui correspondent aux courbes ab, cd, etc.;
3° enfin, l'image $\alpha\gamma\delta\delta$ de l'objet $cabd$ (d).

(d) Des six petites figures qui composent la fig. 64, il n'y en a que Fig. 64.
quatre, savoir : $r's't'$, $\theta\sigma\varsigma$, $cabd$ et $\alpha\gamma\delta\delta$, qui intéressent essentiellement
la question ; mais les deux autres, $s'r''s''t''$ et $c'a'b'd'$, contribuent à bien
faire connaître le faisceau des rayons dirigés dans l'œil, puisque ces
deux figures sont les intersections de la cornée avec ce faisceau, la première $s'r''s''t''$ lorsqu'on le considère comme formé de lames développables coniques, et la seconde $c'a'b'd'$ lorsqu'on le suppose composé de
lames planes.

Pl. 4.
Fig. 63
et
Fig. 64.

316. D'où l'on voit que si l'œil est monté (287) pour la distance vy de la caustique non linéaire, l'impression produite sur la rétine sera l'image $\alpha\gamma\delta\varepsilon$, et que s'il est monté pour la distance vs de la caustique linéaire, l'image produite sera $\theta\sigma\varsigma$.

On pourrait induire de là immédiatement que l'image vue doit être sur la caustique linéaire : c'est une question à laquelle nous reviendrons bientôt.

317. Avant de la traiter, nous ferons remarquer que les proportions des fig. 63 et 64 sont ou fort exagérées ou fort inexactes, parce que nous avons dû, avant tout, rendre sensibles des choses qui pour la plupart sont fort petites. Ces figures ne donnent donc pas le sentiment de la vérité. Pour obvier à cet inconvénient, nous allons donner numériquement, pour deux cas particuliers, les dimensions en millimètres qu'il importe le plus de connaître.

Supposons que l'axe optique Ss soit incliné à 45 degrés, l'image $r's't'$ supposée égale à rst étant verticale se présentera à l'œil sous le même angle que la ligne pt' égale à $r's't' \times \sqrt{2}$. Cela posé, OG étant l'enfoncement du point rayonnant O dans le liquide, prenons en millimètres :

$$\text{Pour le premier cas} \dots \begin{cases} vs = 125, \\ TR = 5, \\ OG = 32; \end{cases}$$

$$\text{Et pour le second cas} \dots \begin{cases} vs = 250, \\ TR = 5, \\ OG = 64; \end{cases}$$

on trouvera (e) :

(e) Nous avons pris les dimensions vs et $r's't' = rst$ au compas, sur une figure de grandeur naturelle; nous avons déduit pt' de $r's't'$, et quant à la valeur de $\theta\sigma p$, nous l'avons calculée en supposant le diamètre de l'œil égal à 24 millimètres et en admettant que le point de croisement des rayons virtuels soit à 16 millimètres de la choroïde (275), ce qui nous a donné pour le premier cas :

$$125 \times 8 : 0.71 :: 16 : \theta\sigma\varsigma = 0.085.$$

$$
\text{Pour le premier cas.} \ldots \left\{ \begin{array}{l} xz = 3.000 \\ r's't' = 1.000 \\ pt' = 0.710 \\ \theta\sigma\varsigma = 0,085 \end{array} \right. \qquad
\begin{array}{c} \text{Pl. 4.} \\ \text{Fig. 63} \\ \text{et} \\ \text{Fig. 64.} \end{array}
$$

$$
\text{Et pour le second cas.} \ldots \left\{ \begin{array}{l} xz = 6.000 \\ r's't' = 2.000 \\ pt' = 1.420 \\ \theta\sigma\varsigma = 0.092 \end{array} \right.
$$

De là il faut conclure que la droite objective $r's't'$ est dans les deux cas dont il s'agit d'une longueur très-sensible, et que l'image $\theta\sigma\varsigma$, égale au diamètre de $\alpha\gamma\delta\epsilon$, est aussi très-sensible par sa longueur, puisqu'elle est d'environ un dixième de millimètre et que l'œil, ainsi que nous l'avons vu n° 164, perçoit l'image d'un cheveu alors même qu'elle n'a que cinq dix-millièmes de millimètre de largeur (f).

318. Il est clair que le premier des deux cas précédents est celui d'un œil myope dont la portée serait de 125 millimètres, et que le second cas répond à une vue d'une portée ordinaire de $0^m.25$. Si l'on veut examiner de petits objets peu enfoncés dans l'eau, les images o et o' seront Fig. 60. fort rapprochées l'une de l'autre, et c'est évidemment avec des yeux comme ceux dont il s'agit qu'il faudra que l'ob-

---

Quant à la position du point F, elle a été calculée par la formule

$$
f = \frac{ldr}{(l-1)d - r},
$$

dans laquelle r devient infini, ce qui donne

$$
GF = -\frac{3}{4}OG.
$$

(f) D'après des expériences de M. Pouillet, un objet disparaît par la ténuité de son image lorsque la largeur de cette image occupe un angle qui n'est plus que de huit tierces ; les rayons se croisant à 16 millimètres de la choroïde (275), l'image du fond de l'œil correspondante à ces huit tierces n'a en réalité que cinq cent-millièmes de millimètre de largeur.

servation soit faite. Si le corps considéré, au contraire, était plongé fort avant dans le liquide, l'observateur pourrait indifféremment avoir une vue d'une bonne portée ou bien une vue presbyte.

319. Revenons à l'examen de la question de savoir où sera vu l'objet. Il résulte de ce qui précède (316) que si l'œil est monté (287) pour la distance de la caustique non linéaire, l'image $\alpha\gamma\delta\epsilon$ sera très-faiblement indiquée sur la rétine, tandis que, relativement, l'œil étant monté pour la distance de la caustique linéaire, l'image $\theta\sigma\varsigma$ y sera vivement peinte. On doit donc penser, d'après cela, que c'est l'image $\theta\sigma\varsigma$, correspondante à la caustique linéaire qui donne le sentiment du point O vu par réfraction, et que ce point, conséquemment, paraît situé sur la verticale OG.

320. C'est ce que l'observation confirme, car si l'on regarde un corps O suspendu à un flotteur et plongé dans une eau limpide et tranquille comme celle d'un lac, bien que la profondeur OG soit très-grande, on voit le corps O en un point o, à l'à-plomb du flotteur G, et non pas en un point o' en deçà de la corde GO par laquelle ce corps est suspendu.

De même, si l'on considère une grande cuve cylindrique remplie d'eau, on voit la base inférieure de cette cuve à l'à-plomb de la base supérieure, tandis qu'elle serait en deçà si les points de la base inférieure se trouvaient sur la caustique non linéaire.

Ces faits ne laissent aucun doute pour les corps plongés fort avant dans l'eau, et il est bien clair en effet que la caustique $HxyzF$ étant fort grande quand la hauteur OG est considérable, l'image objective comprise entre les points x et z est elle-même très-étendue ; d'où il résulte qu'elle n'a aucun point qui puisse envoyer à l'œil une lumière assez intense pour que cette lumière donne la sensation d'un objet.

321. Or, en examinant des corps plongés à très-peu de profondeur dans l'eau on observe les mêmes faits.

Ainsi, en remplissant d'eau une tasse de forme cylindrique, on voit constamment le fond et le dessus de cette tasse à l'à-plomb l'un de l'autre.

Si l'on plonge dans un verre d'eau une aiguille verticale, cette aiguille paraît raccourcie, mais non pas brisée, ce qui prouve qu'un point O de la verticale OG se peint en o, sur la caustique linéaire OG, et non pas en o' sur la caustique non linéaire engendrée par la courbe $HxyzFz'$.

Donc la flèche ON doit être vue en omn, à l'à-plomb de ON, et non pas en $o'm'n'$.

Quant à l'image $o'm'n'$, elle n'est nullement aperçue. Il en est de même pour tout autre objet, même alors que cet objet étant peu enfoncé dans le liquide la caustique $HxyzF$ est moins étendue et l'image comprise entre les points x et z plus petite.

322. L'expérience est notamment très-satisfaisante si on la fait au moyen d'un cheveu auquel soit suspendu un petit poids, un grain de plomb par exemple, plongé dans un verre d'eau. On placera ce verre d'eau du côté du jour, et tout le système étant dans une immobilité complète, on verra coïncider en une seule ligne l'image réfractée de la partie submergée du cheveu et l'image réfléchie de la partie du même cheveu située hors de l'eau. Si le moindre mouvement survient, les deux images se distingueront parfaitement l'une de l'autre et elles se sépareront et se réuniront, selon les oscillations du poids, d'une manière qui ne laissera aucun doute sur la verticalité de l'image réfractée.

323. Objecterait-on pour l'expérience précédente et pour celle de l'aiguille (321) que l'image réfléchie correspondante à la partie non submergée du cheveu se confondant avec l'image réfractée de la partie submergée, on éprouve quelque difficulté pour juger de cette dernière? Sans nous arrêter à cette objection, qui est complétement éclaircie dans

la *Science du dessin* (g), nous présenterons une troisième expérience plus concluante encore que celles qui précèdent.

Pl. 4.
Fig. 72.
On plongera dans un verre d'eau un petit clou d'épingle vertical GDn, dont la tête soit en bas et dont la pointe n'excède que très-peu la surface du liquide. Ce clou d'épingle, qui serait vu en GDn' si les images de ses points étaient sur les caustiques non linéaires, sera vu en GDn. Et comme la partie non submergée GD sera très-courte, elle ne jettera pas de confusion sensible sur l'image réfractée GDn; de plus, la tête du clou étant large et en saillie sur le corps de ce clou, on verra très-bien qu'elle est à l'à-plomb du point G, et non pas au point n', en avant de GDn, comme si l'objet vu était le clou rompu et déformé que présente la figure GDn'.

324. Supposons maintenant que le spectateur observe avec ses deux yeux : ils seront ordinairement situés sur une même horizontale et à des distances égales du point observé O. Or, pour cette position du spectateur, tout se

Fig. 70.
passera de la même manière dans chacun des plans verticaux menés par la verticale OG et par chacun des deux yeux. Si donc le plan de la figure est un de ces plans verticaux, et que V soit l'œil contenu dans ce plan, V$o'o$ sera la direction de l'axe optique dirigé par l'œil V sur les images o' et o, et pour l'autre œil V$'$ l'axe optique aura la même inclinaison; il passera également par le point o, et il donnera au lieu de la ligne V$o'o$, une ligne V$'\omega o$ passant par l'image o, qui sera commune aux deux yeux, et par l'image ω qui sera l'analogue de o'. Donc, si l'image était forcément sur la caustique non linéaire, on verrait deux objets o' et ω, tandis qu'on n'en voit qu'un placé en o dans la direction d'un fil auquel serait suspendu le point O.

325. Il est vrai que si l'on voyait deux objets o' et ω, la

(g) Livre 3, chap. 6, probl. 4.

vue serait dans une circonstance exceptionnelle, car pour P1. 4.
ces deux objets chaque œil, dans les cas ordinaires, rece- Fig. 70.
vrait deux images au lieu de n'en recevoir qu'une : mais,
puisqu'en détournant avec le doigt un de ses yeux de sa direction naturelle, on voit en louchant deux objets, bien que
chaque œil ne reçoive qu'une image, ici il devrait en être
de même, c'est-à-dire que la considération dont il s'agit ne
devrait pas empêcher nos deux yeux de nous donner la
sensation de deux objets o' et ω (h).

L'expérience avec les deux yeux placés horizontalement
à la même distance de l'objet est donc encore confirmative
de la théorie, mais elle ne l'appuie pas autant que ce qui
précède. En effet, les deux axes optiques concourant vers
le point o, il se pourrait que ce fût le sentiment que nous
recevons par le concours de ces axes, qui nous fît juger
que l'objet se trouve en o, alors même que toutes les autres
considérations tendraient à le faire juger en o' et en ω.

326. Pour examiner cette difficulté on peut observer
l'objet submergé en inclinant la tête de façon que les deux
yeux V et V' soient avec le point O dans un même plan Fig. 71.
vertical PVV'QO. L'œil V observant seul, aura son axe
dirigé suivant la droite $Vo'o$, et il verra l'objet en o (319-
323). Pour l'œil V' observant seul aussi, l'axe optique coïncidera avec la droite $V'\omega'\omega$, tangente en ω' à la méridienne
$Ho'\omega'F$ de la caustique non linéaire, et l'objet vu sera en ω.
Les deux yeux observant isolément seront donc dans des
conditions à peu près semblables, car ces conditions ne
peuvent différer qu'à cause des différences de position des
points o' et ω', o et ω, différences qui sont sûrement d'une
faible importance. Cela posé, que devra-t-il arriver si les

(h) On peut faire avec un miroir courbe d'une courbure très-pro-
noncée une expérience qui justifie ce que nous prétendons; il ne s'agit
que de regarder de près et avec les deux yeux un objet dans ce miroir, on
le voit double, et en fermant un œil une des deux images disparaît.

 deux yeux observent à la fois? Verra-t-on deux objets, l'un en o et l'autre en ω? La vue subirait la gêne qu'on éprouve en louchant artificiellement. Verrait-on les deux objets en o' et en ω'? Les rayons arrivant à chaque œil ne divergeraient pas d'une manière satisfaisante de ces points, et les yeux seraient encore dans la situation gênante du strabisme artificiel. Enfin, ne verrait-on qu'un seul objet placé en k, au point où se coupent les directions $Vo'o$, $V'\omega'\omega$, des deux axes optiques? Dans ce cas la vue n'éprouverait pas la gêne que produit le strabisme artificiel, et le concours des deux axes optiques sur l'objet vu se ferait comme dans les cas ordinaires. D'où il faut conclure qu'il y a de fortes raisons pour que l'on voie, ou deux objets situés en o et en ω, ou un seul objet situé en k.

327. Jamais nous n'avons aperçu le point rayonnant ni en k, ni en o', ni en ω'; quelquefois nous apercevions deux points situés l'un et l'autre dans la verticale OG, et le plus souvent un seul placé sur OG. Or, il suit de là que les contractions musculaires qui amènent les yeux et les axes optiques à se diriger sur un point ne sont pas des circonstances dont nous ayons un sentiment bien précis, car ce sentiment nous aurait fait juger que l'objet était situé en k. Ces contractions musculaires, ainsi qu'on le verra dans la seconde partie de cet ouvrage, servent cependant à indiquer la position de l'objet vu, mais ce qui précède montre qu'elles ne nous fournissent qu'un moyen grossier d'appréciation.

La portée de notre vue, à l'époque où nous avons fait nos dernières expériences, était d'environ 50 centimètres: il est clair que si elle avait été moindre, les contractions musculaires propres à amener les deux axes à concourir sur le point observé auraient été plus fortes, et conséquemment plus efficaces comme moyen d'apprécier la position de l'objet; il peut donc arriver que des observateurs

myopes aperçoivent le point vu en *k*. Sous ce rapport, les Pl. 4.
expériences des myopes pourront fournir des lumières Fig. 71.
utiles sur la question de savoir jusqu'à quel point le sentiment du concours des deux axes optiques sur le point
vu sert à juger de la position de ce point.

328. Mais les expériences des myopes, alors même
qu'elles placeraient le point vu avec les deux yeux ailleurs
que sur la droite OG, n'infirmeraient point la théorie générale que nous avons établie et d'après laquelle le point
rayonnant, observé à l'œil nu et par un seul œil, est jugé
sur la caustique linéaire. En effet, la vue dans ces expériences, de même que dans le cas des images qui agissent
sur nous à la manière des effets de peinture qui trompent
l'œil (305 et 306), est dans des situations exceptionnelles,
où l'influence des lois géométriques auxquelles sont soumis
les faisceaux de rayons qui pénètrent dans le globe oculaire, pour nous donner la sensation des objets, se trouve
combattue par d'autres influences qui produisent des exceptions à la théorie générale, mais qui ne la détruisent
pas.

CHAPITRE XIX.

EXAMEN DE DIVERSES CONSIDÉRATIONS RELATIVES A LA THÉORIE DES
IMAGES RÉFLÉCHIES ET RÉFRACTÉS; PRINCIPES AUXQUELS ON EST
CONDUIT PAR CETTE THÉORIE.

329. Il résulte de ce que nous avons vu dans les deux
chapitres précédents, que le croisement des rayons réfléchis ou réfractés deux à deux sur les points de la partie
cabd (315) de la caustique non linéaire n'a aucun autre Fig. 64.
effet que de produire au fond de l'œil une petite nébulosité

Pl. 4.
Fig. 64. qui ne donne le sentiment d'aucun point, et que l'image θσς de la petite droite $r's't'$ par chacun des points de laquelle, sauf les deux points extrêmes, passe un nombre infini de rayons, est celle qui produit la perception du point vu.

Ainsi l'image αγδ6 est en général comme non avenue dans l'acte de la vision. C'est un fait qu'il faut bien remarquer.

330. Un autre fait aussi fort important, c'est qu'une ligne droite placée dans l'eau est vue par un œil situé hors du liquide avec la même largeur et la même netteté, soit qu'elle soit horizontale, soit qu'elle soit verticale, soit qu'elle soit inclinée d'une manière quelconque.

Mais l'image $r's't'$ (314) qui produit la vision d'un point est allongée dans le sens vertical; donc les images telles que θσς des droites verticales telles que $r's't'$ se plaçant
Fig. 64
et
Fig. 68. côte à côte pour une ligne horizontale CD, et se superposant longitudinalement les unes sur les autres pour une verticale AB, cette dernière devrait paraître étroite et l'horizontale CD large. Et quant à la ligne inclinée FG, les lignes $r's't'$ et θσς (fig. 64) augmentant de longueur avec l'enfoncement du point rayonnant (317), elle devrait paraître fine à la surface de l'eau et de plus en plus grosse à mesure qu'elle s'enfonce. Or, il n'en est pas ainsi, et nous devons tâcher d'expliquer pourquoi les lignes AB, CD, EF, ont la même grosseur dans tous leurs points. L'explication étant peut-être difficile à admettre, nous tâcherons du moins qu'elle soit clairement exposée.

331. Supposons qu'un point rayonnant enfoncé par exemple d'un centimètre dans un liquide soit vu d'une distance de trois à quatre décimètres; la grandeur réelle
Fig. 64. de $r's't'$, calculée comme au n° 317, sera très-petite, c'est-à-dire que la ligne $r's't'$ ne sera qu'un point pour l'observateur.

Mais dans ce cas les rayons réfractés envoyés en $c'a'b'd'$

sur la cornée (315) divergeront en tous sens de ce point; Pl. 4.
il sera donc exactement dans le cas d'un point rayonnant Fig. 64.
ordinaire : donc il ne sera pas possible que l'œil ne soit pas
trompé, et qu'on n'ait pas, au moyen des lames coniques
de rayons émanés des points de $r's't'$, la sensation d'un
point unique.

Si le point rayonnant était plus enfoncé dans le liquide,
et que l'observateur fût plus éloigné dans une proportion
convenable, il en serait absolument de même.

Cela posé, et sans craindre de recourir à des observations qui, pour être vulgaires n'en sont pas moins concluantes, il faut reconnaître par ce qui précède que du
pain, par exemple, qu'on fait manger à un enfant dans une
assiette de bouillon; que des poissons qu'il aperçoit à dix
ou quinze décimètres de distance dans un bocal, et que
des herbes qu'il remarque dans un ruisseau à deux ou
trois mètres de lui, ne peuvent pas être vus autrement
que ne le seraient les mêmes objets placés dans l'air, à des
hauteurs un peu plus grandes que leurs hauteurs réelles.

332. Imaginons maintenant que l'enfant considère des
objets plus rapprochés et toujours vus par réfraction.
Concevons qu'il voie préparer un verre d'eau sucrée; qu'il
observe la cuiller AB qu'on remue dans ce verre, qu'on en Fig. 73.
retire et qu'on y plonge de nouveau, et que cette eau
sucrée lui ayant été donnée il achève lui-même de faire
fondre le sucre. Malgré la déformation de la cuiller vue
dans l'eau, il la reconnaîtra parfaitement à sa couleur
d'argent. Si elle était éloignée de six à huit décimètres, la
figure de l'objet serait nette et il le verrait très-bien (331).
Mais supposons qu'il rapproche cet objet; alors les dimensions de la droite verticale $r's't'$, d'où divergera en Fig. 64
lames coniques la lumière virtuellement envoyée de chaque point de l'objet, auront une grandeur sensible, et la
cuiller sera représentée sur la rétine par des droites et
non plus par des points; l'image du fond de l'œil sera

donc confuse et la vision gênée. Toutefois, l'enfant aura la conscience qu'il y a dans l'apparence de l'objet une cause d'illusion; et comme on est toujours intéressé et même extrêmement intéressé à se rendre compte des choses au moyen de la vue, il s'efforcera d'étudier cette cause, il l'appréciera bientôt dans tous ses degrés, et poussé par la nécessité de juger avec le seul secours de ses yeux, il devra parvenir, pour peu que la cause d'illusion se décèle, à faire abstraction de cette cause et à voir nettement un objet peint confusément sur la rétine (a).

Nous devons donc étudier la question dans tous ses détails, afin de savoir si l'illusion dont il s'agit ici a des caractères qui soient de nature à mettre l'œil à même de se prémunir contre toute erreur.

333. Et d'abord nous devons appeler l'attention sur un phénomène dont nous avons déjà parlé, mais qu'on n'a pas considéré, du moins que nous sachions, sous l'aspect où nous allons l'envisager : c'est celui qui consiste dans la disparition d'un objet dont l'image répond au trou de la choroïde (264). Il est établi par ce phénomène que le tableau des corps que nous voyons présente une lacune correspondante à ce trou, et il résulte des chiffres du n° 265 que cette lacune occupe quelquefois un angle de $5°\,0'\,20''$; c'est-à-dire que pour un objet situé à 20 mètres de distance, par exemple, la lacune du tableau serait un cercle de $1^{m}.75$ de diamètre. Ainsi, pour cet éloignement, un homme et même un groupe d'hommes placés dans la direction convenable ne serait pas représenté sur la rétine, et cependant, même en opérant avec un seul œil, nous voyons sans cesse un pareil groupe placé à 20 mètres dans

---

(a) Il semblerait d'après cela que rien n'empêche qu'on ne voie bien au moyen d'images comme celles que nous avons calculées à la fin du livre II : c'est une difficulté dont nous parlerons plus loin (345).

le champ de la vision qui s'offre à nous ; tout autre observateur le voit comme nous dans ces mêmes circonstances, et personne n'a la sensation de la lacune que présente le tableau.

Comment cela peut-il s'expliquer ?

334. S'il s'agissait d'une personne qui opérât avec les deux yeux, l'objet qui ne serait pas représenté dans l'un étant représenté dans l'autre, il serait tout naturel qu'on le vît toujours ; mais ne parlons que du cas des borgnes et de celui où les personnes qui ont deux yeux en ferment un.

On remarquera que l'homme est doué, ainsi que la plupart des animaux, d'une mobilité incessante (b) ; on va voir dans ce chapitre que cette mobilité joue un grand rôle dans l'action de voir. Pour le phénomène qui nous occupe, on reconnaîtra d'abord que la durée des sensations de la rétine étant d'environ huit tierces (c), un objet serait vu continuellement si les disparitions dues à notre mobilité n'étaient que de huit tierces (d) et que les durées plus grandes sont diminuées de huit tierces.

Or, de deux choses l'une, ou les objets nous intéressent, et dans ce cas nous dirigeons sur eux l'axe optique et toute disparition cesse, ou ils ne nous intéressent pas, et des disparitions dues à notre grande mobilité et qui n'excèdent que rarement huit tierces ne nous sont pas sensibles.

Et c'est ce que confirme l'expérience du n° 264 elle-même ; car pour qu'elle réussisse, il faut que l'œil s'impose une fixité difficile à obtenir, et que l'attention se concentre

---

(b) On sait que la respiration, le battement des artères, etc., s'opposent si fortement à notre repos complet que le défaut d'immobilité est un obstacle à l'emploi du Daguerréotype pour obtenir des portraits.

(c) Voyez la *Science du Dessin*, 1re édition, note de la page 185.

(d) C'est ainsi que le clignement des paupières n'interrompt pas la vision continue des objets.

exclusivement sur les deux pains à cacheter que l'on observe.

On doit donc reconnaître que si, quand nous fixons pendant quelque temps notre œil sur un point, nous n'avons pas le sentiment de la disparition des objets qui se peignent sur le trou de la choroïde, c'est que notre mobilité continuelle supplée ordinairement au manque de données que cause ce trou dans la vision du tableau entier qui occupe le champ de la vision.

Il faut remarquer encore que nos mouvements, même fort petits, reproduisant sur la rétine l'objet qui, l'instant d'avant, correspondait au trou de la choroïde, nous reconnaissons parfaitement que cet objet ne s'anéantit pas au moment où il cesse de se peindre dans notre œil, et que c'est par une propriété de notre conformation que sa disparition est produite.

335. Un autre exemple va confirmer notre explication.

Il y a peu de personnes qui, dans un temps ou dans un autre, n'aient remarqué des taches noires plus ou moins étendues et plus ou moins intenses qui se meuvent comme des images sur le tableau des objets que nous regardons. Ces taches, dont parle Demours (*e*), se meuvent quand nous nous mouvons; donc elles n'appartiennent pas aux objets vus : donc elles ont leur cause en nous. Les mouvements propres qu'elles présentent s'opèrent continuellement et s'opèrent dans des sens divers; donc la cause des taches n'est dans aucune des parties consistantes de notre œil, car alors elles auraient la fixité de ces parties; donc leur cause ne peut être, ou que dans le liquide qui couvre la cornée, ou dans l'humeur aqueuse. Elles ne sont pas dans le liquide, puisqu'il se renouvelle conti-

---

(*e*) *Traité des maladies des yeux.*

nuellement et que les taches ne pourraient pas persister pendant des mois entiers ; donc, leur cause est dans l'humeur aqueuse. On les attribue avec juste raison à des substances plus ou moins opaques qui existent passagèrement et nagent dans cette humeur.

Ces taches, lorsqu'elles surviennent, gênent beaucoup. Mais après quelque temps, à moins qu'elles ne soient fort intenses, ou que par hasard elles viennent à se placer un instant dans la direction de l'axe optique, ne sont presque plus sensibles.

Il nous est arrivé plusieurs fois d'en avoir, de les remarquer très-bien, et de savoir si peu, dix ou quinze jours après, si nous les avions encore, que pour les retrouver nous étions obligé de regarder la couleur uniforme du ciel ; alors, quand la cause n'avait pas disparu, nous les retrouvions et pouvions les observer.

Pourquoi, lorsqu'elles sont peu intenses, cessent-elles d'être sensibles ? C'est, ce nous semble, parce que nous acquérons instinctivement la conscience qu'elles sont étrangères aux objets ; qu'elles ne sont qu'un obstacle à la vision, et que nous devons en faire abstraction dans les perceptions dont nous nous rendons compte pour juger du tableau qui est devant nous. Et nous sommes aidés dans la faculté d'en faire abstraction, premièrement, par leur mobilité propre, qui les promène d'un endroit à un autre ; secondement, par notre mobilité personnelle, qui fait varier l'image de la rétine d'une façon si changeante que nous jugeons d'un ensemble d'objets moins par une image déterminée que par la succession des images diverses qui se peignent au fond de l'œil les unes après les autres.

Mais quand les taches sont intenses et quand elles sont nombreuses, elles interceptent beaucoup de lumière ; elles troublent continuellement l'image, et elles sont loin d'être comme non-avenues : alors elles gênent sans cesse et sont constamment senties.

336. Les explications précédentes, ainsi que la faculté qu'on acquiert dans le strabisme de ne pas sentir l'image du mauvais œil, tendent à établir,

1° Que notre intelligence appliquée à l'examen de nos perceptions nous conduit à faire abstraction de celles qui ne sont que gênantes pour la vision : il est tout naturel, d'après cela, qu'elle nous serve comme on convient que sert le tact (f), pour faire ou pour hâter l'éducation de l'œil;

2° Que notre mobilité continuelle, comme nous l'avons déjà insinué (293), est un moyen dont nous faisons usage pour apprécier dans la vision les causes d'erreur dont nous devons faire abstraction.

337. Revenons actuellement aux images réfractées, et imaginons qu'un cheveu blanc horizontal et en ligne droite soit submergé à 64 millimètres de profondeur sous la nappe d'eau terminée au plan PQ; qu'il soit vu par un œil éloigné de 250 millimètres, et que l'axe optique incliné à 45 degrés soit perpendiculaire au cheveu. On sait, d'après ce que nous avons dit n° 317, que le point du cheveu correspondant à l'axe optique sera remplacé, pour la vision, par une petite verticale *rst* de deux millimètres de longueur. Donc, le cheveu étant assez court pour que l'on puisse admettre que les points voisins de celui qui correspond à l'axe optique donnent sensiblement des images toutes de deux millimètres, placées juste à la même hauteur, on aura une bande droite horizontale RR'V'V (g), composée de verticales longues de deux millimètres, dont chaque point enverra dans l'œil des rayons disposés en

Pl. 4.
Fig. 63.

Fig. 67.

(f) Voyez les ouvrages de Physique et de Physiologie.

(g) En supposant l'œil fort près du cheveu, les lignes RR' et VV' appartiendraient à deux conchoïdes et les droites RV, *tr*, R'V', seraient inégales ; mais le cheveu étant court, la bande RR'V'V sera droite, comme nous le supposons pour avoir une figure plus simple.

lames coniques peignant exactement un point sur la rétine. Pl. 3.
De plus, il est clair que le rayon rouge étant celui qui se Fig. 67.
réfrange le moins et le rayon violet celui qui se réfrange
le plus, la bande RR'V'V sera rouge suivant la ligne RR';
violette suivant VV'; que, au-dessous de RR' et au-dessus
de VV', il y aura des franges colorées très-étroites bor-
dant RR' et VV', et qu'entre ces franges la bande RR'V'V
sera blanche.

Cela posé, cette bande RR'V'V de deux millimètres de
hauteur sera-t-elle vue comme un objet, ou donnera-t-
elle la sensation d'un cheveu ?

L'expérience montre qu'elle donne la sensation d'un
cheveu et que ce cheveu est d'une netteté et d'une blan-
cheur aussi belles que si on les voyait en dehors de l'eau.
Voilà un fait bien constant, et il faut en induire, 1° que
la bande objective RR'V'V n'est pas vue comme un objet ;
2° que l'œil sait faire la différence qui existe entre la
bande RR'V'V et un objet non submergé qui, ayant la
largeur, la hauteur et les couleurs de cette bande, serait
placé dans l'air.

338. Arrêtons-nous à l'examen des causes qui peuvent
occasionner cette différence.

Si la bande agissait comme un objet, l'œil d'abord dirigé
sur la ligne médiane ss' venant à se porter au-dessous de la
ligne VV' laisserait l'objet, avec ses couleurs et ses dimensions, au-dessus de l'axe optique, et en se portant au-dessus
de la ligne RR', au contraire, il le laisserait en dessous,
encore avec ses couleurs et ses dimensions. Or, il ne peut
pas en être ainsi ; car, l'axe optique Ss se portant au-des- Fig. 63.
sous du point r, le rayon violet rR n'en demeure pas
moins le même, et comme l'œil s'abaisse, ce rayon rR et
les rayons voisins ne passent plus dans le cercle TR ; donc
ils n'entrent plus dans l'œil : d'où l'on voit que la frange
violette et la partie adjacente à cette frange, manquent
dans l'image de la rétine et que cette image devient plus

Pl. 4. étroite. De même, l'axe optique S*s* se portant au-dessus
Fig. 63 du point *t*, le rayon rouge *t*T demeure le même, le cercle
TR se relève ; donc le rayon *t*T et ses voisins cessent
d'entrer dans l'œil : donc la frange rouge et la partie adjacente à cette frange manquent dans l'objet vu, lequel est
nécessairement plus étroit (*h*).

C'est-à-dire que, pour l'effet produit sur l'œil, la disposition géométrique des rayons réfractés fait de la bande
RR'V'V tout autre chose que ne serait une bande pareille, colorée de la même manière, et dont les rayons
divergeraient en tous sens de chaque point.

Mais il est bien clair que, à part cette disposition
géométrique des rayons, tout serait le même dans les
deux cas ; donc c'est cette disposition elle-même qui se
fait sentir à l'œil, et ce ne peut être que parce qu'il apprend à la connaître et à en faire abstraction qu'il perçoit nettement et purement la sensation du cheveu.

339. Passons à des considérations où il ne s'agisse que
d'un seul point rayonnant, et soit comme au n° 313 et
suivants, S*s* l'axe optique ; O le point rayonnant ; H*xyz*F
la méridienne de la caustique non linéaire, et RT le diamètre de la partie de la cornée par laquelle pénètrent
dans l'œil jusqu'à la rétine les rayons qui se croisent
suivant des points de la caustique linéaire FG. Dans les
circonstances usuelles (*i*), qui sont celles qui servent à
l'éducation de l'œil, la distance *vs* devra dépasser plus ou
moins la distance de la vision distincte ; la hauteur OG
n'en sera qu'une faible partie, comme le sixième ou le

(*h*) On peut dire que le rouge de la droite RR' et le violet de VV' ne
sont produits que par un seul rayon pour chaque point, et que la couleur de ces lignes ne peut pas être sensible ; mais nos raisonnements, en
faisant abstraction des couleurs, demeurent absolument les mêmes.

(*i*) C'est, par exemple, le cas de l'eau versée dans une assiette ou dans
un verre et contenant quelques petits objets sur lesquels se porte l'attention.

dixième, et la petite lame conique de rayons envoyés dans Pl. 4.
l'œil, laquelle passe par le sommet s et par l'arc $S'S''$, sera Fig. 63.
très-étroite ; elle se confondra sensiblement avec le plan
Ss, perpendiculaire au méridien HGF, et elle contiendra
plus de lumière que les autres lames de rayons envoyés
dans l'œil par les points de rst autres que s (k).

Cela posé, dans les dérangements de position de l'œil,
dérangements qui sont utilisés pour la vision (293), il
arrivera, 1° si l'œil s'élève, que le rayon tT conservant sa
direction n'entrera plus dans le cercle TR, et il en sera de
même pour les point voisins du point t, lesquels cesseront aussi d'envoyer des rayons sur la rétine ; 2° si l'œil
s'abaisse, que ce seront le point r et les points voisins du
point r qui cesseront de se peindre au fond du globe
oculaire ; 3° enfin, si l'œil se porte à droite ou à gauche,
en avant ou en arrière, ce seront encore les rayons partant des points de rst voisins des extrémités r et t qui
cesseront d'arriver à la rétine. Et dans tous ces dérangements de position de l'observateur, lesquels, vu notre mobilité continuelle, sont toujours très-multipliés, la courbe
d'intersection de la cornée et de la petite lame de rayons
envoyés par le point s aura varié, mais sa largeur horizontale à l'entrée de l'œil aura moins varié que pour les
autres lames ; ainsi, le point s se sera trouvé constamment
peint à peu près de la même manière sur la rétine, tandis
que les autres points de rst auront ou disparu, ou varié
d'apparence. Enfin, si l'œil s'éloigne sur la direction Ss de
l'axe optique, les distances sr, st, comme nous l'avons déjà
dit (331), tendront vers zéro et l'image de la rétine tendra
vers la représentation parfaite de netteté du seul point s.

(k) Il faut bien remarquer que OG n'étant que du sixième ou du
dixième de vs, et que les dimensions égales ww' et TR (voyez la note (c)
du précédent chapitre) étant de 4 à 5 millimètres, les deux droites
wO, w'O ne font entre elles qu'un très-petit angle.

13

Pl. 4.
Fig. 63.

340. Quant à la largeur de la ligne *rst*, elle est nulle si l'on admet que le point rayonnant O soit infiniment petit et que le plan réfringent PQ de l'eau soit une surface parfaite; car. la loi de réfraction étant d'une rigueur parfaite, la méridienne H*xyz*F est une ligne géométrique parfaite; la caustique non linéaire une surface géométrique parfaite, et la caustique linéaire FG une ligne géométrique parfaite. Tout s'opère donc en réalité, dans le phénomène qui nous occupe, avec une exactitude mathématique (*l*).

Or, la vision des corps que nous connaissons, et qui sont aperçus de l'air dans l'eau, nous apprend que toute la confusion qui accompagne leur apparence, lorsqu'ils sont très-près de nous, confusion qui varie d'ailleurs avec nos mouvements, est une illusion due au liquide et dont nous devons faire abstraction. L'éducation de l'œil, en fait d'objets vus par réfraction, doit donc nous apprendre à ne considérer dans l'image *rst*, située sur la caustique linéaire, que le seul point *s*, lequel, d'après cela, doit tendre à nous affecter comme nous affecterait un point rayonnant ordinaire.

341. Il sera peut-être fort difficile d'admettre cette conséquence. Cependant, il faut bien remarquer que ce sont les faits qui sont extraordinaires et non l'explication. On se figure difficilement, sans doute, qu'une ligne droite horizontale peinte sur la rétine par des images allongées dans le sens vertical ait la même apparence qu'une droite verticale peinte aussi par des images allongées dans le sens vertical et qui se superposent chacune sur ses voisines (330); toutefois, comme il suffit pour s'en assurer de plonger dans l'eau et de regarder de près un papier sur

---

(*l*) Si l'on objectait que le point rayonnant O ne doit pas être considéré comme infiniment petit, nous répondrions que si ce point était, par exemple, le sommet de l'angle d'un morceau de papier coupé avec des ciseaux, ses dimensions seraient d'une petitesse qui ne permettrait pas de les indiquer numériquement.

lequel soient tracées des lignes droites diversement incli- Pl. 4.
nées, nous croyons pouvoir dire que c'est un fait absolu- Fig. 63.
ment incontestable. Et quant à l'explication, elle ne nous
semble pas pouvoir être absolument repoussée, puisqu'elle
consiste à dire que le seul point s de l'image objective rst
envoyant de la lumière à l'œil d'une manière permanente,
et que cet envoi de lumière ayant lieu dans l'œil nonobstant
les petits mouvements de l'observateur, à droite, à gauche,
en dessus, en dessous, en avant et en arrière, comme dans
le cas d'un point rayonnant ordinaire, les parties sr, st, de
l'image objective rst, se trouvent variables dans ces mêmes
mouvements ; qu'elles ne sont en conséquence, pour la vision, que des appendices parasites du point s, appendices
que nous apprenons à connaître, qui ne sont que des
causes d'illusion, et dont bientôt par l'éducation de l'œil
on sait faire abstraction, comme nous faisons abstraction
du défaut d'image sur le trou de la choroïde (333 et 334)
et des images dues aux flotteurs opaques qui nagent dans
l'humeur aqueuse (335), pour juger de l'objet, quant à sa
figure, par le point unique s.

342. Nous examinerons encore comment un cheveu
passé dans quatre trous m, n, p, q, percés au travers d'une Fig. 69.
carte ABCD, évidée en $uxyz$, donne deux lignes mn, pq,
qui, placées dans l'eau de manière que l'une soit verticale et
l'autre horizontale, ont des apparences toutes pareilles, non
pas seulement en ce qui concerne le lieu de l'objet, comme
on vient de le voir, mais en ce qui concerne son éclat.

Les images objectives telles que rst se superposant les Fig. 63
unes sur les autres pour le cheveu vertical mn, et se trou-   et
vant côte à côte pour le cheveu horizontal pq, il arrive Fig. 69.
qu'elles forment frange pour ce dernier, ce qui avertit l'œil
d'en faire abstraction ; mais que, pour le cheveu mn, leurs
superpositions consécutives donnent une image sans frange,
dans laquelle il n'y a rien dont il faille faire abstraction, ce
qui devrait faire paraître le cheveu mn plus vivement que
le cheveu pq. Cependant ils ont le même aspect.

Pl. 4.   **343.** Il faut pour cela, ce nous semble, que l'œil, en
Fig. 63. même temps qu'il fait abstraction des images parasites
sr, *st*, adjacentes au point *r*, tienne compte de ces images
pour restituer au point *s* tout l'éclat qu'il aurait si l'image
rst était contractée par la réunion en *s* de tous les rayons
qui la donnent. Alors, en effet, quelque inclinaison qu'on
supposât au cheveu, il serait toujours vu de la même manière que s'il était horizontal.

On doit remarquer d'ailleurs, comme au n° 331, que
les franges étant nulles quand l'œil est éloigné, et que ces
franges naissant quand il s'approche, on acquiert le sentiment de cette vérité : que pour chaque point *s* les parties parasites *sr*, *st*, sont le résultat d'une espèce de dis-
sémination de la lumière appartenant au point *s*, et que
l'éclat de ce point se compose réellement de toute la lumière qui donne l'ensemble du point *s*, de la partie *sr* et
de la partie *st*.

344. Qu'il faille un très-grand nombre d'expériences
pour que l'œil arrive à sentir ainsi l'image unique *s* avec
une intensité exactement pareille à celle que donnent les
parties parasites *sr*, *st*, reportées en *s*, cela n'a rien qui répugne. En effet, l'enfant peut les faire ; il a tant d'intérêt
à juger les choses avec la vue qu'on peut dire qu'il les fait.
Il étudie bien la langue qui se parle autour de lui ; il dé-
couvre les noms, les verbes, toutes les parties du discours ;
il apprend à force d'essais à reproduire les mots qu'il entend ; il apprend à se servir de tous ses organes ; il peut
parvenir à poser ses doigts avec une rapidité extraordinaire sur les cordes d'un violon, exactement aux points
convenables pour en tirer des sons déterminés, comment
son intelligence, qu'il applique à toutes ces choses, ne
serait-elle pas appliquée à la vision, cet art de palper les
objets avec lesquels il n'est physiquement en rapport que
par l'intermédiaire du fluide lumineux, art si utile, par
lequel son être s'étend à tout ce qui l'environne dans la
sphère de la vision.

Mais dira-t-on, nous n'avons aucun souvenir d'avoir appris ainsi à juger des formes et des positions des corps. Sans doute, et si la musique nous était aussi nécessaire que la vision, de sorte que nous touchassions du piano dès l'âge d'un an ou de deux ans, on ne se souviendrait pas non plus d'avoir appris péniblement à placer ses doigts de telle ou telle façon sur un clavier pour passer de telle à telle note. De même, nous ne nous rappelons pas les essais infinis de prononciation que nous avons faits, ni l'apprentissage de nos mouvements par l'action de notre volonté sur nos muscles, ni la confrontation des sensations du toucher et de celles de la rétine pour voir au moyen de ces dernières.

345. On nous objectera encore, vraisemblablement, qu'en admettant une capacité d'éducation aussi forte, on pourrait se contenter de l'ancienne théorie de la vision, malgré les défauts que le calcul a obligé de lui assigner à la fin du chapitre 8. On serait dans l'erreur, car il n'est pas indifférent que l'image soit intense ou faible, nette ou confuse, dans les cas usuels ; que l'éducation soit facile et prompte pour ces cas, et qu'il ne s'agisse plus que de l'étendre au cas de la lumière brisée, ou qu'elle présente pour tous les cas possibles, par le défaut d'intensité, par l'irisation et par la confusion, les immenses difficultés (qu'il faudrait lever de prime abord) qu'elle ne nous offre que dans le cas des images réfléchies et réfractées.

346. En admettant que l'œil sache se défendre contre des causes d'illusion comme celle dont il s'agit au n° 342, il semble aussi qu'on puisse dire qu'il ne doit pas nous faire juger faussement des positions des objets réfractés. Ce raisonnement ne serait pas concluant. En effet, il répugne à notre raison que, selon les inclinaisons d'une aiguille dont la forme nous est connue, par exemple, elle soit brisée plus ou moins à l'endroit où elle pénètre de l'air dans un liquide transparent ; mais nous pouvons admettre que, selon ces mêmes inclinaisons, l'aiguille ait dans le liquide des apparences variables de netteté et de

confusion qui rendent son aspect tout autre qu'il n'est dans l'air. De plus, la brisure de l'aiguille augmente avec notre éloignement, tandis que les franges disparaissent quand nous sommes éloignés, ce qui établit une seconde différence entre les deux sortes d'illusion dont il s'agit, et ce qui fait suffisamment comprendre que l'éducation de l'œil pour redresser l'illusion est facile dans un cas, tandis qu'elle serait extrêmement difficile dans l'autre.

347. On peut dire encore qu'il y a des cas où les franges irisées sont senties dans les objets vus par réfraction, par exemple dans les instruments d'optique formés avec des lentilles ordinaires, et demander pourquoi l'on ne ferait pas abstraction de ces franges aussi bien que de celles qui sont produites par la réfraction dans un liquide (m). A cela nous pouvons répondre que l'éducation de nos organes ne peut pas aller jusqu'à détruire les illusions que produisent des instruments compliqués dont l'effet, donné par le calcul, ne peut être le produit du sentiment.

348. Peut-être la théorie précédente laisse-t-elle beaucoup à désirer; elle présente du moins avec détail tous les éléments géométriques de la question. Nous croyons de plus que si l'on se fait une juste idée de la puissance que donne à nos facultés le besoin de voir, on comprendra que cette théorie doit être admise et qu'elle explique, pour tous les cas possibles, la vision des objets submergés dans un liquide.

Et comme la réflexion brise les rayons émis par un point rayonnant, de manière que les rayons réfléchis soient soumis aux mêmes lois que les rayons réfractés, sauf ce qui concerne la réfrangibilité, il s'ensuit que l'œil qui

---

(m) La coloration de ces dernières franges est si faible qu'on doit la supposer nulle pour un objet submergé dans un liquide (voyez la note (f) du n° 338), et elles sont extrêmement sensibles dans les instruments d'optique : cette seule différence serait peut-être une réponse suffisante à la question qui nous occupe.

sait apprécier un objet vu par réfraction apprécie nécessairement un objet réfléchi par un miroir courbe ; car les phénomènes de la réfraction et de la réfrangibilité ne constituent que des cas plus difficiles pour l'éducation de l'œil que ceux de la réflexion, de sorte que si cette éducation est faite pour la réfraction, elle l'est à plus forte raison pour la réflexion.

349. A l'occasion des images réfléchies, nous citerons un fait vulgaire qui vient à l'appui de nos idées.

Qu'un enfant se voie pour la première fois dans un miroir plan, on sait qu'en remarquant la reproduction de sa taille, de ses vêtements et de ses gestes, il éprouve de la surprise et que, après avoir bien constaté le phénomène, il examine si derrière le miroir il n'y aurait pas un autre enfant qui le contrefît. Il est évident ici que l'enfant applique son intelligence à l'examen du phénomène et qu'il reconnaît, ou que le miroir produit sa représentation, ou qu'il cache un autre individu semblable à lui et obéissant à sa volonté. Bientôt il acquiert la conviction que cette dernière explication n'est pas la bonne, et il sait que le miroir le trompe.

Mais pourquoi, s'il sait qu'il est trompé, subit-il l'illusion et n'arrive-t-il pas, comme nous l'avons vu n° 343, à faire abstraction de la cause qui le trompe ? C'est que le cas est tout différent. Au n° 343, l'illusion se décelait, et dans l'exemple qui nous occupe, l'image réfléchie jouissant, quant aux rayons qui en émanent, absolument des mêmes propriétés qu'aurait l'objet réel (295), la cause de l'illusion n'a rien en elle-même qui puisse aucunement l'indiquer, de sorte que l'organe est forcément trompé.

Cependant on se détrompe quelquefois, mais ce n'est pas par une action devenue instinctive de l'organe, c'est par l'action de l'intelligence qui apprécie l'erreur, tantôt parce qu'en voyant le miroir, nous nous doutons de son effet ; tantôt par la reproduction de notre physionomie que nous reconnaissons ; tantôt, dans des cas plus difficiles, par des gestes que nous essayons pour savoir si l'image les fera juste en même temps que nous. Or, ce sont là des actes isolés, sans dépendance nécessaire les uns des autres, et qui ne sont pas susceptibles de devenir instinctifs comme le sentiment de la confusion, toujours de même sorte, que l'image d'un objet acquiert quand il pénètre dans l'eau.

Nous n'insisterons pas davantage sur les faits qui militent en faveur des idées précédentes. Passons à l'énoncé de plusieurs principes établis dans ce quatrième livre, et qui en présentent en quelque sorte le résumé.

350. PREMIER PRINCIPE. Si dans le champ de la vision, et pour un certain éloignement, les points rayonnants se peignent sur la rétine suivant des points, par cela seul que la pupille a une étendue finie, les images des points rayonnants, pour d'autres distances, seront des cercles dont la grandeur est calculable (286). Il résulte de là que l'œil, pour observer, *se monte* en raison de l'éloignement des objets (287).

351. DEUXIÈME PRINCIPE. Les rayons réfléchis ou réfractés émanant d'un point et renvoyés dans l'œil, pour le cas examiné dans ce quatrième livre (281), forment un pinceau qui présente deux étranglements, l'un à l'endroit où il touche la caustique non linéaire, l'autre à l'endroit où il touche la caustique linéaire; et le point vu, sauf des exceptions dont on se rend facilement compte, est situé sur cette dernière caustique à l'endroit du dernier de ces deux étranglements.

352. TROISIÈME PRINCIPE. Nous avons la perception du point vu sur la caustique linéaire parce que les rayons de lumière divergent rigoureusement de ce point en nombre infini et d'une manière à peu près constante, malgré les petits changements de position de l'œil, ce qui met le point vu dans des conditions presque pareilles,

sinon rigoureusement pareilles, aux conditions ordinaires de la vision (*n*).

353. Quatrième principe. L'œil étant monté pour la distance de la caustique non linéaire, les rayons qui peignent sur la rétine les points extrêmement rapprochés dont chacun, en toute rigueur, se trouve produit seulement par deux rayons, sont en général comme non avenus dans l'acte de la vision (329) (*o*).

354. Cinquième principe. Les points peints sur la rétine par une infinité de rayons, mais qui varient d'apparence pour de petits changements de position de l'œil, donnent des teintes parasites dont il paraît que nous savons faire abstraction, quant à leur figure (341), dans l'acte de la vision, et dont nous tenons compte dans le même acte, quant à l'éclat, pour reporter cet éclat sur le point vu (343-345).

354 *bis*. Sixième principe. L'œil est un instrument d'une grande perfection ; car il se monte instantanément pour la distance du point rayonnant que l'on considère, et si ce point est vu par réflexion ou par réfraction, comme dans les exemples traités dans ce Mémoire, bien que le faisceau de lumière qui pénètre alors par la pupille ait une forme particulière présentant deux étranglements (351), il se monte encore, chose bien remarquable, immédiatement, ou

---

(*n*) Les conditions sont pareilles si le point vu est éloigné (331), et s'il est rapproché elles sont peu différentes.

(*o*) Si l'on observe avec une forte loupe, les deux cheveux *mn*, *pq*, Pl. 4. dont il a été question n° 342, et qu'on se place aux distances convenables Fig. 69. pour que le foyer réponde à la caustique non linéaire ou à la caustique linéaire, les cheveux vus seront à volonté sur l'une ou l'autre des deux caustiques. Il est clair que l'effet de la loupe étant de resserrer dans un espace beaucoup plus étroit les rayons qui ne concouraient pas sur la caustique non linéaire, il n'est pas surprenant qu'on voie l'objet ou sur cette caustique ou sur la caustique linéaire, suivant que le foyer de la loupe répond à l'une ou à l'autre de ces deux caustiques.

On pourrait penser que l'emploi d'une loupe fournit un moyen de juger, par la distance focale de cette loupe, de la position du point vu ; ce moyen comme on le voit ne peut pas s'appliquer.

presque immédiatement, pour la distance de celui des deux étranglements d'où les rayons lumineux, en nombre infini, approchent le plus de diverger à la manière ordinaire.

355. Il suit de ces principes que les physiciens et les géomètres, au nombre desquels se trouve Newton lui-même (260-292), paraissent avoir supposé à tort pour s'expliquer les images réfléchies et réfractées que l'œil était un instrument, sinon grossier, du moins fort imparfait.

On verra dans la seconde partie de cet ouvrage que le cinquième principe conduit à des considérations d'une grande importance pour l'examen de l'éducation de l'œil.

Nous reviendrons aussi, dans la seconde partie, sur la comparaison des deux moyens dont la vue dispose pour juger de la distance des objets peu éloignés, l'un qui résulte des contractions musculaires propres à amener les deux axes optiques à concourir sur l'objet; l'autre relatif à l'appréciation de la divergence, qui diminue quand l'éloignement augmente, et dont il paraît que nous avons un sentiment fort précis (327).

355 *bis*. Si nous nous reportons maintenant à la question générale de la vision des objets par réflexion et par réfraction, et si nous considérons que la loi du n° 281 , établie par Malus pour le cas des rayons brisés une fois, a depuis été étendue , d'abord par M. Cauchy, au cas d'une seconde réflexion ou réfraction, et ensuite par M. Dupin (*p*), aux rayons réfléchis ou réfractés un nombre quelconque de fois, nous verrons que cette question générale se divise en deux cas, le premier, que nous avons examiné avec détail, dans lequel une des deux nappes de la caustique est linéaire (283), et le second dans lequel les deux nappes sont l'une et l'autre non linéaires.

(*p*) Voyez ses *Applications de Géométrie et de Mécanique*, publiées en 1822, p. 192 et suiv.

Pour ce second cas, nous nous demanderons s'il y a en général un point vu, et, supposé qu'il y en ait un, quelle est sa position dans l'espace.

L'expérience résout la première question. En effet, les pièces d'orfévrerie à grandes surfaces présentent de belles images réfléchies, et dans certaines circonstances, on aperçoit les objets au travers d'une carafe pleine d'eau ou d'une lentille; or, dans presque tous ces cas, qui sont très-variés, la caustique n'a pas de nappe linéaire : donc la réflexion et la réfraction donnent des images bien que les deux nappes de la caustique soient l'une et l'autre non linéaires (q).

Et quant à la question de savoir où se trouve le point vu, il est aisé de comprendre, d'après tout ce qui précède, qu'il est à l'endroit où le pinceau de rayons envoyés dans l'œil et touchant les deux nappes de la caustique offre l'étranglement le plus prononcé.

Mais, quel doit être, selon l'éloignement, le degré de petitesse de la facette de contact de la caustique et des rayons qui arrivent sur la choroïde pour qu'il y ait perception? Si les deux nappes sont touchées suivant des facettes à peu près égales, voit-on à volonté l'objet sur l'une ou sur l'autre des deux nappes? Si l'une des facettes présente seule les conditions nécessaires pour qu'il y ait perception, l'œil sait-il se monter immédiatement pour la distance qui correspond à cette facette?

Pour répondre à ces questions il faudrait avoir étudié le cas des caustiques à deux nappes non linéaires avec tout le soin que nous avons mis à traiter le cas où l'une de ces nappes est linéaire. C'est une étude que nous n'avons pas faite. L'intérêt qu'elle présente pour la théorie de

---

(q) Il peut arriver aussi dans le cas des deux nappes non linéaires, et même dans le cas où l'une des nappes est linéaire, qu'il n'y ait pas de perception. Concevons par exemple que les deux nappes d'une caustique soient en arrière de l'œil, les rayons convergeront sur la cornée; donc ils ne pourront donner sur la rétine une image du point rayonnant; donc, etc.

l'œil est bien de nature à nous la faire entreprendre ; mais nous ne pourrons pas nous y livrer de longtemps, et nous souhaitons, à cause de son utilité, qu'elle devienne prochainement l'objet des recherches des physiciens.

POST-SCRIPTUM.

Il nous a été fait trois objections touchant les chapitres XII et XV ; nous allons les présenter ici avec nos réponses, et nous terminerons ce *post-scriptum* par une remarque sur les lignes de réflexion et de réfraction considérées d'après l'énoncé du théorème général de M. le baron Dupin (455 *bis*).

(A). Première objection, *relative au croisement des lignes vues avec l'optomètre.* Nous avons dit n° 215 qu'il est admis par beaucoup de personnes que les deux lignes A′DB, A″DB, aperçues au moyen de l'optomètre, au lieu de se toucher au point D de la vision distincte, comme dans le cas de notre propre observation (214), se coupent en ce point. L'auteur, très-compétent, de l'objection dont il s'agit et des deux objections suivantes, est au nombre de ces personnes.

Résulte-t-il de la remarque faite par lui quelque chose qui détruise une théorie que nous aurions présentée ? Nullement, car jusqu'ici nous n'avons rien dit de la cause qui détermine la figure des lignes A′DB, A″DB. Il résulte même de ce qu'on a vu n° 217, qu'il y a des vues défectueuses de beaucoup de sortes, et que, selon les divers cas de ces vues, les lignes A′DB, A″DB, ont des formes différentes.

(B). La question sera de déterminer, d'après ces formes, Pl. 2. les qualités et les défauts des yeux de chaque observateur ; Fig. 30. elle se résoudra facilement.

On verra que dans le cas où les lignes A′DB, A″DB, forment entre elles un angle très-sensible, la portée de l'œil peut s'étendre de 0^m. 25 à l'infini, c'est-à-dire qu'il peut n'être affecté ni de myopie, ni de presbytie, mais qu'il a le défaut, lorsqu'il est monté pour une distance, de ne donner une vision un peu satisfaisante que pour les objets situés à peu près à cette distance.

Ce n'est pas ici le lieu d'entrer sur cette matière dans de plus grands détails ; elle sera traitée livre VII.

(C). Deuxième objection, *sur le même objet.* Appliquez contre les fentes d'un optomètre une lentille un peu forte, et regardez la ligne objective dirigée sur l'œil ; vous verrez, quelque excellents que soient vos yeux, deux lignes qui se couperont sous un angle très-marqué. Donc, a-t-on dit, les deux lignes A′DB, A″DB, vues dans l'expérience ordinaire, ne peuvent pas être tangentes entre elles.

Mais, pour que cette conclusion fût juste, il faudrait prouver, par la construction des images réfractées dues à la lentille et à l'optomètre, que l'existence de l'angle, dans le cas où la réfraction de la lentille change les formes, entraîne celle d'un autre angle dans le cas des deux lignes A′DB, A″DB, vues sans l'intermédiaire de la lentille. Or, c'est ce qu'on ne prouve point.

(D). Sans s'occuper ici de l'examen des images réfractées, on peut remarquer : 1° que la droite objective, vue à l'œil nu, présente la figure *urvz* dont la partie hachée est confuse et terminée, pour notre vue particulière et pour les très-bonnes vues, par deux lignes *uv*, *rv*, à peu près tangentes entre elles en *v ;* 2° qu'avec la lentille elle présente une ombre comprise dans les angles *nft*, *xfy*, des deux lignes *nx*, *ty*, qui se coupent au foyer *f* de la lentille. Cela posé, demandons-nous quel est l'effet de l'op-

Pl. 2.
Fig. 30.
tomètre sur ces images? C'est évidemment de découper, premièrement, dans l'image *uvvz*, deux lignes A'DB, A"DB, de courbure analogue à la courbure des contours *uv*, *rv*, et conséquemment tangentes entre elles ou à peu près au point *v* de la vision distincte ; secondement, dans l'image renfermée entre les angles *nft*, *xfy*, deux lignes analogues aux contours *nx*, *ty*, qui se coupent au point d'intersection *f*; d'où l'on voit que l'existence de l'angle *nft* n'entraîne pas celle d'un autre angle qui aurait une grandeur plus ou moins notable entre les deux lignes *uv* et *rv*.

L'objection qui nous a été faite, et qui tient à l'expérience due à l'addition d'une lentille à l'optomètre, ne paraît donc pas fondée.

(E). Troisième objection, *sur la fig.* 54 (276) *et sur l'expérience du n°* 254. Nous avons exprimé avec exagération et à l'avance, comment nos idées rendront compte d'un

Pl. 3.
Fig. 54.
fait aussi remarquable que celui d'une image placée en *r* pour un pinceau de lumière envoyé d'une bougie dans la direction du faisceau *abcd* (254 et 276).

L'auteur des objections qui nous occupent a pensé qu'on ne pouvait pas, ou que du moins on ne pouvait guère admettre que les rayons parallèles à *cd* portassent une image en *r*, et que vraisemblablement nous avions pris pour une image introduite dans l'œil par la cornée, un foyer résultant des rayons arrivant sur le globe oculaire et réfractés en *r* par la partie *xy* de la sclérotique.

(F). Tout ingénieuse que soit cette objection, elle n'a pas jeté en nous le moindre doute. Nous avions examiné avec trop de soin sur les yeux de lapin albinos les positions

Fig. 43.
successives des images *e*, *u*, *t*, *s*, *r*, des bougies placées dans les directions *c*E, *u*U, *t*T, etc., à $0^{\mathrm{m}}.35$ de l'œil (250), pour que nous n'ayons pas acquis la certitude qu'elles étaient toutes de même sorte, et que les unes ne se produisaient pas par la cornée et les autres par le passage et la réfraction au travers de la sclérotique. Il faut remarquer

d'ailleurs, premièrement, que la sclérotique du lapin albi- Pl. 3.
nos n'est pas à proprement parler transparente, mais seu- Fig. 43.
lement translucide; secondement, que le rayon de courbure de la sclérotique étant plus grand que celui de la
cornée, le foyer dont il s'agit serait au delà de l'œil; d'où
il suit qu'on n'aurait en *r* qu'une lumière fort diffuse.

(G). Mais, pour trancher toute difficulté, l'expérience
du n° 254 a été refaite avec de nouveaux soins.

Nous avons placé entre la bougie et l'œil un écran qui
interceptait la lumière dirigée sur la sclérotique, et qui
ne laissait entrer dans le globe oculaire que les seuls rayons
qui arrivaient sur la cornée; il était donc bien positif que
la lumière n'entrait pas dans l'œil par le côté de cet organe,
comme l'a imaginé l'auteur de l'objection, et l'expérience
faite en présence de M. Babinet, qui voulait la voir pour
en parler dans le rapport qu'il préparait pour l'Académie
des sciences, a été de son aveu parfaitement concluante.

(H). Remarque *sur les lignes de réflexion et de réfraction.*
La belle théorie de Malus généralisée par M. le baron Dupin (355 *bis*) peut être énoncée comme il suit :

Lorsqu'un faisceau de rayons lumineux est décompo-
sable en deux systèmes de surfaces développables qui se
croisent à angle droit, ce qui a lieu toutes les fois que ces
rayons peuvent être considérés comme les normales d'une
surface unique, ils sont brisés à la rencontre d'une sur-
face quelconque, de définition rigoureuse, réfléchissante
ou réfringente, de manière à donner un autre faisceau
décomposable, comme le premier, en deux systèmes de
surfaces développables qui se croisent à angle droit (*).

Cet énoncé montre d'abord que la loi de Malus se maintient quel que soit le nombre des réflexions et des réfrac-

---

(*) Voyez les *Applications de Géométrie et de Mécanique*, par M. Dupin;
page 192.

tions; mais il a en outre l'avantage d'être sous plusieurs rapports d'une grande fécondité.

(I). Ainsi, lorsqu'on a trouvé, d'une manière quelconque, un des deux systèmes des lignes de réflexion ou de réfraction, il aide à trouver l'autre système. En voici un exemple.

Pl. 4.
Fig. 59.
Nous avons vu, n° 297, que les verticales ν, ν', etc., situées sur le miroir ADG, sont des lignes de réflexion : or, les surfaces développables correspondantes à ces lignes, sont les plans verticaux Rν, Rν', etc. ; d'où il faut conclure, d'après le théorème précédent, que les surfaces développables correspondantes à l'autre système des lignes de réflexion, sont les cônes droits verticaux dont le sommet est en R, et que les sections horizontales du cylindre ADG sont les lignes de réflexion du second système.

(J). De même, lorsqu'on aura trouvé l'espèce des surfaces développables qui correspondent à l'un des deux systèmes des lignes de réflexion ou de réfraction, la recherche de l'espèce des surfaces développables de l'autre système sera facilitée par l'énoncé du théorème dont il s'agit.

Nous appliquerons cette remarque dans la seconde partie de cet ouvrage.

TROISIÈME MÉMOIRE;

PRÉSENTÉ A L'ACADÉMIE DES SCIENCES, LE **17 MAI 1841**.

Avertissement. **Les mesures linéaires en millimètres sont très-souvent présentées dans ce mémoire sans l'indication** ^m.m. **qui désigne le millimètre comme unité. Il ne devra résulter de là aucune confusion, parce que nous avons eu soin de désigner, dans les autres cas, les sortes d'unités que nous employons, et parce que les chiffres abstraits qui sont des indices de réfraction ou des rapports de ces indices, se rapportant aux lettres** i_1, l_1, **etc.,** i_2, l_2, **etc., sont toujours facilement reconnaissables.**

LIVRE V.

CALCULS ET RECHERCHES RELATIFS AUX CHIFFRES QUE COMPORTE LE MÉCANISME DE L'OEIL DANS LE SYSTÈME DES IDÉES REÇUES.

CHAPITRE XX.

DES INDICES ET DES DIMENSIONS PRINCIPALES DE L'ŒIL, CHOISIS THÉORIQUEMENT, DANS L'HYPOTHÈSE DU CORPS VITRÉ HOMOGÈNE.

356. Nous appellerons en général, *œil théorique*, celui dont les dimensions et les indices des milieux concordent le plus exactement possible avec une théorie donnée.

Dans ce livre nous admettrons l'homogénéité du corps vitré : l'œil dont il s'agit d'obtenir les indices et les di-

14

mensions devra en conséquence concorder avec la théorie admise jusqu'à présent.

Bien que cette théorie ne soit pas exacte, parce que le corps vitré n'est pas homogène (180, 435, 467-469 *bis*), il arrive que l'œil étant véritablement une chambre obscure, non pas imparfaite et présentant avec une lentille immobile des images confuses et irisées, mais excellente, au contraire, la théorie admise est en réalité le commencement de la véritable théorie.

De là résulte que plusieurs des chiffres auxquels nous allons arriver serviront, dans la suite de cet ouvrage, à mesure que le mécanisme de l'œil se dévoilera.

357. Jusqu'à présent les physisiens ne se sont guère occupés de la vision que relativement aux objets situés sur l'axe optique, ou très-près de cet axe : c'est une manière étroite d'envisager la question ; mais c'est celle que nous admettrons dans ce livre.

Cela posé, l'œil théorique étant celui qui pour des conditions données doit fonctionner le mieux, l'objet de ce chapitre sera de déterminer les indices de réfraction, les épaisseurs des milieux et les rayons de courbure correspondants aux sommets des surfaces réfringentes, dans le cas des points rayonnants situés sur l'axe optique, et pour un œil dont le cristallin et le corps vitré seront supposés homogènes.

358. Mais les mesurages de l'œil, malgré les travaux des anatomistes, et notamment du docteur Krause (24 et 46), laissant encore beaucoup à désirer, il était pour nous fort difficile de choisir entre ces différents mesurages.

Nous nous sommes déterminé, par les motifs exposés précédemment (152-155), pour les dimensions de l'œil n° 3, décrit par Sœmmering. Tout éloignées qu'elles puissent être de la moyenne la plus satisfaisante, elles fixeront les idées sur un type qui va nous conduire à des résultats fort utiles. Nous aurons soin d'ailleurs de discuter ces résultats, et de les confronter avec ceux que donne l'œil n° 1, mesuré par M. Krause, afin de dégager nos conclusions, autant que possible, des doutes que le choix des dimensions de l'œil pourrait laisser subsister (*a*).

359. L'épaisseur de la cornée étant faible, cette membrane n'a que très-peu d'influence sur les réfractions de l'œil (128), et nous pouvons supposer que son épaisseur soit nulle.

D'après cela, nous n'aurons à considérer ici que trois surfaces réfringentes S_1, S_2, S_3, savoir : la surface antérieure de la cornée; la surface antérieure du cristallin, et la surface postérieure de ce corps (115).

Les trois milieux respectifs que la lumière traverse, au de là de ces surfaces, seront l'ensemble supposé homogène de la cornée et de l'humeur aqueuse, le cristallin et le corps vitré.

360. Les physiciens ont trouvé pour l'indice de réfraction de la cornée le chiffre 1.33, et pour l'humeur aqueuse 1.337 ou 1.338 (61); mais les indices de ces substances, dans le vivant, ne seraient-ils pas tout autres? Cela ne semble pas pouvoir être soutenu, du moins quant à l'humeur aqueuse; car, cette humeur étant liquide, on concevrait difficilement que la cessation de la vie pût modifier son action réfractive. Quant à la cornée, elle n'a, comme nous l'avons dit (358), qu'une faible influence, et d'ailleurs le chiffre 1.33, qui la concerne, diffère très-peu des chiffres 1.337 et 1.338, relatifs à l'humeur

---

(*a*) M. le docteur Debout a bien voulu nous remettre une coupe de l'œil par Th. Wharton Jones, auteur de la description de cet organe insérée dans le *Traité pratique des maladies des yeux*, par W. Mackensie. Les dimensions oculaires, d'après cette coupe, sont comprises entre celles des yeux n° 1 et n° 3, auxquels nous allons appliquer le calcul, et elles nous paraissent fort satisfaisantes. Nos deux premiers mémoires étaient publiés lorsque nous avons eu connaissance du travail de M. Wharton Jones; toutefois, ce travail nous a été utile et nous le citerons en plusieurs endroits de ce mémoire.

aqueuse. De là, il faut conclure que nous pouvons choisir, pour l'indice du premier milieu de l'œil théorique, entre les nombres 1.33, 1.337 et 1.338. Nous prendrons le premier 1.33, parce que ce nombre devant nous servir dans de nombreux calculs, il est bon qu'il soit simple.

361. Pour le corps vitré, l'indice donné par les physiciens est 1.339 (61) : on voit qu'il n'excède que fort peu celui de l'humeur aqueuse. Mais, l'humeur vitrée n'étant pas homogène, il nous serait impossible de justifier ce chiffre. Nous adopterons toutefois l'indice 1.33, choisi pour le premier milieu de l'œil, et en cela nous ne serons pas sensiblement en désaccord avec les idées reçues. La discussion de nos résultats justifiera d'ailleurs suffisamment le choix du nombre 1.33.

362. Quant à l'indice moyen du cristallin, la question sera de le déterminer de manière que, pour la distance $d_i = 250$, de la vision distincte, le foyer soit exactement sur la rétine. Or, en désignant cet indice par x, nous aurons pour les données du problème à résoudre, en nous reportant aux désignations de lettres du n° 129 et aux valeurs données au n° 146,

$$i_1 = 1.33, \quad i_2 = x, \quad i_3 = 1.33 ;$$

$$l_1 = 1.33, \quad l_2 = \frac{x}{1.33}, \quad l_3 = \frac{1.33}{x} ;$$

$$r_1 = 8.720, \quad r_2 = 9.000, \quad r_3 = -5.000 ;$$

$$g_1 = 3.407, \quad g_2 = 4.111 \quad \text{et} \quad g_3 = 16.935.$$

La première réfraction donnera

$$f_1 = \frac{1.33 \times 8.72 \times 250}{0.33 \times 250 - 8.72} = 39.298,$$

ce qui conduit à

$$f_1 - g_1 = 35.891,$$

et à

$$d_2 = -35.891.$$

Et comme

$$f_3 = g_3 = 16.035,$$

on a tout ce qu'il faut pour déterminer x au moyen des équations qui expriment la deuxième et la troisième réfractions ; car ces équations ne peuvent contenir que les deux inconnues x et f_2.

363. Afin d'obtenir une solution applicable à tous les cas possibles, opérons au moyen des données littérales. Nous aurons pour les deuxième et troisième surfaces réfringentes les équations

$$f_2 = \frac{l_2 r_2 d_2}{(l_2 - 1) d_2 - r_2},$$

$$f_3 = \frac{l_3 r_3 d_3}{(l_3 - 1) d_3 - r_3}.$$

Et, attendu que l'on a

$$l_2 = \frac{x}{i_1}, \quad l_3 = \frac{i_3}{x}, \quad d_3 = -(f_2 - g_2),$$

ces deux équations se changent en celles-ci :

$$f_2 = \frac{r_2 d_2 x}{(x - i.) d_2 - r_2 i.},$$

$$f_3 = \frac{r_3 (f_2 - g_2) i_3}{(i_2 - x)(f_2 - g_2) + r_3 x},$$

dans lesquelles, comme nous l'avons dit, il n'y a d'inconnues que x et f_2. Éliminant cette dernière, on aura

$$\frac{r_2 d_2 x}{(x - i.) d_2 - r_2 i.} = \frac{f_3 g_2 (i_3 - x) - f_3 r_3 x - r_3 i_3 g_2}{f_3 (i_3 - x) - r_2 i_2} ;$$

équation qu'on peut mettre sous la forme

$$x^3 - px = q \quad . \ . \ . \ . \ . \ . \ . \ . \ . \ . \quad (1)$$

moyennant que l'on ait ,

$$p = \frac{d_2 f_3 \left\{ i_3 (r_2 - g_2) + i_1 (r_3 - g_2) + d_2 (r_2 - g_2) i_3 r_3 + f_3 (g_2 - r_2) i_1 r_2 \right\}}{d_2 f_3 (r_2 + r_3 - g_2)} \left.\right\} \cdot \cdot \; (2)$$
$$q = \frac{g_2 i_1 i_3 (d_2 - r_2)(f_3 + r_3)}{d_2 f_3 (r_2 + r_3 - g_2)}.$$

On peut donc déterminer x, puisque p et q se trouvent des quantités connues.

364. Si dans ces valeurs générales on fait

$$i_1 = i_2 = 1.33 \, ,$$

elles deviennent

$$p = \frac{1.33 \left\{ d_2 f_3 (r_2 + r_3 - 2g_2) + d_2 (r_2 - g_2) r_3 + f_3 (g_2 - r_3) r_2 \right\}}{d_2 f_3 (r_2 + r_3 - g_2)} \left.\right\} \cdot \cdot \; (3)$$
$$q = \frac{1.7689 g_2 (d_2 - r_2)(f_3 + r_3)}{d_2 f_3 (r_2 + r_3 - g_2)}.$$

Si l'on a
$$r_2 = 9 ; \; r_3 = 5 \quad \text{et} \quad g_2 = 4.111 ;$$

il s'ensuivra

$$p = 0.7770988 + \frac{3.287668}{f_3} - \frac{1.076077}{d_2} ; \left.\right\} \cdot \cdot \cdot \cdot \cdot \cdot \cdot \; (4)$$
$$q = \frac{0.7353573 (d_2 - 9)(f_3 + 5)}{d_2 f_3}.$$

Et si l'on fait
$$d_2 = 35.891 ; \quad f_3 = 16.935 \, ,$$

on aura, successivement,

$$p = 0.7471178 + \frac{3.287668}{f_3} ; \left.\right\} \cdot \cdot \cdot \cdot \cdot \cdot \; (5)$$
$$q = 0.5509505 \frac{f_3 + 5}{f_3} ,$$

et
$$p = 0.9412523 ;$$
$$q = 0.713629.$$

La valeur cherchée de x est donc fournie par l'équation

$$x^2 - 0.9412523\ x = 0.713029,$$

de laquelle on tire deux racines positives, dont l'une,

$$x = 1.437042,$$

est en effet l'indice moyen du cristallin ; car, les calculs
étant faits directement avec cette valeur, on a

$$l_2 = 1.08093 \quad \text{et} \quad l_3 = 0.92511,$$

ce qui conduit à

$$f_2 = 29.3298 \quad \text{et} \quad f_3 = 16.935 :$$

c'est-à-dire que l'indice $i_2 = 1.4376$ est celui qui convient
pour que le cristallin amène le foyer juste sur la rétine.

365. Mais l'indice moyen du cristallin déterminé sur
le mort n'est que de 1.384 (61) : faudrait-il conclure de
là que, dans l'hypothèse de l'homogonéité du corps vitré,
le vivant présente des substances dont la réfraction est
plus puissante que dans le cadavre ?

Si l'on admettait les dimensions que nous avons adoptées, et si l'on supposait que le chiffre 1.384 eût été bien
déterminé (b), il serait raisonnable de répondre affirmativement à cette question. En effet, supposerait-on que dans
nos données l'indice 1.33 de l'humeur aqueuse et du corps
vitré soit trop élevé ? Cela ne serait guère admissible, car
cet indice, qui est à très-peu près celui de l'eau (c), est le
plus petit que les liquides nous présentent. Supposerait-
on que l'indice de l'humeur aqueuse soit sensiblement plus

(b) On verra plus loin (379) que ce nombre 1.384 paraît être faible
pour ce qu'on peut appeler l'œil normal.

(c) *Physique* de M. Pouillet, t. III, p. 256.

grand que 1.33 ? Ce serait admettre justement qu'il est plus grand dans le vivant qu'on ne l'a trouvé dans le mort : c'est-à-dire ce qui est en question. Supposerait-on, enfin, que l'indice du corps vitré excède sensiblement le nombre 1.33 ? Dans cette hypothèse, avec l'indice 1.4376 du cristallin, les rayons lumineux en passant dans le corps vitré s'infléchiraient moins qu'avec l'indice 1.33 de ce corps; donc le foyer serait porté au delà du fond de l'œil : donc, dans l'hypothèse faite, il faudrait pour le cristallin un indice encore plus grand que le chiffre 1.4376. Or, on ne peut pas faire sur les indices d'autres suppositions que les précédentes ; donc, etc.

366. Admettant toujours que le chiffre 1.384 soit bon, ne serait-on pas conduit par ce qui précède à nous reprocher d'avoir adopté de mauvaises dimensions pour l'œil ? Examinons.

Les yeux n° 1 et n° 2, mesurés par le docteur Krause, et les mieux connus que l'on ait (24), conduisent à un indice plus grand que 1.4376 (*d*), puisque ces yeux ont exigé des corrections plus fortes que celles qu'a exigé l'œil n° 3, pour amener le foyer sur la rétine (153). Nous avons dû, en conséquence, repousser les dimensions de ces deux yeux.

Aurions-nous dû prendre les dimensions de Petit employées par d'Alembert ? Elles auraient donné, à peu près, le résultat que nous avons obtenu (145), et comme elles sont d'ailleurs défectueuses (152) il ne convenait pas de les admettre.

Or, après ces dimensions, nous ne connaissions plus comme bien recommandables que celles des dessins de Sœmmering : c'est-à-dire de l'œil n° 3; donc nous avons dû les adopter. Et nous n'avons même pas pu hésiter ; car

---

(*d*) Cet indice est égal à 1.4548 (415).

elles sont comprises, sauf de faibles différences, entre les limites qu'assignent les auteurs dans divers ouvrages (c); car Sœmmering les a données comme étant ce qu'il apercevait de plus rationnel; car, enfin, la grande épaisseur qu'elles présentent pour le corps vitré les rend plus favorables que d'autres à la détermination d'un chiffre peu élevé pour l'indice moyen du cristallin.

367. En résumé, nous adopterons donc, comme éléments rationnels de l'œil théorique, pour l'état actuel de la science, premièrement, les valeurs de r_1, r_2 et r_3; g_1, g_2 et g_3, rapportées au n° 362; secondement, pour les indices du système de l'humeur aqueuse et de la cornée (359), du cristallin supposé homogène et du corps vitré également supposé homogène, les nombres

$$i_1 = 1.33, \quad i_2 = 1.4376, \quad i_3 = 1.33;$$
$$l_1 = 1.33, \quad l_2 = 1.08093 \text{ et } l_3 = 0.92511.$$

Les calculs du chapitre 23, appliqués à l'œil n° 1, mesuré par le docteur Krause, mettront le lecteur à même d'apprécier la confiance que méritent ces chiffres, et le sens où ils pourront être modifiés au moyen de nouvelles observations.

367 *bis*. On remarquera toutefois que nous sommes parti d'une hypothèse toute gratuite. C'est celle que l'œil, avec les dimensions données par les anatomistes et prises sur le mort, est disposé pour la distance de la vision distincte. Il est clair qu'on pouvait tout aussi bien supposer que ces dimensions convenaient pour la distance $d_1 = \infty$, et même on verra par la suite (409 et 478) que cette dernière supposition était la meilleure. Dans le premier cas, l'œil se déformant pour agir à des distances di-

---

(c) *Physique* de M. Pouillet, t. III, p. 327.

diverses (350), les mesures des anatomistes sont celles que comporterait le globe allongé, et dans le second cas ce sont celles du globe raccourci.

Nous suppléerons à ce dernier en considérant des yeux qui ne présenteront d'autre différence avec l'œil théorique n° 3, que celle d'avoir une épaisseur d'humeur vitrée un peu au-dessous du chiffre 16.935.

***

CHAPITRE XXI.

SUR LE CRISTALLIN, CONSIDÉRÉ DANS SES COUCHES, DANS LEURS EFFETS ET DANS L'OBJET DE CE CORPS.

368. On sait que le cristallin est enfermé dans la capsule cristalline, dont la substance est fort dure, et qui est plus épaisse en avant qu'en arrière (33). On sait qu'il se compose de couches qui, comme la capsule, présentent plus d'épaisseur en avant qu'en arrière, et au dedans desquelles se trouve un noyau d'une assez grande dureté (32). Enfin, on sait, d'après les expériences de MM. Brewster et Chossat (61), que toutes les parties d'une même couche présentent le même indice, et que les indices des couches vont en augmentant de l'extérieur à l'intérieur.

Essayons, au moyen de ces données et avec les chiffres admis dans le chapitre précédent, aidé par les expériences de M. Chossat, de composer un cristallin auquel nous puissions appliquer utilement le calcul. Occupons-nous d'abord de la forme des couches.

Pl. 5. Fig. 74. 369. L'épaisseur GE, dans le sens de l'axe de l'œil, étant de 4.111, et les rayons de courbure en G et en E étant respectivement égaux aux nombre 9 et 5 (362), nous supposerons que les génératrices des surfaces antérieure

et postérieure soient deux quarts d'ellipses GB, EB. Les Pl. 5.
demi-grand et demi-petit axes de GB étant a et b, et a' Fig. 74.
et b' ceux de EB, il faudra que l'on ait

$$\frac{a^2}{b}=9;\quad \frac{a'^2}{b'}=5;\quad b+b'=4.111,$$

ce qui conduit à ces valeurs,

$$a=\mathrm{DB}=3.635;$$
$$b=\mathrm{GD}=1.468;$$
$$b'=\mathrm{DE}=2.643:$$

valeurs que nous admettrons.

370. Quant aux surfaces des couches, nous supposerons qu'elles sont semblables aux surfaces extérieures et
distribuées semblablement par rapport à un point C, qui Fig. 75.
sera une sorte de centre du noyau. Ainsi, b étant le point
situé sur CB d'une de ces surfaces, les droites bg, be,
respectivement parallèles à BG et BE, donneront les sommets g et e des quarts d'ellipses gb, eb, propres à engen-
drer cette surface. D'où il est aisé de voir que les rayons de
courbure en b et en e seront par rapport à ceux des ellipses GB, EB, en B et en E, proportionnels aux distances
Cg, Ce.

Si donc nous supposons qu'il y ait, du point C au point G,
quatre surfaces équidistantes espacées entre elles de 0.7,
et du point C au point E aussi quatre surfaces, espacées
entre elles de 0.1222, ce qui donne exactement,

$$\mathrm{GE}=5\times0.7+5\times0.1222=4.111;$$

le cristallin se trouvera composé, 1° de quatre couches,
ayant en avant chacune l'épaisseur de 0.7, et en arrière
celle de 0.1222; 2° d'un noyau épais de

$$0.7+0.1222=0.8222.$$

Et quant aux rayons de courbure des surfaces antérieures, ils seront exprimés par les nombres

$$0; \ \frac{4}{5}9 = 7.2; \ \frac{3}{5}9 = 5.4; \ \frac{2}{5}9 = 3.6; \ \frac{1}{5}9 = 1.8;$$

et ceux des surfaces postérieures par les nombres

$$\frac{1}{5}5 = 1; \ \frac{2}{5}5 = 2; \ \frac{3}{5}5 = 3; \ \frac{4}{5}5 = 4 \quad \text{et} \quad \frac{5}{5}5 = 5.$$

Ces dispositions satisferont, ce nous semble, très-bien aux idées admises d'après les expériences.

371. Maintenant, occupons-nous des indices des couches, et pour cela examinons d'abord les chiffres du tableau suivant, lequel présente les résultats que M. Chossat a obtenus en opérant sur les cristallins de divers animaux (a).

PARTIES du cristallin.	INDICES OBSERVÉS.						
	Homme.	Ours.	Cochon.	Éléphant.	Bœuf.	Dindon.	Carpe.
Capsule.	1.35	1.36	»	1.349	1.34	1.35	»
1re couche. . . .	1.338	1.383	1.386	1.369	1.375	1.383	1.374
2e couche. . . .	1.395	1.396	1.395	1.387	1.403	1.387	1.387
3e couche. . . .	»	1.416	1.399	1.405	1.416	1.392	1.415
4e couche. . . .	»	1.436	»	1.415	1.432	1.396	1.436
5e couche. . . .	»	1.442	»	1.424	1.438	1.399	1.442
6e couche. . . .	»	1.450	»	1.430	»	»	»
7e couche. . . .	»	»	»	1.432	»	»	»
8e couche. . . .	»	»	»	1.436	»	»	»
Noyau.	1.420	1.463	1.424	1.450	1.440	1.403	1.450

(a) *Annales de chimie et de physique*, t. VIII, p. 217.

372. Si l'on porte son attention sur le nombre des couches observées dans la colonne relative à chaque animal, on est surpris de voir qu'il soit aussi faible pour l'homme et le cochon. Les chiffres de la deuxième colonne suggèrent une autre remarque, c'est que l'œil humain est le seul où l'indice diminue de la capsule à la première couche.

En lisant le travail de M. Chossat, on voit que la faculté du cristallin d'absorber les liquides ambiants (*b*) empêche que les propriétés des couches soient permanentes, et qu'il faut opérer vite et dans un milieu humide, pour être à l'abri d'erreurs. Il annonce même qu'on ne doit avoir que peu de confiance aux derniers chiffres obtenus pour l'ours et l'éléphant.

L'objet de l'œil étant le même chez tous les animaux, et parmi les plus petits, les oiseaux, par exemple, ayant certainement de bons yeux, on ne conçoit pas que le cristallin puisse avoir moins de couches dans l'homme et dans le cochon que dans l'ours et l'éléphant, ce qui nous amène à reconnaître que les deuxième et quatrième colonnes sont loin d'être satisfaisantes. Et l'on ne doit pas être surpris de cette inexactitude ; car il est fort difficile d'opérer sur une matière pâteuse, comme la substance du cristallin, et surtout sur des yeux d'homme, qu'il est rare d'obtenir avant qu'ils soient plus ou moins détériorés.

373. On reconnaît aussi par la première ligne du tableau précédent, que la puissance de réfraction est à peu près la même, pour la capsule, chez tous les animaux soumis par M. Chossat à ses expériences, et que les indices du noyau, d'un animal à un autre, ne sont pas très-différents.

Si, en laissant de côté les deuxième et quatrième colonnes, on prend pour chacune des autres colonnes la dif-

---

(*b*) *Annales de chimie et de physique*, t. VIII, p. 219 et 220.

férence du dernier nombre au premier, et qu'on ajoute toutes ces différences, on obtient le nombre 0.457, correspondant à trente-trois couches des yeux d'ours, d'éléphant, de bœuf, de dindon et de carpe, ce qui donne, pour la différence d'une couche à l'autre, le chiffre 0.014.

Si on laisse de côté l'œil de la carpe, lequel, à cause du milieu habité par cette sorte d'animal, doit différer sensiblement des yeux d'homme, le chiffre précédent se réduit à 0.013.

Si l'on néglige en outre les yeux d'ours et d'éléphant, à cause des erreurs que M. Chossat a signalées comme possibles pour ces deux yeux, on tombe sur le même nombre 0.013.

Il suit de là que si l'on compose un cristallin *à priori*, comme nous allons le faire, il sera bon, pour ne pas opérer trop arbitrairement, que les indices de ses couches, de l'extérieur au noyau, aillent en augmentant d'une couche à l'autre d'environ 0.013.

374. La capsule, par sa contexture et sa dureté, qui l'ont fait comparer à de la corne, est sûrement une substance peu altérable, ce qui doit faire supposer que son indice a été bien déterminé; nous admettrons donc pour cet indice le chiffre 1.35.

Supposerait-on que celui de la première couche ne soit que de 1.338? Ce ne serait sûrement pas rationnel. D'abord, parce que l'œil de l'homme, comme nous l'avons déjà remarqué (372), est le seul dans le tableau précédent qui présente pour la première couche un indice plus faible que celui de la capsule. En second lieu, parce que l'un des objets du cristallin étant d'agir comme une lentille, chacune des réfractions qu'opèrent ses couches doit rapprocher le foyer. Or, il en serait autrement si l'indice de la première couche était le chiffre 1.338, moindre que l'indice 1.35 de la capsule. On est donc conduit à reconnaître que l'indice de cette première couche ne doit pas être moins grand que 1.35.

D'après cela, nous prendrons pour la couche extérieure l'indice 1.35 de la capsule, ce qui donnera $l_2 = 1.015$.

375. Quant aux autres indices, en nous reportant à ce qui précède nous les avons déterminés de manière que l'on ait

$$l_3 = l_4 = l_5 = l_6 = 1.01 ;$$

d'où l'on tirera, pour les valeurs de i, les chiffres du tableau ci-après, lesquels se reproduisent au delà du noyau dans le sens inverse de celui qu'ils présentent en deçà. On aura en conséquence

$$l_7 = l_8 = l_9 = l_{10} = 0.99,$$

et l'indice du corps vitré étant 1.33 on trouvera

$$l_{11} = 0.98519.$$

376. Si donc nous nous donnons

$$d_1 = 250 \quad \text{et} \quad d_1 = \infty,$$

nous pourrons calculer toutes les valeurs de f du tableau suivant :

SURFACES.	VALEURS DE						
	i	l	r	d	f	g	$f-g$
PREMIER CAS. $d_1 = 250$.							
S_1	1.33	1.33	8.720	250.	39.298	3.407	35.891
S_2	1.35	1.015	9.	— 35.891	34.37322	0.7	33.67332
S_3	1.3635	1.01	7.2	— 33.67332	32.49044	0.7	31.79044
S_4	1.37714	1.01	5.4	— 31.79044	30.32321	0.7	29.62321
S_5	1.39091	1.01	3.6	— 29.62321	27.64467	0.7	21.94467
S_6	1.40482	1.01	1.8	— 26.94467	23.67074	0.8222	22.84854
S_7	1.39091	0.99	—1.	— 22.84854	18.41296	0.1222	18.29076
S_8	1.37714	0.99	—2.	— 18.29076	16.59058	0.1222	16.46838
S_9	1.3635	0.99	—3.	— 16.46838	15.45528	0.1222	15.33308
S_{10}	1.35	0.99	—4.	— 15.33308	14.61935	0.1222	14.49715
S_{11}	1.33	0.98519	—5.	— 14.49715	13.69440	16.935	— 3.24060
DEUXIÈME CAS. $d_1 = \infty$.							
S_1	1.33	1.33	8.720	∞	35.184	3.407	31.737
S_2	1.35	1.015	9.	— 31.737	30.59454	0.7	29.89454
S_3	1.3635	1.01	7.2	— 29.89454	28.98982	0.7	28.28982
S_4	1.37714	1.01	5.4	— 28.28982	27.15125	0.7	26.45125
S_5	1.39091	1.01	3.6	— 26.45125	24.88756	0.7	24.18756
S_6	1.40482	1.01	1.8	— 24.18756	21.53558	0.8222	20.71338
S_7	1.39091	0.99	—1	— 20.71338	16.98755	0.1222	16.86535
S_8	1.37714	0.99	—2	— 16.86535	15.39822	0.1222	15.27602
S_9	1.3635	0.99	—3	— 15.27602	14.39049	0.1222	14.26829
S_{10}	1.35	0.99	—4	— 14.26829	13.63909	0.1222	13.51689
S_{11}	1.33	0.98519	—5	— 4.92955	12.804	16.935	— 4.131

Examinons maintenant les résultats de ce tableau.

377. Pour $d_1 = 250$ on a $f_{11} = 13.6944$, ce qui montre que le foyer est en deçà de la rétine de 3.2046, et consé-

quemment que le cristallin que nous avons composé a plus de puissance de réfraction qu'il n'en faut.

On voit en même temps que l'indice du noyau n'est que de 1.40482 : c'est-à-dire qu'il est moindre que l'indice 1.420 trouvé par M. Chossat. Or c'est un résultat convenable; car, suivant cet auteur, le cristallin se desséchant facilement à l'extérieur, tant par l'action de l'air que par l'absorption exercée de l'intérieur (372), il est naturel que dans l'œil humain, sur lequel on n'opère que longtemps après la mort, le noyau trop dense ait donné un trop fort indice, et que les couches extérieures au contraire en aient donné de trop petits.

Si l'on prend les différences des indices obtenus, on trouve les chiffres

$$0.01391, \; 0.01379, \; 0.01364 \; \text{et} \; 0.0135,$$

lesquels ne diffèrent que très-peu du chiffre 0.013 calculé, n° 373, au moyen des observations de M. Chossat.

378. Il est donc établi que si notre tableau ne concorde pas avec les indices trouvés pour l'homme, indices dont les inexactitudes paraissent être fort certaines (372), il s'accorde du moins avec les inductions que fournissent les indices de l'ours, de l'éléphant, du bœuf et du dindon, et si bien même qu'il semblerait (contrairement à la réalité peut-être) que, suivant ces inductions, le cristallin de l'homme dût être toujours composé d'un noyau et de quatre couches qui l'enveloppent.

On remarquera toutefois que dans la véritable théorie, où le corps vitré n'est pas homogène, il faut une plus forte réfraction, qui peut s'obtenir par des indices plus élevés, et qui s'obtiendrait aussi par un plus grand nombre de couches, sans indice plus grand pour le noyau (384).

Au surplus il est aisé de voir à l'inspection du tableau précédent, que ce tableau n'a été calculé que comme un essai, et que nous nous sommes proposé, principalement, d'avoir pour les valeurs de l des chiffres conduisant à des calculs faciles, mais c'est un essai très-heureux.

379. Dans le but d'arriver à l'œil théorique, il faudrait maintenant trouver des indices qui amenassent exactement le foyer sur la rétine. Cela serait aisé.

Ainsi, en prenant, par exemple,

$$i_3 = i_9 = 1.36, \quad i_4 = i_8 = 1.37 \quad \text{et} \quad i_5 = i_7 = 1.38,$$

on calculerait par la formule ordinaire f_3, f_4 et f_5 ; puis par la formule

$$d = \frac{fr}{l(f+r)-f},$$

tirée de la formule ordinaire, et par la formule

$$f_{n-1} = g_{n-1} - d_n,$$

on obtiendrait, au moyen de $f_{11} = 16.935$, les valeurs de

$$d_{11}, \ d_{10}, \ d_9 ; \ d_8 \text{ et } d_7.$$

La question serait donc réduite à celle de trouver l'indice i_6 du noyau. Or, connaissant le foyer correspondant à f_5 des rayons qui arrivent sur ce noyau, et le point correspondant à d_7 d'où l'on peut supposer qu'émanent les rayons qui doivent aller converger rigoureusement sur la rétine, on trouverait la valeur de i_6 comme on a trouvé celle de i_2 aux n°ˢ 362, 363 et 364, par le moyen des valeurs,

$$d_2 = -35.891 \quad \text{et} \quad f_3 = 16.935.$$

Les calculs étant un peu longs, et ne pouvant nous être d'aucune utilité, nous ne les avons pas faits. Il nous suffira de savoir qu'un cristallin composé de quatre couches enfermant un noyau avec des indices compris entre 1.35 et 1.420, comme ceux que M. Chossat a déterminés, peut donner avec exactitude l'œil théorique dans le cas où le corps vitré est homogène.

380. Le tableau précédent nous fournit la solution d'une autre question fort importante, c'est celle de savoir si l'organisation du cristallin, au moyen de couches épaisses en avant et minces en arrière, est motivée comme on l'a cru, par la nécessité d'avoir le foyer, pour des points rayonnants très-différemment éloignés, toujours sur la rétine.

Il est évident que le cristallin composé par nous, et dont les couches en arrière n'ont que 0.1222 d'épaisseur, tandis qu'elles sont épaisses de 0.7 en avant, c'est-à-dire presque six fois aussi fortes, est très-propre à opérer la vérification de cette propriété; mais il est loin de la justifier, puisque, pour $d_{\text{\tiny I}} = 250$, le tableau donne $f_{\text{\tiny II}} = 16.935$, et que, pour $d_{\text{\tiny I}} = \infty$, on a $f_{\text{\tiny II}} = 12.804$.

On doit penser, d'après cela, que la division du cristallin en couches n'a pas pour objet de faciliter la vision à des distances différentes. Continuons toutefois l'examen de cette question.

381. Avant de traiter l'exemple du tableau précédent, nous en avions traité un autre, dont le tableau suivant présente les calculs, et qui conduit à la même conclusion.

SURFACES.	VALEURS DE						
	i	l	r	d	f	g	$f-g$
PREMIER CAS. $d_i = 250$ (c).							
S_1	1.33	1.33	8.720	250.000	39.298	3.407	35.891
S_2	1.3566	1.02	9.	-35.891	33.90466	1.07	32.83466
S_3	1.38373	1.02	6.	-32.83466	30.18739	1.07	29.11739
S_4	1.41141	1.02	3.	-29.11739	24.87172	1.3704	23.50133
S_5	1.38318	0.98	$-\frac{10}{6} = -1.66666$	-23.50132	17.96493	1.3003	17.66463
S_6	1.35552	0.98	$-\frac{10}{3} = -3.33333$	-17.66463	15.65240	0.3003	15.35210
S_7	1.32841	0.98	$-5.$	-15.35210	14.17462	16.935	-2.76038
DEUXIÈME CAS. $d_i = \infty$.							
S_1	1.33	1.33	8.720	∞	35.184	3.407	31.737
S_2	1.3566	1.02	9.	-31.737	30.23908	1.07	29.16908
S_3	1.38373	1.02	6.	-29.16908	27.11598	1.07	26.04598
S_4	1.41141	1.02	3.	-26.04598	22.63633	1.3704	21.26593
S_5	1.38318	0.98	$-\frac{10}{6} = -1.66666$	-21.26593	16.60357	0.3003	16.30227
S_6	1.35552	0.98	$-\frac{10}{3} = -3.33333$	-16.30327	14.55357	0.3003	14.25327
S_7	1.32841	0.98	$-5.$	-14.25327	13.21470	16.935	-3.72021

On voit en effet par ce tableau, comme par le précédent, que le foyer est beaucoup plus rapproché de la rétine pour $d_i = 250$, que pour $d_i = \infty$.

382. Mais l'action réfractive du cristallin s'opère-t-elle pour des distances différentes exactement comme s'il était homogène; et si elle s'opère autrement, jusqu'à quel point le foyer, pour le point rayonnant situé à l'infini, est-il plus rapproché ou plus éloigné de la rétine que si le cristallin

---

(c) Pour ce premier cas, comme pour le second, les indices des surfaces S_1, S_2, S_3, devraient être les mêmes que ceux des surfaces S_5, S_6, S_7, mais ils n'en diffèrent pas bien sensiblement.

ne présentait qu'un seul milieu? Le calcul va résoudre ces questions.

Le tableau du n° 376 montre que,

Pour $d_1 = 250$,   on a $f_{11} = 13.69440$,

et que,

Pour $d_1 = \infty$ on a $f_{11} = 12.804$.

Supposons que le cristallin devienne homogène, et demandons-nous quels devront être ses indices pour que d_1 étant égal à 250, puis à l'infini, les valeurs de f_{11} se maintiennent égales respectivement à 13.694 et à 12.804.

Il s'agira, d'après ce qu'on a vu précédemment (362-364), de recourir à la détermination de deux valeurs de x par la formule $x^2 - px = q$.

Pour le cas de $d_1 = 250$, les équations (4) du n° 362 nous donneront, en substituant 13.694 à la place de f_1,

$$p = 0.9871987,$$
$$q = 0.7521277;$$

ce qui conduit à

$$x = 1.491381.$$

Pour le cas de $d_1 = \infty$, nous ferons dans les équations (3) du n° 362, $d_2 = 31.737$ (V. le tableau du n° 376), et elles se changeront en celles-ci :

$$p = 0.7431937 + \frac{3.287668}{f_3},$$
$$q = 0.5036538 \quad \frac{f_3 + 5}{f_3};$$

dans lesquelles nous ferons $f_3 = 12.804$, ce qui donnera,

$$p = 0.9909625,$$
$$q = 0.70033207,$$

et la racine de l'équation $x^2 - px = q$ sera

$$x = 1.474821.$$

C'est-à-dire que le cristallin homogène, avec l'indice 1.491381, fait le même effet que le cristallin composé, pour le cas de $d_i = 250$, et que, pour qu'il fît aussi le même effet, dans le cas de $d_i = \infty$, il faudrait que son indice devînt plus petit et égal à 1.474821.

De là résulte, comme on va le voir, que le foyer étant sur la rétine pour la distance de la vision distincte, la division du cristallin en couches est susceptible de rapprocher un peu du fond de l'œil le foyer correspondant au point rayonnant situé à l'infini.

383. Calculons le rapprochement dont il s'agit pour le cas du cristallin que nous avons employé dans le tableau du n° 376.

Le numéro précédent montre que, pour l'indice fictif $i_2 = 1.475$, on a $f_3 = 12.804$: la question à résoudre sera donc de savoir à quoi serait égal f_3 si l'on avait $i_2 = 1.491$. Or, dans ce cas on aurait

$$l_2 = \frac{1.491}{1.33} = 1.121 \quad \text{et} \quad l_3 = \frac{1.33}{1.491} = 0.892,$$

ce qui donne

$$f_2 = \frac{-1.121 \times 31.737 \times 9}{-0.121 \times 31.737 - 9} = 24.9369,$$

et

$$f_3 = \frac{0.892 \times 20.8259 \times 5}{0.108 \times 20.8259 + 5} = 12.813.$$

D'où l'on voit que l'indice 1.475, substitué à l'indice 1.491, ne change la position du foyer, lorsque $d_i = \infty$, que de 0.009, quantité dont ce foyer se trouve alors plus rapproché de la rétine. Et comme ce nombre 0.009 est très-petit, et bien qu'il dût être un tant soit peu plus grand si des indices plus forts donnaient, dans le tableau du n° 376, $f_{11} = 16.935$ au lieu de $f_{11} = 13.69440$, nous pouvons poser en principe que l'action du cristallin, en ce qui concerne les points rayonnants situés sur l'axe optique, est sensiblement la même que si ce corps était homogène (*d*).

384. Nous sommes conduits par là tout naturellement à nous faire cette nouvelle question : pourquoi donc le cristallin est-il composé de couches différemment réfringentes ? Les calculs précédents nous fournissent une réponse à cette question. En effet, on voit par ces calculs que le cristallin homogène, avec un indice 1.49138, produit le même résultat, pour la distance $d_{,}=250$, que le cristallin composé du tableau de la page 224, avec l'indice du noyau 1.40482. De même avec l'indice 1.47482, dans le cas de l'homogénéité, on a le même effet qu'avec les couches et l'indice 1.40482 du noyau. D'où il faut conclure qu'au moyen des couches on obtient une convergence donnée sans qu'il soit besoin d'indices aussi élevés que l'indice qui serait nécessaire dans le cas du cristallin homogène : cela suffit sans doute pour justifier la division du cristallin en couches (*e*).

Mais on doit remarquer en passant que, à puissance égale, l'indice du cristallin homogène étant plus fort que les indices des couches du cristallin composé, la dénomination d'*indice moyen*, qu'on emploie quelquefois pour

---

(*d*) Nous aurions pu faire le calcul en supposant que les surfaces des couches tendissent vers la forme d'un noyau exactement sphérique : nous nous sommes conformé aux idées qui résultent des mesurages du docteur Krause (52).

(*e*) Les couches du cristallin peuvent d'ailleurs être nécessaires : 1° pour l'accomplissement des fonctions vitales de l'organe ; 2° pour que la vision soit nette dans les directions obliques à l'axe de l'œil. Cette dernière considération mérite une étude sérieuse, et probablement fort difficile, attendu que, d'après les travaux de M. Chossat sur l'œil du bœuf (Voyez les *Annales de chimie et de physique*, tome X, p. 337), les couches n'ont pas une disposition symétrique par rapport à la droite que nous nommons l'axe optique. On verra d'ailleurs, dans la seconde partie, que cette disposition des couches n'altère pas les conditions de netteté des images qui nous occupent dans ce livre.

désigner l'indice du cristallin entier, est une dénomination défectueuse. Nous lui substituerons celle d'*indice fictif* du cristallin.

385. En résumé, ce chapitre fait voir, premièrement, qu'un cristallin composé d'un noyau et de quatre couches enveloppant ce noyau, avec des indices à peu près égaux à ceux du tableau de n° 376, est d'accord avec les données actuelles que fournit la science; secondement, que ce cristallin convient pour porter le foyer, ou sur la rétine, ou quelque part en un point de la partie de l'axe optique située dans la seconde moitié du corps vitré; troisièmement, que le cristallin n'a pas pour objet de rendre la vision nette à des distances différentes; quatrièmement, enfin, qu'on peut admettre, sans erreur sensible, que dans les calculs à faire sur l'œil, pour le cas de points rayonnants situés sur l'axe optique, le cristallin est un corps homogène.

CHAPITRE XXII.

CALCULS RELATIFS A L'ALLONGEMENT DU GLOBE OCULAIRE, AUX GRANDEURS DES IMAGES D'UN POINT, AU DÉPLACEMENT DU CRISTALLIN, ETC., POUR L'ŒIL THÉORIQUE COMPOSÉ DE TROIS MILIEUX.

386. Nous avons, dans les deux chapitres précédents, déterminé et fixé les chiffres du mécanisme de l'œil. Actuellement il faut examiner comment, avec ces chiffres, les conditions de la vision sont satisfaites.

Nous aurons à considérer pour cela, sur chaque question que nous nous ferons, deux cas, savoir : celui où la distance de l'objet est de 250 millimètres, et celui où elle est égale à l'infini. Il en sera de même relativement à beaucoup d'autres questions posées dans les chapitres suivants, et, de l'un de ces cas à l'autre, les valeurs des indices ou celles des dimensions devront changer.

Afin de nous rendre bien intelligible, nous désignerons toujours, pour celui des deux cas dont il s'agit qui sera traité le premier, les indices et les dimensions de l'œil par les minuscules

$$i_1, l_1, r_1, \text{etc.}; \quad i_2, l_2, r_2, \text{etc.}; \quad i_3, l_3, r_3, \text{etc.},$$

et pour le second cas par les majuscules correspondantes,

$$I_1, L_1, R_1, \text{etc.}; \quad I_2, L_2, R_2, \text{etc.}; \quad I_3, L_3, R_3, \text{etc.}$$

387. Cela posé, demandons-nous, en premier lieu, quelle est la distance du foyer et de la rétine pour un point rayonnant très-éloigné, ou, ce qui revient au même, pour le point rayonnant situé à l'infini, cas dans lequel on a

$$D_1 = \infty, \quad g_1 = G_1 \quad \text{et} \quad g_2 = G_2.$$

La formule

$$f = \frac{l\,dr}{(l-1)\,d - r},$$

appliquée aux trois surfaces réfringentes S_1, S_2 et S_3, avec les données des n°s 362 et 367, donnera,

$$F_1 = 35.144 \quad \text{et} \quad F_1 - g_1 = 31.737;$$
$$F_2 = 26.6888 \quad \text{et} \quad F_2 - g_2 = 25.2188;$$

enfin,

$$F_3 = 15.6086 = G_3.$$

Ce résultat diffère peu de celui que présente le n° 140, pour l'œil n° 3 modifié, ce qui fait voir qu'avec d'assez grandes variantes dans les chiffres que comporte le mécanisme de l'œil, cet organe peut conduire à des résultats à peu près les mêmes.

388. Désignons par δ, dans le cas de d_1, et par Δ, dans le cas de D_1 (386), le diamètre optique de l'œil (*a*) (274), c'est-à-dire, la distance du devant de la cornée à la choroïde, nous aurons

$$\delta = g_1 + g_2 + g_3 = 24.453; \quad g_1 + g_2 = G_1 + G_2 = 7.518,$$

et

$$\Delta = 7.518 + 15.609 = 23.127,$$

ce qui donnera

$$\delta - \Delta = 1.326.$$

D'où l'on voit que si la vision s'opère successivement à la distance $d_1 = 250$ et à la distance $D_1 = \infty$, il faudra pour qu'elle soit nette dans les deux cas que le corps vitré et le globe de l'œil éprouvent un raccourcissement commun de 1.326 ou de 54 millièmes, environ le dix-huitième du diamètre optique.

Et nous verrons tout à l'heure (392) que si l'œil passait de la vision d'un point rouge placé à la distance de la vision distincte, à celle d'un point violet éloigné d'une distance infinie, le raccourcissement en question serait de $1^{\text{mm}}.854$, ou des 0.0758, environ un treizième, du diamètre optique de l'œil.

389. Appliquons maintenant le calcul à ce qui concerne les rayons colorés et les grandeurs des images.

Il s'agira d'abord d'obtenir les indices du rouge et du violet correspondants aux indices 1.33 et 1.43764 du blanc. Or, si l'on fait attention que ces deux indices sont

------

(*a*) Nous avons compris dans la longueur de l'œil, livre II, n° 148, l'épaisseur de la sclérotique, parce que c'était nécessaire pour comparer nos résultats à l'allongement de l'œil que M. Young a obtenu (151), mais comme cette épaisseur n'est portée qu'à 1.087 (voyez la note (*f*) du n° 146) pour l'œil n° 3, et qu'elle se trouve de 0.60 de ligne (46) ou $1^{\text{mm}}.389$ pour l'œil n° 1, il convient d'en faire abstraction dans les comparaisons de nos divers résultats avec le diamètre du globe oculaire.

peu éloignés de ceux 1.33756 et 1.53824 des expériences n° 2 et n° 7 du tableau du n° 68, lesquelles nous ont servi à la détermination d'une hyperbole d'interpolation conduisant à la solution du problème des indices des rayons colorés, nous verrons que les indices du rouge et du violet sont, avec une exactitude très-suffisante, et qui nous permet de ne pas recourir à l'hyperbole en question, les ordonnées correspondantes à des abscisses égales aux indices donnés 1.33 et 1.43764, pour deux lignes droites,

$$y = \frac{1.52787 - 1.33094}{1.53824 - 1.33756}\, x + b = 0.9813135\, x + b,$$

$$y = \frac{1.54801 - 1.34418}{1.53824 - 1.33756}\, x + b' = 1.0186805\, x + b'.$$

Il serait facile de déterminer b et b' avec ces équations, et en faisant $x = 1.33$ et $x = 1.43764$, les valeurs de y seraient les nombres que nous cherchons; mais il sera encore plus simple de raisonner et d'opérer ainsi qu'il suit, au moyen des chiffres du n° 68.

390. L'abscisse 1.33 est plus petite que celle 1.33756, de l'expérience n° 2, de 0.00756; donc l'ordonnée correspondante à 1.33 est plus petite que celle 1.33094 qui pour le rouge correspond à 1.33756, de

$$0.00756 \times 0.9813135 = 0.00742:$$

donc l'indice du rouge, pour l'indice 1.33 du blanc, est égal à

$$1.33094 - 0.00742 = 1.32352.$$

L'indice du violet, dans le même cas, est égal à 1.33648.

Pour l'indice 1.43764 du blanc, on trouvera qu'il faut ajouter les chiffres respectifs

$$0.89821 = 0.10008 \times 0.9813135 \quad \text{et} \quad 0.10195 = 0.10008 \times 1.0186805,$$

aux indices

$$1.33094 \quad \text{et} \quad 1.34418,$$

du rouge et du violet dans l'expérience n° 2, ce qui donnera les indices cherchés

$$1.42915 \quad \text{et} \quad 1.44613.$$

D'après cela, on peut former le tableau suivant des valeurs de i et de l pour nos trois surfaces réfringentes.

SURFACES.	ROUGE.		VIOLET.	
	Valeurs de i.	Valeurs de l.	Valeurs de i.	Valeurs de l.
S_1	1.32352	1.32352	1.33648	1.33648
S_2	1.42915	1.07981	1.44613	1.08204
S_3	1.32352	0.92609	1.33648	0.92418

391. Parmi ces chiffres nous nous bornerons à employer, pour ne pas nous jeter dans de trop longs détails, les valeurs de i et de l relatives au violet, et nous calculerons les distances focales correspondantes aux trois surfaces réfringentes de l'œil, pour le cas du point rayonnant situé à l'infini. Nous aurons

$$g_1 = G_1, \quad g_2 = G_2,$$

et

$$F_1 = 34.6354 \; ; \; F_1 - g_1 = 31.2284 \; ;$$
$$F_2 = 26.3029 \; ; \; F_2 - g_2 = 22.1919 \; ;$$

enfin,

$$F_3 = 15.345 = G_3.$$

Ce qui donne

$$\Delta = g_1 + g_2 + G_3 = 22.863 \quad \text{et} \quad \delta - \Delta = 1.590.$$

D'où l'on voit que l'œil devrait se raccourcir de 1.590 pour recevoir l'image nette d'un point violet situé à l'infini, après avoir reçu celle d'un point blanc, ou plutôt d'un point vert (*b*), supposée nette aussi.

392. Nous avons trouvé précédemment (387), pour le même cas de $D_i = \infty$ et pour le rayon blanc, $F_3 = 15.609$; donc le foyer du violet est en arrière du foyer du blanc de

$$15.609 - 15.345 = 0.264.$$

Or le foyer du rouge est en avant du foyer du blanc d'une quantité à peu près égale à celle-ci, et même un peu plus grande, et l'on peut en dire autant des foyers du rouge et du violet, pour le point rayonnant situé à la distance de la vision distincte : donc, on a

Pour $d_i = 250$ et pour le rayon rouge, $f_3 = 16\,935 + 0.264 = .\ .\ .$ 17.199
Pour $D_i = \infty$ et pour le rayon violet, $F_3 = G_3 = .\ .\ .\ .\ .\ .\ .\ .\ .$ 15.345

Différence. 1.854

Il faut conclure de là que les foyers, pour toutes les couleurs du spectre, et pour des points rayonnants situés à des distances de l'œil comprises entre $d_i = 250$ et $D_i = \infty$, occupent sur l'axe optique une étendue de 1.854, ou des 0.0758, environ le treizième, du diamètre optique. C'est à peu près un sixième de plus que le chiffre 1,708 (148) obtenu pour l'œil n° 3, avec des rayons de courbure diminués d'un quarantième et des indices plus forts d'un dixième que ceux que les physiciens ont déterminés (147).

393. Pour avoir les grandeurs des images correspondantes à ces foyers, nous n'opérerons pas comme au cha-

---

(*b*) On sait que l'indice du vert est égal à celui du blanc ; mais comme le blanc se décompose, l'énoncé de la proposition dont il s'agit est plus satisfaisant dans le cas du vert que dans le cas du blanc.

pitre 8 ; le besoin de déterminer de telles grandeurs pouvant se présenter souvent, nous avons cherché une méthode commode pour les obtenir : voici l'exposé de cette méthode.

Pl. 6.
Fig. 76.
Admettons un nombre quelconque de surfaces réfringentes S_1, S_2, S_3. . . . . S_n; nommons H la demi-largeur OB de la pupille, ou, ce qui revient au même, la demi-hauteur du pinceau de lumière qui pénètre au fond de l'œil ; soient h_2, h_3. . . . h_n, les demi-hauteurs du même pinceau, c'est-à-dire les demi-diamètres des images au droit des surfaces S_2, S_3, S_4. . . . . S_n, et remarquons que ces images étant très-petites, on peut indifféremment supposer, ou qu'elles sont reçues par chaque surface réfringente, ou qu'elles sont reçues par le plan à la fois tangent à la surface réfringente et perpendiculaire à l'axe optique.

Cela posé, la première réfraction donnera un triangle OBf; dans lequel f est le foyer ; OB la demi-largeur de la pupille, et SR la demi-hauteur h_2 de l'image projetée sur le plan tangent SR, laquelle image, par hypothèse, est égale à celle que reçoit la surface antérieure S_2 du cristallin (c) : d'où il est aisé de voir qu'en désignant par p la distance de la cornée à l'iris, distance qui est de $3^{mm}.200$ (453 *bis*), on aura

$$Of : Sf :: OB : SR = H \frac{f_1 - g_1}{f_1 - p} = h_2$$

Pour la réfraction de la surface S_2 on aura un autre triangle SRf', dans lequel f' sera le nouveau foyer,

---

(c) On pourrait objecter que la largeur OB étant très-notable, l'aberration de courbure pour cette largeur a une certaine influence, et que le rayon qui passe par le point B coupe l'axe optique en deçà du point f; mais d'après ce que nous verrons dans la seconde partie, on doit supposer que les génératrices des surfaces réfringentes sont des optoïdes (Voyez la note (d) de la page 43) et que tous les rayons qui pénètrent par la pupille concourent exactement en un foyer unique.

et dr l'image reçue par la surface S_3, ou par le plan tan- Pl. 5.
gent dr; de sorte qu'on aura, Fig. 76.

$$Sf' : df' :: SR : dr = H\,\frac{f_2 - g_2}{f_2} = h_3.$$

Il en sera de même évidemment pour les réfractions suivantes, d'où l'on voit qu'on a, en général,

$$h_k = h_{k-1}\,\frac{f_{k-1} - g_{k-1}}{f_{k-1}},$$

et qu'en substituant chaque valeur de h_2, h_3, h_4 . . . . dans la suivante, on obtient finalement pour la demi-hauteur de l'image projetée sur la surface S_n,

$$h_n = H\,\frac{(f_1 - g_1)\,(f_2 - g_2)\cdot\ldots\cdot(f_n - g_n)}{(f_1 - p)\,f_2\cdot\ldots\cdot f_n},$$

qui est la formule cherchée.

Cette formule très-simple, dont tous les facteurs, sauf

$$H = 2.315\ (157)\quad\text{et}\quad f_1 - p = f_1 - 3.200,$$

ont dû être calculés pour obtenir f_n, est d'un emploi très-commode quand on opère avec les logarithmes.

394. Si on l'applique à l'image portée sur la rétine pour le cas du rayon blanc ou pour celui du rayon vert (391), lorsque $D_1 = \infty$, on trouvera, au moyen des chiffres du n° 387,

$$h_4 = \frac{2.315 \times 31.737 \times 25.2188 \times 1.3262}{32.044 \times 26.6888 \times 15.6086} = 1.0841,$$

ou

$$2h_4 = 0.3082,$$

ce qui nous fait voir que le diamètre de l'image serait d'environ quatre dixièmes de millimètre.

S'il s'agit du rayon blanc, lorsque $D_1 = \infty$, cette image sera environnée d'une frange dont nous calculerons le plus grand diamètre avec la même formule, et au moyen des chiffres du n° 391, relatifs au violet, ce qui nous donnera

$$h_4 = \frac{2.315 \times 31.2284 \times 22.1919 \times 1.590}{31.4354 \times 26.3029 \times 15.345} = 0.2005,$$

ou

$$2h_4 = 0.4010.$$

395. Et il faut remarquer que tous ces calculs sont faits dans l'hypothèse d'un indice 1.4376 qui, pour le rayon blanc ou vert et pour la distance $d_i = 250$, place l'image sur la rétine; d'où il faut conclure que si, pour la même valeur de d_i, le foyer du rayon rouge s'était trouvé sur le fond de l'œil, comme aux n°[os] 157 et suivants, nous aurions trouvé pour les diamètres qui viennent d'être calculés des valeurs plus grandes que les chiffres 0.3682 et 0.4010.

Sans recourir à un calcul bien long, nous pouvons obtenir ces valeurs avec une suffisante approximation. En effet, supposons que par un changement de l'indice le foyer du rouge correspondant à $d_i = 250$, et qui était à 0.264 au delà du fond $r'Zq$ de l'œil (392), vienne en r' sur la rétine, les autres foyers s'avanceront vers le cristallin à peu près de la même quantité, ainsi, le foyer du vert, pour $D_i = \infty$, viendra en F où était le foyer du violet correspondant à $D_i = \infty$, et ce dernier foyer sera en un point ν tel que $\nu F = 0.264$. Or, si $rF' = 0.264$, et que l'arc $F'p$ soit la position du fond de l'œil quand le point r' vient en F', il arrivera que la distance νF étant petite par rapport à la distance du cristallin, les droites Fp, νq, pourront être supposées parallèles, et que les triangles $FF'p$, $\nu r'q$, $Fr'z$ et $F'r'z$, rectangles en F' et en r', seront semblables. On aura, en conséquence,

$$Fr' : \nu r' :: r'z : r'q = \frac{\nu r'}{Fr'}\, r'Z.$$

Mais (391 et 392) on a

$$Fr' = 1.590, \quad vr' = 1.590 + 0.264 = 1.854 \quad \text{et} \quad r'Z = 0.2005,$$

ce qui donne

$$r'q = 1.166 \times 0.2005 = 0.2338,$$

et conséquemment

$$2 \times r'q = 0.4678,$$

pour la valeur du diamètre de l'image du violet, lorsque $D_i = \infty$, et que l'image du rouge correspondante à $d_i = 250$ se trouve sur la rétine.

Il est évident que si, au lieu de supposer les deux lignes Fp et vq parallèles, on tenait compte de leur divergence, on trouverait pour $2 \times r'q$ un nombre plus grand que 0.4678, c'est-à-dire égal à très-peu près à un demi-millimètre.

On calculera de même le diamètre de l'image circulaire violette correspondante à $D_i = \infty$, lorsque le foyer du rouge pour $d_i = 250$ est sur la rétine, et l'on trouvera pour ce diamètre, qui sera égal à $2 \times r'z$,

$$2r'z = 2 \frac{F'r'}{Fr'} r'Z = 0.0666.$$

396. Ces diamètres

$$0.0666, \; 0.3682, \; 0.4010 \text{ et } 0.4678,$$

de l'image d'un point rayonnant, confirment ce que nous avons dit à la fin du chapitre VIII relativement à l'impossibilité d'avoir des images vives et nettes sur la rétine dans le système des idées reçues (165).

On remarquera même qu'ils rendent l'impossibilité dont il s'agit plus manifeste; parce qu'ils sont plus forts que ceux du chapitre VIII (163). Il est vrai que les premiers correspondent à $D_i = \infty$ et les derniers à $D_i = 3000$; mais cette différence d'éloignement du point rayonnant n'entre sûrement que pour une très-petite partie dans l'excédant des chiffres 0.4676 et 0.4010, par exemple, sur les chiffres analogues 0.422 et 0.330 du n° 163.

397. Actuellement qu'il est bien établi que dans le système de l'homogénéité du corps vitré, et pour un point rayonnant situé sur l'axe optique, au delà de la distance de la vision distincte, les images auraient une étendue qui n'est pas admissible, interrogeons le calcul sur toutes les questions qu'on peut se faire pour remédier par les déformations de l'œil aux défauts signalés, abstraction faite de ceux de ces défauts qui tiennent à la réfrangibilité, et qu'aucun changement de figure du globe et de ses parties ne peut corriger.

Nous avons vu déjà quelles devraient être les variations de longueur du diamètre optique pour que la vision s'opérât de près et de loin. Cherchons les changements de courbure de la cornée qui conduiraient au même résultat, c'est-à-dire qui amèneraient le foyer sur la rétine quand on passe de la vision des objets situés à la distance $d_i = 250$ à celle des objets situés à la distance $D_i = \infty$.

398. Pour $d_i = 250$, nous avons trouvé (362) qu'on avait $f_i = 39.298$. Supposons que $D_i = \infty$; l_i ne changera pas; on aura

$$F_i = \frac{l_i R_i}{l_i - 1},$$

et si par le changement de r_i en R_i, cette valeur de R_i demeure égale à 39.298, de sorte que l'on ait

$$\frac{l_i R_i}{l_i - 1} = 39.298, \quad \text{ou} \quad \frac{1.33 R_i}{0.33} = 39.298,$$

la lumière du point rayonnant arrivera sur le cristallin et

ensuite sur la rétine, exactement de la même manière dans le cas de $D_i = \infty$ que dans le cas de $d_i = 250$; donc la variation de courbure de la cornée maintiendra la vision nette, toujours en faisant abstraction de la réfrangibilité, pour $D_i = \infty$ comme elle l'était pour $d_i = 250$. Mais on tire de l'équation précédente

$$R_i = \frac{0.33 \times 39.298}{1.33} = 9.7596 \,;$$

d'où l'on voit qu'il faudrait que le rayon de courbure $r_i = 8.720$ de la cornée éprouvât une augmentation de 1.031, ou des 12 centièmes de sa longueur, pour satisfaire aux besoins de la vision.

399. Prenons pour second exemple l'œil dans lequel l'épaisseur du corps vitré ne serait que du chiffre 15.609 calculé n° 387. Pour $d_i = \infty$, le foyer sera sur la rétine ; or, pour le maintenir sur cette membrane lorsque $D_i = 250$, il faudrait une déformation de la cornée telle que f_i, qui est égal à 35.144 pour $d_i = \infty$ (387), fût encore égal à cette valeur quand on a $D_i = 250$, ce qui donne

$$35.144 = \frac{1.33 \times 250 \times R_i}{0.33 \times 250 - R_i} \,;$$

d'où l'on tire $R_i = 7.886$. Ainsi le rayon de courbure $r_i = 8.720$ éprouverait une diminution de 0.834, ou des 106 millièmes de sa longueur, pour que la vision se maintînt nette à la distance de la vision distincte.

400. Et l'on remarquera que ces changements seraient encore plus grands s'il s'agissait d'effacer les effets de la réfrangibilité, par exemple, s'il fallait passer de la vision d'un point rouge pour $d_i = 250$ à un point violet pour $D_i = \infty$ (d).

(d) Pour trouver le rayon de courbure de la cornée dans le cas du

Mais si la cornée éprouvait des changements de courbure aussi considérables, auraient-ils échappé aux observations, qui paraissent avoir été fort soignées, de M. Young, de Home et de Ramsdem (171 et 172), et les savants, notamment Dulong, auraient-ils en quelque sorte sanctionné l'opinion de M. Young sur l'invariabilité de la cornée? Cela n'est guère admissible.

401. Cependant M. Jules Guérin paraît avoir obtenu des cas où cette membrane se déforme très-manifestement (e). D'un autre côté, nous sommes conduits plus loin (chapitre XXVI) par la théorie, à des déformations de l'œil qui s'étendent à la cornée; mais nous n'avons besoin que de changements très-petits. On peut présumer que ces changements s'opèrent dans tous les yeux; qu'ils ne sont pas sensibles chez les personnes qui ont une bonne vue et que M. Young aura choisies pour ses observations, et qu'ils prennent sur des sujets malades, comme dans les cas de strabisme examinés par M. Guérin, un degré d'exagération qui les rend manifestes. Nous reviendrons sur ce sujet (483), et nous nous bornons à repousser ici, comme inadmissibles dans les très-bons yeux, les grands changements de courbure qui viennent d'être calculés.

402. Maintenant considérons les déplacements du cristallin, et pour faciliter des calculs qui se reproduiront plus loin, proposons-nous de résoudre généralement cette question.

Trouver le déplacement x *du cristallin propre à main-*

---

violet, par exemple, on aurait les trois équations des trois réfractions; on ferait dans la dernière $f_3 = g_3$ et l'on obtiendrait d_3, d'où l'on déduirait f_2; on tirerait d_2 de la seconde, et f_1 s'ensuivrait; enfin la première dans laquelle d_1 serait connu donnerait le rayon cherché r_1.

(e) Voyez les *comptes rendus de l'Académie des sciences*, séance du 15 mars 1841.

tenir le foyer au même point quand l'éloignement de l'objet change.

Donnons à l'inconnue x le signe $+$ alors qu'elle accroît la valeur de g_1, et le signe $-$ dans le cas contraire ; désignons le déplacement sous le nom de *reculement* quand x est positif, c'est-à-dire dans le cas où le cristallin s'éloigne de la cornée, et celui d'*avancement* lorsque x prend le signe moins.

Cela posé, et les conventions du n° 386 ne cessant pas d'être admises, on aura pour la première réfraction

$$F_1 = \frac{l_1 r_1 D_1}{(l_1 - 1) D_1 - r_1} ;$$

équation, dans laquelle tout sera connu dès qu'on se sera donné D_1 et qui fournira F_1.

Connaissant F_1, il faudra en déduire $F_1 - G_1$: le cristallin se trouvant reculé vers la rétine, dans le sens de l'axe optique, de la quantité x, on aura

$$G_1 = g_1 + x ,$$

et par conséquent

$$F_1 - G_1 = F_1 - g_1 - x.$$

Mais

$$D_2 = -(F_1 - G_1) ;$$

donc on a

$$D_2 = g_1 + x - F_1 ,$$

ce qui donne pour la seconde réfraction

$$F_2 = \frac{l_2 r_2 (g_1 + x - F_1)}{(l_2 - 1)(g_1 + x - F_1) - r_2} :$$

équation qu'on peut mettre sous la forme

$$F_2 = \frac{ax - b}{a'x - b'} .$$

Passons à la troisième réfraction. Le cristallin étant repoussé vers la rétine de la quantité x, il faudra qu'on ait

$$\mathrm{F}_3 = f_3 - x ;$$

et comme $\mathrm{G}_2 = g_2$, on aura

$$\mathrm{D}_2 = g_2 - \mathrm{F}_2 :$$

la troisième réfraction fournira donc l'équation

$$f_3 - x = \frac{-l_3 r_3 (g_2 - \mathrm{F}_2)}{(l_3 - 1)(g_2 - \mathrm{F}_2) + r_3} ;$$

dans laquelle la quantité r_3 est positive, attendu que l'on a eu égard à ce que le rayon de courbure, pour la troisième réfraction, est une quantité négative. La valeur de F_2 tirée de cette équation sera de la forme

$$\mathrm{F}_2 = \frac{m - nx}{m' + n'x} ;$$

et les deux valeurs obtenues pour F_2 étant égalées entre elles, on aura une équation du second degré,

$$(ax - b)(m' + n'x) + (nx - m)(a'x - b') = 0 ,$$

qui conduit à la valeur cherchée de x.

403. Cette équation peut être représentée par celle-ci :

$$x^2 - px = q ,$$

moyennant qu'on ait

$$p = \frac{a'm + bn' + b'n - am'}{an' + a'n} ,$$

$$q = \frac{bm' - b'm}{an' + a'n} ;$$

et dans la supposition que l'on ait pour les quantités a, a', b, b', etc., les valeurs

$$a = l_2 r_2 \qquad\qquad b = a(F_1 - g_1)$$
$$a' = l_2 - 1 \qquad\qquad b' = r_2 + a'(F_1 - g_1)$$
$$n' = 1 - l_3 \qquad\qquad m' = l_3 r_3 - n' f_3$$
$$n = r_3 - g_2 n' \qquad\qquad m = r_3 f_3 + g_2 m'.$$

Quant à la valeur de x elle se trouve exprimée par la formule

$$x = \frac{1}{2}p \pm \sqrt{\frac{1}{4}p^2 + q} \cdot$$

404. Pour faciliter les applications, nous ferons observer que parmi les quantités a, a', n et n', d'une part, b, b', m et m', d'autre part, les dernières b et b', m et m', contiennent seules les données F_1 et f_3, de la question, et que les premières, a, a', n et n', ainsi que le binôme $an' + a'n$, dans le cas d'un même œil théorique sont invariables.

405. Pour les problèmes à résoudre en ce qui concerne l'œil n° 3, les substitutions relatives à cet œil étant faites, on aura, quelles que soient les données particulières de ces problèmes

$$a = 9.72837 \qquad\qquad b = 9.72837\,(F_1 - 3.407)$$
$$a' = 0.08093 \qquad\qquad b' = 9 + 0.08093\,(F_1 - 3.407)$$
$$n = 4.692127 \qquad\qquad m' = 4.62555 - 0.07489 f_3$$
$$n' = 0.07489 \qquad\qquad m = 5 f_3 + 4.111 m',$$

et

$$an' + a'n = 1.108291.$$

406. Maintenant, prenons le cas où le foyer se trouve sur la rétine, le point rayonnant étant à la distance $d_1 = 250$, ce qui suppose (364) que l'on ait $f_3 = 16.935$, et demandons-nous la valeur de x pour que le foyer reste sur la rétine quand on a $D_1 = \infty$. On sait (387) qu'on aura

$F_{,} = 35.144$, ce qui donne par la substitution de $F_{,}$ et $f_{,}$ dans les valeurs précédentes,

$$b = 308.749279, \qquad m' = 3.35729,$$
$$b' = 11.568475, \qquad m = 98.475819,$$
$$p = \frac{54.726764}{1.108291} = 49.379328,$$
$$q = -\frac{102.054183}{1.108291} = -92.6237 ;$$

et conséquemment

$$x = 24.690 \pm \sqrt{609.376298 - 92.6237,}$$

ou

$$x = 24.690 \pm 22.732 = 1.958.$$

D'où l'on voit que, dans le cas dont il s'agit, le déplacement doit s'opérer d'avant en arrière : c'est-à-dire que le maintien du foyer sur la rétine exige le reculement (402) du cristallin.

De la valeur de x obtenue on tire

$$G_{,} = 5.365 \quad \text{et} \quad G_{3} = 14.977 ,$$

ce qui, en faisant le calcul direct, conduit à $F_{3} = 14.927$, et place effectivement le foyer à très-peu près sur la rétine.

407. Si au contraire on part du cas où $d_{,} = \infty$, dans lequel (387) $f_{3} = 15.6086$, et si l'on se demande, pour l'œil dont nous nous sommes occupés n° 399, la valeur de x propre à maintenir le foyer au même point, lorsque $D_{,} = 250$, ce qui suppose (362) que l'on ait $F_{,} = 39.298$, il viendra

$$b = 349.160928, \qquad m' = 3.456622,$$
$$b' = 11.904059, \qquad m = 92.253173,$$
$$p = \frac{55.845585}{1.108291} = 50.388917,$$
$$q = \frac{108.674779}{1.108291} = 98.056177,$$
$$x = 25.194458 \pm \sqrt{732.816891,}$$

ou

$$x = -1.876.$$

Et ce résultat est juste, car il donne

$$G_1 = 1.531, \quad G_3 = 15.6086 + 1.876 = 17.4846 ;$$

d'où l'on tire par le calcul direct $F_3 = 17.475$, quantité peu différente de 17.4846. Ainsi, avec le déplacement en question, le point rayonnant situé à l'infini se trouvant remplacé par un point situé à la distance de la vision distincte, le foyer demeure effectivement placé au même point de l'axe optique.

408. Quant aux déplacements obtenus $+ 1.958$ et $- 1.876$, leur amplitude considérable suffit pour qu'on les repousse. Le premier, d'ailleurs, suppose que le cristallin s'enfonce dans le corps vitré de 1.958, ce qui est évidemment inadmissible ; et si l'on considère que la distance du devant de la cornée à la partie antérieure de l'iris n'est dans les yeux n° 1, n° 2 et n° 3 (46 et 393) que de 3.472 à 3.200 (453 *bis*), on verra que le déplacement égal à $- 1.876$ pousserait l'iris en avant d'une manière très-sensible, circonstance qui est contraire à ce qu'on observe quand la vision s'exerce à des distances alternativement grandes et petites.

409. Mais il importe de remarquer :

Premièrement, qu'en admettant les déformations de l'œil dont la nécessité a été démontrée (350), il faut reconnaître que si dans ces déformations le cristallin se déplace, l'œil décrit par tous les auteurs, sans exception, et dans lequel on voit en contact ce même cristallin et le corps vitré, est nécessairement monté pour la vision dans le cas de $d_1 = \infty$. En effet, le déplacement de la lentille ne pouvant s'opérer que d'arrière en avant (408), et cette sorte de déplacement favorisant la vision des objets rapprochés, le mouvement du cristallin serait sans objet dans le cas de $d_i = 250$.

Secondement, que ces trois circonstances, 1° la diminution du rayon de courbure de la cornée ; 2° l'allongement de l'œil ; 3° l'avancement du cristallin, agissent dans le même sens, et concourent à ce résultat unique de faciliter la vision à de faibles distances.

De plus, on remarquera qu'il serait difficile de concevoir qu'un de ces changements, la déformation de la cornée, ou l'allongement de l'œil, par exemple, pût s'accomplir sans qu'il entraînât les deux autres.

410. D'après cela, il est naturel que nous nous demandions si, par un allongement du globe oculaire, par un déplacement du cristallin, et par un changement de courbure de la cornée, résultant de l'allongement de l'œil, on ne remédierait pas aux défauts de la vision.

Il est clair, suivant ce que nous avons dit n° 401, que nous ne pouvons admettre qu'un très-petit changement de la cornée. Supposons qu'il s'agisse de passer de la vision de l'objet éloigné d'une distance $d_i = 250$, à celle qui est exprimée par $D_i = \infty$, et qu'à cet effet le rayon $r_i = 8.720$ reçoive une augmentation d'un vingtième, ou de 0.436, telle qu'on ait $R_i = 9.156$, en même temps que, pour concourir au même résultat, le cristallin s'éloigne de la cornée de 0.300, on aura

$$F_i = \frac{l_i \times 9.156}{l_i - 1} = 36.901.$$

Et comme G_i sera égal à

$$3.407 + 0.300 = 3.707 ,$$

la seconde réfraction donnera

$$F_2 = \frac{l_2 r_2 \times -33.194}{(l-1) \times -33.194 - r_2} = 27.635 ;$$

d'où l'on tirera

$$F_3 = \frac{l_3 r_3 \times - 23.524}{(l_3 - 1) \times - 23.524 - r_3} = 16.084 = G_3.$$

Mais on a $\delta = 24.453$, et ce calcul nous donne

$$\Delta = 3.707 + 4.111 + 16.084 = 23.902, \text{ et } \delta - \Delta = 0.551.$$

Donc le globe oculaire que nous avons supposé allongé de 0.300 entre la cornée et le cristallin, aurait besoin en définitive, additionnellement à la diminution de r_1, d'un raccourcissement du diamètre optique de 0.551.

Il est clair que le corps vitré ne peut pas subir une diminution qui s'élèverait à $0.551 + 0.300 = 0.851$, et que, en conséquence, les déformations dont il s'agit ne sont pas admissibles.

411. Examinons maintenant le cas où l'on aurait, pour l'éloignement de l'objet, d'abord $d_1 = \infty$ et ensuite $D_1 = 250$, et en admettant une diminution du vingtième du rayon r_1, supposons que le cristallin se rapproche de la cornée de 0.300. On aura

$$R_1 = 8.284 \text{ et } G_1 = 3.407 - 0.300 = 4.107,$$

ce qui donnera.

$$F_1 = \frac{l_1 \times 8.284 \times 250}{(l_1 - 1) 250 - 8.284} = 37.1137;$$

puis

$$F_2 = \frac{-1.08093 \times 36.006 \times 9}{-0.08093 \times 36.006 - 9} = 29,401,$$

et finalement

$$F_3 = \frac{0.92555 \times 25.290 \times 5}{0.075 \times 25.290 + 5} = 16.959 = G_1.$$

Or, d'après le calcul du n° 387, on a pour l'œil dont nous nous sommes occupés n°^{s} 399 et 407, $\delta = 23.127$, et les valeurs de G_1, G_2 et G_3 donnant $\Delta = 24.177$, il s'ensuit que $\Delta - \delta = 1.050$. Donc la vision, pour la distance $d_1 = \infty$, se maintiendra nette pour la distance $D_1 = 250$, si à la diminution d'un vingtième du rayon de la cornée et à l'avancement du cristallin de 0.300, il s'ajoute un allongement du globe de 1.050.

C'est un chiffre trop considérable pour qu'il soit admis.

412. Et il faut remarquer que dans les exemples précédents les déformations calculées ne remédient nullement aux défauts que doit produire la réfrangibilité. Pour acquérir des données précises sur ces défauts, considérons un dernier exemple dans lequel nous passerons de la vision d'un point violet correspondant à $d_1 = \infty$, à celle d'un point rouge correspondant à $D_1 = 250$, la réduction du rayon de la cornée étant toujours d'un vingtième et l'avancement du cristallin de 0.300.

Nous aurons, comme dans l'exemple précédent,

$$\delta = 23.127, \quad R_1 = 8.824, \quad G_1 = 3.107,$$

et les valeurs de L_1, L_2 et L_3 étant respectivement, d'après le tableau du n° 390, de 1.3235, 1.0798 et 0.9261, nous trouverons

$$F_1 = 37.759, \quad F_2 = 28.623 \text{ et } F_3 = 16.664 = G_1,$$

ce qui donne

$$\Delta = 23.882 \text{ et } \Delta - \delta = 1.019.$$

C'est-à-dire que la vision ne se maintiendrait nette, dans le cas dont il s'agit, que si en outre de la diminution de r_1 et de g_1, l'œil s'allongeait de 1.019.

Encore doit-on observer que les défauts résultant de la réfrangibilité ne seraient effacés que dans le cas tout particulier des points vus violet et rouge, le premier à l'infini et le second à 250 millimètres : pour des points autrement colorés ces défauts subsisteraient en plus ou moins grande partie.

413. Les déformations qui viennent d'être calculées sont rapportées dans le tableau du n° 427. On va voir par le chapitre suivant qu'elles sont à peu de chose près les mêmes pour des yeux de dimensions très-différentes de celles de l'œil théorique n° 3. Elles sont bien au-dessous de ce qu'on devrait attendre, d'après le chiffre $\frac{1}{6}$ calculé par le docteur Young (151) pour l'allongement du globe, et d'après le chiffre $\frac{2}{5}$ indiqué par Dulong (171) pour la diminution du rayon de courbure de la cornée.

Peut-être aurait-on trouvé, à l'époque où Young écrivait, que des déformations aussi faibles que celles du n° 410, bien qu'elles laissent subsister les inconvénients dus à la réfrangibilité, étaient cependant admissibles, et qu'on pouvait regarder les questions de la vision comme suffisamment bien résolues par les calculs que nous venons de faire. Mais il est établi par le chapitre précédent que l'œil est un instrument d'une grande exactitude ; il est pratiquement d'un achromatisme parfait, et nous ne pouvons nous contenter d'une théorie qu'on aurait admise quand cet organe était supposé grossier.

CHAPITRE XXIII.

DE L'ŒIL N° 1 MESURÉ PAR LE DOCTEUR KRAUSE, COMPARÉ A L'ŒIL THÉORIQUE N° 3 ; CONCLUSION DE CE CHAPITRE.

414. Les calculs précédents ayant une grande importance, puisqu'ils donnent en chiffres la mesure des défauts de l'ancienne théorie, il convient d'examiner si, en adoptant pour l'œil théorique d'autres dimensions que celles de Sœmmering (365), on ne serait pas conduit à des résul-

tats très-différents de ceux que nous avons obtenus.

L'œil n° 3, dont nous admettons les dimensions, se fait évidemment remarquer par la grande épaisseur du corps vitré et par la petitesse du cristallin. L'œil n° 1, mesuré par le docteur Krause (24), présente au contraire un cristallin très-fort et une faible épaisseur du corps vitré; donc l'application des calculs à l'œil n° 1 doit fournir les résultats les plus propres à contraster avec ceux du chapitre précédent. De plus, si ces yeux ne présentaient, ni l'un ni l'autre, le type normal de l'œil humain, il serait du moins présumable que les chiffres des dimensions correspondantes à ce type seraient compris entre les chiffres de l'œil n° 3 et ceux de l'œil n° 1. Il sera donc utile de connaître les résultats de l'application du calcul à ce dernier œil. La recherche de ces résultats va faire l'objet de ce chapitre.

415. En recourant aux n°s 46 et 53, on verra qu'on a pour l'œil n° 1,

$$r_1 = 8.681, \quad r_2 = 5.461, \quad r_3 = -3.713 ;$$
$$g_1 = 3.704, \quad g_2 = 7.176, \text{ et } g_3 = 11.111.$$

L'indice du premier milieu et celui du corps vitré étant toujours 1.33 (360 et 361), la première question à résoudre sera de déterminer l'indice fictif du cristallin propre à amener le foyer sur la rétine, lorsque $d_1 = 250$.

La première réfraction nous donnera

$$f_1 = 39.101, \quad \text{et} \quad f_1 - g_1 = 35.397 ;$$

nous devrons donc avoir

$$d_2 = -35.397 \quad \text{et} \quad f_3 = 11.111.$$

Ces valeurs, substituées dans les formules du n° 363, conduiront à

$$p = -3.472605 ,$$
$$q = 7.168525 ,$$

et

$$x = -1.73633 \pm \sqrt{3.01484 + 7.16853},$$

ou

$$x = 1.45481,$$

qui est la valeur de l'indice cherché.

416. On voit d'abord que cet indice est plus fort que celui que nous avons obtenu (364) pour l'œil n° 3, ce qui est favorable à ce dernier, considéré comme type, puisque l'indice du cristallin entier trouvé par les physiciens (365) n'est que de 1.384.

L'indice 1.45481 nous fournira l_2 et l_3, et nous aurons

$$l_1 = 1.33, \quad l_2 = 1.09383 \quad \text{et} \quad l_3 = 0.91422.$$

Au moyen de ces nombres, employés au calcul direct de f_i, on trouve

$$f_1 = 39.101, \quad f_2 = 24.076 \quad \text{et} \quad f_3 = 11.1118 ;$$

d'où il faut conclure que nos calculs sont justes.

417. En nous donnant $D_1 = \infty$, et attendu que l'on a $G_1 = g_1$ et $G_2 = g_2$, nous trouvons successivement,

$$F_1 = 34.987 \quad \text{et} \quad F_1 - g_1 = 31.283 ;$$
$$F_2 = 22.256 \quad \text{et} \quad F_2 - g_2 = 15.080 ;$$

enfin,

$$F_3 = 10.224 = G_3.$$

Et comme

$$\delta = g_1 + g_2 + g_3 = 21.091,$$

et que nous trouvons $\Delta = 21.104$, il s'ensuit que $\delta - \Delta = 0.887$; d'où l'on voit que, abstraction faite de toute réfrangibilité, il suffirait d'un raccourcissement des 40 millièmes, ou d'environ un vingt-cinquième du diamètre optique, pour que la vision, distincte lorsque $d_1 = 250$, le fût encore quand $D_1 = \infty$. Sous ce rapport, l'œil n° **1** est plus satisfaisant que l'œil n° **3** (388); mais le raccourcissement obtenu est encore trop fort pour qu'on l'admette (401).

418. L'indice i_2 du blanc pour le cristallin étant 1.45481, nous avons cherché, comme au n° 390, l'indice correspondant du violet, et nous avons trouvé cet indice égal à

$$1.34418 + 0.11942 \text{ ou à } 1,46360.$$

Il résulte de là que pour le violet on a

$$l_1 = 1.33648 , \quad l_2 = 1.09512 \text{ et } l_3 = 0.91315.$$

Si, au moyen de ces valeurs, on calcule la position du foyer pour $D_1 = \infty$, attendu que

$$G_1 = g_1 \quad \text{et} \quad G_2 = g_2,$$

on trouve,

$$F_1 = 34.480 \quad \text{et} \quad F_1 - g_1 = 30.776 ;$$
$$F_2 = 21.942 \quad \text{et} \quad F_2 - g_2 = 14.766 ;$$

enfin ,

$$F_3 = 10.022.$$

Il suit de là que le foyer du violet est en deçà de la rétine d'une quantité $1.089 = 11.1118 - 10.022$: c'est-à-dire que l'œil devrait se raccourcir de 1.089 pour que l'image restât sur la rétine lorsque la vision s'opère à l'infini après qu'elle s'est opérée à la distance $d_1 = 250$.

Ce chiffre 1.089 est plus grand que le chiffre analogue 0.887, relatif au blanc, de 0.202; et, suivant ce que nous avons dit n° 392, le foyer du rouge devant être au delà du foyer du blanc, pour $d_1 = 250$, d'une longueur égale à peu près à cette quantité 0.202, la distance du foyer du rouge, pour $d_1 = 250$, au foyer du violet, pour $D_1 = \infty$, peut être évaluée à 1.290. C'est la 58 millième partie, ou le dix-septième environ, du diamètre optique de l'œil. Nous avons trouvé (388), pour l'œil n° 3, un treizième, ainsi l'œil n° 1 continue ici de paraître plus convenablement disposé que l'œil n° 3.

419. Pour calculer les grandeurs des images nous devons employer la formule du n° 393, dans laquelle H est le rayon de la pupille. Nous avons supposé (157 et 393) que ce rayon était égal à 2.315, pour l'œil n° 3, dont le diamètre optique est de 24.453 (388); pour l'œil n° 1, dont le diamètre n'est que de 21.991, le rayon pupillaire devra être réduit au moyen du diviseur

$$k = \frac{24.453}{21.991} = 1.112 ,$$

ce qui donnera $H = 2.082$.

Quant à la valeur p, de la distance du devant de la cornée à l'iris, on voit dans le tableau du n° 46 qu'elle est de 3.472.

420. La valeur de f étant de 34.987 (417), nous avons trouvé, pour le point rayonnant situé à l'infini et pour le rayon blanc, $f_i - p = 31.515$, et

$$h_4 = \frac{2.082 \times 31.2830 \times 15.0798 \times 0.887}{31.515 \times 22.3558 \times 11.112} = 0.1118 ,$$

d'où l'on tire pour le diamètre de l'image portée par ce point sur la rétine, abstraction faite de toute réfrangibilité,

$$2h_4 = 0.2236.$$

Pour le violet (418) on a $f_i = 34.480$ et $f_i - p = 30.008$;

$$h_4 = \frac{2.082 \times 30.7764 \times 14.7057 \times 1.089}{30.008 \times 21.9417 \times 10.022} = 0.1511 ,$$

et

$$2h_4 = 0.3022.$$

421. On opérant comme au n° 395, pour avoir le diamètre de l'image correspondante au point rayonnant violet situé à l'infini, et dans le cas où le point rouge situé à

la distance de la vision distincte aurait son foyer sur la rétine, nous avons eu la proportion

$$1.089 : 1.290 :: 0.3022 : x = 0.3580.$$

Un calcul semblable donnera pour le diamètre de l'image du violet, dans le cas de $d_1 = 250$ correspondant au foyer du rouge situé sur la rétine, et D, étant infini,

$$2 \times r'z = 0.1120.$$

422. Mais, pour comparer ces diamètres d'images à ceux que nous avons calculés n° 394 et n° 395, il faudra les multiplier par le coefficient $k = 1.112$ du n° 419, ce qui donnera les chiffres

$$0.1245 , 0.2486 , 0.3360 \text{ et } 0.3980,$$

correspondants aux chiffres de l'œil n° 3,

$$0.0666 , 0.3682 , 0.4010 \text{ et } 0.4678.$$

Ces derniers chiffres sont plus grands que les premiers, ainsi l'œil n° 1 satisferait mieux que l'œil n° 3, en ce qui concerne l'objet dont il s'agit, aux besoins de la vision : toutefois les diamètres d'images

$$0.1120 , 0.2236 , 0.3022 \text{ et } 0.3580,$$

sont encore trop forts pour qu'on puisse les admettre.

423. Passons au calcul des changements du rayon de la cornée propres à maintenir la vision nette à toute distance.

Pour $d_1 = 250$ nous avons trouvé, n° 416, $f_1 = 39.101$; il faudrait donc que cette valeur se maintînt lorsqu'on a $D_1 = \infty$: c'est-à-dire qu'on devrait avoir

$$F_1 = 39.101 = \frac{1.33 R_1}{0.33},$$

ce qui donne

$$R_{,} = \frac{39.101 \times 0.33}{1.33} = 9.702.$$

Or, le rayon $r_{,}$ étant égal à 8.681, on voit qu'il serait augmenté de 1.021, ou de 127 millièmes, environ un huitième de sa valeur.

424. Si nous prenons le cas de $d_{,} = \infty$ pour passer au cas de $D_{,} = 250$, nous aurons $f_{,} = 34.987$, et pour trouver $R_{,}$ nous poserons l'équation

$$34.987 = \frac{1.33 \times 250 \times R_{,}}{0.33 \times 250 - R_{,}},$$

de laquelle nous tirerons

$$R_{,} = 7.854.$$

Le rayon $r_{,} = 8.681$ est donc diminué de 1.027, ou de 118 millièmes, environ un dixième.

On voit d'après ces calculs, et en se reportant à ceux des n⁰ˢ 398 et 399, que l'œil n° 1 serait ici moins satisfaisant que l'œil n° 3.

425. Si l'on veut connaître le déplacement du cristallin propre à maintenir la vision nette, quand l'œil, disposé pour voir les objets situés à la distance de la vision distincte, se monte pour observer à l'infini, on aura (416), pour $d_{,} = 250$,

$$f_{3} = 11.1118,$$

et pour $D_{,} = \infty$ (417),

$$F_{,} = 34.987,$$

ce qui donnera d'abord

$$F_{,} - g_{,} = 31.283 ;$$

puis d'après les formules du n° 403,

$$a = 5.97341 \qquad b = 186.84999$$
$$a' = 0.09383 \qquad b' = 8.39628$$
$$n' = 0.08578 \qquad m' = 2.44133$$
$$n = 3.09744 \qquad m = 5877760$$
$$an' + a'n = 0.803032$$
$$p = 41.05316 \qquad q = -46.51209$$

et finalement

$$x = 1.166 :$$

chiffre qui donne à très-peu près $\delta - \Delta = 0$.

425 *bis.* Si au contraire on suppose $d = \infty$, ce qui (417) donne $f_3 = 10.224$, on aura (416) pour $D_1 = 250$,

$$F_1 = 39.101 \text{ et } F_1 - g_1 = 35.397.$$

Les valeurs de a, a', n', n, et $an' + a'n$ seront les mêmes que dans le cas précédent, et on trouvera

$$b = 211.440794 \qquad m = 56.027184$$
$$b' = 8.782301 \qquad p = 44.281182$$
$$m' = 2.517485 \qquad q = 50.128309,$$

et pour le déplacement qui maintient le foyer à 10.224 au delà du cristallin ,

$$x = -1.105 :$$

nombre très-satisfaisant qui conduit à $\delta - \Delta = -0.001$.

426. Supposons à présent que pour maintenir le foyer à la distance 11.1118 , trouvée n° 416 pour $d_1 = 250$, le rayon de courbure de la cornée, comme au n° 410, soit augmenté d'un vingtième, ou de 0.434 ; que le cristallin éprouve un reculement de 0.300, et cherchons le raccourcissement du globe qui devra concourir avec ces deux premiers moyens de déformation lorsqu'on fera $D_1 = \infty$. On aura $R_1 = 9.115$ et $G_1 = 4.004$, ce qui donnera successivement

$$F_1 = \frac{1.33 \times 9.115}{0.33} = 36.736 ;$$

$$F_2 = \frac{1.09383 \times 5.461 \times 32.732}{0.09383 \times 32.732 + 5.461} = 22,916 ;$$

$$F_3 = \frac{0.9142 \times 3.713 \times 15.740}{0.0858 \times 15.740 + 3.713} = 10.552 = G_3 ;$$

d'où résulte $\Delta = 4.004 + 7.176 + 10.552$, et $\delta - \Delta = 0.259$: c'est le raccourcissement cherché.

Il est exprimé par un chiffre bien faible ; mais il faut remarquer que ce chiffre et les chiffres 0.434 et 0.300 qui expriment les changements de r_1 et de g_1 doivent être multipliés par le coefficient $k = 1.112$, calculé n° 419 pour rendre les dimensions de l'œil n° 1 comparables à celles de l'œil n° 3. On doit donc substituer à ces chiffres les nombres

0.483, 0.334 et 0.288,

lesquels, suivant ce que nous avons dit n° 413, sont trop forts pour qu'on les admette.

Il en est de même de ceux auxquels nous allons arriver dans ce qui suit.

426 *bis*. Passons au cas où, pour $d_1 = \infty$, la vision s'opère sur le violet, ce qui d'après le n° 418 donne $f_3 = g_3 = 10.022$, et demandons-nous l'allongement du globe qui serait nécessaire pour maintenir le foyer du blanc au même point, si le rayon de la cornée se trouvait diminué d'un vingtième, ou de 0.434, et qu'en même temps le cristallin s'avançât de 0.300. On aura, au moyen des valeurs de l_1, l_2 et l_3 du n° 416 :

$$F_1 = \frac{1.33 \times 8.247 \times 250}{0.33 \times 250 - 8.247} = 36.9295 \ ;$$

$$F_2 = \frac{1\ 0938 \times 5.461 \times 33.5255}{0.0938 \times 33.5255 - 5.461} = 23.269 \ ;$$

$$F_3 = \frac{0.9142 \times 3.713 \times 16.093}{0.0858 \times 16.093 + 3.713} = 10.725 = G_2 :$$

d'où l'on voit que l'allongement cherché est égal à

$$\Delta - \delta = 21.305 - 20.902,$$

ou à 0.403.

Enfin, considérons le cas du même point violet situé à la distance $d_1 = \infty$, et celui d'un point rouge situé à la distance $D_1 = 250$. On aura, comme dans le cas qui précède, $f_3 = g_2 = 10.022$; on calculera par les moyens employés au n° 418 l'indice fictif 1.4460 du cristallin pour le rayon rouge, et on trouvera, en se reportant à la valeur 1.32352 de l'indice du rouge correspondant à l'indice 1.33 de l'humeur aqueuse et du corps vitré (390),

$$l_1 = 1.3235, \quad l_2 = 1.0925 \quad \text{et} \quad l_3 = 0.9153,$$

ce qui conduit à

$$F_1 = 37.5713 ; \quad F_2 = 23.644 ; \quad F_3 = 10\,956 = G_1,$$

et donne pour l'allongement cherché

$$\Delta - \delta = 20.902 - 21.536 = 0.634.$$

427. La question à résoudre dans ce chapitre étant de comparer les yeux n° 1 et n° 3, nous présenterons dans le tableau suivant les résultats qui viennent d'être calculés, afin qu'on en apprécie bien l'ensemble.

Dans une colonne particulière se trouvent les chiffres calculés pour l'œil n° 1 multipliés par k, dans le but de les rapporter au diamètre de l'œil n° 3 et de les rendre comparables (422) aux chiffres analogues obtenus pour ce dernier œil.

L'action du cristallin étant la même à très-peu près que s'il était homogène (385), nos résultats conviennent à l'œil armé d'un cristallin composé.

		DÉSIGNATIONS DIVERSES.	CHIFFR. de l'œil n° 1 multipl. par k.	ŒIL N° 1.	ŒIL N° 3.
1° CHIFFRES admis.		OEil n° 1 $\begin{cases} r_1 = 8.681 \quad r_2 = 5.461 \quad r_3 = -3.713 \\ g_1 = 3.704 \quad g_2 = 7.176 \quad g_3 = 11.111 \end{cases}$ (415).			
		OEil n° 3 $\begin{cases} r_1 = 8.720 \quad r_2 = 9.000 \quad r_3 = -5.000 \\ g_1 = 3.407 \quad g_2 = 4.111 \quad g_3 = 16.935 \end{cases}$ (367).			
	OEil n° 1 et OEil n° 3	Rayon blanc $i_1 = l_1 = 1.33$; $i_3 = 1.33$ (367).			
		$k = \dfrac{24.453}{21.991} = 1.112.$ $\delta = g_1 + g_2 + g_3 =$		21.991	24.453
2° VALEURS calculées de i et de l.	Indices fictifs i_2 du cristallin.	Rayon blanc (415 et 367).		1.4548	1.4376
		——— rouge (426 *bis* et 390).		1.4460	1.4292
		——— violet (418 et 390).		1.4636	1.4461
	Id. de l'hum. aq. et du corps vitré.	Rayon rouge (390).		1.3235	1.3235
		Rayon violet (390).		1.3235	1.3365
	Nota. Voyez pour les valeurs de l, du rouge et du violet, le tableau du n° 390, et les nos 418 et 426 *bis*.				
3° DIAMÈTRES des images, l'œil étant invariable.		Le foyer est sur la rétine dans le cas de d_1, et l'image circulaire est produite dans le cas de D_1.			
		Rouge $d_1 = 250$; violet $D_1 = \infty$ (421, 422 et 395). . . .	0.1245	0.1120	0.0666
		Vert $d_1 = 250$; vert $D = \infty$ (420, 422 et 394).	0.2486	0.2236	0.3682
		Vert $d_1 = 250$; violet $D_1 = \infty$ (421, 422 et 394)	0.3360	0.3022	0.4010
		Rouge $d_1 = 250$; violet $D_1 = \infty$ (421, 422 et 395). . . .	0.3980	0.3580	0.4678
4° DÉFORMATIONS propres à maintenir la vision nette depuis 250 millimètres jusqu'à l'infini.	Raccourcissement du globe.	Vert $d_1 = 250$; rouge $D_1 = 250$ (418 et 392).	—0.225	0.202	—0.264
		Vert $d_1 = 250$; vert $D_1 = \infty$ (417 et 388). .	—0.986	0.887	1.326
		Id. id. en millièmes du diamètre optique (417 et 388).	»	40	54
		Vert $d_1 = 250$; violet $D_1 = \infty$ (418 et 391).	1.211	1.089	1.590
		Rouge $d_1 = 250$; violet $D_1 = \infty$ (418 et 392).	1.434	1.290	1.854
		Id. id. en millièmes du diamètre optique (418 et 392).	»	58	76
	Augmentation du rayon de la cornée.	Rayon blanc $d_1 = 250$ et $D_1 = \infty$ (423 et 398).	1.135	1.031	1.081
		Id. id. en millièmes de r_1 (423 et 398).		13	12
		Id. $d_1 = \infty$ et $D_1 = 250$ (424 et 399). . .	1.142	1.027	—0.834
		Id. id. en millièmes de r_1 (424 et 399).		—118	—106
	Reculement du cristallin.	Pour $d_1 = 250$ et $D_1 = \infty$ (425 et 406). .	1.297	1.166	1.958
		Pour $d_1 = \infty$ et $D_1 = 250$ (425 *bis* et 407).	—1.229	—1.105	—1.876
	Changement de la cornée, de la position du cristallin (a) et de la longueur du globe.	Blanc $d_1 = 250$; *id.* $D_1 = \infty$; augmentation d'un 20° pour r_1 ; reculement du cristallin de 0.300, et allongement du globe (426 et 410) de. . . .	0.288	0.259	0.551
		Violet $d_1 = \infty$; blanc $D_1 = 250$; diminution d'un 20° pour r_1 ; avancement du cristallin de 0.300, et allongement du globe (426 *bis* et 411) de. .	0.448	0.403	0.742
		Id. ; rouge $D_1 = 250$; *id.* ; *id.*, et *id.* (426 *bis* et 412) de.	0.705	0.634	1.019

Nota. Les déformations dont il s'agit ne remédient pas aux inconvénients de la réfrangibilité (431).

(a) On doit remarquer que ces changements, pour la cornée et pour le cristallin, sont plus forts, comparativement, pour l'œil n° 1 que pour l'œil n° 3 (426).

428. Nous nous arrêterons d'abord, en examinant ce tableau, aux indices fictifs calculés 1.45481 et 1.43764. Ces deux indices sont plus forts que l'indice 1.384 observé par M. Brewster (61); serait-ce un motif suffisant de les considérer comme mauvais ? Nous ne le croyons pas. En effet, il y a de bons yeux très-sensiblement dissemblables dans leurs formes; or, pour ces yeux si dissemblables, les différences des indices du cristallin doivent nécessairement établir la compensation des différences de figure. Donc l'indice 1.384, obtenu sur un cas particulier, en supposant d'ailleurs qu'après la mort le cristallin sur lequel on a opéré n'ait subi aucune altération, n'infirme nullement la possibilité d'avoir pour d'autres yeux des chiffres un peu plus forts ou un peu moins forts.

429. Nous voyons, par les nombres qui figurent dans le tableau précédent, que l'œil n° 1 n'est pas plus éloigné que l'œil n° 3 de satisfaire aux besoins de la vision, puisqu'il donne à peu près les mêmes diamètres d'images et qu'il n'exige pas, pour remédier aux inconvénients de ces diamètres, des chiffres de déformation aussi considérables, proportion gardée, que ceux qui sont nécessaires pour l'œil n° 3. Il faut reconnaître d'ailleurs que ces deux yeux, bien qu'ils soient de figures sous quelques rapports tout opposées (414), donnent des résultats qui conduisent aux mêmes conclusions, quant au défaut manifeste de netteté de la vision à des distances très-différentes, et quant à l'amplitude des déformations que devrait subir l'organe pour que l'image fût nette dans tous les cas.

430. Mais l'œil n° 1 et l'œil n° 3 satisfaisant tous les deux aux conditions que doit remplir l'œil théorique, et l'œil n° 1 ayant été mieux mesuré et donnant des résultats en somme un peu moins défavorables à la théorie ancienne que ceux qui sont fournis par l'œil n° 3, nous devons ici, comme au n° 154, justifier notre préférence pour ce dernier œil. Or, elle tient non-seulement à ce que l'œil n° 1, dé-

pourvu du canal goudronné (153), est en cela défectueux ; mais surtout à ce que cet œil, ainsi qu'on le voit par les propres expressions du docteur Krause (126), est un œil extraordinaire, que nous devions par cette raison repousser, afin que nos raisonnements se rapportassent continuellement à un type moins anormal.

Au surplus, ce qui importait principalement, c'est que nos résultats convinssent à tous les yeux que l'on peut supposer bons, et c'est ce qui aura lieu, car ces yeux, comme on l'a vu plus haut (414), ont des figures en général comprises entre le type n° 1 et le type n° 3 (b).

431. Si l'on se reporte à la théorie des images réfléchies et réfractées (liv. IV) et aux perfections de l'œil qu'exige la vision de ces images (ch. XVII, XVIII et XIX), et si l'on fait attention que les déformations du globe oculaire rapportées dans le tableau du n° 427, lors même qu'elles seraient absolument praticables, ne remédieraient pas au défaut d'achromatisme de l'œil, défaut qui agrandit l'amplitude des images, les confond les unes dans les autres et ôte aux points représentés sur la rétine l'intensité de couleur qu'ils auraient avec un organe mieux constitué, on sera conduit à reconnaître que la théorie de l'œil fondée sur l'homogénéité du corps vitré, est, comme nous l'avons déjà dit tant de fois, une théorie vicieuse.

Nous allons dans le livre qui suit établir ce qui nous paraît être la véritable théorie.

(b) Il nous aurait répugné d'adopter des dimensions prises par nous d'une manière tout à fait arbitraire ; mais nous aurions probablement admis celles de la coupe de M. Th. Wharton Jones (voyez la note (a) du ch. XX), si nous l'avions connue quelques années plus tôt. Nous reviendrons sur ce sujet dans la seconde partie, après avoir examiné les différences de l'œil mort et de l'œil vivant.

LIVRE VI.

DU MÉCANISME DE L'ŒIL, QUANT A LA VISION DANS LA DIRECTION DE L'AXE OPTIQUE, SUIVANT LA NOUVELLE THÉORIE.

CHAPITRE XXIV.

LE CORPS VITRÉ EST TRAVERSÉ EN LIGNE COURBE PAR LES RAYONS LUMINEUX ; EXPOSÉ SUCCINCT DE LA NOUVELLE THÉORIE ; L'ŒIL EST POURVU ET DEVAIT ÊTRE POURVU D'UN DOUBLE MOYEN D'ACHROMATISME TOUT PARTICULIER.

432. Si la propriété du corps vitré de courber les rayons lumineux était une simple hypothèse, comme l'idée de la déformation du cristallin par une action érectile ou par une action musculaire, et si cette hypothèse avait l'avantage, comme elle l'a en effet, d'expliquer mieux la vision distincte à des distances différentes, et de donner pour l'achromatisme de l'œil une solution excellente, il faudrait l'admettre, uniquement parce qu'elle serait, quant aux difficultés à résoudre, une solution préférable à toutes les solutions proposées par les physiciens.

433. Mais cette propriété n'est pas une simple hypothèse ; car, à ne considérer que ce que nous avons dit précédemment (180), elle est déjà, tout au moins, une déduction rationnelle des principes de la physiologie.

D'après cela, nos idées sur le corps vitré sont justifiées, dès à présent, autant que doivent l'être les systèmes qu'on admet en physique : elles vont, dans ce qui suit, être établies d'une manière plus positive, et même d'une manière, si nous osons le dire, à peu près rigoureuse.

434. Imaginons que l'on ait tracé une ligne droite OPQ Pl. 5. sur une feuille de papier, et que, pour la regarder avec Fig. 85. une très-bonne vue, on se place de façon qu'elle soit dirigée à peu près dans le sens de l'axe optique. Cette ligne, comme on le sait (art. (D) de la pag. 205), paraîtra large du côté O de l'œil; elle se rétrécira de plus en plus jusqu'à ce que le point considéré P soit à la distance de la vision distincte, et au delà du point P les points de la ligne OPQ seront tous vus nettement.

Et l'on sait aussi que si l'axe optique demeure fixé sur le point P, on a la sensation, pour la partie Pm adjacente au point P et située vers l'œil, d'une ligne confuse, tandis que la partie Pn, située au delà du même point P et adjacente à ce point, donne la sensation d'une ligne nette.

435. Mais si le corps vitré était homogène, ou, ce qui revient au même, si les rayons lumineux le traversaient en ligne droite, les pinceaux de lumière émanant de chaque point d'une ligne droite dirigée vers l'œil viendraient former dans ce corps, supposé indéfini au delà du cristallin, une suite de foyers F, F', F", F''', etc., situés sur Fig. 80. une certaine ligne FF'F"F''', et les rayons de lumière qui donneraient ces foyers appartiendraient à une suite de cônes indiqués sur la figure. Soit donc RR'R"R''' une portion de la partie postérieure de la rétine; il est clair qu'elle serait coupée par les cônes en question suivant une suite de cercles S, S', S", S''', dont l'un serait un point f, et que l'image peinte sur le fond de l'œil aurait pour contour le système de deux lignes afb, cfd, qui se couperaient en f. Or, il suit de là que les points de la ligne objective, soit qu'ils fussent en deçà, soit qu'ils fussent au delà de celui qui se peindrait en f, auraient

Pl. 5.
Fig. 85.

tous pour images des cercles, et que la vision serait également confuse, tant pour la partie de OP voisine du point P au delà de ce point, que pour la partie voisine du même point et qui se trouve en deçà, ce qui est contraire au fait établi plus haut, et dont toutes les personnes douées d'une bonne vue ont la connaissance : donc le corps vitré n'est pas homogène (a).

436. Il faut conclure de là, nécessairement, qu'elle contient des surfaces réfringentes qui courbent les rayons lumineux, c'est-à-dire qu'elle est composée de couches différemment réfringentes, comme le cristallin, avec cette différence toutefois qu'on reconnaît par la dissection et par l'examen d'un cristallin desséché que ce corps a des couches, mais sans pouvoir apprécier leurs épaisseurs, ni leur nombre, ni leurs courbures, et que le corps vitré, d'une organisation encore plus délicate que celle du cristallin, n'a laissé jusqu'à présent aucun moyen de juger de ses divisions et de la figure des surfaces réfringentes plus ou moins rapprochés les unes des autres que sa constitution produit.

437. Comment ces surfaces peuvent-elles être disposées ? Pour essayer de résoudre cette question, nous remarquerons qu'elles servent à modifier les pinceaux de rayons lumineux qui sortent du cristallin et qui arrivent à la rétine ; qu'elles sont comprises entre la surface antérieure du corps vitré et la surface du fond de l'œil, et que, en conséquence, il est naturel de supposer qu'elles passent graduellement de la figure qu'affecte en avant la masse du corps vitré à la figure de la rétine. C'est ce que nous admettrons.

(a) L'œil se trouvant fixé sur le point P est immobile, soit qu'il puisse varier de figure pour les besoins de la vision, soit qu'il ne le puisse pas : la démonstration qu'on vient de voir s'applique donc à ces deux cas. Voyez sur l'objet de cette démonstration le commencement du ch. XXVI.

438. Quant aux indices des couches, nous avons à nous demander s'ils vont en augmentant ou en diminuant du cristallin au fond de l'œil. S'ils allaient en diminuant, il ne serait pas nécessaire d'avoir pour le cristallin un indice aussi fort que celui que nous avons trouvé nᵘ 364, ce qui, au premier abord, peut rendre l'hypothèse de cette diminution des indices du corps vitré plus admissible (365). Mais il résulterait de cette hypothèse, 1° que chaque nouvelle réfraction rapprochant le foyer, la dispersion des rayons colorés irait en augmentant, de sorte que les couches du corps vitré aggraveraient l'inconvénient du défaut d'achromatisme des images ; 2° que les rayons de chaque pinceau étant courbés comme on le voit fig. 83, ils formeraient en arrivant à la rétine un cône dont l'angle au sommet serait plus fort que celui qui doit exister dans le cas admis pour la fig. 80 ; d'où il faudrait conclure, comme au n° 435, que la vision de la droite OP serait confuse en partant du point de la distance de la vision distincte pour s'éloigner, comme en partant du même point pour se rapprocher, ce qui est contraire à l'observation.

Pl. 5.
Fig. 83.

Fig. 80.
Fig 85.

Nous sommes donc conduits à reconnaître que les indices des diverses couches du corps vitré augmentent en approchant de la rétine. Ce pas fait dans la théorie de l'œil, cette théorie va changer de face, et les difficultés qui ont arrêté jusqu'à présent les physiciens vont s'expliquer successivement.

439. On remarquera d'abord que chaque réfraction d'une surface *mn* éloigne le foyer *f* des rayons qui lui arrivent et le porte en un point f', ce qui exige pour que, en définitive, l'image de la rétine soit un point, que le pinceau à la sortie du cristallin ait son foyer en deçà de la rétine, et ce qui montre que chaque rayon décrit dans le corps vitré une ligne *uvxyzw* convexe vers l'axe optique OP.

Fig. 81.

440. Ainsi, nous devons distinguer dans l'œil deux

appareils; l'un qui se compose de la cornée, de l'humeur aqueuse et du cristallin, et qui, d'après ce que nous avons vu nº 374, doit rapprocher le foyer à chaque réfraction, et conséquemment courber les rayons en lignes convexes vers l'axe de l'œil, et l'autre qui se compose des couches du corps vitré, et dont la propriété est de courber les rayons en lignes concaves vers le même axe. Nous appellerons le premier *l'appareil antérieur*, et le second *l'appareil postérieur*.

441. Dans les réfractions du premier appareil, la convergence du faisceau réfracté étant augmentée à chaque réfraction, le foyer du rouge est en avant et celui du violet est en arrière, et ces deux foyers s'éloignent de plus en plus.

Mais, pour l'appareil postérieur, c'est tout le contraire : le pinceau réfracté converge de moins en moins ; le foyer violet, qui serait en avant pour chaque réfraction, si le rayon incident était un rayon blanc, se rapproche du foyer du rayon rouge, et l'écartement de ces deux foyers diminue.

Donc en traversant l'œil, les rayons, par une compensation de réfrangibilité entre l'appareil antérieur et l'appareil postérieur, tendent vers l'achromatisme. Pour une certaine distance, qui sera plus loin (491) l'objet de notre examen, l'œil pourrait donc être achromatique, comme le sont nos bonnes lunettes.

Pl. 5.
Fig. 79.
442. Et si l'on fait attention que le pinceau rouge PRT peut donner un point R sur la rétine, et que les rayons courbes du pinceau violet pVt peuvent en même temps être sensiblement tangents entre eux, suivant le point V, de façon que, réunies en V, et traversant normalement les couches du corps vitré, ils le soient encore en R, ainsi que les rayons des couleurs intermédiaires, on verra que la forme de pointe concave qu'affecte chaque pinceau arrivant à la rétine, donne à l'œil un second moyen de

corriger les effets de l'aberration de réfrangibilité.

443. Cet organe est donc doué de deux moyens d'achromatisme, et l'on doit remarquer que c'était absolument nécessaire pour que les images fussent affranchies des inconvénients de l'irisation, non pas seulement pour une certaine distance, mais pour toutes les distances, à partir de la distance de la vision distincte.

Remarquons encore que tous les rayons se trouvant tangents à l'axe optique, ou du moins peu inclinés sur cet axe, ceux qui ne vont pas juste au foyer s'en écartent peu ; d'où l'on voit que le second moyen d'achromatisme a l'avantage de rendre le premier moins imparfait qu'il ne l'est dans nos instruments, où l'on peut bien réunir deux foyers, celui du rouge et celui du violet, par exemple, mais non pas tous les foyers (97).

444. Il résulte de ces considérations et des chapitres précédents que, dans l'hypothèse de l'homogénéité du corps vitré, tout rayon rm s'épanouit depuis le point m, où il entre dans l'œil, jusqu'à sa rencontre en pn avec la rétine, et que dans l'œil, tel que nous l'entendons, tout rayon $r'm'$ s'épanouit seulement du point m au point t, où il rencontre la première surface réfringente du corps vitré, pour se rétrécir ensuite de plus en plus, du point t au point p, en décrivant une route dont la convexité est tournée vers l'axe optique.

Pl. 5.
Fig. 82.

Le petit phénomène exposé n° 232, et qui consiste dans l'irisation d'une ligne noire vue de très-près et dirigée sur l'œil, s'accorde avec cette théorie. En effet, si le corps vitré était homogène, l'irisation irait en augmentant à mesure que le point considéré sur la ligne noire serait plus éloigné, tandis qu'elle atteint tout son développement à huit ou dix centimètres de l'œil, et que, pour la distance de la vision distincte, et même en deçà, elle disparaît complétement. On voit donc que le corps vitré ne donne pas tout simplement passage à la lumière, mais qu'il agit à mesure qu'elle avance, pour s'approcher de la rétine. C'est donc une nouvelle raison de penser qu'il courbe les rayons, et se trouve composé de couches différemment réfringentes.

Pl. 5.
Fig. 87.

445. Cela posé, considérons la droite objective MNP, très-peu inclinée sur l'axe optique Nn, et vue par l'œil OO'O"O'''. Supposons que le point N soit à la distance de la vision distincte ; ce point N se peindra sur la rétine en n, par le moyen du pinceau $n'nn''$. Au point P, plus rapproché de l'œil que le point N, correspondra un pinceau réfracté $n'p'pn''$, plus allongé que $n'nn''$, et tel conséquemment que si le premier peint sur la rétine un point n, le dernier peindra un petit cercle pp'. Enfin, pour un point tel que M, plus éloigné que la distance de la vision distincte, le pinceau réfracté $n'mn''$ aura toujours la même figure intérieurement et longitudinalement concave. Or, si l'on imagine que les surfaces des pinceaux réfractés soient les positions diverses d'une enveloppée (b) mobile avec le point rayonnant situé sur MP, l'enveloppe de cette enveloppée aura deux nappes, l'une située en deçà des pinceaux et coupant le fond de l'œil suivant une ligne $p'nm$, l'autre située au delà des mêmes pinceaux et coupant le fond de l'œil suivant une autre ligne pnm, et l'on pourra concevoir que les deux lignes $p'nm$, pnm, soient confondues ou sensiblement confondues à partir du point n et en s'éloignant de ce point pour aller vers le point m, comme le seraient, à partir du point où leur écartement cesserait d'être sensible, deux branches d'hyperboles égales conjuguées par une asymptote commune, ce qui fait comprendre comment la vision peut être confuse en deçà du point N, et rigoureusement nette à toutes les distances au delà.

446. Mais cela peut-il s'opérer sans que l'œil éprouve

(b) Voyez notre *Traité de la Géométrie descriptive*, livre II, ch. IV.

aucune variation de figure? Non sans doute, puisqu'on a vu, n° 350, que cet organe se déforme en raison des distances dans l'acte de la vision. De plus, nous pouvons remarquer, dès à présent, que les déplacements considérables et inadmissibles du cristallin, calculés précédemment (406 et 407), et nécessaires pour produire la vision distincte à toutes les distances dans l'hypothèse de l'homogénéité du corps vitré, sont remplacés par des déplacements très-petits quand ce corps est supposé organisé. En effet, dans le premier cas, le foyer F' correspondant à $d_i = \infty$, est donné par un cône $AF'B$ très-allongé, et ce foyer F' est à 1.326 (387) du foyer F correspondant à $D_i = 250$; dans le second cas, le cône AfB qui donne le foyer f, pour $D_i = 250$, est très-court et diffère peu du cône $Af'B$ correspondant à $d_i = \infty$; les deux foyers f et f' sont donc à peu de distance l'un de l'autre : d'où il suit qu'un faible changement de position du cristallin peut porter le foyer f' en f, ce qui pour $d_i = \infty$ donne les mêmes images que pour $D_i = 250$.

Pl. 5. Fig. 84.

Et ce déplacement du cristallin est encore moins grand, évidemment, si l'effort qui le produit allonge le globe oculaire et courbe la cornée (410 et 411, 426 et 426 *bis*).

447. Telles sont les bases de notre nouvelle théorie, pour la vision dans la direction de l'axe optique. Les développements qui suivent, appuyés de calculs, vont achever de l'éclaircir, et dans la fin de ce livre nous examinerons divers faits qui tendent à montrer que l'œil est parfaitement disposé pour produire, avec une amplitude convenable, les faibles déformations qu'elle exige.

Nous ferons toutefois abstraction de ces déformations dans le chapitre qui suit, c'est-à-dire que nous continuerons de supposer le globe oculaire et ses parties transparentes de formes tout à fait invariables.

CHAPITRE XXV.

DE LA VISION, TELLE QUE NOUS L'AVONS PRÉSENTÉE EN 1821,
SOUMISE A L'APPRÉCIATION DU CALCUL.

448. Nous avons vu plus haut (435) que si la lumière émanant d'un point rayonnant situé sur l'axe optique arrivait à la rétine en formant un cône, les images seraient confuses au delà comme en deçà de la distance de la vision distincte. Or il suit de là que les rayons doivent rencontrer la surface du fond de l'œil dans une direction normale ou à peu près normale à cette surface. Donc le corps vitré, c'est-à-dire l'appareil postérieur de l'œil (440), doit être composé de couches différemment réfringentes, de telle sorte que le foyer des rayons réfractés par l'appareil antérieur soit fort en deçà de la rétine, et qu'il s'en rapproche peu à peu et arrive au fond de l'œil en traversant normalement, ou à très-peu près normalement, la dernière couche du corps vitré.

Pl. 5.
Fig. 86.   Ainsi, pour un point rayonnant situé sur l'axe optique, le pinceau réfracté doit avoir la figure $mm'np$. C'est ce que nous avons déjà établi dans le précédent chapitre (439).

449. Maintenant nous remarquerons que le pinceau $mm'np$ se rétrécissant de plus en plus à mesure qu'on s'éloigne du cristallin, les deux lignes $mxnp$, $m'ynp$, qu'on peut considérer comme ayant l'axe optique op pour asymptote commune, sont en un certain point n suffisamment resserrées pour que, en raison de la sensibilité de nos organes, le pinceau $mm'np$ donne en n, sur la rétine, la sensation d'un point. Et quant aux points du faisceau plus éloignés du cristallin que le point n, ils donneraient aussi la sensation d'un point ; d'où l'on voit que, à partir du point n, chaque point de np serait une sorte de foyer.

Nous avons en conséquence distingué, dans le pinceau Pl. 5.
mm'np, le point *n* que nous avons nommé le *foyer anté-* Fig. 86.
rieur, et la ligne *np*, qui réunit en chacun de ses points
tous les rayons, et que nous avons appelée *ligne fo-*
cale (a).

450. D'après cela, nous imaginions qu'un point rayonnant, mobile sur l'axe optique à partir de la cornée, présentait d'abord dans le corps vitré un pinceau *mm'np* très-
allongé, et que ce pinceau était coupé par le fond de
l'œil suivant un cercle *xy*, situé en deçà du foyer antérieur *n*, ce qui donnait une image confuse ; que le point
rayonnant étant à la distance de la vision distincte, le
foyer antérieur *n* était sur la rétine, ce qui donnait l'image
d'un point, et que le point rayonnant continuant de s'é-
loigner, l'image, sans déformation de l'œil, était toujours
distincte.

Bien entendu que les rayons différemment colorés étant
tous compris dans le pinceau *mm'np*, l'œil était achromatique.

Telle est, en effet, la théorie que nous avons présentée
à l'Académie des sciences, en 1821, et qui est consignée
dans nos deux éditions de la *Science du Dessin*.

451. Mais cette théorie, qui est plus rapprochée de la
vérité que celles qu'on avait produites jusque-là, puisqu'elle admet la proposition justifiée n° 180 et n° 435,
que le corps vitré n'est pas homogène, et puisqu'elle
explique l'achromatisme, est-elle d'ailleurs complétement
satisfaisante, quand il s'agit d'obtenir une vision nette à
toutes les distances ?

C'est le calcul qui doit répondre à cette question, et
nous allons entrer dans les détails nécessaires pour qu'on

(a) Voyez la *Science du Dessin*, livre III, ch. v.

Pl. 5.
Fig. 86. juge des imperfections que présente la théorie dont il s'agit, imperfections qui sont la conséquence de ce que cette théorie suppose la complète invariabilité du globe oculaire et de ses parties transparentes. Nous serons conduits tout naturellement à calculer, dans le chapitre suivant, les effets de l'allongement de l'œil, du changement de courbure de la cornée et du déplacement du cristallin.

452. Nos calculs seront faits au moyen de l'œil théorique n° 3 (367), dont nous nous sommes déjà occupés. Pl. 5.
Fig. 88. Soit AHF la coupe de cet œil ; AN l'arc extérieur de la cornée ; C'' le centre de cet arc ; NV la ligne suivant laquelle s'unissent la cornée et la sclérotique ; VHF la coupe de la choroïde, composée de deux arcs de cercles tangents entre eux en H, l'un VH dont le centre est en C', et l'autre HF de 90 degrés dont le centre est en C, et GBE la coupe du cristallin formée de deux quarts d'ellipses GB, EB, ayant un demi-axe DB commun. Nous supposerons, conformément à ce que nous avons dit n° 437, que les surfaces réfringentes du corps vitré sont des surfaces de révolution engendrées par des quarts d'ellipses xy, tels que le petit axe étant dirigé suivant AF, l'extrémité x du grand axe soit sur la droite BH, et que les points x et y divisent les droites respectives BH, EF, en parties proportionnelles. Il est clair, d'après cela, que les courbes EB, FH, seront deux cas particuliers de la courbe générale xy.

453. Toutes les parties de la figure ayant été calculées suivant ces hypothèses, on a, pour l'œil n° 3 ainsi conçu :

$$AG = 3.407 ;$$
$$GE = 4.111 = \text{l'épaisseur du cristallin} ;$$
$$EF = 16.935 = \text{l'épaisseur du corps vitré} ;$$
$$AF = 24.450 = \text{le diamètre optique de l'œil} ;$$
$$Aq = 2.100 ;$$
$$qN = 5.570 ;$$
$$pq = 1.000, \text{ et } Ap = 3.100 ;$$
$$pV = 5.900 ;$$

Rayon $AC'' = 8.730$;
Rayon $VC' = 9.680$;
Rayon $HC = CF = 12.025 = FK$;
Arc $AN = 7.459$;
$NV = 0.705$;
Arc $VH = 10.867$;
Arc $HF = 18.889$;
Pourtour $ANVHF = 37.920$.

Enfin, nous avons pour les surfaces du cristallin (369),
Le rayon de courbure en $G = 9.000$;
Le rayon de courbure en $E = 5.000 = EL$.

453 *bis*. Ces dimensions ne nous seront pas toutes utiles dans ce chapitre ; mais nous avons cru devoir les réunir ici afin que les lecteurs connaissent dès à présent les formes rigoureuses que nous attribuons à l'œil théorique n° 3, formes qui, bien qu'elles ne soient que des approximations grossières, doivent pourtant servir à fixer les idées.

Parmi ces dimensions, celle de Ap exige une explication. En la prenant aussi faible que possible sur les dessins de Sœmmering, elle nous paraît être de 3.200, et nous la réduisons à 3.100 : parce que le cristallin, en s'avançant de 0.300, toucherait l'iris supposé qu'il soit dans son état de gonflement, ce qui nous paraît devoir être évité dans un système de dimensions bien choisies. Au surplus, cette réduction d'un dixième de millimètre dans la valeur de Ap est trop petite pour qu'on puisse nous la reprocher (*b*).

454. Nous supposerons que le corps vitré présente seu-

(*b*) La distance Ap de la cornée à l'iris, comme celle de la cornée au cristallin, ne pouvant être mesurée que dans le mort, il est probable qu'elle a toujours été appréciée un peu faiblement. En effet, dès que l'œil est extrait de l'orbite et nettoyé des muscles qui l'enveloppent, la sclérotique se dessèche et se racornit, ce qui pousse en avant l'ensemble du corps vitré et du cristallin, et doit diminuer les distances Ap et AG. A cette considération il s'en ajoute une autre qui sera indiquée dans la seconde partie.

Pl. 4.
Fig. 88. lement cinq couches, et qu'elles ont une même épaisseur dans la direction de l'axe optique. La distance EF étant égale à 16.935, l'épaisseur de chaque couche sera de 3.387, ce qui donne,

$$g_3 = g_4 = g_5 = g_6 = g_7 = 3.387.$$

455. Nous avons donc à considérer dans l'œil huit surfaces S_1, S_2, S_3, ... S_8, dont la dernière formée par la choroïde est celle qui reçoit l'image, et la question maintenant est d'avoir les rayons de courbure de celles S_4, S_5, S_6 et S_7, qui sont situées dans le corps vitré. Or, ces surfaces étant des ellipsoïdes décrits par des quarts d'ellipses $x\,y$, dont les sommets x et y avancent dans une même proportion sur BH et sur EF (452), les rayons de courbure situés dans la direction de l'axe optique sont les ordonnées de la droite LK, menée par les extrémités des droites EL, FK, égales aux rayons de courbure en E et en F des surfaces postérieures du cristallin et du corps vitré. On doit donc avoir

$$EF : FK - EL :: 1 : x = \frac{FK - EL}{EF}$$

ou, d'après les chiffres du n° 453,

$$x = \frac{12.025 - 5.000}{16\ 935} = 0\ 414821 ;$$

quantité qu'il faut ajouter au rayon de courbure en x, d'un ellipsoïde décrit par xy, pour avoir le rayon de courbure de l'ellipsoïde qui serait plus avancé d'une unité vers le point F que ne l'est le point x.

Donc, l'épaisseur de nos couches étant de 3.387, le nombre à ajouter au rayon de courbure de l'une des surfaces S_4, S_5, S_6 et S_7, pour avoir le rayon de courbure de la suivante, sera

$$3.387 \times 0.414821 = 1.4049087 ;$$

ce qui donne

$$r_4 = 6.405 ; \quad r_5 = 7.810 ;$$
$$r_6 = 9.215 ; \quad r_7 = 10.620.$$

456. Notre but étant de calculer les réfractions de l'œil pour le cas de $d_i = 250$ et pour celui de $D_i = \infty$, nous avons à remplir le tableau suivant :

SURFACES.	VALEURS DE						
	i	l	r	d	f	g	$f - g$
			1er CAS : $d_i = 250$.				
S_1	1.33	1.33	8.720	250.000	39.298	3.407	35.891
S_2	1.523	1.145	— 9.000	— 35.891	26.039	4.111	21.928
S_3	1.33	0.873	— 5.000	— 21.928	12.295	3.387	8.908
S_4	1.39734	0.05065	— 6.405	— 8.908	10.068	3.387	6.681
S_5	1.51710	1.08577	— 7.810	— 6.691	7.841	3.387	4.454
S_6	1.76263	1.16184	— 9.215	— 4.454	5.614	3.387	2.227
S_7	2.45874	1.39493	10.620	— 2.227	3.387	3.387	0.000
			2e CAS : $D_i = \infty$.				
S_1	1.33	1.33	8.720	∞	35.144	3.407	31.737
S_2	1.523	1.145	— 9.000	— 31.737	24.044	4.111	19.913
S_3	1.33	0.873	— 5.000	— 19.933	11.553	3.387	8.166
S_4	1.3973	1.0506	— 6.405	— 8.166	9.171	3.387	5.784
S_5	1.5171	1.0858	— 7.810	— 5.784	6.706	3.387	3.319
S_6	1.7626	1.1618	— 9.215	— 3.319	4.095	3.387	0.708
S_7	2.4587	1.3949	—10.620	— 0.708	1.014	3.387	—2.273

457. Dans ce tableau, les r sont connus, ainsi que les g. Nous avons pris, comme dans le chap. 20 (367). $i_1 = 1.33 = i_3$, et pour i_2 le nombre 1.523, sur lequel nous revien-

drons tout à l'heure (461). Nous avons pu, en conséquence, achever les calculs relatifs aux surfaces S_1, S_2 et S_3. Mais pour étendre ces calculs aux surfaces S_4, S_5, etc., il fallait quelque nouvelle hypothèse.

Or, pour le premier cas, nous voulions que le foyer tombât exactement sur la choroïde, ce qui donne nécessairement,

$$f_7 = 3.387 \quad \text{et} \quad f_7 = g_7 \,;$$

nous avions donc f_3 et f_7, et nous avons pris les nombres f_4, f_5 et f_6, de façon qu'avec f_3 et f_7 ils soient en progression arithmétique.

Et comme les f conduisent aux $f-g$, et les $f-g$ aux d de la ligne suivante (118), il ne nous a plus manqué, pour le premier cas, que les valeurs de l et de i.

458. Nous avons déterminé les l au moyen de l'équation

$$l = \frac{f(d+r)}{d(f-r)},$$

laquelle se déduit de la formule ordinaire

$$f = \frac{ldr}{(l-1)d - r},$$

employée précédemment (114).

Et quant aux i, attendu qu'on a

$$l_{k+1} = \frac{i_{k+1}}{i_k} \quad \text{ou} \quad i_{k+1} = i_k \, l_{k+1},$$

il nous a été facile de les calculer.

458 *bis*. Enfin, pour le deuxième cas, nous connaissions les i, les l, les r, les g, et la valeur ∞ de D; il ne s'agissait donc que de calculer successivement chaque ligne

au moyen du d de cette ligne déduit de la précédente avec le secours de la formule

$$d_k = - (f_{k-1} - g_{k-1}).$$

459. Il entre, comme on le voit, bien de l'arbitraire dans nos données. Les couches sont supposées de même épaisseur (454) ; les rayons de courbure croissent en progression arithmétique (455) ; les valeurs des f diminuent aussi en progression arithmétique (457), et il faut ajouter que l'indice $i_2 = 1.523$ n'est autre chose, ainsi que les hypothèses précédentes, que le résultat d'une longue suite de tâtonnements dont l'objet était de placer les foyers pour $d_1 = 250$ sur la rétine, et pour $D_1 = \infty$ le plus près possible de cette membrane. Du reste, le nombre 1.523, que nous emploierons souvent par la suite, donne à la sortie du cristallin une valeur de f_3 qui porte le foyer de ce corps un peu au delà du milieu de l'humeur vitrée.

460. Cela posé, examinons les résultats de nos calculs. On voit d'abord que le foyer pour $D_1 = \infty$ est à 2.273 en deçà du fond de l'œil, et il est bien certain qu'il en serait plus près si on substituait à nos hypothèses d'autres hypothèses mieux entendues. Si ensuite on compare les indices obtenus à ceux, par exemple, que M. Chossat a déterminés pour les couches du cristallin (371), on trouve que dans le tableau précédent ils sont bien élevés. Serait-ce une objection grave contre nos chiffres ? Nous ne le croyons pas. Il faut remarquer, en effet, 1° que des hypothèses meilleures que celles que nous avons faites abaisseraient un peu ces indices (488) ; 2° que, suivant ce que nous avons démontré n° 448, les rayons réfractés tombent à peu près normalement sur le fond de l'œil : or, ils sortent convergents du cristallin ; donc, pour qu'ils prennent des directions presque parallèles à l'axe optique, il faut ou qu'ils subissent de petites et nombreuses réfractions, ou des réfractions plus

fortes et en moindre nombre, et il s'ensuit que de couche en couche les indices s'élèvent dans l'un et dans l'autre de ces deux cas (c).

Quant à la manière dont les couches acquièrent leur puissance de réfraction, puissance sur laquelle l'état de vie pourrait ne pas être indifférent (192), ce serait aux travaux ultérieurs des physiologistes et des physiciens à la déterminer. Au surplus, cette difficulté s'amoindrira dans la nouvelle théorie (488).

461. En ce qui concerne l'élévation un peu forte de l'indice $i_2 = 1.523$, nous n'avons d'ailleurs aucune observation à faire; parce que, d'après ce qu'on a vu n° 384, cette élévation ne suppose pas, en admettant un nombre suffisant de couches autour du noyau du cristallin (384), un indice de ce noyau plus élevé que ceux qui figurent au tableau du n° 371.

On remarquera, en passant, que si nous avions pris pour cet indice $i_2 = 1.523$ un chiffre plus petit, nous aurions eu f_3 plus grand, $f_3 - g_3$ plus grand, et les valeurs de l_4, l_5, l_6 et l_7 plus petites, mais que l'effet de la division du corps vitré en couches aurait été moins sensible. Réciproquement, avec l'indice i_2 plus fort, l'effet de cette division en couches eût été plus grand, mais les indices l_4, l_5,

---

(c) De ce qu'on a, en général,

$$l_k = \frac{i_k}{i_{k-1}},$$

il s'ensuit que

$$i_k = l_k\, l_{k-1}\, l_{k-2} \cdots \cdots l_4\, i_3 :$$

c'est-à-dire que dans l'humeur vitrée l'indice i_k, de la dernière couche, est égal au produit des rapports l_k, $l_{k-1} \cdots l_4$, relatifs aux diverses couches, multiplié par l'indice $i_3 = 1.33$ de la couche qui se trouve en contact avec le cristallin. Et comme tous les nombres l_k, l_{k-1}, etc., sont plus grands que l'unité, on voit que les indices dans le corps vitré s'accroissent rapidement.

l_6 et l_7 auraient été plus élevés. Il nous a semblé que, parmi nos divers essais, la valeur 1.523 donnée à i_2 balançait convenablement pour nos recherches l'avantage de rendre efficace la non-homogénéité du corps vitré, et celui d'éviter pour l_4, l_5, l_6 et l_7 des chiffres trop fortement élevés.

462. On voit par ces chiffres et par la manière dont ils s'obtiennent (458), que si le corps vitré présentait un grand nombre de couches, tellement qu'il donnât, pour les contours du pinceau réfracté, des lignes polygonales semblables à peu près aux courbes $mxnp$, $m'ynp$, on aurait pour l'indice de la dernière couche un chiffre si élevé, qu'il ne serait nullement acceptable. Par là on voit que les rayons qui peignent sur la rétine l'image du point rayonnant se coupent suivant une suite de foyers, au lieu de donner une ligne focale np et un foyer antérieur n (449), comme nous le supposions en 1821. Cependant le pinceau n'en est pas moins composé de rayons presque normaux à la rétine; il présente un point d'étranglement dont l'œil sait apprécier la position (354 *bis*) (*d*), et ce point, que nous appellerons *point de striction*, remplace le foyer antérieur n.

Pl. 5.
Fig. 86.

463. Maintenant il s'agira de déterminer la grandeur de l'image projetée sur la rétine dans le cas de $d_1 = \infty$. Pour cela, nous aurons recours à la formule du n° 393, dans laquelle on aura

$$f_1 - p = 35.144 - 3.100 = 32.044 \, ;$$

ce qui donne

$$h = \frac{2\times31.737\times19.933\times8.166\times5.784\times3.319\times0.708\times2.373}{32.044\times24.044\times11.553\times9.171\times6.706\times4.095\times1,014},$$

ou

$$h_8 = 0.1466 \quad \text{et} \quad 2h_8 = 0.2932.$$

(*d*) Voyez sur cet objet le n° 553 du P. S. suivant.

464. Cette valeur du diamètre de l'image est, comme on le voit, au-dessous de celle de 0.3682 que nous avons trouvée n° 394 dans le cas de l'homogénéité du corps vitré.

Et l'on remarquera que le diamètre obtenu n'est pas autre chose que le résultat de tâtonnements, nombreux il est vrai, heureux même si l'on veut, mais qui ne sont pas les meilleurs possible. Ainsi, l'on peut compter qu'avec des hypothèses plus avantageuses sur le nombre des couches, sur leurs épaisseurs et sur les variations de valeur des r et des f, entre S_3 et S_2 (459), on aurait une valeur de $2h_8$ encore plus petite.

465. Si donc on fait attention que dans le système d'idées qui nous occupe, il y a, par les actions opposées de l'appareil antérieur et de l'appareil postérieur de l'œil (440), des compensations de réfrangibilités qui préviennent plus ou moins les inconvénients de l'aberration de réfrangibilité, on reconnaîtra que notre théorie de 1821 faisait faire un pas notable à l'explication du mécanisme de l'œil.

466. Cette théorie, telle que nous la présentions alors, pouvait paraître entièrement satisfaisante, parce qu'elle n'était pas soumise à l'épreuve du calcul, épreuve qui d'ailleurs n'avait été appliquée à aucune théorie. On voit maintenant, d'après ce qui précède, qu'en admettant même que la courbure des rayons réfractés produisît un achromatisme complet, les objets dessinés purement sur le fond de l'œil, pour la distance $d_1 = 250$, seraient dessinés pour la distance $D_1 = \infty$ au moyen de cercles d'un diamètre notable, ce qui est incompatible avec l'extrême perfection que doit présenter l'œil.

La conclusion que nous tirons de là, c'est que, contrairement aux idées qui étaient à peu près admises en 1821 (166), l'œil et ses parties, comme nous l'avons déjà prouvé (350), ne sont pas invariables de forme et de position dans l'acte de la vision (218). Ce deuxième pas dans la bonne voie nous amène, du moins nous le croyons, à la véritable théorie.

CHAPITRE XXVI.

NOUVELLE THÉORIE.

467. Nous avons fait voir (433 — 435) que l'humeur vitrée, dans le cas de la variabilité comme dans le cas de l'invariabilité de l'œil, est nécessairement composée de parties différemment denses, et nous pensons qu'il n'y a rien à opposer à la démonstration que nous en avons donnée : cependant, il peut être bon de reproduire ici les faits principaux qui, en outre du petit phénomène cité n° 444, se réunissent en faveur de la non-homogénéité du corps vitré.

468. Le premier, c'est l'organisation physiologique de ce corps (180). On ne peut guère douter qu'elle ne repousse absolument une homogénéité complète.

Le second fait est fourni par les observations optométriques, lesquelles donnent à un observateur doué d'une très-bonne vue, deux lignes mrN, ntN, qui n'en font plus qu'une au delà d'un point N, pour images d'une droite dirigée à peu près dans le sens de l'axe optique. Et quant à la question de savoir si ces deux lignes mrN, ntN, sont ou ne sont pas exactement tangentes entre elles en N (article (A) de la page 204), elle est tout à fait secondaire ; elle n'intéresse pas ce que nous avons maintenant à examiner, et elle sera traitée dans la seconde partie de cet ouvrage (a).

469. Le troisième, c'est qu'une ligne droite dirigée vers

Pl. 5.
Fig. 78.

(a) Si les rayons d'un même pinceau réfracté sont à peu près normaux

Pl. 2. le centre de la pupille et vue à l'œil nu, présente la figure
Fig. 30. *urvz*, dans laquelle les deux contours *uvz*, *rvz*, pour une
très-bonne vue, sont tangents entre eux au point *v* de la
vision distincte (article (D) de la page 205).

Ce petit phénomène est celui qui nous a convaincu, au
moyen des raisonnements du n° 445 et avant 1821, de la
non-homogénéité du corps vitré (*b*), et c'est celui qui a
soutenu notre zèle dans les recherches fatigantes que nous
avons faites sur la vision.

Nous reconnaîtrons, si l'on veut, que ce phénomène est
difficile à observer; cependant nous croyons qu'il convaincra les physiciens et les géomètres qui ont d'excellents
yeux.

469 *bis*. Quant aux autres personnes, il est fort possible que des observations délicates n'amènent pas chez elles
et par elles-mêmes une conviction entière; mais elles re-
marqueront qu'il est bien établi par les deux chapitres
précédents, que, de l'action réfractive des couches différemment denses dont se composerait le corps vitré résulte
la possibilité de détruire, en plus ou moins grande partie,
dans les images de la rétine, les effets de la réfrangibilité,
effets qui, évidemment, ne peuvent pas être détruits à
toutes les distances par un autre moyen. Or, de ce que
cette possibilité, si l'existence des couches se réalise, entraîne l'achromatisme, il nous semble qu'on peut conclure
que le corps vitré n'est pas homogène; car, *en ce qui concerne l'œil humain, on ne saurait guère admettre des imperfections qui ne seraient pas forcées.*

470. En vain on nous objecterait les expériences que

à la rétine, comme nous l'avons dit n° 462, les deux lignes vues avec
l'optomètre devront, ainsi qu'il est aisé de le comprendre, le couper
sous un très-petit angle, ou, ce qui revient au même, être à peu de
chose près tangentes entre elles.

(*b*) Voyez la *Science du Dessin*, 1re édition, page 396.

nous avons faites sur le liquide pris en divers points de l'humeur vitrée du bœuf (185). D'une part, ces expériences ne décident rien pour le vivant ; et d'autre part, les animaux, et notamment le bœuf, sont très-loin sans doute d'avoir des yeux d'une aussi grande perfection que ceux de l'homme.

470 *bis*. La non-homogénéité du corps vitré nous semble donc être un fait qu'on doit admettre dans tout ce qui suit. Les déformations de l'œil sont un autre fait dont la nécessité se fonde maintenant sur une démonstration directe (287) et sur l'expérience (400). Ces deux faits servent de bases à la nouvelle théorie, et on va voir qu'en appliquant à l'œil n° 3, employé dans le chapitre précédent avec l'indice $i_2 = 1.523$, des calculs relatifs à la déformation de cet œil semblables à ceux du chapitre 22, on obtient des résultats assez satisfaisants.

471. La question que nous résoudrons d'abord sera celle-ci : Trouver pour l'augmentation du rayon de la cornée, pour le raccourcissement du globe et pour le reculement du cristallin, les valeurs qui, considérées isolément, maintiennent le foyer après la troisième réfraction en un point qui reste invariable par rapport à la quatrième surface réfringente, tant pour $d_1 = 250$ que pour $D_1 = \infty$. Il est clair que dans le cas du déplacement du cristallin, r_4, r_5, r_6 et r_7 conservent leurs valeurs. Mais ces valeurs doivent varier si l'œil se raccourcit ou si le rayon de la cornée augmente ; cependant, comme il ne s'agit que de faibles déformations, nous supposerons que ces quatre rayons ne changent pas, et il s'ensuivra que F_4, F_5, F_6 et F_7 ne différeront pas de f_4, f_5, f_6 et f_7 (476).

472. Le raccourcissement sera donné par la différence des valeurs de f_3 et de F_3 prises dans le tableau du n° 456 ; d'où il suit que ce raccourcissement sera égal à

$$12.205 - 11.553 = 0.742.$$

Le rayon R_i de la cornée se calculera comme au n° 398, et l'on trouvera qu'il est égal à 9.750, ce qui donne pour l'augmentation cherchée

$$R_i - r_i = 9.750 - 8.720 = 1.030.$$

Enfin, pour avoir le reculement du cristallin, on aura recours aux formules du n° 404, lesquelles nous donneront

$$b = 327.0498 ; \quad b' = 13.6019 ; \quad m' = 2.804 ; \quad m = 73.002 ; \quad p = 42.970 ;$$
$$q = -38.7768 \text{ et } x = 0.919.$$

Et comme il est bon de juger des choses d'après plusieurs exemples, nous comprenons dans le tableau suivant les chiffres calculés pour le cas de $i_2 = 1.600$, ainsi que les chiffres dont il vient d'être question, et nous mettons en regard ceux qui se trouvent indiqués n° 388, n° 398 et n° 406, dans l'hypothèse de l'homogénéité du corps vitré.

INDICATION des valeurs calculées.	CORPS VITRÉ.		
	Homogène.	Divisé en cinq couches.	
		$i_2 = 1.523$	$i_2 = 1.600$
	mm.	mm.	mm.
Raccourcissement de l'œil	1.326	0.742	0.290
Augmentation du rayon de la cornée.	1.031	1.030	1.001
Reculement du cristallin	1.958	0.919	0.516

473. Des chiffres de ce tableau il faut conclure, nécessairement, que les déformations de l'œil propres à donner la vision distincte dans le cas de $d_i = 250$ comme dans le cas de $D_i = \infty$, sont fortement diminuées par la propriété du corps vitré d'être composé de couches différemment réfringentes. On en a vu la raison n° 446, et les

chiffres du tableau précédent confirment ce que nous avons dit. En effet, ces chiffres montrent que l'appareil antérieur ayant une plus grande puissance, la distance focale après la surface postérieure du cristallin est faible, et que, en conséquence, les foyers correspondants à f_3 et F_3 ne sont éloignés que de 0.742 ou 0.290, au lieu de 1.326 ; d'où il résulte qu'il ne faut qu'un petit déplacement du cristallin pour amener un de ces foyers à la place de l'autre.

Aussi les déformations obtenues sont-elles moindres dans le cas de $i_2 = 1.600$ que dans celui de $i_2 = 1.523$.

Mais si, dans le premier de ces deux cas, on calcule les indices des quatre dernières couches du corps vitré, par les moyens que nous avons exposés n° 458, on trouve

$$i_4 = 1.490 ; \quad i_5 = 1.786 ; \quad i_6 = 2.423 \text{ et } i_7 = 4.444 ;$$

c'est-à-dire que ces indices sont plus élevés encore que ceux du tableau du n° 456, pour les mêmes couches, ce qui est probablement un motif suffisant de ne pas admettre l'hypothèse que i_2 soit égal à 1.600. Toutefois, avant de la repousser, il faudrait peut-être savoir si les moyens que la nature emploie pour donner aux couches postérieures du corps vitré une puissance de réfraction qui, dans tous les cas, paraît devoir excéder sensiblement celle de l'eau (460), ne permettent pas d'avoir de très-forts indices pour ces couches.

474. Quoi qu'il en soit, les déformations de l'œil devant être admises, on est conduit à examiner s'il n'a pas en lui des parties dont l'action puisse le déformer, et les mouvements de l'iris font immédiatement naître la pensée que cet organe doit être une de ces parties. On sait que la mobilité dont il est doué est très-vive ; on sait que cette mobilité est si essentielle à l'action de voir qu'elle est toujours le premier objet d'examen de l'oculiste qui se

demande si les fonctions de la vue sont normales ou anor-
males ; enfin , on sait que le cercle irien présente deux
systèmes de fibres , les unes circulaires et les autres rayon-
nantes, propres à resserrer et à dilater la pupille (514)
en prenant pour base de leur appui le cercle par lequel l'i-
ris est lié à l'enveloppe de l'œil ; d'où il suit que la figure
de cette enveloppe ne doit pas demeurer invariable en
présence des contractions et des dilatations de la pupille.
On est bien loin , il est vrai , de s'accorder sur la nature
nerveuse, musculaire ou vasculaire de l'iris ; mais tous les
physiologistes reconnaissent l'existence des deux systèmes
de fibres dont il vient d'être question , et ils reconnaissent
aussi que l'objet de ces fibres est d'imprimer à l'iris les
mouvements qu'il effectue. Ces faits suffisent, ce nous
semble , pour qu'on admette ici , au moins comme une hypothèse rationnelle , qu'une des causes des déformations
de l'œil a son siége dans l'iris.

475. On verra dans le chapitre suivant que les six muscles qui s'attachent à la sclérotique aident cette action de
l'iris , et que l'œil est parfaitement disposé pour qu'elle
puisse s'exercer.

Quant à la puissance motrice dont cet organe peut être
doué , il est difficile de l'apprécier autrement que par la
très-grande vivacité des mouvements de la prunelle ; mais
on doit , d'après ces mouvements, supposer cette puissance
fort notable. Et si l'on fait attention qu'elle agit au point V
de la dépression que présente extérieurement le globe oculaire, à l'endroit du cercle d'insertion de la cornée dans la
sclérotique, on concevra qu'elle doit avoir pour déformer
l'œil une action très-efficace.

476. Il suit de là aussi que la plus grande déformation
du globe doit avoir lieu dans le plan pV perpendiculaire
à AF , et que la grande épaisseur de la partie postérieure
de la sclérotique (2) est une circonstance propre à empêcher que le rayon de courbure en F et les rayons de cour-

bure analogues des surfaces réfringentes du corps vitré Pl. 5,
éprouvent des changements bien sensibles (471).   Fig. 88.

Prenons un vingt-cinquième pour la diminution du
rayon $r_i = 8.720$ de la cornée, on aura $R_i = 8.371$. Il est
difficile de savoir quel est l'allongement de Ap qui résultera de cette modification de la surface antérieure du
globe : supposons que cet allongement soit de 0.100, ou,
ce qui revient au même (453), que l'on ait $Aq = 3.200$.

Quant à l'allongement total de l'œil, nous le calculerons tout à l'heure d'après les besoins de la vision.

Mais l'allongement 0.100 de Aq devra-t-il être attribué
tout entier à l'écartement du cristallin et de la cornée, ou
devons-nous supposer que le cristallin se porte en avant
pour diminuer cet écartement, d'abord augmenté de
0.100, et pour allonger la partie postérieure de l'œil ?

Dans l'intérêt de la théorie, c'est-à-dire pour qu'elle
n'exige que les déformations les moindres possibles, il
convient que le cristallin s'avance vers l'iris. Et sur la
question de savoir si ce mouvement, tout faible qu'il
doive être, peut s'opérer, nous renvoyons au chapitre
suivant.

477. Nous avons fait nos calculs pour plusieurs cas :
1° celui où le cristallin demeurerait fixe, ce qui suppose
que g_i soit augmenté de 0.100 et donne $G_i = 3.507$;
2° celui où le cristallin s'avancerait de 0.100, en sorte
qu'on eût $G_i = g_i = 3.407$; 3° celui où il s'avancerait
de 0.200 et où l'on aurait $G_i = 3.307$; 4° enfin, celui où
il s'avancerait de 0.300 et où l'on aurait $G_i = 3.207$: mais
nous n'avons opéré pour ces deux derniers cas que dans
l'hypothèse de $i_2 = 1.523$.

478. Actuellement, il faut examiner si l'œil n° 3, avec
les dimensions qui lui sont attribuées, convient plus particulièrement pour la vision à la distance $d_i = 250$, ou
pour la vision à la distance $d_i = \infty$. Or, les dimensions
de l'œil étant mesurées sur le mort, la dessication de la

sclérotique, comme on l'a vu précédemment (note (*b*) du n° 453), diminue la périphérie de la partie postérieure du globe et pousse le corps vitré d'avant en arrière, ce qui réduit les épaisseurs g_1 et g_3 à leur minimum. D'un autre côté, l'action de l'iris pour diminuer la distance du point V à l'axe AF étant nulle dans le cadavre, c'est encore une raison pour que l'œil mort soit l'œil raccourci; enfin, le déplacement du cristallin étant supposé utile à la vision, et ce déplacement ne pouvant pas s'opérer d'avant en arrière dans l'œil mort à cause de la résistance qu'opposerait le corps vitré à ce déplacement, nous sommes conduits à reconnaître, comme au n° 409, que les mesures de l'œil n° 3 rapportées n°^{s} 362 et 453 sont celles de *l'œil raccourci*, correspondantes au cas de $d_1 = \infty$. Il s'agira donc d'avoir celles de *l'œil allongé* (*c*), correspondantes au cas de $D_1 = 250$.

479. Cela posé, le tableau suivant, en partie extrait du tableau du n° 456, présente l'application des calculs aux deux exemples dans lesquels $i_2 = 1.523$ et $i_2 = 1.600$.

Pour chacun de ces exemples, dans le cas de $d_1 = \infty$, nous avons déterminé f_1, f_2 et f_3 par le procédé ordinaire; puis nous avons calculé les valeurs de l_4, l_5, l_6 et l_7 par les moyens exposés au n° 458, de façon que la valeur de f_7 amenât le foyer sur la rétine.

Pour $D_1 = 250$, on a $R_1 = 8.371$ (476), et chaque exemple, comme nous l'avons dit (477), présente plusieurs cas relativement aux diverses valeurs de G_1.

480. Voici le tableau dont il s'agit, sur lequel nous allons plus loin donner d'autres détails.

(*c*) Ces expressions d'œil allongé et d'œil raccourci nous ont paru nécessaires, bien que le globe oculaire, dans les deux états qu'elles indiquent, ait la même figure ou à très-peu près. On verra, ch. VII, que l'œil en repos et l'œil mort diffèrent de l'œil allongé et de l'œil raccourci.

1er EXEMPLE : $i_2 = 1.523.$

CAS divers.	SURFACES.	i	l	r	d	f	g	$f-g$
$d = \infty$.	S_1	1.33	1.33	8.720	∞	35.144	3.407	31.737
	S_2	1.523	1.145	— 9.000	— 31.737	24.044	4.111	19.913
	S_3	1.33	0.873	— 5.000	— 19.913	11.553	3.387	8.166
	S_4	1.418	1.066	— 6.405	— 8.166	9.512	3.387	6.125
	S_5	1.577	1.112	— 7.810	— 6.125	7.470	3.387	4.083
	S_6	1.903	1.207	— 9.215	— 4.083	5.429	3.387	2.042
	S_7	2.853	1.499	—10.620	— 2.042	3.387	3.387	0.000
$D = 250.$ / $G_1 = 3.507$	S_1	1.33	1.33	8.371	250.000	37.547	3.507	34.040
	S_2	1.253	1.145	9.000	— 34.040	25.171	4.111	21.060
	S_3	1.33	0.873	— 5.000	— 21.060	11.978	3.812	8.166
$G_1 = 3.407$	S_1	1.33	1.33	8.371	250.000	37.547	3.407	34.140
	S_2	1.523	1.145	9.000	— 34.140	25.220	4.111	21.109
	S_3	1.33	0.873	— 5.000	— 21.109	11.995	3.829	8.166
$G_1 = 3.307$	S_1	1.33	1.33	8.371	250.000	87.547	3.307	34.240
	S_2	1.523	1.145	9.000	— 34.240	23.248	4.111	21.137
	S_3	1.33	0.873	— 5.000	— 21.137	12.007	3.841	8.166
$G_1 = 3.207$	S_1	1.33	1.33	8.371	250.000	37.547	3.207	34.340
	S_2	1.523	1.145	9.000	— 34.340	25.314	4.111	21.203
	S_3	1.33	0.873	— 5.000	— 21.203	12.031	3.865	8.166

2e EXEMPLE : $i_2 = 1.600.$

CAS divers.	SURFACES.	i	l	r	d	f	g	$f-g$
$d = \infty$.	S_1	1.33	1.33	8.720	∞	85.144	3.407	31.737
	S_2	1.60	1.20	9.000	— 31.737	23.233	4.111	18.222
	S_3	1.33	0.83	— 5.000	— 18.222	9.338	3.387	5.951
	S_4	1.522	1.144	— 6.405	— 5.951	7.860	3.387	4.473
	S_5	1.876	1.233	— 7.810	— 4.473	6.363	3.387	2.976
	S_6	2.658	1.417	— 9.215	— 2.976	4.875	3.387	1.488
	S_7	5.212	1.961	—10.620	— 1.488	3.387	3.387	0.000
$D = 250.$ / $G_1 = 3.507$	S_1	1.33	1.33	8.371	250	37.547	3.507	34.040
	S_2	1.60	1.20	9.000	— 34.040	23.256	4.111	19.145
	S_3	1.33	1.83	— 5.000	— 19.145	9.625	3.674	5.951
$G_1 = 3.407$	S_1	1.33	1.33	8.371	250.000	37.547	3.407	34.140
	S_2	1.60	1.20	9.000	— 34.140	23.295	4.111	19.184
	S_3	1.33	0.83	— 5.000	— 19.134	9.637	3.686	5.951

481. La question numérique à résoudre, pour achever

ce tableau, consistait à trouver l'allongement de la partie postérieure de l'œil, c'est-à-dire de l'ensemble du cristallin et du corps vitré, D_i étant égal à 250, et le changement d'un vingt-cinquième du rayon de la cornée, ainsi que l'avancement du cristallin, étant donnés. Or le calcul direct nous a fourni F_2 et F_3; et comme il fallait qu'on eût

$$F_4 = f_4, \ F_5 = f_5, \ F_6 = f_6 \text{ et } F_7 = f_7,$$

pour obtenir finalement le même résultat dans le cas de $D_i = 250$, et dans le cas de $d_i = \infty$, il nous a suffi d'augmenter l'épaisseur de la couche G_3, de manière à donner

$$F_3 - G_3 = f_3 - g_3 = 8.166,$$

dans le 1er exemple, et

$$F_3 - G_3 = f_3 - g_3 = 5.951,$$

dans le second, pour avoir l'allongement cherché.

Il est clair que celui de la partie antérieure, composée de l'ensemble de la cornée et de l'humeur aqueuse, est donné par l'expression $G_i - g_i$; celui de la partie postérieure par l'expression $G_3 - g_3$; et l'allongement total de l'œil, vu qu'on a

$$g_i + g_2 + g_3 = 10.905,$$

par l'expression

$$G_i + G_2 + G_3 - 10.905.$$

482. D'après cela, il a été facile de dresser, pour les données de la question et pour les résultats obtenus, le tableau qui suit :

VALEURS prises pour G_1.	DIMINUTION du rayon de la cornée.	AVANCEMENT du cristallin.	ALLONGEMENT DE L'OEIL		
			partie antérieure.	partie postérieure.	Total.
		PREMIER EXEMPLE ; $i_2 = 1.523$.			
3.507	$\frac{1}{25}$	0.000	0.100	0.425	0.525
3.407	$\frac{1}{25}$	0.100	0.000	0.442	0.442
3.307	$\frac{1}{25}$	0.200	— 0.100	0.454	0.354
3.207	$\frac{1}{25}$	0.300	— 0.200	0.478	0.278
		DEUXIÈME EXEMPLE ; $i_2 = 1.600$.			
3.507	$\frac{1}{25}$	0.000	0.100	0.287	0.387
3.407	$\frac{1}{25}$	0.100	0.000	0.299	0.299

483. La dernière ligne de ce tableau, relative au deuxième exemple, nous fait voir qu'avec la diminution d'un vingt-cinquième du rayon de la cornée, avec un déplacement du cristallin d'arrière en avant d'un dixième de millimètre et avec un allongement total du globe de 0.299, ou trois dixièmes environ de millimètre, la vision s'opérerait avec la même netteté pour $d_1 = \infty$ et pour $D_1 = 250$, si le corps vitré avait cinq couches et si ce corps présentait, pour ces différentes couches, les indices portés au tableau du n° 480 et compris entre les nombres extrêmes 1.522 et 5.212.

Un autre cas plus satisfaisant encore, parce qu'il n'exige pas des indices aussi élevés, est celui qui est indiqué par la 4e ligne du 1er exemple, puisque l'avancement du cristallin étant de 0.300, il ne donne pour l'allongement total du globe que 0.278. C'est un résultat bien remarquable.

483 *bis*. Ainsi, d'après les calculs précédents, les déformations de l'œil seraient si faibles qu'un habile ob-

servateur comme M. Th. Young, qui en cherchant à les connaître les supposait beaucoup plus fortes, aurait évidemment très-bien pu dire qu'elles n'existaient pas.

Toutefois, pour d'autres yeux comportant des indices différents, elles pourraient, comme dans le premier exemple, s'élever davantage et même devenir très-sensibles, ainsi que celles que M. J. Guérin a observées (400) et fait observer à M. Arago.

484. Et l'on remarquera que la vision, aussi nette pour $D_i = 250$ que pour $d_i = \infty$, ne serait pourtant pas la même dans ces deux cas, puisque l'intensité de la lumière diminue en raison inverse du carré des distances, et puisque le pinceau conique de rayons qui entre dans l'œil étant de plus en plus aigu à son sommet à mesure que la distance du point rayonnant augmente, ce pinceau porte dans l'œil moins de lumière lorsque l'éloignement s'accroît. Il s'ensuit que la vision est plus vive à la distance de la vision distincte qu'à toute autre distance.

Les objets, pour une bonne vue, disparaîtront donc, lorsqu'ils sont éloignés, par défaut de lumière et non par défaut de netteté des images. C'est un fait sur lequel nous reviendrons dans la seconde partie avec beaucoup de détail.

485. Mais les résultats des deux tableaux précédents sont obtenus, comme nous l'avons dit n° 471, dans la supposition que les rayons R_4, R_5, R_6 et R_7 soient respectivement égaux à r_4, r_5, r_6 et r_7, bien que, à la rigueur, l'allongement de l'œil doive les rendre tant soit peu plus petits : cette supposition aurait-elle dans nos calculs une influence contraire aux conséquences que nous venons d'examiner ?

Pour le savoir, mettons la formule du n° 114 sous la forme

$$ f = \frac{ld}{(l-1)\dfrac{di}{r} - 1} ; $$

il est clair que si r diminue $\dfrac{d}{r}$ augmente, et que la valeur de f diminue. Donc si, dans le tableau du n° 480 et avec les indices qui s'y trouvent, nous calculions les foyers pour le cas de $D_r = 250$, en employant des rayons plus petits que ceux de ce tableau, nous trouverions le foyer final, non pas sur la rétine, mais en deçà.

Or, il faut conclure de là que, avec les mêmes indices, nous aurions pu prendre, pour avoir le foyer sur la rétine dans le cas de $D_r = 250$, des chiffres moins forts pour la déformation de l'œil, ou que, avec ces chiffres, nous devions en toute rigueur avoir des indices moins élevés.

Nous avons donc opéré dans une supposition désavantageuse à nos idées.

486. Quant aux indices obtenus i_4, i_5, i_6 et i_7, ils sont, même dans le cas de $i_2 = 1.523$, plus élevés encore que ceux du n° 456; et c'est tout naturel, puisqu'ils sont déterminés pour le cas de $d_r = \infty$, cas dans lequel f_r est plus petit que si l'on avait $d_r = 250$, ce qui, i_2 ne changeant pas, exige de plus fortes réfractions pour que la valeur de f_7 porte le foyer final sur le fond de l'œil.

Mais si nos indices sont élevés, ce n'est pas que nous ne nous soyons donné une peine extrême pour arriver par le tâtonnement aux résultats précédents et notamment aux chiffres que présente le premier exemple du tableau du n° 480. Cependant nous ne considérons ces chiffres que comme l'origine d'un travail à faire ultérieurement, et dans lequel on cherchera le nombre des couches, leurs épaisseurs et les lois d'accroissement des r, des d et des f, propres à donner des valeurs convenables pour les l.

487. A l'époque où nous faisions nos calculs, on était persuadé, par les publications de Th. Young et de Dulong (166), que les déformations de l'œil, dans l'acte de la vision, étaient nulles ou à très-peu près nulles. Nous nous

sommes probablement trop préoccupés de faire concorder nos résultats avec cette opinion, et dans ce but nous avons pu préférer de faibles déformations à de faibles indices. Au surplus, rien ne prouve absolument qu'il soit impossible d'avoir dans les couches postérieures du corps vitré des indices de 1.903 et de 3.853, ou même de 2.658 et de 5.212 (480).

488. Enfin, nous ferons observer qu'en suivant avec assez de persévérance la voie de tâtonnement que nous avons employée, on arriverait certainement, dans le cas de cinq couches, à des indices peu éloignés des indices connus; car les hypothèses toutes simples admises n° 459 et n° 479 ne peuvent pas être celles qui conviennent à la question compliquée d'obtenir les plus petits indices.

Un essai tenté pendant la rédaction de ce mémoire nous a conduits aux résultats suivants :

SUR-FACES.	i	b	r	d	f	g	$f-g$
PREMIER EXEMPLE, avec cinq couches dans le corps vitré.							
S_3	1.33	0.873	— 5.000	— 19.913	11.553	1.000	10.553
S_4	1.400	1.053	— 5.083	— 10.553	12.500	2.000	10.500
S_5	1.405	1.003	— 5.249	— 10.500	10.600	3.000	7.600
S_6	1.490	1.061	— 5.498	— 7.600	8.600	4.000	4.800
S_7	1.793	1.203	— 5.830	— 4.800	6.935	6.945	0.000
DEUXIÈME EXEMPLE, avec quatre couches, les trois premières étant les mêmes que dans le premier exemple.							
S_5	1.405	1.003	— 5.249	— 10.500	10.600	3.000	7.600
S_6	1.610	1.146	— 5.498	— 7.600	10.935	10.935	0.000
TROISIÈME EXEMPLE, avec trois couches, les deux premières étant les mêmes que dans le premier exemple.							
S_4	1.400	1.053	— 5.083	— 10.553	12.500	2.000	10.500
S_5	1.526	1.090	4.249	10.500	13.943	13.935	0.000

On voit par ce tableau que, pour le premier exemple, l'indice le plus élevé, au moyen des r, des d, des f et des g que nous nous sommes donnés, est de 1.793. Les deux dernières couches se confondant en une, ce qui donne $g_6 = 4.000 + 6.935 = 10.935$, on a pour le second exemple l'indice le plus élevé égal à 1.610. Enfin, le corps vitré ne présentant que trois couches de 1.000 2.000 et 13.935 d'épaisseur, on a $i_5 = 1.526$. C'est sûrement un chiffre assez satisfaisant.

Mais, si le corps vitré ne présentait que trois couches, les conditions d'achromatisme dues aux inflexions des rayons en approchant de la rétine seraient-elles suffisantes pour des yeux parfaitement constitués? C'est ce dont il est permis de douter (d).

489. En résumé, nous pouvons dire :

1° Que la diminution du rayon de courbure de la cornée, pour le premier exemple du tableau du n° 482, comme pour le second, n'est que de 0.349, ou d'un vingt-cinquième;

2° Que l'allongement du globe, même en ne supposant aucun déplacement du cristallin, ne serait que de 0.525 (482), ou d'environ le 46e du diamètre optique (274); ce qui est peu considérable, et surtout ce qui est bien éloigné du chiffre un sixième, que M. Young trouvait nécessaire (151);

3° Qu'avec un déplacement du cristallin, d'arrière en

(d) Nous croyons cependant qu'il y a des personnes dont les yeux sont conformés a peu près comme le supposent les deux derniers exemples du tableau précédent. On verra dans la seconde partie qu'avec de tels yeux les deux lignes vues au moyen d'un optomètre font un angle notable entre elles; que les objets, à toutes les distances au delà de la distance de la vision distincte, peuvent présenter un même degré de netteté, et qu'on n'est conséquemment, avec une vue ainsi organisée, ni myope ni presbyte, mais que l'on n'a pourtant que des yeux défectueux (Voyez l'art. (B), page 205).

avant, de trois dixièmes de millimètre, l'allongement du globe n'a plus besoin que d'être égal à 0.278, environ le quatre-vingt-huitième du diamètre optique, ce qui ne répugne nullement. On peut ajouter que ces résultats sont d'accord avec les pressentiments de beaucoup de physiciens et de physiologistes , parmi lesquels nous citerons Euler (235) et M. Adelon (e).

4° Que l'objection relative aux indices très-élevés peut s'évanouir, ou, par des calculs qui seraient faits d'après des hypothèses meilleures que les nôtres , ou par des travaux qui justifieraient dans le vivant des réfractions plus fortes que celles qu'on a observées sur le cadavre ;

5° Qu'au moyen des chiffres que nous présentons dans le tableau du n° 480 , pour le premier exemple , les quatre réfractions opérées dans le corps vitré font avancer le foyer vers la rétine chacune de 2.042 , ce qui amène tous les rayons à une direction presque normale sur la choroïde , en même temps que chaque réfraction diminue la distance du foyer du rouge et du foyer du violet ; d'où il résulte nécessairement un achromatisme plus ou moins satisfaisant avantageux à la vision.

490. Il est d'ailleurs évident que si nous avions admis une moindre déformation de la cornée, nous aurions trouvé pour le déplacement du cristallin et pour l'allongement de l'œil des chiffres un peu plus forts , et réciproquement. Toute la question était de faire voir que ces déformations se balancent entre des limites admissibles, et on doit la regarder comme résolue, surtout si l'on pense avec nous que l'on puisse doubler sans inconvénient les chiffres de déformation 0.349 , 0.300 et 0.278 , ce qui permettrait d'abaisser beaucoup les indices obtenus.

Nous continuerons toutefois d'admettre ces trois chiffres

(e) *Physiologie de l'homme*, tome 1 , page 434.

en nous occupant, dans les chapitres suivants, des moyens par lesquels peuvent s'opérer l'allongement de l'œil, l'augmentation du bombement de la cornée et l'avancement du cristallin. Nous reviendrons à la question des indices et des couches du corps vitré dans la seconde partie, lorsque nous connaîtrons mieux l'œil.

491. Mais en terminant ce chapitre nous devons nous arrêter à cette autre question : sachant que l'œil est doué de deux moyens d'achromatisme, l'un par compensations de réfrangibilités des humeurs de cet organe, l'autre par la réunion, ou la presque réunion en une seule ligne, des rayons qui se courbent vers cette ligne en approchant de la rétine (442), déterminer celui qui s'applique à l'œil allongé, l'autre comme nous le supposerons, devant s'appliquer à l'œil raccourci.

Or, cette question est résolue par les expériences que nous avons faites avec l'optochromomètre (241). En effet, nous avons trouvé que la distance de la vision distincte varie selon la couleur du rayon éclairant (243), d'où il suit que, pour cette distance, les foyers des rayons colorés ne coïncident pas en un seul : donc l'achromatisme, pour l'œil raccourci, ou pour la distance infinie de l'objet, doit être produit, suivant la supposition que nous avons faite, par les compensations de réfrangibilités, ce qui n'empêche pas que cet achromatisme, s'il n'est pas complet, ne soit en même temps rendu plus satisfaisant par la courbure des rayons aux approches de la rétine.

492. Nous examinerons dans la seconde partie, à l'aide de calculs faits avec une valeur convenable de f_3 et avec des indices bien choisis pour les couches du corps vitré, quel degré d'exactitude peut présenter par ces moyens l'achromatisme dont l'œil est doué, et comment une faculté qui n'est indiquée dans cette première partie que très-indirectement (354), peut suppléer à l'insuffisance de cet achromatisme.

Les conditions auxquelles l'œil est soumis, ainsi que cet ouvrage le fait voir, sont si étroitement liées les unes aux autres qu'on doit arriver, en suivant avec soin les conséquences de leur enchaînement, à trouver sur son mécanisme des vérités qui semblaient devoir se dérober à toutes les recherches.

CHAPITRE XXVII.

SUR LES MOUVEMENTS DE L'IRIS ET SUR LES FORMES DE L'ŒIL, CONSIDÉRÉS DANS LEURS RAPPORTS AVEC LES DÉFORMATIONS CALCULÉES DANS LE CHAPITRE PRÉCÉDENT.

493. L'iris, comme nous l'avons déjà dit (474 et 475), ayant des mouvements très-sensibles et très-vifs, et cette membrane étant attachée par son pourtour à la sclérotique, il est manifeste qu'elle a une action au moyen de la- Pl. 5. quelle l'œil se resserre à son intersection avec le plan pV Fig. 88. de l'iris quand la prunelle se rétrécit.

Cette action, ainsi qu'on le verra dans la seconde partie, est aidée par celle des six muscles au moyen desquels le globe oculaire se dirige sur les objets qu'on veut voir (17); mais l'effet des muscles, quant à la figure du globe, étant principalement d'accroître et de modifier un peu l'effet de l'iris, nous pouvons ne considérer ici que ce dernier effet pour essayer de nous rendre compte des déformations de l'œil.

Fig. 89. 494. Imaginons qu'en se dilatant dans son plan, c'est-à-dire dans le plan VU mené par le point V perpendiculairement à l'axe optique AF, l'iris amène le point V en v; les parties voisines du point V se resserreront vers AF, et l'œil s'allongera. Ainsi le point N viendra en un point n, et les lignes VN, NA et VHF prendront des positions vn, na et $v\omega f$: l'allongement sera donc égal à Aa + Ff.

Cela posé, demandons-nous quelles positions pren- Pl. 5.
dront, d'une part, le cristallin, et, d'autre part, les procès Fig. 89.
ciliaires, par lesquels le cristallin est maintenu en avant
du corps vitré. Il est clair que la sclérotique s'étant affais-
sée de VH en $\varphi\omega$, les procès ciliaires $VsXt$ auront suivi ce
mouvement, et que, abaissés vers l'axe optique dans leur
partie extérieure vs, ils se seront portés vers le fond de l'œil
dans leur partie sxt, tandis que le devant du cristallin aura
dû se porter de tG en tg, premièrement, pour que la surface $VsXtG$ conserve sa longueur; secondement, pour que
le corps vitré, refoulé de $tXsmH$ en $tx\mu\omega$, retrouve son volume par le déplacement du cristallin de l'arrière à l'avant.

On voit donc que la seule action de l'iris pour rétrécir
la prunelle doit allonger l'œil, doit faire avancer le cristallin et doit faire prendre à la cornée NA une position
na, telle que le rayon de courbure en a soit plus petit
que celui qu'elle a en A sur la courbe AN.

495. On nous objectera peut-être que la forme donnée
aux procès ciliaires sur les fig. 6 (Pl. 1), 88 et 89 (Pl. 5),
est différente des fig. 2 et 3 (Pl. 1), dessinées par le
docteur Krause. Nous conviendrons parfaitement de ce
fait, et nous ajouterons que ces figures 88 et 89 diffèrent
beaucoup aussi de la coupe de l'œil suivant le docteur
Wharton (Voyez la note (a) du n° 359); mais il faut
bien que nous donnions à l'œil une figure simple et facile
à comprendre, ce qui exige que nous la dégagions des détails étrangers à notre objet, et tout ce qu'on peut nous
demander, c'est de respecter les faits anatomiques adoptés dans la science : or, en cela, nous pensons être irré-
prochable. En effet, les procès ciliaires forment deux
disques superposés : l'un, dont $tXsm$ est le profil, dans lequel les extrémités extérieures de ces petits corps vont
adhérer en m à la choroïde, et l'autre, $tXsV$, où ils viennent de s en V, isolés les uns des autres, passer en V sous
le cercle irien pour se fixer à la partie antérieure de ce

cercle (*a*). Il y a donc dans l'œil un espace triangulaire V*sm*, terminé en V*m* à la sclérotique, en *sm* à l'humeur vitrée, et présentant en *s*V une espèce de claire-voie par laquelle cet espace communique avec l'humeur aqueuse. Au surplus, nos raisonnements sont à peu près indépendants de la figure particulière que nous employons, et ils ne portent guère que sur deux choses, 1° la dépression éprouvée par l'œil dans la partie adjacente au cercle correspondant au point V, suivant lequel s'unissent intérieurement la cornée et la sclérotique, dépression d'où résulte l'allongement de l'œil et la diminution de courbure de la cornée en A; 2° l'abaissement des procès ciliaires vers l'axe optique, lequel oblige ces petits corps à se rapprocher du fond de l'œil dans leur partie externe, ce qui force le cristallin à se porter en avant.

496. Tout cela est sans doute fort simple, et nous semble d'autant plus admissible, qu'on approfondit plus la question.

Ainsi, le cercle correspondant au point V forme dans l'œil une partie rentrante, comme pour qu'elle se prête à l'action de l'iris tendant à la faire rentrer davantage; ainsi, la cornée est plus mince à son centre qu'à ses bords (3), ce qui permet que sa courbure au point A puisse diminuer plus aisément quand le cercle correspondant au point V se resserre. Ainsi, la sclérotique s'amincit de F en V (2), comme pour faciliter des mouvements plus marqués en approchant du point V; ainsi, les procès ciliaires sont de petits corps isolés, propres à agir comme

---

(*a*) Nous tirons ces détails principalement de l'*Anatomie descriptive*, de M. Cruveilhier, t. III, page 465. Ils sont d'accord avec la description de l'œil de Th. Wharton Jones, insérée dans le *Traité des maladies des yeux*, par W. Mackensie, avec le *Traité d'Anatomie* de H. Cloquet, t. II, page 245, et avec les autres auteurs que nous avons consultés, autant du moins que l'obscurité de la matière, traitée presque partout sans le secours des figures, nous a permis d'en juger.

des ressorts que les pressions ploient sans les raccourcir. Pl. 5.

497. Ajoutons que ces petits corps, bien qu'ils soient Fig. 89.
très-flexibles, ont pourtant une assez notable consistance,
et que la partie de la membrane hyaloïde sur laquelle ils
sont collés, et à laquelle adhère le cristallin, est plus forte
que les autres parties de la même membrane, ce qui paraît
devoir prémunir tout cet ensemble d'organes contre les
lésions que les mouvements pourraient occasionner.

497 *bis*. Le brillant éclat de l'œil semble aussi justifier
les déformations dont il s'agit. En effet, cet éclat montre
que les liquides qui remplissent le globe oculaire éprouvent une compression poussant du dedans au dehors : or,
cette compression tend à rendre l'œil sphérique et à faire
disparaître la dépression extérieure existante à l'endroit
du cercle VU d'insertion de la cornée dans la sclérotique; et comme elle agit sans cesse et que l'œil est un
corps mou, on conçoit qu'à la longue il perdrait sa forme
si l'action constrictive de l'iris ne contre-balançait pas l'effort qui pousse l'enveloppe de l'œil en dehors à l'endroit du
cercle VU, et celui des muscles droits qui tendent à raccourcir le globe. De même, les procès ciliaires, s'ils n'é-
taient pas poussés alternativement de la position *t*X*s*V à
la position *txsv*, tendraient à perdre leur élasticité et à
prendre une figure invariable.

L'économie animale offre un grand nombre d'exemples
de cet antagonisme de forces qui maintiennent les organes
entre des extrêmes connus, et c'est peut-être un argument
de plus en faveur des idées que nous émettons sur l'action
de l'iris.

498. Le corps vitré n'étant pas, comme l'humeur
aqueuse, un simple liquide, on se demandera sûrement si
l'organisme auquel il est soumis permet que ses parties se
déplacent et se portent de la ligne EX*sm*H à la ligne
exμω. Si l'on remarque, 1º que la portion du corps vitré
placée auprès des procès ciliaires n'est point traversée par

Pl. 5. les pinceaux de lumière qui peignent le tableau du fond
Fig. 89. de l'œil, et qu'ainsi l'organisme de cette portion d'humeur,
c'est-à-dire sa division en couches, n'est pas essentielle ;
2° que cette même portion d'humeur appartient à la première couche, dont l'indice est 1.33, comme celui de l'humeur aqueuse (457), on se trouvera vraisemblablement
autorisé à assimiler l'une à l'autre cette dernière humeur et celle de la partie antérieure du corps vitré, à
reconnaître qu'elles peuvent communiquer entre elles,
comme le présume M. Ribes (b), et à supposer dans cette
partie une mobilité que les cellules doivent empêcher au
delà d'une certaine limite, vers le fond de l'œil, afin que
les couches aient des indices de plus en plus élevés en
s'éloignant du cristallin. Et tout cela est d'autant plus admissible sans doute, 1° que la portion du corps vitré qui
se déplace est d'un volume très-peu considérable; 2° que la
consistance de ce corps, moindre que celle du cristallin et
plus grande que celle de l'humeur aqueuse, semble être
dans les conditions convenables pour permettre de légers
déplacements que d'autres faits appuieront dans la suite
(537 et 538).

499. Pour apprécier le mieux possible ces considérations et leurs conséquences, nous avons dessiné, avec une
échelle de vingt millimètres pour un, la fig. 89, qui représente en lignes pleines l'œil raccourci et en lignes
ponctuées l'œil allongé. Nous avons pris, d'après les chiffres obtenus dans les tableaux des n°s 480 et 482, relatifs au 1er exemple (G, étant égal à 3.207), savoir :

Pl. 5.
Fig. 89.

$$Aa = 0.100 \;;\; Gg = 0.300 \;;\; Ff = 0.278.$$

Nous avons supposé le déplacement Vv du point V égal

(b) *Physiologie* de M. Adelon, t. 1, p. 421.

à 0.240, et nous avons décrit les lignes ponctuées avec Pl. 5.
soin et de manière qu'elles satisfissent le mieux possible Fig. 89.
au sentiment que nous avons de l'œil.

500. Au moyen de cette figure, et en admettant que
le globe oculaire soit un solide de révolution, nous avons
calculé les volumes qui accroissent ou diminuent ce solide
quand il passe de la figure dessinée en lignes pleines à
celle qui est dessinée en lignes ponctuées. Les résultats de
notre calcul, pour les positions des points θ et ω, telles
qu'on ait

$$\varphi\theta = 0.770, \quad \theta\pi = 1.996, \quad C\xi = 1.000,$$

ce qui donne

$$A\varphi = 3.580, \quad \pi N = 1.330,$$
$$V\sigma = 10.328, \quad \xi\omega = 10.980,$$

sont ceux que présente le tableau suivant :

Indications d'après la fig. 89.	SURFACES GÉNÉRATRICES.				CERCLES décrits par le centre de gravité.		SOLIDES engendrés $2\pi r\omega$.	
	B. Bases.	H. Hauteurs.	C. Coefficient réducteur de H.	Aires $\omega = CBH$.	Valeurs du rayon r.	Valeurs de $2\pi r$.	Soustractifs.	Additifs.
aAθ	0.100	3.580	0.522	0.187	1.205	7.571	»	1.416
θNn	0.200	1.336	0.640	0.171	4.924	30.938	5.290	»
NuvV	1.000	0.220	»	0.220	5.628	35.362	7.780	»
Vvω	0.240	10.328	0.224	0.555	8.972	56.375	31.288	»
ωFf	0.278	10.980	0.480	1.560	4.874	30.624	»	47.773
Somme des solides additifs.							. . . .	49.189
Somme des solides soustractifs.							44.358	44.358
Augmentation du volume de l'œil.								4.831

501. Faute de connaître les coefficients de réduction C,

Pl. 5.
Fig. 89.

il n'était pas possible d'obtenir les aires ω au moyen de leurs bases B et de leurs hauteurs H. Il a donc fallu déterminer directement les valeurs de ω. Pour cela, nous avons divisé les polygones générateurs en bandes parallèles de 0.025 de largeur (5 millimètres avec la grande échelle), et nous avons mesuré leurs longueurs l_1, l_2, l_3, etc., ce qui en appelant h la hauteur commune des bandes nous a donné pour chaque polygone générateur tel que $a\mathrm{A}\theta$:

$$\omega = h(l_1 + l_2 + l_3 + \text{etc.}).$$

Et des valeurs de ω nous avons déduit les valeurs de C. Ces valeurs font voir que le polygone $a\mathrm{A}\theta$, par exemple, s'approche beaucoup d'équivaloir au triangle de même base et de même hauteur, tandis que le polygone $\mathrm{V}\nu\omega$ est d'une forme très-éloignée de satisfaire à la même condition. Par les divers chiffres dont il s'agit et par l'inspection de la figure, on se rend aisément compte des choses.

502. Il s'est agi ensuite de déterminer les rayons r des circonférences décrites par le centre de gravité autour de AF. La méthode des moments conduit à la solution, au moyen des bandes de même hauteur dont chaque polygone se trouve composé. Ainsi, pour le polygone $a\mathrm{A}\theta$, en prenant l'axe des moments à $^1/_2\,h$ au-dessous de AF, on a :

$$\omega\left(r + \frac{1}{2}h\right) = h^2(l_1 + 2l_2 + 3l_3 + \text{etc.}),$$

d'où l'on tire

$$r = \frac{h_2}{\omega}(l_1 + 2l_2 + 3l_3 + \text{etc.}) - \frac{1}{2}h.$$

Pour un polygone $\theta\mathrm{N}n$, dont les bandes sont perpendiculaires à l'axe des moments, on ne peut pas employer cette formule ; mais les difficultés ne sont pas plus grandes.

503. Il n'était sûrement pas nécessaire d'opérer avec

cette exactitude; car l'œil n'étant pas un solide de révolution, nous ne pouvions tirer du calcul que des renseignements qui ne peuvent pas, en toute rigueur, s'accorder
avec les faits. Cependant les hypothèses, même gratuites,
qui sont accompagnées de calculs propres à porter la lumière jusque dans leurs dernières conséquences, étant
souvent utiles, nous avons voulu que les résultats présentés fussent autant que possible complets.

Finalement, on voit par le tableau précédent que, pour
les données admises, l'augmentation du volume de l'œil
serait de 4.831 ou d'environ 5 millimètres cubes.

Et le volume de l'intérieur de l'œil étant à peu près
égal à celui d'une sphère de 12 millimètres de rayon, on
doit évaluer ce volume à 7237 millimètres cubes, dont
5 millimètres ne forment que la $1447^{\text{ème}}$ partie. Ainsi
l'augmentation de volume, calculée plus haut, est presque
insignifiante.

C'est ce qu'on remarque d'ailleurs dès le premier abord,
quand on considère qu'une augmentation d'un centième
de millimètre dans le rayon CF égal à 12.000 augmente le
volume de l'œil de 18.102, c'est-à-dire d'un chiffre à peu
près quadruple de celui qui exprime l'augmentation obtenue.

Pl. 5
Fig. 89.

504. D'un autre côté, il est aisé de voir que nous pouvions tracer la courbe $\nu\mu\omega f$ de bien des manières, et qu'il
nous était assez facile d'obtenir des volumes soustractifs
et additifs peu différents.

Il est possible, d'ailleurs, que l'œil n'étant pas sphérique, sa contraction dans le plan de l'iris le rapproche
de la sphéricité et accroisse son volume d'une certaine
quantité qui n'a besoin, comme on le voit, que d'être
fort peu considérable.

Enfin, l'enveloppe du globe étant élastique, et plusieurs de ses parties intérieures pouvant être compressibles, il s'ensuit que les changements de volume calculés

pourraient très-bien s'opérer, vu qu'ils sont fort petits, au moyen d'un gonflement insensible de l'œil ou au moyen du resserrement d'un ou de plusieurs de ses organes intérieurs : ces changements n'ont donc, sous aucun rapport, absolument rien qui répugne.

505. Il paraît toutefois résulter de ce que le sang afflue dans un organe qui agit, et qu'il afflue en plus grande quantité quand l'action demande de plus grands efforts, que l'œil allongé doit être plus gros que l'œil raccourci, et que ce dernier doit être plus gros que l'œil en repos.

Le chiffre 4.831, auquel nous sommes arrivé pour l'excédant de volume de l'œil allongé sur l'œil raccourci, enfermés l'un et l'autre dans l'enveloppe composée de la cornée et de la choroïde, semble en conséquence être rationnel, sinon en ce qui concerne sa valeur numérique, du moins en ce qui concerne son signe et son existence. Nous l'admettrons provisoirement.

506. D'après ce qu'on vient de voir sur l'afflux du sang dans les organes en action, l'iris doit atteindre son maximum de volume lorsque la prunelle est rétrécie le plus possible. Appelons p l'excédant de son volume sur celui qu'il a dans l'œil raccourci, augmenté ou diminué du changement de volume des procès ciliaires, et désignons les solides correspondants aux différents polygones de la figure 89, par les lettres qui indiquent ces polygones, précédés du mot *sol.*, abrégé de solide, nous devrons avoir comme équation de condition relative à l'humeur aqueuse :

Pl. 5.
Fig. 89.

$$sol.\, aA\theta + sol.\, txsXt - sol.\, \theta NVsvn\theta - sol.\, tgG = p.$$

507. Il est clair qu'en appelant p' la différence de volume, positive ou négative, du solide correspondant au triangle V*sm* et du solide formé par le canal gou-

dronbé, on aurait pour le corps vitré cette autre équation : Pl. 5.

Fig. 89.

$$sol.\,gtG + sol.\,svV + sol.\,\omega Ef - sol.\,tXsxt - sol.\,Vv\omega = \pm p'.$$

Il sera question de cette équation et de la précédente dans le chapitre qui suit.

CHAPITRE XXVIII.

DE L'EXPLICATION DU DÉPLACEMENT DU CRISTALLIN PAR M. JACOBSON ; DES DÉFORMATIONS QUE SUBIT NÉCESSAIREMENT CE CORPS DANS LA VISION A DES DISTANCES DIFFÉRENTES ; DE L'IRIS ; DES DIVERSES FONCTIONS DE CET ORGANE ; DES MOUVEMENTS QU'IL ÉPROUVE, ET DE L'ACTION DE LA VOLONTÉ SUR CES MOUVEMENTS.

508. On s'est tant occupé de l'œil et il a été l'objet des recherches d'un si grand nombre de savants, que l'on a fait, pour expliquer son mécanisme, presque toutes les hypothèses possibles. Mais le calcul étant la pierre de touche des théories, et son application à la vision ayant fait défaut, les idées n'ont pu être présentées que vaguement. Accueillies d'abord, oubliées ensuite, reprises plus tard, elles n'étaient ni reçues ni rejetées, parce que la science mathématique n'était pas venue fixer les faits dans le domaine des choses admissibles ou non admissibles. Il en résulte que la théorie de l'œil, chez les différents auteurs, présente une foule d'idées, plus ou moins ingénieuses, dont l'examen serait souvent fort difficile et fort long, mais auxquelles on ne s'arrête guère.

Parmi ces idées, il y en a une qui nous a séduit longtemps, parce qu'elle nous semblait nécessaire ; il importe de faire voir en quoi elle consiste et que nous avons dû y renoncer.

509. Cette idée est de M. Jacobson (39). Il a pensé que l'action érectile des procès ciliaires ouvrait des trous, qu'il assure avoir observés dans la membrane hyaloïde, et que cette action, en faisant passer une certaine quantité d'humeur aqueuse en arrière du cristallin, poussait en avant ce corps (*a*). Pour apprécier cette idée, essayons d'employer le calcul.

Le diamètre du canal goudronné étant d'environ dix millimètres, et le déplacement du cristallin d'arrière en avant étant de 0.300, suivant les chiffres rapportés au n° 483, le volume d'humeur aqueuse qui, à lui seul, produirait ce déplacement serait de 23.562. Si nous supposons qu'il doive s'opérer dans une durée de 8 tierces, égale au temps pendant lequel persiste sur la rétine l'impression d'un charbon ardent (*b*), le produit de l'écoulement sera par seconde de 176.715 ; et si le nombre des trous est de 80, c'est-à-dire s'il est égal à peu près à celui des procès ciliaires (*c*), on aura 2.2089 pour le produit P écoulé par un trou. Cela posé, la formule de l'écoulement étant $\frac{2}{3}\,\omega U = P$, dans laquelle $\frac{2}{3}$ est le coefficient de contraction, ω la superficie d'un des trous, et U la vitesse moyenne, il viendra, en admettant que les trous soient circulaires et aient un diamètre d'un dixième de millimètre chacune,

$$\frac{2}{3} \times 0.00785 \times U = 2.2089 \, ;$$

ce qui donne U=422 millimètres. Or, une pareille vi-

(*a*) *Précis de Physiologie*, de M. Magendie, tome Ier, page 67.

(*b*) Voyez la *Science du dessin*, 1re édition, page 185.

(*c*) M. H. Cloquet, dans son *Traité d'Anatomie*, page 347, en admet 70 à 80, et M. Adelon, dans sa *Physiologie de l'homme*, tome Ier, p. 410, de 60 à 90.

tesse, non pas dans des tuyaux veineux, mais par des orifices percés au travers d'une membrane très-délicate, ne paraît pas pouvoir être admise.

510. D'un autre côté, il ne faut pas oublier que ce déplacement d'humeur aqueuse ne suffirait pas aux besoins de la vision, et qu'il faudrait encore un allongement de l'œil et une diminution du rayon de courbure de la cornée (489), ou bien un passage beaucoup plus considérable de liquide par les trous en question, ce qui dès lors répugne absolument.

Il faut ajouter à ces raisons que M. Magendie a cherché inutilement ces trous (d), lesquels seraient bien visibles à la loupe s'ils étaient aussi nombreux et aussi grands que nous l'avons supposé; on doit donc penser, ou qu'ils n'existent pas, ou qu'ils sont extrêmement petits. Dans tous les cas, l'idée de M. Jacobson sur le déplacement du cristallin, ne nous semble nullement recevable (e).

511. Obligé d'abandonner cette idée, nous en sommes venu, peu à peu, à trouver dans l'action de l'iris abaissant la région θNVω de l'enveloppe de l'œil, la cause toute simple et toute naturelle qui nous paraît repousser le corps ciliaire sXt en arrière et appeler le cristallin en avant (494). Pl. 5. Fig. 89.

Parmi les faits qui appuient cette explication, en voici un que nous croyons très-puissant : c'est que le cristallin, cédant à une pression qui rétrécit le cercle formé par les procès ciliaires et qui ploie la surface correspondante à la

---

(d) *Précis de Physiologie*, tome Ier, page 49.

(e) On voit dans la *Physiologie de l'homme*, par M. Adelon, tome Ier, page 421, que M. Ribes admet dans le canal goudronné des trous par lesquels l'humeur aqueuse communique avec l'humeur vitrée. D'autres savants partagent cette opinion. (Voyez l'*Anatomie descriptive* de M. Cruveilhier, tome III, page 482). Elle a contribué beaucoup à nous faire admettre un même chiffre pour les indices de l'humeur aqueuse et de la partie antérieure du corps vitré (457).

Pl. 5.
Fig. 89.
courbe V*s*X*i*G suivant une autre surface correspondante à la ligne *vsxtg*, il est comprimé dans sa partie en contact avec le canal goudronné; or, comme c'est un corps d'une certaine mollesse, il s'allonge nécessairement dans le sens de l'axe AF.

Évidemment, il ne s'agit pas ici d'une déformation du cristallin semblable à celle que Dulong a combattue et sur laquelle M. Young appuyait sa théorie (176). Il s'agit d'une très-faible déformation, laquelle, à cause de sa petitesse, n'est pas motivée par la condition de donner au foyer tel ou tel éloignement, mais qui n'en est pas moins essentielle dans l'organisation de l'œil.

512. En effet, les points rayonnants situés à une petite distance d ayant pour images sur la choroïde d'autres points, tels que chaque droite qui joint un point rayonnant et son image soit normale à la choroïde (275), et cette loi devant subsister quand la distance d s'accroît et que le globe oculaire s'allonge, il est aisé de comprendre que toutes les surfaces réfringentes de l'œil doivent avoir des équations de la même forme

$$F(x, y, z, d) = 0,$$

variables avec le paramètre d. Donc, si par un changement de valeur de d l'une AN se porte en *an*, de façon que son rayon de courbure en *a* soit plus petit que celui qu'elle avait en A, toutes les autres devront éprouver un changement analogue.

513. Et quoique ce changement soit un accessoire de peu d'importance quant aux réfractions, on remarquera qu'en allongeant le cristallin il augmente l'effet réfractif de ce corps; que le foyer se trouve en conséquence rapproché, et que l'allongement de l'œil qui était nécessaire est un peu diminué.

Il résulte de cette considération et de celle dont il a été question n° 485, que l'allongement de 0.278 calculé dans le tableau du n° 480 et rapporté dans celui du n° 482 est, à la rigueur, dans les hypothèses faites, plus grand qu'il ne convient.

514. Revenons à l'action de l'iris, et d'abord occupons-nous de la structure de cette membrane. Ainsi que nous l'avons dit n° 474, c'est un sujet sur lequel les anatomistes sont loin de s'accorder. On convient toutefois assez généralement qu'il est composé de deux lames unies entre elles dans les parties situées du côté de la pupille ; que ces lames contiennent des cordons flexueux circulaires et rayonnants (474), et que l'ensemble de l'organe est éminemment vasculaire et nerveux (*f*). La question sur laquelle on est le plus divisé, c'est de savoir si les mouvements sont dus à une action musculaire que semble justifier le relâchement de l'iris après la mort, ou s'ils proviennent d'une érectilité en vertu de laquelle le sang serait chassé, ou dans les vaisseaux rayonnants flexueux qu'il redresserait en poussant la petite circonférence de l'iris vers le centre et en rétrécissant la pupille, ou dans les vaisseaux circulaires qu'il tendrait, en adoucissant leurs flexuosités, ce qui allongerait leur pourtour et agrandirait la pupille.

515. Les artères qui pénètrent dans le corps ciliaire et dans l'iris paraissent être assez bien connues. On les appelle *ciliaires longues* et *ciliaires courtes* (*g*). Les premières, au nombre de deux ordinairement, sont très-volumineuses ; le nombre des dernières est de vingt au moins, et quelquefois de trente ou quarante ; elles se croisent et se subdivisent de mille manières. On en compte, dit M. Clo-

---

(*f*) *Précis de Physiologie*, de M. Magendie, tome Ier, pages 51 et 52 : *Traité d'Anatomie descriptive*, par H. Cloquet, tome II, page 247 ; *Physiologie de l'homme*, par M. Adelon, tome Ier, page 408 ; *Anatomie descriptive*, par M. Cruveilhier, tome III, page 467 ; *Dictionnaire abrégé des sciences médicales*, article *Iris*.

(*g*) Voyez ces mots dans le *Dictionnaire abrégé des sciences médicales*

quet (*h*), vingt ou trente dans un seul des petits corps nommés procès ciliaires.

516. Il résulte de là, ce nous semble, que le corps ciliaire et l'iris jouent, comme organes vasculaires, un rôle dont l'importance doit s'apprécier sans doute par la complication de ces organes.

Nous avons disséqué des yeux, mais nous n'avons pas porté notre attention sur la structure de l'iris : ainsi, à tous égards, nous manquons de connaissances pour discuter des questions anatomiques si difficiles. Cependant, il nous sera permis de choisir, entre les opinions plus ou moins admises présentées par les physiologistes, celles qui s'accordent le mieux avec nos idées. Nous admettrons, d'après cela, que l'iris est érectile, et que son érectilité, mise en jeu par le besoin de voir, produit l'afflux de sang qui contracte et dilate la prunelle, ce qui d'ailleurs n'empêche pas que le cercle irien ne contienne des muscles propres à seconder l'action des nerfs et l'action du sang.

517. Le docteur Krause, opérant sur le cadavre, et après que les artères, les grosses du moins, s'étaient vidées, a trouvé à l'anneau majeur, à l'anneau mineur et au bord pupillaire de l'iris des épaisseurs très-différentes et de 0.10, 0.12, 0.15, 0.20 et 0.25 de ligne, ou de 0.232, 0.277, 0.347, 0.463 et 0.579 de millimètre. Il est possible que ces différences considérables proviennent, du moins en partie, de ce que les vaisseaux sanguins ne se vident pas tous également : quoi qu'il en soit, supposons que dans l'état de vie, où ces vaisseaux ne sont pas vides, l'épaisseur moyenne de l'iris, pour l'œil raccourci, soit de 0.400 et pour l'œil allongé, dont la tension est à son maximum (506), de 0.500.

Pl. 5.
Fig. 89. Si l'on admet que le rayon pV du grand cercle de

(*h*) *Anatomie descriptive*, tome II, page 423.

l'iris soit égal à 5.900 (453), pour l'œil raccourci, et à Pl. 5.
5.900 — Vν = 5.900 — 0.240 = 5.660, pour l'œil allongé, Fig. 88
et que dans un milieu très-éclairé le rayon de la pupille et Fig. 89.
rétrécie soit de 1.300 et celui de la pupille ouverte de
2.200 (i), on aura pour le calcul des volumes de l'iris, le
tableau suivant :

ÉTAT de l'œil.	R. Grands rayons de l'iris.	r. Rayons de la pupille.	$\pi(R^2 - r^2)$. Surfaces de la pupille.	E. Épaisseurs moyennes.	$\pi(R^2 - r^2)E$. Volumes de l'iris.
Allongé. . . .	5.660	1.300	95.335	0.500	47.668
Raccourci. . .	5.900	2.200	94.154	0.400	37.662
Différence des volumes obtenus.					10.006

518. Nous admettons que l'œil enfermé dans la choroïde
est plus gros de 4.831 ou d'environ 5 millimètres cubes,
lorsqu'il est allongé que lorsqu'il est raccourci (505) : or,
ici nous trouvons que l'iris à lui seul éprouve un grossis-
sement de 10 millimètres ; donc, si tous ces chiffres sont
considérés comme admissibles, il faudra s'expliquer une
perte de volume de 5 millimètres subie par quelques parties intérieures de l'œil.

Peut-être pourrait-on attribuer cette perte aux procès
ciliaires. En effet, ils communiquent avec l'iris par un
grand nombre de vaisseaux artériels ; et comme l'œil, en
passant de la vision d'un objet éloigné à celle d'un objet
rapproché, change de forme avec une extrême rapidité (j),

(i) Nous avons porté n° 393 ce rayon à 2.315 ; mais il s'agissait du cas
où l'ouverture de la pupille atteint son maximum, ce qui suppose un
milieu obscur, ou du moins faiblement éclairé (Voyez la note (n), p. 78).

(j) On peut en une minute passer 80 fois de la vue d'un objet rapproché à celle d'un objet éloigné, ce qui donne 45 tierces pour la durée

il est supposable que le sang qui se déplace pour produire les déformations n'a qu'un très-faible chemin à parcourir. Sous ce rapport, il serait donc naturel de penser que les cordons circulaires et rayonnants flexueux de l'iris versent leur sang les uns dans les autres, et que les procès ciliaires fournissent à chaque instant celui qui peut manquer au jeu de cet organe.

519. Si les choses se passaient ainsi, le déplacement du cristallin n'en serait que plus facile à concevoir; car, au moment où la prunelle serait étroite, les procès ciliaires seraient vides; le cercle ciliaire serait conséquemment déprimé; une certaine quantité d'humeur aqueuse occuperait l'espace abandonné, et le cristallin sollicité par une cause additionnelle à celles qui sont indiquées n° 494 se trouverait poussé plus fortement en avant.

On remarquera de plus que les procès ciliaires étant vides lorsque la pupille est étroite, ils ne s'en prêteraient que mieux au ploiement qu'ils ont à subir pour prendre la disposition indiquée sur la fig. 89 au moyen de lignes ponctuées.

520. En admettant que la diminution du volume des procès ciliaires soit de 5 millimètres, le terme p de l'équation du n° 506 serait égal à 10 — 5 ou à 5, et comme le solide $a\mathrm{A}\theta$ calculé n° 500 est égal à 1.416, on aurait

$$\textit{sol. } txs\mathrm{X}t = 3.584 + \textit{sol. } \theta\mathrm{NV}\textit{sin}\theta + \textit{sol. } tg\mathrm{G}.$$

Au moyen de calculs pareils à ceux qui sont indiqués n°ˢ 501 et 502, on pourrait obtenir numériquement tous les termes de cette équation, et en opérant de la même manière sur l'équation du n° 507, après avoir choisi une

---

du mouvement musculaire à exécuter chaque fois; mais l'œil paraît se trouver disposé comme il convient pour la vision bien avant que le mouvement musculaire soit terminé.

valeur pour p', on serait à même de voir si toutes les parties de la fig. 89 ont des proportions satisfaisantes. Mais , l'œil n'étant pas, comme nous l'avons déjà dit (503), un solide de révolution, ainsi que le suppose la figure , ces calculs ne seraient que fort peu utiles, et nous ne les avons pas faits.

Passons à des considérations plus importantes.

521. L'iris présente des mouvements dont nous avons déjà parlé (474), et qui sont tellement sensibles qu'il suffit d'observer un œil sur le vivant et avec un peu de soin pour reconnaître que la prunelle se resserre , ou que l'iris se dilate , premièrement, lorsque le milieu dans lequel on arrrive est plus éclairé ; secondement, lorsque le nouvel objet que l'on regarde est plus éclatant ; troisièmement, enfin, lorsque cet objet est plus rapproché.

522. La rétine étant douée , par rapport à la lumière , d'une sensibilité très-grande, puisqu'elle nous fait juger par des images excessivement délicates des formes et des positions de corps d'une très-grande ténuité , il est tout simple de penser que les impressions qu'elle reçoit produisent la gêne que nous fait éprouver une clarté trop vive (gêne qui se change en douleur quand l'œil est malade), et que, pour prévénir cette gêne, l'iris s'étend comme un rideau lorsqu'on est dans un milieu vivement éclairé.

523. Et si l'on fait attention que l'axe potique est toujours dirigé sur les objets que l'on considère soigneusement, lesquels se peignent sur la partie centrale de la rétine, on verra que cette partie centrale doit être la plus sensible (*k*). Or , il suit de là que plus l'objet considéré est éclairé , plus la pupille doit se rétrécir. Et comme la lumière agit en raison inverse du carré des distances, il doit

---

(*k*) *Précis de Physiologie*, de M. Magendie , tome Ier, page 71.

arriver aussi que plus l'objet vu se rapproche, plus la pupille se rétrécit.

524. Les phénomènes indiqués n° 521 s'expliquent donc très-facilement quand on les envisage isolément. Mais, si l'iris a la fonction d'adoucir les impressions trop vives de la rétine, comment peut-il encore avoir celle d'agir pour allonger l'œil, ou, en d'autres termes, comment ces deux fonctions peuvent-elles se concilier? Pour juger bien de cette question, concevons que l'on soit, par exemple, dans un milieu très-éclairé, la prunelle sera très-rétrécie, et il semble qu'alors l'œil doive être allongé et qu'il ne puisse servir que pour voir des objets rapprochés. De même, dans un milieu obscur, la prunelle étant ouverte, l'œil ne devrait être propre qu'à voir des objets éloignés. Peut-être l'explication de cette difficulté paraîtra-t-elle se trouver, d'après ce qu'on va voir, dans l'existence des deux lames qui composent l'iris.

525. L'une de ces lames contient les vaisseaux flexueux circulaires; l'autre contient les vaisseaux flexueux rayonnants, et la question est de rétrécir la prunelle pendant que le cercle extérieur de l'iris est élargi, ou, tout au contraire, d'élargir la prunelle quand ce même cercle extérieur est rétréci. Or, les deux lames dont l'iris est formé paraissent contenir tout ce qu'il faut pour que ces doubles résultats soient atteints. En effet, le cercle extérieur ayant un certain diamètre, s'agit-il de rétrécir la prunelle, le vaisseau circulaire extérieur se gonfle et se tend contre la sclérotique; les vaisseaux rayonnants s'emplissent et se dressent, et tout cela s'opérant dans des proportions convenables, le problème se trouve résolu. S'il s'agit au contraire d'élargir la prunelle en laissant toujours une grandeur donnée au cercle extérieur de l'iris, les vaisseaux rayonnants se vident en plus ou moins grande quantité, de façon à balancer, dans une juste mesure, l'effet des vaisseaux circulaires. Faut-il avoir un effet

moyen ? Les vaisseaux circulaires et rayonnants agissent en même temps et en sens contraire. Faut-il avoir un rétrécissement maximum de la prunelle ? Les vaisseaux circulaires se vident et les vaisseaux rayonnants fonctionnent avec toute leur énergie. Enfin, s'il faut que la prunelle soit ouverte autant que possible, les vaisseaux rayonnants se videront, et toute l'action se portera dans les vaisseaux circulaires.

526. On verra plus loin (537 et 538) que plusieurs faits appuient cette explication, et nous pouvons dès à présent citer les suivants.

D'abord, il est manifeste que les deux lames, unies du côté de la pupille, et remplissant du côté opposé des fonctions toutes différentes, devront être séparées vers la sclérotique : c'est ce qui a lieu (514).

Il est clair que, si l'explication est vraie, les vaisseaux circulaires les plus agissants devront être fort proches du grand cercle de l'iris : or, les anatomistes disent assez positivement que le vaisseau circulaire extérieur est plus gros que tous les autres (l).

Par la même raison, les parties les plus agissantes des vaisseaux rayonnants devraient être auprès de la pupille ; mais ce second fait n'est pas clairement établi par les auteurs. Cependant, M. H. Cloquet dit, à la page citée plus haut, en parlant des vaisseaux rayonnants qui marchent en serpentant vers la petite circonférence de l'iris, qu'ils s'anastomosent et forment un cercle sur cette circonférence, mais que quelques-uns de ces rayons ne s'anastomosent point et parviennent directement à la pupille. Ne se pourrait-il pas que ces vaisseaux rayonnants parussent, à cause de leur grosseur et de leur convergence, se

---

(1) Voyez l'*Anatomie descriptive* de M. H. Cloquet, t. II, p. 424, et le *Dictionnaire des Sciences médicales*, article *Ciliaires*.

confondre en un cercle les uns avec les autres, bien qu'ils ne se confondissent pas? Pourquoi, les uns arriveraient-ils jusqu'à la pupille isolément, tandis que les autres se confondraient? De plus, comment tendraient-ils à rétrécir la prunelle s'ils ne venaient pas se buter un à un contre elle? Un autre fait dont nous parlerons plus loin (532) tend encore à justifier leur isolement.

527. Étudions maintenant un phénomène propre à jeter quelque jour sur ces questions.

On sait qu'en passant d'un lieu bien éclairé dans un lieu très-obscur, on est pendant un certain temps, une minute peut-être, privé de la capacité de distinguer nettement les objets. C'est un fait parfaitement avéré.

Pour l'expliquer, on a dit qu'une impression modérée, succédant à une impression vive, ne pouvait être perçue qu'après l'écoulement du temps pendant lequel persiste la dernière.

528. Nous admettons ce principe; mais la durée de l'impression d'un charbon ardent n'étant que de huit tierces (509), on devrait, au bout de huit tierces, voir distinctement dans le lieu obscur, tandis que ce n'est qu'au bout d'un temps beaucoup plus long que la vue, dans un tel lieu, commence à bien fonctionner.

D'un autre côté, on remarquera que s'il fallait un temps aussi long pour que la rétine reposée reprît son action, la vision serait suspendue chez une personne qui travaillerait, par exemple, à de l'étoffe noire, chaque fois que cette personne jetterait les yeux sur des objets éclatants, comme du satin blanc, de l'argenterie, des diamants, etc., et cela n'est pas.

L'explication admise nous paraît donc insuffisante. Il nous semble que celle qui suit doit être préférée.

529. L'iris et les procès ciliaires, suivant nous, fonctionnant dans un milieu d'une clarté moyenne, seraient chargés d'une quantité moyenne de sang. Dans un milieu

de clarté vive, ces organes en contiendraient davantage, et dans un milieu obscur, ils en contiendraient moins.

Ainsi, en passant d'un milieu obscur dans un milieu éclairé, le sang serait appelé des vaisseaux artériels qui pénètrent dans l'œil, ou peut-être de la choroïde qui est éminemment vasculaire (m), et l'on conçoit que les organes artériels fournissant abondamment, il arriverait en proportion des besoins.

Mais, en passant d'un milieu éclairé dans un milieu très-obscur, l'iris et les procès ciliaires auraient à chasser dans les veines une certaine quantité de sang artériel ; or les vaisseaux par lesquels le sang passe des artères aux veines étant excessivement déliés, on conçoit que la petitesse de ces vaisseaux limite l'écoulement, et que, en conséquence, cet écoulement doit prendre un temps notable lorsque la quantité de sang à évacuer dépasse instantanément le produit ordinaire que les veines absorbent à chaque instant. De là l'empêchement de voir pendant une ou plusieurs minutes quand on entre dans un lieu très-obscur.

530. La conformation de l'œil du chat et des autres animaux qui font leurs expéditions dans les ténèbres, lesquels ont une pupille allongée susceptible de se fermer entièrement et susceptible de devenir circulaire, est un fait en faveur de notre explication. En effet, si la construction et la dilatation de l'iris s'opéraient toujours instantanément entre les limites de leurs grandeurs extrêmes, le mécanisme ordinaire aurait suffi pour les yeux des animaux noctambules ; mais s'il faut un temps d'une durée notable pour dégager l'iris et les procès ciliaires de l'excédant de sang

---

(m) La choroïde occupant environ les deux tiers de l'œil, il suffit qu'elle s'amincisse de 0.005 pour qu'elle fournisse aux parties de l'œil qu'elle renferme 5^{mm}.760 cubes de sang.

qui sert dans un milieu éclairé sur celui qui convient dans un milieu obscur, on comprend que la proie d'un chat, par exemple, se déroberait à ses poursuites en gagnant l'obscurité, et qu'il a fallu, pour prévenir cet inconvénient, donner aux yeux des chats, des lynx, des hiboux, etc., un appareil particulier, au moyen duquel la pupille passe rapidement d'une très-petite à une très-forte dimension (*n*).

531. En étudiant avec soin l'iris humain sur le vivant, on voit qu'il n'a pas la régularité qu'on lui suppose au premier abord. Il est plus étroit dans sa partie interne que dans sa partie externe (*o*), ce qui nous semble s'expliquer par les saillies que présentent le nez et le front, lesquelles, en abritant l'œil, en le *défilant*, en quelque sorte, contre tout accès de lumière dans les directions où se trouvent les saillies, empêche que le cercle irien, pour adoucir les impressions de la rétine, ait besoin dans les parties supérieures internes de mouvements aussi développés que ceux qu'il faut qu'il ait dans les parties inférieures externes.

532. La prunelle n'est pas non plus circulaire; et par la

(*n*) Si les idées qui viennent d'être exposées sont vraies, on trouvera probablement que les deux lames de l'iris sont mieux séparées l'une de l'autre vers la sclérotique chez les hommes habitués à observer de loin, comme les marins, et surtout comme ceux qui font le service des vigies dans les bâtiments de mer, que chez les hommes qui par état n'observent que de près, comme les horlogers, les graveurs, etc. Mais c'est l'anatomie comparée qui devra fournir le plus de lumières sur de telles questions; toutefois, il faut remarquer que les yeux des animaux, comme on le voit par les belles planches de D. W. Sœmmering, présentent en général des formes qui font de l'œil humain un organe dont l'étude semble à beaucoup d'égards devoir précéder celle des yeux des autres êtres.

(*o*) Cette disposition paraît plus sensible encore chez le lion, et il semble que l'iris et la pupille approchent plus de former des cercles exactement concentriques chez les animaux, comme les perroquets, dont l'œil est à peu près de tous côtés également accessible à la lumière.

raison que nous venons d'exposer sans doute, elle se porte un peu vers la partie supérieure interne de l'organe.

Observée minutieusement dans ses mouvements, on voit qu'elle varie brusquement de diamètre quand l'attention, toutes choses égales d'ailleurs, se porte d'un objet éloigné sur un objet rapproché; mais qu'elle ne prend pas instantanément la figure vers laquelle elle tend. Après avoir subi sa principale déformation, elle s'arrange, partie par partie, sur ses bords, comme si les besoins de la vision faisaient connaître après coup les effets qui lui nuisent encore, ou comme si la cause qui rétrécit la prunelle agissait d'abord avec une violence qui empêchât que le but cherché fût atteint sans le secours d'efforts secondaires plus mesurés, ou, enfin, comme si le sang lancé dans les vaisseaux rayonnants n'arrivait pas en même temps à l'extrémité de chacun d'eux. Cette observation nous semble militer en faveur de l'isolement de ces vaisseaux (526).

533. En se recueillant bien, la nuit surtout lorsque l'on est couché, et en portant la vue, par la pensée, sur des objets alternativement éloignés et rapprochés situés devant soi et toujours dans la même direction, on acquiert la conscience de ce fait, qu'il s'exécute des mouvements dans l'œil lorsque la vision s'opère successivement de très-près et de très-loin.

Pour tâcher d'apprécier mieux ces mouvements, nous nous sommes placé dans un lieu modérément éclairé, et nous avons mis une longue règle devant un de nos yeux, dans la direction de l'axe optique correspondant, comme si nous avions voulu nous assurer que cette règle était droite. Ensuite nous avons porté et rapporté notre vue, lentement et successivement, d'un bout de la règle à l'autre.

Quand nous considérions le bout éloigné, notre pupille examinée avec soin par un observateur était fort ouverte, et elle se resserrait à mesure que nous regardions des points plus rapprochés. Cet exercice ayant été souvent répété, nous avons fini par bien sentir ce qui se passe en nous pendant qu'il s'opère ; nous avons acquis le sentiment de l'effort à faire pour rétrécir la prunelle, et, sans bouger l'œil, nous la rétrécissons, non pas fortement, mais assez sensiblement, selon notre volonté (*p*).

534. Pour définir l'effort à faire, nous avons dit dans la *Science du Dessin* publiée en 1821 (*q*), qu'il nous semblait, en le faisant, que nous tirions notre œil en dedans. On cite, dans les ouvrages d'anatomie (*r*), un jeune homme qui resserrait ses pupilles en retenant sa respiration, et ce fait nous a conduit à remarquer que nous nous abstenons aussi de respirer pendant l'expérience dont il s'agit.

Nous présumons que toute personne qui s'exercera ainsi que nous venons de l'exposer, et qui se scrutera bien pour apprécier ce qui se passera en elle, parviendra comme nous y somme parvenu à resserrer et étendre sa prunelle, en maintenant son œil dans une position fixe où la même lumière et les mêmes objets l'affecteront (*s*).

535. Les naturalistes rapportent que plusieurs oiseaux, et notamment les perroquets, ont la faculté, leurs yeux

---

(*p*) Ces expériences ont été faites, il y a une vingtaine d'années. Nous avions auprès de nous un grand nombre d'employés, bons dessinateurs et très-propres à bien observer et à nous aider. Notre vue, à cette époque, nous permettait de voir presque aussi bien que les myopes les objets très-rapprochés, et nous jugions parfaitement des objets éloignés, ce qui probablement nous permettait d'imprimer à notre prunelle des mouvements fort développés. Depuis, nous sommes devenu presbyte, et ces mouvements sont plus restreints.

Il est bon de dire que c'est surtout pour resserrer notre prunelle, et non pour la dilater, que notre volonté avait le plus d'effet.

(*q*) 1re édition, page 408 ; 2e édition, page 373.

(*r*) Voyez t. III, p. 469, l'*Anatomie descriptive* de M. Cruveilhier.

(*s*) Il est nécessaire toutefois, pour réussir dans notre expérience, qu'on n'ait devant soi aucun objet susceptible d'attirer l'attention, et il convient qu'on soit dans un lieu obscur ou même devant un tableau noir.

restant fixés dans une même direction , de resserrer et d'é-
panouir leur prunelle (t). Il n'est pas étonnant, d'après
cela , que l'homme jouisse aussi de cette faculté , laquelle
d'ailleurs paraît peu développée chez lui , et doit l'être
davantage, comme nous le verrons par la suite , chez les
animaux dont la vision , avec des yeux placés de côté ,
s'opère le plus souvent avec un seul œil.

536. L'iris exigeant un effort pour se dilater et pour se
contracter, et la rétine étant incommodée par un trop
grand accès de lumière, il y a lieu de penser que pendant
la veille le diamètre de la pupille , à chaque instant,
est d'une grandeur telle que la gêne de la rétine et l'effort
exercé sur l'iris soient ensemble dans l'état qui nous
fatigue le moins. C'est une espèce d'équilibre entre deux
circonstances antagonistes.

Et l'iris, d'après ce que nous avons vu plus haut (525) ,
serait lui-même soumis à deux conditions : l'une de donner à la pupille la grandeur correspondante à l'équilibre
dont il vient d'être question , et l'autre d'allonger l'œil ou
de le raccourcir, en agrandissant ou rétrécissant le cordon
circulaire et vasculaire extérieur du cercle irien , en même
temps que les vaisseaux rayonnants s'allongeraient ou se
raccourciraient.

537. Pour bien juger de ces mouvements , il faut,
comme nous l'avons dit n° 533 , apprendre à sentir, en
s'observant avec recueillement , ce qui se passe en soi dans
l'exercice de la vue. Par là , on reconnaît bientôt que la
fatigue de l'œil appliqué à voir de près des objets délicats
est tout autre que celle qu'il éprouve en cherchant,
trouvant et considérant des objets très-éloignés, comme
des navires situés à l'horizon quand on est au bord de
la mer.

(t) *Physiologie* de M. Magendie, tome 1er, page 65, 1re édition.

Dans notre système ce fait s'explique tout naturellement ; car dans un cas l'œil est allongé autant que possible, et dans l'autre on s'efforce de le raccourcir.

538. On reconnaît même que ces deux genres de fatigue atteignent leur maximum, le premier, quand l'objet considéré de près est dans un lieu obscur, parce qu'alors l'œil est allongé et la pupille élargie ; et le second, lorsque l'objet éloigné qu'on veut examiner avec soin est très-éclairé, parce que le globe est raccourci et la pupille étroite.

Les circonstances où l'œil, au contraire, est le moins fatigué, sont celles où l'on regarde vaguement des objets qui ne sont ni très-près ni très-loin. Aussi les oculistes ordonnent-ils aux personnes dont les yeux deviennent malades par un travail appliquant, de se promener dans des endroits où leur vue puisse s'égarer continuellement sur des objets modérément éloignés, d'un faible éclat et d'une couleur verte autant que possible.

539. Il résultera de ce chapitre, si l'on adopte nos idées, que la plupart des vues émises par les savants pour expliquer la vision se trouvent réellement recevables ; toutefois, il faut bien remarquer que c'est dans des limites, ou sous des rapports tout autres que ceux qu'on envisageait.

Ainsi, la cornée éprouverait un changement de courbure ; mais ce changement pourrait ne diminuer son rayon que d'environ 349 millièmes ou trois dixièmes et demi de millimètre (489).

Ainsi, le cristallin serait déplacé, mais d'environ trois dixièmes de millimètre seulement (489).

Ainsi, le globe oculaire s'allongerait, mais de 278 millièmes de millimètre seulement (489).

Ainsi, le cristallin subirait une déformation, mais très-faible, vraie principalement sous le rapport théorique, et très-différente de celle que M. le docteur Young a proposée (174 , 511 et 512).

Ainsi, l'iris jouerait un grand rôle dans la théorie de l'œil ; mais ce rôle différerait cependant beaucoup de celui qu'admettait La Hire, qui s'est occupé particulièrement de l'iris et qui lui attribuait la fonction d'allonger l'œil et d'augmenter la convexité de la cornée (u).

Ainsi, le déplacement du cristallin serait dû à la déformation de l'œil (494), et non pas, comme l'a supposé M. Jacobson, au passage d'une portion de l'humeur aqueuse en arrière de ce corps (509 et 510).

Ainsi, l'œil serait achromatique pour toutes les distances où la vision s'opère, et non pas pour une distance seulement (491); mais cet achromatisme ne s'opérerait pas uniquement par des compensations de réfrangibilités qui semblaient être seules propres à le produire.

540. Quant aux faits principaux qui concilient tant d'hypothèses avancées avec talent, combattues de même, et qu'on retrouve dans tous les ouvrages relatifs à l'œil enveloppées dans la même obscurité, ils sont au nombre de trois :

Le premier, que nous avons établi directement, c'est que l'œil se monte en raison de l'éloignement des objets observés (350).

Le second, c'est que le corps vitré se compose de parties de plus en plus denses à mesure qu'on s'éloigne du cristallin (467-470).

Le troisième, qui est la conséquence du second, c'est que les déformations de l'œil, au lieu de se régler sur les variations de position d'un cône partant du cristallin et arrivant à la rétine, se règlent sur celles d'un cône plus court, ce qui les rend moindres et ce qui réduit tout d'un

─────────────────────

(u) *Mémoires de l'Académie des sciences*, années 1694 et 1709.

coup les déformations dont il s'agit à de beaucoup plus faibles proportions (446 et 472), en même temps que l'achromatisme est produit (443).

541. Ce fait si important de l'organisme du corps vitré semble s'être annoncé bien manifestement par la consistance de ce corps, et il était sûrement bien naturel d'en conclure que la lumière ne devait pas marcher en ligne droite du cristallin à la rétine, cependant, cette conclusion si facile et si féconde s'est fait attendre longtemps.

Peut-être avons-nous un peu exagéré dans ce livre le secours que la vision en tire ; mais, à mesure que nous avancerons, les choses seront mieux vues, et chacune d'elles se trouvera réduite à une plus juste proportion.

POST-SCRIPTUM.

542. Nous avons évité avec soin, dans le mémoire précédent, de nous occuper des expériences suivantes, qui sont relatives à l'achromatisme de l'œil : on verra par l'observation qui termine ce *post-scriptum* quels étaient nos motifs d'agir ainsi et que ces motifs ne subsistent plus. Quant aux expériences en elles-mêmes, elles ont une certaine utilité, et il sera convenable de ne pas en renvoyer l'examen à la seconde partie de cet ouvrage.

543. D'une expérience *faite au moyen d'un prisme et citée par M. Arago contre l'achromatisme de l'œil.* A la séance de l'Académie des Sciences du 16 novembre 1840, après la lecture du rapport de M. Pouillet sur notre premier mémoire, M. Biot fit quelques observations ten-

dantes à montrer qu'il était bien difficile d'admettre que
le calcul appliqué aux mesures connues de l'œil et de ses
parties dût conduire à l'explication de cet organe et à
celle de l'achromatisme dont il jouit. Ses observations
furent appuyées par M. Poinsot. M. Pouillet répondit en
justifiant l'utilité de notre travail, et M. Arago, appuyant
M. Pouillet et répondant à M. Biot, cita l'expérience qui
suit comme un fait d'où résulte, suivant lui et suivant
M. Young, que l'œil n'est pas achromatique.

544. Si l'on regarde une étoile, que nous supposerons
pour fixer les idées située à l'horizon, au travers d'un
prisme dont l'angle soit fort petit, on voit une image
allongée. Si le prisme est horizontal et que son arête soit
en haut, l'allongement de l'image s'opère dans le plan vertical; le violet est en haut, le rouge en bas et les autres
couleurs du spectre entre les deux. Si la vision se porte
sur le haut de l'image, on voit dans le haut un point
violet et l'image s'élargit de haut en bas jusqu'au rouge.
Si la vision se porte en bas, au contraire, on voit en bas
un point rouge et une image de plus en plus large en approchant du violet. Si on considère l'image dans son milieu, on voit un point vert, au-dessus et au-dessous duquel
l'objet s'élargit d'un côté jusqu'au violet et de l'autre jusqu'au rouge. Enfin, quelque point de l'image qui soit
considéré, il est le seul qu'on voie nettement, et les autres sont aperçus avec une largeur d'autant plus grande
qu'ils sont plus éloignés du point particulier que l'on regarde. Or, si l'œil, agissant à la façon des lentilles achromatiques (96 et 97), réunissait en un seul foyer les foyers
des rayons colorés émanant d'un point blanc vu directement, tous les foyers colorés, dans l'expérience dont il
s'agit, seraient à la même distance du cristallin; donc ils
seraient tous à la fois sur la rétine ou hors de la rétine :
donc les points colorés seraient vus nettement tous à la
fois au lieu de ne l'être qu'un à un, d'où se tire, suivant

M. Arago, la conséquence que l'œil n'est pas achromatique. Il nous a reproduit ces détails il y a environ deux ans ; l'Académie les a entendus, et ils se trouvent insérés dans le *Courrier français* du 18 novembre 1840, à l'occasion de la séance du 16 (*a*).

Nous reviendrons plus loin sur le raisonnement qui précède, lequel nous semble défectueux (550), et nous donnerons l'explication des faits observés (552 et 554).

545. D'UNE EXPÉRIENCE *faite au moyen d'une lunette et citée contre l'achromatisme de l'œil.* Si pour bien observer une étoile avec une bonne lunette achromatique on a tiré convenablement l'oculaire, et qu'ensuite on place en avant de cette lunette un verre plat rouge ou violet, on trouve que pour voir nettement l'étoile dans cette nouvelle condition, il faut allonger l'oculaire si le verre est rouge et le raccourcir s'il est violet. M. Arago nous a cité cette expérience comme un fait qui, selon lui, confirme le défaut d'achromatisme de l'œil. Si cet organe, dit-il, réunissait les foyers des rayons diversement colorés en un même point, comme le font les lentilles achromatiques, l'étoile serait vue nettement avec le verre rouge, avec le verre violet et sans ces verres, sans qu'il fallût faire varier la position de l'oculaire : donc, etc.

Il sera question plus loin de ce raisonnement et de cette expérience (555 et 556).

546. D'UNE EXPÉRIENCE *qui nous est propre et qui est relative à l'achromatisme de l'œil.* Nous assistions à une représentation de *Manlius* au Théâtre-Français, il y a

---

(*a*) Voici un extrait de l'article du *Courrier :* « Dans le cours de la
» discussion, M. Arago a soutenu très-décidément que l'œil n'est pas
» achromatique. Lorsqu'on applique le prisme, etc. Cette expérience
» curieuse semble bien montrer en effet que l'œil n'est point achroma-
» tique. Toutefois il l'est suffisamment, au moins dans la limite de nos
» besoins ; car on ne saurait contester, etc. »

une vingtaine d'années, et très-souffrant d'une ophthalmie, nous ne jouissions guère du spectacle que par l'audition des acteurs. Cependant nous ne pouvions pas nous empêcher de jeter les yeux sur la scène dans les beaux moments du rôle de Talma, et nous fûmes fort surpris d'apercevoir une frange irisée très-sensible autour des vêtements consulaires du grand tragédien. Depuis, les maladies inflammatoires de l'œil nous ayant souvent tourmenté, nous avons eu plus d'une fois l'occasion de vérifier l'expérience précédente, et c'est toujours au théâtre qu'elle nous a le mieux réussi.

547. On doit conclure de là sans doute que nos yeux, qui dans l'état de santé ne nous laissent rien à désirer en ce qui concerne la coloration des objets, changent dans l'état de maladie, et qu'alors ils ne sont pas achromatiques, ou que, du moins, ils ne le sont qu'imparfaitement.

548. Nous ne prétendons pas que la science, telle qu'elle est maintenant, permette d'expliquer sûrement le phénomène dont il vient d'être question ; cependant nous dirons que si l'achromatisme de l'œil, suivant nos idées, tient à la courbure que prennent les rayons en arrivant à la rétine (442), il est aisé de concevoir que, dans les maladies de cet organe, le liquide qui circule dans les cellules de la membrane hyaloïde cesse d'avoir, couche par couche, les propriétés réfringentes qu'il a dans l'état de santé, ce qui doit nuire à l'achromatisme.

549. Mais quelle que soit l'explication du fait observé par nous avec beaucoup de soin, il résulte de ce fait que dans l'état de santé l'œil accomplit de certaines conditions d'achromatisme, et que, par conséquent, et indépendamment du sentiment général qui semble avoir prononcé sur cette question (b), on doit dire que l'œil est achromatique.

(b) Nous croyons que tout le monde à cet égard pense comme l'auteur de l'article du *Courrier* cité plus haut (Note (a) de la page 332).

550. DE CE QU'IL Y A *de forcé dans les conclusions de M. Arago contre l'achromatisme de l'œil, et de la conséquence logique qu'il faut tirer des deux expériences qu'il a citées* (543 et 545). D'après ces expériences, les foyers des rayons diversement colorés, émanés d'un point blanc, sont auprès de la rétine à des distances différentes sur l'axe de l'œil; d'où M. Arago conclut contre l'achromatisme de cet organe. Mais, sans nous appuyer sur la considération que cette conséquence répugne, n'est-il pas clair que la conclusion de M. Arago, en toute rigueur, doit être remplacée par celle-ci : *donc l'achromatisme de l'œil n'est pas produit par des compensations de réfrangibilités propres à amener les foyers différemment colorés à coïncider en un même point, ou uniquement produit par ces compensations,* conséquence logique, et la seule logique, par laquelle on est conduit à *l'achromatisme de courbure* (442) dont nous avons le premier parlé.

551. Non-seulement la logique de M. Arago, si sûre ordinairement, semble l'avoir abandonné à l'occasion des expériences dont il s'agit, mais son tact si sûr, et sa mémoire si vaste où tant de faits sont coordonnés, ne paraissent pas l'avoir bien servi. En effet, n'aurait-il pas dû remarquer qu'en admettant l'idée paradoxale de M. Young, il avait contre lui d'Alembert et Euler (234-236), et l'opinion des physiologistes et des physiciens qui n'ont cherché l'explication de l'achromatisme de l'œil que parce qu'ils croyaient à cet achromatisme? N'aurait-il pas dû voir que le mot *achromatique* exprime l'absence de la frange irisée et non pas la réunion des foyers (*c*)? Enfin, puisque la discussion rou-

---

(c) Labey, ancien professeur à l'école polytechnique et traducteur des lettres à une princesse d'Allemagne, fait dire à Euler, dans la 44ᵉ de ces lettres : que *les rayons sortis d'un point sont exactement réunis dans un même point de la rétine.* Nous ne savons pas si c'est une traduction parfaitement exacte, mais il est assez remarquable que le choix des mots

lait sur notre travail, n'aurait-il pas dû se souvenir qu'à l'é-
que où il a été rapporteur du *Traité de la science du dessin*
(Voyez la lettre qui fait suite à notre préface), il a reçu de
nous, comme une chose fondamentale dans nos recherches
sur la vision, l'explication du moyen nouveau d'achromatisme que nous proposions ? Par une déduction exacte des
faits, sa conclusion se serait changée à peu près en celle-
ci : *donc l'achromatisme de l'œil ne se produit pas, du
moins uniquement, par des compensations de réfrangibilités, mais par quelque autre moyen, comme celui que
peut donner la courbure des rayons dans le corps vitré.*

M. Arago ne voulait sans doute pas donner, par une
telle conclusion, accès à nos idées; il était bien libre à cet
égard, et nous n'aurions rien eu à dire si sa logique avait
été rigoureuse.

552. Des expériences *citées* n° 543 *et* n° 545 *et des conséquences qui s'en déduisent.* Expliquons d'abord les faits
exposés au n° 543. Dans l'expérience du prisme (541), les
rayons arrivant de l'étoile, après avoir traversé la première
face de ce prisme, pénètrent dans la pupille suivant les
points d'un petit ovale. Ils se réfractent à la rencontre de cet
ovale, puis le violet se trouve en haut et le rouge en bas; en
sortant du prisme, ils se réfractent de nouveau, et les rayons
colorés d'une même nuance forment un cylindre qui arrive
sur la cornée : il y a donc autant de ces cylindres qu'il y a
de nuances dans le spectre, et chacun d'eux a sa direction,
comme si les rayons qui le composent venaient d'un point
particulier du ciel, ayant une couleur pareille à celle
que présentent ses rayons. Si donc on s'applique, par
exemple, à voir le point d'en haut qui correspond au vio-

---

employés pour exprimer l'achromatisme de l'œil sont tels qu'ils conviennent aussi bien dans le cas des compensations de réfrangibilités que
dans celui des rayons amenés par plusieurs réfractions à former un
faisceau peu différent d'une droite.

let, l'œil se montera en raison des réfractions du violet, de façon que le foyer soit sur la rétine; et comme il ne sera pas monté dans ce cas pour la vision des autres points du ciel autrement colorés, surtout du point rouge, l'image s'élargira du côté du rouge. Si l'observateur considère le bas de l'image, ou son milieu, ou l'une quelconque de ses parties diversement colorées, les effets obtenus se comprendront tout aussi facilement.

553. L'expérience dont il s'agit confirme, comme on le voit, ce que nous avons dit n° 350, c'est à savoir que l'œil se monte pour exercer son action.

Mais on reconnaît de plus qu'il se monte par degrés extrêmement petits, puisqu'il change de forme pour passer de l'observation du point vert au point voisin jaune ou bleu de ciel. Dans le but de nous faire une idée de la petitesse des déformations qu'il doit subir dans ce cas, reportons-nous au n° 391, où la distance du foyer du violet à la rétine, sur laquelle est placé le foyer du blanc, ou, ce qui revient au même, du vert, a été trouvée de 0.264. Celle du foyer du vert au foyer du jaune ou du bleu de ciel serait en conséquence de

$$\frac{2}{7} \times 0.264 = 0.075,$$

d'où l'on voit qu'une déformation dont l'objet est de placer la rétine à l'endroit d'un foyer qui n'en était qu'aux trois quarts environ d'un dixième de millimètre, s'apprécie dans l'expérience de l'étoile vue à travers le prisme.

Et l'on remarquera que le chiffre 0.264 étant calculé dans l'hypothèse de l'homogénéité du corps vitré, il doit être considérablement diminué en admettant la division de ce corps en couches (472).

L'œil, comme nous l'avons reconnu par d'autres faits (354 *bis*), est donc un instrument d'une telle perfection qu'il s'allonge et se raccourcit de manière que la rétine vienne immédiatement et avec une extrême précision se placer au point de striction (462) du faisceau de rayons envoyés dans la pupille par le point observé.

554. Quant à l'expérience du n° 545, faite sur une étoile au moyen d'une bonne lunette achromatique, elle fait voir que les rayons colorés qui étaient réunis en un même foyer par cette lunette, suivent, selon leurs couleurs, des routes différentes dans l'œil, et qu'en arrivant sur la rétine ils sont tellement disposés, que les sensations du rouge, de l'orangé, du jaune, etc., font le même effet que si le point rayonnant variait d'éloignement en raison de sa coloration.

Il suit de là que cette expérience confirme les observations que nous avons faites avec l'optochromomètre (237-243), et qui ont été publiées en 1821 (d).

555. Nous nous sommes trouvé, à l'occasion de ces observations, exactement dans les mêmes circonstances que celles où se trouvait M. Arago pour examiner la question de l'achromatisme de l'œil au moyen de l'expérience de l'étoile. Mais nous n'avons pas tiré des faits la conclusion que l'œil n'est point achromatique ; nous en avons tiré une conséquence très-différente : c'est que le corps vitré n'est pas homogène et que l'œil est doué d'un genre d'achromatisme tout particulier (245).

Il nous semble, d'après cela, que dans les expériences des n°ˢ 543 et 545, M. Arago a vu le défaut d'achromatisme, qui ne s'y trouve pas, et qu'il n'y a pas vu ce qui s'y trouve, c'est à savoir : 1° la nécessité de l'achromatisme de courbure (550), et par conséquent de la non-homogé-

---

(d) M. Arago, à l'époque où il a fait son rapport sur la *Science du dessin*, ne nous a pas parlé, du moins nous le croyons, de l'expérience dont il s'agit, ce qui nous porte à croire qu'elle est postérieure à nos observations optochromométriques.

néité du corps vitré; 2° la preuve que l'œil se monte en raison de la distance et de la coloration du point rayonnant avec une précision extrême (553).

556. OBSERVATION *relative à ce post-scriptum.* En général, et à moins d'un intérêt scientifique notable, nous avons évité dans nos divers écrits de nommer les auteurs vivants dont nous pensions que les opinions se trouvaient réfutées par ces écrits. Nous avons même tâché bien souvent que notre rédaction fût faite de manière que les lecteurs ne devinassent pas de quels auteurs il s'agissait.

Par les mêmes raisons, ayant à combattre M. Arago, nous devions éviter de le nommer. Mais nous avons poussé plus loin le scrupule : nous nous sommes abstenu, dans nos 2ᵉ et 3ᵉ mémoires, de parler des questions qui pouvaient soulever son opposition. Comme il était un des commissaires que l'Académie nous avait désignés, nous pensions que le débat se viderait oralement; que nous tomberions d'accord avec lui après examen, et qu'il était inutile de nous occuper par avance de considérations que la discussion réduirait à peu de chose et peut-être à rien.

Les rapports sur ces mémoires n'ayant pas été faits, la discussion n'a pas eu lieu, et dans ce *Post-scriptum* nous devons nommer M. Arago, afin que le lecteur prenne en considération l'autorité de notre illustre adversaire (e).

(e) On verra plus loin (792) que l'opinion de M. Arago est invoquée par M. Sturm.

QUATRIÈME MÉMOIRE;

PRÉSENTÉ A L'ACADÉMIE DES SCIENCES, LE 5 MAI 1845.

Ce mémoire se compose de trois parties : l'une porte le titre d'*appendice*; l'autre celui de *résumé*, et la troisième, rédigée après coup, celui d'*addition*.

APPENDICE

CONTENANT DES OBSERVATIONS PROPRES A ÉCLAIRCIR ET A COMPLÉTER LES THÉORIES EXPOSÉES DANS LES SIX LIVRES DONT SE COMPOSENT LES TROIS PREMIERS MÉMOIRES.

SECTION PREMIÈRE,

RELATIVE A LA FIGURE DE L'ŒIL.

557. L'œil, chez l'homme sauvage qui ne s'occupe que de pourvoir à ses besoins grossiers et à sa sûreté, et chez l'homme civilisé, qui livre son temps aux lettres, aux sciences, ou à des arts, comme l'horlogerie, la gravure, l'imprimerie, etc., remplit des fonctions bien différentes. Il s'ensuit que le type de l'œil doit varier avec le temps et avec les lieux. D'un autre côté, il est évident que les con-

ditions d'entretien de nos organes étant dépendantes des tempéraments, l'œil, toutes choses d'ailleurs égales, ne doit pas avoir la même figure chez un individu sanguin et chez un individu bilieux ; il doit donc pouvoir s'écarter beaucoup du type qui convient le mieux à ses fonctions les plus communes, sans que pour cela il cesse d'être un bon œil, un œil bien constitué : d'où il suit que le type de l'œil humain ne présente pas à la rigueur telles et telles proportions, mais que les proportions qu'il présente sont assujetties seulement à la condition d'être comprises entre certaines limites.

Cette conséquence est justifiée par nos calculs ; car, après avoir souvent discuté les mérites des figures d'yeux que nous adoptions (126 et 127, 139-141, 154 et 155), nous avons été conduit à reconnaître (429 et 430) que les deux yeux n° 1 et n° 3, quoiqu'ils fussent de proportions fort différentes, donnaient à peu près les mêmes chiffres pour les images produites.

558. Nous conclurons de là que, lorsqu'on a trouvé une figure un peu satisfaisante de l'œil, on ne doit pas se restreindre absolùment aux chiffres qu'elle comporte, et que tel ou tel auteur a donnés, mais qu'on peut modifier ces chiffres sans scrupule, pourvu que, en cela, on se rapproche des proportions moyennes généralement admises.

C'est une règle assurément bien commode ; toutefois, on remarquera que dans nos trois premiers mémoires nous nous sommes soumis à la règle contraire, afin d'éviter le reproche d'avoir choisi nos données d'une manière favorable à nos idées. A cet égard nous avons même été dans l'excès, et les soins que nous donnions au choix des mesures de l'œil ont pu souvent détourner l'attention du lecteur d'objets plus importants.

559. Nous ne craindrons pas, d'après cela, de modifier dans ce quatrième mémoire les dimensions de l'œil

n° 3, dont nous nous sommes le plus ordinairement servi (*a*).

L'épaisseur du corps vitré, dans cet œil, est manifestement trop considérable; la distance du cristallin à la cornée est un peu faible; le cristallin est petit; le rayon de courbure de la choroïde (453) est trop fort, et les rayons des surfaces réfringentes que nous admettons dans le corps vitré sont aussi trop forts.

Nous pourrions substituer à l'œil n° 3 celui dont la coupe est fournie par le docteur Wharton Jones (notes (*a*) des n°s 360 et 495), laquelle nous semble présenter de meilleures dimensions; mais cela nous jetterait dans un assez long examen qui ne nous paraît pas à sa place dans ce mémoire. Nous continuerons, en conséquence, d'appliquer nos calculs à l'œil n° 1 et à l'œil n° 3; seulement, pour ce dernier, nous réduirons l'épaisseur du corps vitré à 15 millimètres, au lieu de 16.935, et nous supposerons que les rayons des surfaces réfringentes de ce corps augmentent de 0.35, au lieu de 0.414821 (selon le calcul du n° 455), par unité d'enfoncement, ce qui donne $5+5.25=10.25$, au lieu de 12.025, pour le rayon de la choroïde.

Nous donnerons à l'œil n° 3, présentant ces nouvelles dimensions, le nom d'*œil n° 3 corrigé*.

(*a*) Si l'on fait attention que dans les calculs relatifs a la vision, suivant nos idées, il faut employer l'œil raccourci et l'œil allongé (478-492, 599-610, dont les dimensions, ainsi qu'on le verra dans le livre VII, ne sont, ni pour l'un ni pour l'autre, celles de l'œil mort, on reconnaîtra que le mesurage exact de ce dernier perd en cela une grande partie de son importance.

SECTION II.

SUR LES YEUX DES INSECTES ET DES CRUSTACÉS, COMME EXEMPLES DANS LESQUELS S'OBSERVE LA LOI DES RAYONS VIRTUELS NORMAUX A LA RÉTINE (261), ET SUR LES RECHERCHES FAITES QUI ONT RAPPORT A CETTE LOI.

560. M. Muller, dans sa *Physiologie du système nerveux* (a), ouvrage que nous regrettons de ne connaître que depuis fort peu de temps, rapporte sur la vision considérée en général, et dans les diverses sortes d'animaux, une foule de faits très-intéressants. Voici, d'après ses publications (b), la description des yeux des insectes et des crustacés.

Concevons que la surface de la rétine forme un petit segment sphérique (c), et que sur ce segment soient implantés, perpendiculairement à la sphère, une multitude de tubes coniques rigides, environnés de pigments propres à absorber les rayons obliques et ne laissant pénétrer que les rayons normaux à la rétine, on aura ce qu'on appelle un œil composé, comme ceux que l'on trouve dans tous les insectes et dans tous les crustacés (d). Le nombre des tubes de ces yeux est ordinairement de 12 mille à 20 mille (e): leur longueur varie; le plus souvent elle est de cinq ou six fois leur largeur; mais quelquefois, chez les mouches, par exemple, la longueur n'excède guère la largeur (f). Quant à l'amplitude de l'arc générateur du segment de sphère, il dépasse, dans certains genres, 180 degrés (g).

Cela posé, si l'on imagine qu'un objet, tel qu'une flèche, soit placé dans l'espace, et que des divers points de cette flèche on abaisse des normales sur la rétine, un grand nombre de ces normales se dirigeront dans les cônes, d'où il suit que les rayons lumineux qui coïncideront avec

---

(a) 3e édition, traduite de l'allemand, par M. Jourdan.

(b) Elles datent de 1826.

(c) *Physiologie* de M. Muller, tome V, pages 277 et 278.

(d) *Idem*, page 278.

(e) *Idem*, page 320.

(f) *Idem*, page 319.

(g) *Idem*, page 336. M. Muller dit que les libellules, dont les yeux présentent de tels segments de sphère, ont des mouvements prompts, vifs et sûrs, et que ces animaux voient très-bien en avant, en arrière et sur les côtés.

ces dernières normales, peindront dans l'œil une image discontinue, ou comme on dit, en mosaïque, propre à donner la sensation de l'objet.

561. Notre but ici n'est pas d'étudier la vision des insectes et des crustacés, mais nous dirons en passant que les propriétés de la matière ne sont probablement pas utilisées d'une manière moins admirable dans ces yeux à 20 mille tubes que dans l'œil humain, et que les besoins, chez nous et chez les insectes, étant très-différents, il peut très-bien arriver que ces besoins soient satisfaits avec la même perfection.

Cependant, abstraction faite du degré de la sensibilité nerveuse, laquelle pourrait n'être pas la même chez tous les êtres, l'œil humain paraît avoir sur l'œil multiple des insectes et des crustacés trois avantages manifestes.

562. Le premier, c'est que l'image de la rétine n'est pas discontinue, et que, par conséquent, elle est mieux en rapport avec le tableau général des objets (*h*).

Le second, c'est que dans l'œil humain l'image est produite par un appareil qui lui donne une grande vivacité de lumière.

Le troisième, enfin, c'est que notre œil, au lieu d'être composé de parties dures, est au contraire formé de parties molles, au moyen desquelles, ainsi que nous l'avons fait voir n° 287, il se monte selon l'éloignement de l'objet considéré, ce qui produit une sensation propre à faire apprécier cet éloignement.

563. Passons aux faits qui sont l'objet à traiter dans cette section.

Suivant M. Muller, les droites qui joignent les points rayonnants et leurs images, dans les yeux des insectes et des crustacés, droites auxquelles nous avons donné le nom de rayons virtuels (251), sont normales à la rétine (*i*), d'où il résulte que la loi des rayons virtuels énoncée n° 261 se vérifie dans ces animaux. C'est un fait qu'il nous a paru utile de signaler.

Il est bon toutefois de faire observer qu'il y a une différence entre les rayons virtuels considérés chez les insectes et considérés chez les vertébrés. Dans ceux-ci, le rayon virtuel diffère entièrement du pinceau de

---

(*h*) Cet avantage doit être fort grand, car les épaisseurs des tubes, à la périphérie de la rétine, périphérie beaucoup plus faible nécessairement que celle de la cornée, doivent produire des lacunes considérables dans l'image.

(*i*) *Physiologie du système nerveux*, tome II, pages 277, 278, 336 et 338. On voit par les figures et par le texte, aux pages indiquées, que M. Muller est pénétré de l'idée que la surface de la rétine est un segment de sphère. Si c'était une surface d'une autre nature, elle devrait avoir pour normales, conformément à la loi du n° 261, les droites qui forment les axes des tubes.

lumière brisé et courbé qui peint un point sur la rétine, tandis que dans les insectes les rayons virtuels coïncident avec les filets lumineux qui donnent les images.

564. Cette loi des rayons virtuels résout d'ailleurs des questions sur lesquelles, en lisant la physiologie de M. Muller, l'attention est souvent appelée, et l'on voit que ces questions, qui ont beaucoup occupé les physiologistes, n'ont point été approfondies.

Ainsi, la définition de l'angle visuel, dont il va être traité dans la section III, se fait inutilement désirer à la page 341. Ainsi, page 347, l'auteur se demande de combien une ligne droite allant du point rayonnant à son image diffère du rayon qui passe par le centre de la pupille, lequel, selon quelques physiciens, serait dirigé sur l'image, ou à peu près. Il dit, même page, que d'après des expériences de Volkmann, les lignes tirées des objets à leurs images se croisent, non pas au centre de la pupille, ni au milieu du cristallin, mais derrière ce corps. Les mêmes questions reviennent page 398, et toujours il s'agit de savoir où se trouve le prétendu point d'entrecroisement des rayons virtuels. Il cite, page 399, l'opinion de Poterfield et de Bartels « *que chaque point de la rétine voit dans la direction d'une perpendiculaire à la surface de cette membrane.* » C'est l'opinion que d'Alembert s'appuyant sur un principe (261), a produite il y a plus de quatre-vingts ans, qui est restée depuis à peu près comme non avenue, et qui, rapprochée de nos expériences, nous semble établir la loi que nous avons posée : mais Poterfield et Bartels, apparemment, ne l'ayant justifiée d'aucune manière, M. Muller dit qu'elle est purement arbitraire. Enfin, dans les figures des pages 402, 426, 433, 435 et 437, les lignes qui joignent les images et les objets passent par un même point d'entrecroisement.

Nous avions admis aussi, comme on peut le voir dans la *science du dessin* (*j*), l'existence de ce point commun d'entrecroisement, et nous avions dès lors (en 1821) indiqué le moyen de résoudre la difficulté par des expériences sur les yeux d'animaux albinos. Ce sont ces expériences, faites longtemps après, qui nous ont conduit à cette loi. Son importance étant bien manifeste, on ne sera pas surpris que nous traitions dans cet appendice des questions qui s'y rattachent et qui doivent en amener la vérification.

(*j*) 1re édition, p. 398.

SECTION III.

SUR L'ANGLE VISUEL ET SUR DES EXPÉRIENCES PROPRES A DÉTERMINER, AVEC QUELQUE EXACTITUDE, LA FIGURE DU FOND DE L'ŒIL DANS LE VIVANT.

565. Lorsque l'on considère l'œil comme un point, ce qu'on appelle l'*angle apparent* d'un objet, ou l'*angle visuel* de cet objet, ou l'angle optique sous lequel on le voit, est une grandeur facile à définir, car si cet objet, par exemple, est une flèche que nous nommerons AB, située comme on voudra dans l'espace, et si le point S représente l'œil, l'angle visuel ne sera pas autre chose que l'angle ASB des deux droites menées par le point S aux extrémités A et B de la flèche. Mais quand l'œil n'est pas un point, la définition de l'angle visuel, jusqu'à présent, a été fort embarrassante, et la difficulté consistait à déterminer le sommet de l'angle.

Quelques auteurs ont supposé que ce sommet était le centre de la pupille (*a*); mais supposé qu'on se fût entendu sur ce qu'il faut appeler son centre (*b*), on ne pourrait pas plus choisir ce centre pour le sommet de l'angle visuel que le sommet de la cornée ou que les centres du cristallin et de l'œil.

566. La solution de cette difficulté se trouve dans la théorie des rayons virtuels exposée chap. XV. En effet, les extrémités A et B de la flèche se peignant sur le fond de l'œil suivant deux points *a* et *b*, et les points A et B étant vus suivant les rayons virtuels *a*A, *b*B, qui sont des droites normales à la choroïde (261), il est clair que l'angle visuel dont il s'agit est celui des deux droites A*a*, B*b*, menées par les points A et B normalement à la voûte postérieure du globe oculaire.

Si l'objet est fort petit, le sommet de l'angle, comme nous l'avons dit n° 274, sera placé en arrière de la cornée, au tiers environ de la longueur

---

(*a*) M. Muller dit (*Physiologie du système nerveux*, tome 1er, page 341) qu'il avait précédemment adopté pour point de croisement le milieu de la pupille; mais que cette hypothèse ne répond pas d'une manière rigoureuse à la réalité.

(*b*) En géométrie c'est un point suivant lequel se trouvent divisées en deux parties égales toutes les cordes qui le contiennent, et il n'y a que certaines courbes qui aient un tel centre. Mais toutes ont ce que l'on appelle un *centre de gravité* et un *centre de figure*.

du diamètre optique, et plus l'objet sera gros, plus le sommet correspondant sera enfoncé dans l'intérieur du globe.

567. Cette considération de l'angle visuel pourrait, ce nous semble, conduire à la détermination de la figure du fond de l'œil. Nous allons décrire la machine et les expériences qu'il faudrait faire dans ce but.

Concevons un tube horizontal à l'une des extrémités duquel soit une croisée de deux fils rectangulaires, l'autre extrémité portant une plaque oculaire percée d'un petit trou. Il est clair que si l'on observe la croisée de manière que les deux fils se coupent au centre du trou oculaire, l'axe optique de l'œil coïncidera avec l'axe du tube.

Supposons que ce tube soit divisé à partir d'un point O, que nous prendrons pour origine d'un système de coordonnées dont il va être question tout à l'heure, et que, par le moyen d'un microscope horizontal mobile parallèlement à lui-même, et dont l'axe soit à la hauteur de l'axe du tube et rectangulaire sur cet axe, on puisse observer le devant de la cornée et déterminer sa distance δ à l'origine O.

Imaginons que le tube traverse une cloison et que, dans cette cloison, au-dessus et au-dessous du tube soient deux trous circulaires derrière lesquels on ait mis deux globes lumineux, de façon que ces deux trous fassent l'effet de deux disques très-éclairés. Nommons X la distance du plan de ces disques à l'origine des coordonnées, et représentons par $+Y$ et $-Y$ les ordonnées supposées égales des deux points M et N appartenant aux deux disques et les plus éloignés du tube sur ces disques.

Figurons-nous enfin qu'une tige verticale graduée, placée auprès de ce tube, porte deux écrans rectangulaires horizontaux mobiles, au moyen desquels on puisse éclipser les deux disques, et soient x la distance de l'origine des coordonnées au plan des deux écrans, et $+y$ et $-y'$ les ordonnées des bords extérieurs de ces deux écrans.

568. Cela posé, si l'on conçoit que l'observateur fasse placer les écrans de façon que l'axe optique étant toujours dirigé dans l'axe du tube, les deux disques cessent d'être sensibles; il est clair que les points m et n étant sur le fond de l'œil les images des points M et N, les rayons virtuels Mm, Nn, et leurs points de rencontre avec l'axe optique seront donnés par les valeurs de δ, X, Y, x et y, d'une part, et δ, X, $-Y$, x, $-y'$, d'autre part, ce qui fera connaître numériquement sur le vivant deux droites Mm, Nn, tangentes à la section verticale de la surface des centres de la choroïde (252).

Pour d'autres écartements des deux disques et du tube, on obtiendra d'autres droites, telles que Mm et Nn, et ces droites étant en nombre suffisant, on pourra construire la courbe qui les touchera toutes, et qui sera la section verticale en question.

On voit que cette expérience donne des résultats de l'espèce de ceux que nous avons obtenus en opérant sur nous-même au moyen de la disparition des images portées sur le trou du nerf optique (264 et 265), mais que ces résultats ne sont pas bornés à la région de la choroïde qui comprend ce trou, et qu'ils s'étendent à toute la surface du fond de l'œil.

569. Si maintenant on suppose que par la forme extérieure du globe on ait apprécié sa longueur, on aura le point de la choroïde où cette membrane est rencontrée par l'axe optique, et la courbe construite étant la développée de la section verticale de la surface du fond de l'œil, on déterminera cette section.

Avec de faibles modifications du mécanisme décrit plus haut, on obtiendra de même la section horizontale et les sections inclinées du fond de l'œil. En opérant donc avec soin, il sera possible de trouver, avec une certaine exactitude, la figure de la voûte postérieure du globe oculaire, ou de la surface de la choroïde dans le vivant.

On peut objecter, il est vrai, que le point où le fond de l'œil est rencontré par l'axe optique n'est pas déterminé exactement; mais, supposé que l'erreur fût considérable, on n'en aurait pas moins des développantes semblables aux développantes cherchées, ce qui serait déjà d'une grande importance pour arriver à connaître la figure qu'affecte la choroïde. D'un autre côté, on remarquera que si l'on opérait sur plusieurs personnes et que, après la mort de quelques-unes d'entre elles, on mesurât leurs yeux, on aurait toutes les données que comporte la question.

570. On remarquera en passant que l'œil n'étant pas un solide de révolution, les droites Mm, Nn, ne coupent pas l'axe optique au même point, quoique l'on ait les mêmes nombres pour $+Y$ et $-Y$, ce qui suppose que l'expérience doit donner des chiffres différents pour y et y'.

Si les valeurs de Y sont fort petites, ce qui arrivera si les deux disques sont petits et rapprochés, ou si on leur substitue un disque unique d'une faible dimension, les droites Mm et Nn couperont l'axe optique en des points très-rapprochés du point de rebroussement v, fig. 52, dont la détermination nous a occupé chap. XV (273 et 274). Il serait fort utile, comme cet ouvrage en donne suffisamment la preuve, d'avoir sur la position de ce point des notions plus exactes que celles que nous avons pu fournir.

Pl. 3.
Fig. 52.

571. On a beaucoup écrit sur la forme de l'œil, mais en partant de mesurages le plus souvent fort grossiers et toujours opérés sur le mort. Les expériences que nous indiquons décideraient numériquement des questions qui sont restées vagues, et qui font défaut à la science. Nous avions espéré de les faire; mais nous manquons de beaucoup des choses qui nous seraient nécessaires et nous avons sur l'œil d'autres travaux à terminer, ce qui nous a fait prendre le parti de décrire ici la machine qui peut servir à les faire.

Il nous semble que les sociétés savantes devraient encourager les recherches relatives à l'œil; alors de telles expériences se feraient promptement. Nous donnerons, dans la seconde partie, le programme d'un grand nombre de questions qui, suivant nous, méritent aussi qu'on se hâte de les approfondir.

SECTION IV,

RELATIVE AUX OBJETS VUS PAR RÉFLEXION ET PAR RÉFRACTION.

572. Nous avons rapporté à la fin du livre IV (350-354 *bis*) les principes auxquels nous a conduit l'examen des images réfléchies et réfractées; mais il en est un que nous avons omis. Il peut s'énoncer ainsi :

Principe. Les rayons qui nous donnent la perception des points d'un corps divergent en nombre infini de chacun de ses points, et se coupent exactement suivant le point dont ils divergent. Or, dans les mouvements que nous faisons sans cesse, les rayons changent; les uns qui arrivaient dans l'œil n'y arrivent plus, et d'autres y arrivent qui n'y arrivaient pas; mais, la condition que ceux qui donnent la sensation d'un point se coupent en toute rigueur en ce point, continue d'être satisfaite, et c'est elle, dans la vision ordinaire, qui nous fait juger de la réalité de l'existence du point vu : c'est-à-dire que si cette condition n'est pas satisfaite ou à peu près satisfaite, comme dans certains cas de réflexion ou de réfraction (295-328), la vision n'a pas lieu.

573. Ce principe est justifié par l'exposé des n°s 334-340. Il est un de ceux qui servent le mieux à faire une appréciation exacte du relief, dans le cas des objets peu éloignés. Aussi arrive-t-il que pour bien jouir de l'effet d'un tableau, on a soin de rester immobile. Dès qu'on se donne des mouvements un peu rapides toute illusion cesse, parce que les rayons qui donnaient la sensation de points qu'on croyait différemment éloignés allant toujours se couper sur la toile, on juge qu'on voit un objet plan et non l'objet en relief que le peintre a voulu représenter.

SECTION V.

SUR LES INDICES DE RÉFRACTION DES COUCHES DU CRISTALLIN, ET SUR L'ORGANISATION DE CE CORPS.

574. Nous avons examiné avec quelque soin, dans le chap. XXI, les indices de réfraction obtenus par M. Chossat pour la capsule cristalline et pour les couches du cristallin, dans l'homme et dans divers animaux, et par des raisonnements dont on ne contestera sûrement pas la justesse, nous avons été amené à prendre pour la première couche l'indice 1.35 égal à celui de la capsule (374).

M. Brewster a trouvé 1.377 et M. Chossat 1.338 (61), d'où l'on voit que notre indice 1.35 est à peu près égal à la moyenne des leurs, ce qui ajoute encore aux motifs qui ont déterminé notre choix.

575. Ce choix n'est d'ailleurs pas très-important ; car aucune expérience n'ayant été faite sur le corps vitré, considéré comme un ensemble de la membrane hyaloïde et du liquide qu'elle contient (583), pour déterminer son indice, supposé qu'il soit homogène, on peut choisir cet indice fort arbitrairement, ce qui permet d'obtenir à la sortie du cristallin un foyer aussi rapproché ou aussi éloigné qu'on le veut de la rétine.

576. Nous n'userons pas toutefois de toute la latitude que donne cette conclusion. Au contraire, dans l'exemple de calculs du n° 606, nous ne nous éloignerons pas, pour la cornée et le cristallin, des indices que nous avons déjà employés, et dans l'exemple du n° 605 nous accepterons ceux de M. Chossat, pour ces mêmes substances, tels qu'il les a donnés. On peut voir aisément que tous ces indices, en modifiant au besoin tant soit peu les rayons des courbes, conduisent à peu près aux mêmes résultats, sauf ce qui concerne l'élévation plus ou moins forte des indices des couches extrêmes du corps vitré, laquelle élévation dépend en partie du choix de l'indice de la couche antérieure de ce corps.

577. L'existence des couches d'une épaisseur finie nous paraît d'ailleurs plus que douteuse dans le cristallin. En effet, s'il contenait de telles couches, il arriverait que le pinceau correspondant à un point rayonnant placé en dehors de l'axe optique aurait, par exemple, une moitié de ses rayons traversant une couche, et l'autre moitié passant en dehors et la laissant de côté. Or, considérons deux rayons très-rapprochés situés, l'un dans la première moitié du faisceau, et l'autre dans la seconde ; il est clair que le premier éprouverait deux réfractions que le second n'éprouverait pas ; d'où il suit que ces deux rayons rencontre-

raient la rétine en deux points différents, et que ces deux points, avec lesquels se réuniraient les autres rayons, donneraient deux images du point rayonnant : cela n'est pas admissible. On doit donc supposer, ce nous semble, que la densité du cristallin varie graduellement, de manière qu'il présente des surfaces d'égale réfringence très-rapprochées les unes des autres, sans couches d'une épaisseur finie un peu sensible.

578. C'est pour cela, sans doute, que les anatomistes ne parviennent pas à trouver les séparations bien nettes des couches, tandis qu'ils s'accordent à reconnaître une organisation par lamelles très-minces. Suivant Leuwenhoeck le nombre de ces lamelles serait de deux mille, comptées du centre à la circonférence (a).

Le peu d'accord qui existe entre les indices trouvés par M. Brewster et par M. Chossat (61), tient peut-être à cette variation graduelle des densités. Il aura suffi que l'un prît sa matière en dehors et que l'autre la prît en dedans, de ce qu'ils regardaient comme une même couche, la couche molle, par exemple, pour qu'ils aient été conduits à des résultats différents.

Cependant nous continuerons d'employer l'expression de couches, parce qu'elle est commode pour le discours, seulement nous attacherons aux couches l'idée qu'elles sont infiniment minces.

579. Cela n'empêche pas d'ailleurs de concevoir que ces couches sont plus épaisses en avant qu'en arrière du cristallin, fait sur lequel on s'accorde et dont la nouvelle théorie doit s'appuyer.

Pl. 3.   Considérons l'image r, produite par le faisceau de rayons $a\,b\,c\,d$, per-
Fig. 54. pendiculaires à l'axe optique, et dont il a été question n° 276 et art. (F) de la page 206. Ces rayons rencontrent obliquement le cristallin ; ils sont infléchis à chaque réfraction et rapprochés de la direction parallèle à l'axe OP, ce qui les écarte du but, lequel est en définitive qu'ils arrivent en r. Or, pour qu'ils soient moins écartés de ce but, il convient que dans la partie antérieure, où ils sont fort obliques, les couches soient épaisses, afin que les rayons gagnent du terrain à l'opposé de OP, et que dans la partie postérieure, au contraire, ils traversent des couches minces. De plus, par cette disposition, ils sont écartés du centre, c'est-à-dire de la partie la plus réfringente, et c'est encore une raison pour qu'ils soient plus efficacement portés vers le point r.

580. Il nous semble que le bombement du cristallin, plus fort en arrière qu'en avant, concourt aussi à ce résultat; car les rayons des pinceaux obliques, d'après cette disposition, rencontrent les couches sous de plus fortes incidences, ce qui les empêche de s'approcher autant du noyau. Toutes ces considérations, comme on le voit, concordent d'une manière très-satisfaisante avec la nouvelle théorie. Plus loin (613) nous

---

(a) *Thèse de M. Giraldès sur l'œil*, page 60.

montrerons qu'elles peuvent fournir des secours importants pour les calculs relatifs à cette théorie.

581. Quant à la structure du cristallin, on est bien loin de s'accorder. Suivant Morgagny, Zinn et M. Berzélius, il serait formé de cellules contenant une humeur ou un liquide (b). Suivant M. Young, qui a donné de grands soins à l'examen de sa structure, les lamelles seraient formées de fibres unies par une matière glutineuse (c). M. Brewster a donné encore plus de détails et il a fait connaître la distribution des fibres séparées par des cloisons dirigées dans des sens déterminés (d). M. Giraldès dit que l'on reconnaît parfaitement les lamelles concentriques, et que, avec un microscope très-grossissant, on aperçoit les fibres qui les forment, lesquelles ne sont autre chose que des tubes creux remplis d'un liquide (e).

Il y a certainement de la divergence entre ces opinions, toutefois il est clair qu'il faut admettre un liquide et des fibres ou des tubes. Cela nous conduit plus loin (583), à reconnaître que dans toute l'étendue de chaque surface d'égale réfringence, les éléments dont se compose le cristallin sont intimement unis et forment une substance homogène, sans quoi ils dissémineraient à l'infini les rayons lumineux, et il n'arriverait à la rétine qu'une clarté confuse, au lieu d'images nettement et vivement dessinées.

SECTION VI.

OBSERVATIONS SUR LES INDICES DU CORPS VITRÉ.

582. Nous avons pris (361) le chiffre 1.33 pour l'indice du corps vitré, et nous avons vu (n⁰ 364) que dans l'hypothèse de l'homogénéité de ce corps, nous étions conduits, pour l'indice du cristallin entier, au chiffre 1.4376, beaucoup plus fort que le chiffre 1.384 déterminé par M. Brewster (61).

Dans la nouvelle théorie, où le foyer des rayons, à leur entrée dans le corps vitré, doit être en deça de la rétine (439), l'indice de ce corps étant toujours égal à 1.33 (457), il faut, à plus forte raison, un indice

---

(b) *Thèse de M. Giraldès sur l'œil*, page 61.
(c) *Idem*, page 60.
(d) *Idem*, page 61.
(e) *Idem*, pages 62, 63, 64 et 65.

plus élevé encore que l'indice 1.384 de M. Brewster. Ne sont-ce pas là
des motifs de prendre pour la couche antérieure du corps vitré un indice
moindre que l'indice 1.33? C'est une question importante : nous ne la
résoudrons pas ; mais il est bon d'étudier les faits auxquels elle se rat-
tache.

583. On peut dire, en faveur des chiffres 1.336 et 1.339, qu'ils ont
été obtenus par l'expérience et qu'il ne s'est élevé contre eux, depuis
que le Dr Wollaston (a) et MM. Brewster et Chossat (61) les ont déterminés, aucune sorte d'objection. C'est vrai ; cependant ils ne laissent pas,
ainsi qu'on va le voir, que d'être très-suspects. En effet, est-ce sur le
corps vitré que l'on a opéré? Non : c'est sur le liquide que contiennent
les cellules de la membrane hyaloïde, et rien ne peut faire supposer que
l'ensemble de ce liquide et de la membrane soit, quant aux réfractions,
la même chose que le liquide tout seul. D'un autre côté, l'expérience
fait voir que lorsqu'on perce la membrane, pour l'obtenir isolée du liquide, celui-ci ne s'écoule jamais entièrement (b), ce qui montre, ou
que la partie retenue adhère aux parois des cellules, ou qu'elle est
contenue dans des cellules entièrement closes, d'où elle ne sort que par
voie de sécrétion : or, dans l'un et dans l'autre cas, on est fondé à
croire que l'indice du liquide qui s'écoule n'est pas le même que l'indice
de celui qui est retenu, et que ces indices diffèrent eux-mêmes de l'indice
qu'on peut attribuer à l'ensemble des liquides et de la membrane qui
composent le corps vitré supposé homogène.

584. On n'a tenté sur cette matière, du moins nous le croyons, aucune
autre expérience que celle que nous avons faite sur les yeux de bœuf (185),
laquelle, dans le cas même où nous aurions opéré sur des yeux humains
(470), ne serait nullement décisive pour le vivant.

Mais, ce qu'on peut assurer bien positivement, c'est que la structure
du corps vitré est encore très-peu connue. Suivant Demours, les cellules
ont des formes pyramidales, les sommets sont tournés vers le cristallin
et les bases sont des surfaces courbes (c). M. Giraldès, d'après des faits
qu'il ne cite pas (d), dit qu'il est porté à croire qu'elle est composée de

---

(a) *Annales de Physique et de Chimie*, année 1818, tome VIII, p. 217.

(b) Nous avons dit le contraire au n° 36, parce que nous n'avions pas
lu, à l'époque de la rédaction de ce numéro, la thèse de M. Giraldès,
page 55, sur l'œil. Depuis, et tout récemment, nous avons remarqué,
en opérant sur des yeux de mouton, que l'on peut percer le corps vitré
de part en part et à plusieurs reprises, avec une lame de ciseaux, sans
qu'il en sorte une quantité bien sensible de liquide. En le coupant en
morceaux on n'obtient même pas l'écoulement, qui n'a lieu qu'au moyen
d'une assez forte pression.

(c) Thèse de M. Giraldès, page 55.

(d) *Idem*, *idem*.

lamelles concentriques, et que ces lamelles sont formées de fibres tubulaires imbibées d'une plus grande quantité de liquide que celle qui se trouve dans le tissu du cristallin (581).

Il ne nous appartient pas de nous former des opinions sur des points d'anatomie si peu arrêtés; mais peut-être que nos calculs et des expériences que nous nous proposons d'essayer aideront à se faire de justes idées sur l'objet du corps vitré, et conséquemment sur les conditions auxquelles doit satisfaire son organisation.

585. Notre observation du n° 579, relative au cristallin, s'applique aussi au corps vitré. S'il présentait des parties solides isolées dans un liquide d'une autre densité sans doute, les fibres composant ces parties solides dissémineraient la lumière sur la rétine, et les rayons, par cela seul qu'ils traversent un grand nombre de cloisons fibreuses, donneraient sur le fond de l'œil, au lieu d'images bien nettes, une clarté confuse.

586. Mais si, en cela, il y a analogie entre le cristallin et le corps vitré, il n'en est pas de même en ce qui concerne la division de ces corps en couches. Le premier, comme nous l'avons dit n° 577, doit varier graduellement de densité, sans quoi certains pinceaux rencontrant plus de couches d'un côté que de l'autre, se diviseraient pour atteindre la rétine, tandis que, dans le corps vitré, chaque pinceau traversant toutes les couches, ces couches peuvent avoir des épaisseurs quelconques.

Cette différence qui tient, suivant nous, à l'essence des fonctions que remplissent le cristallin et le corps vitré, influerait-elle sur les différences d'organisation que présentent ces corps? C'est une des questions, sans doute, que la science actuelle est bien loin de résoudre.

587. Heureusement, sur beaucoup d'autres questions, elle a prononcé. Ainsi, il est bien reconnu que l'indice d'un corps change lorsqu'on fait varier ou sa température, ou la pression à laquelle il est soumis (e). Or, ne doit-il pas résulter de là, très-probablement, que dans l'état de vie, où l'œil éprouve intérieurement la forte pression qui lui donne son brillant (f), les indices des milieux de l'œil ne sont pas ceux que ces milieux présentent dans le mort.

En présence de tant de faits embarrassants, nous croyons qu'il ne serait pas convenable d'adopter invariablement pour le corps vitré tel ou tel indice. Dans le livre VI, nous avons fait nos calculs, en prenant pour la première couche (457) le chiffre 1.33, employé livre V; dans cet appendice, et d'après ce qui précède, nous prendrons, pour les calculs qui

---

(e) *Physique* de M. Pouillet, 4ᵉ édition, tome III, page 186.

(f) Il n'est peut-être pas inutile de faire observer que ce brillant et la pression interne dont il est le résultat, augmentent lorsque nous sommes fort animés.

suivent (605 et 606), et toujours pour la première couche, les indices 1.26 et 1.22.

588. On dira peut-être qu'ils sont bien faibles et qu'on en trouve peu qui ne soient au-dessous dans les tableaux des traités de physique. Nous répondrons que celui du tabashir n'est que de 1.111 (*g*), et que nous pourrions à la rigueur descendre jusqu'à ce dernier.

On peut nous objecter aussi que nous avions été déterminé dans le choix du chiffre 1.33 (voyez la note (*c*) de la page 313), par l'opinion de plusieurs anatomistes touchant les trous par lesquels, suivant eux, communiquent l'humeur aqueuse et le corps vitré. Nous ferons remarquer, en premier lieu, que l'existence de ces trous est contestée (510), et, en second lieu, que, s'ils existent, ils sont très-petits et ne présentent qu'une communication difficile, laquelle n'implique pas l'identité des liquides situés de chaque côté, ni, à plus forte raison, l'égalité des indices de l'humeur aqueuse et du corps vitré, qui se compose d'un liquide libre, d'un liquide non libre et d'une membrane.

Au surplus, les calculs dans lesquels nous emploierons les chiffres 1.26 et 1.22, ne sont que des essais, au moyen desquels, à mesure que la science avancera, et supposé que nos doctrines soient bien fondées, les physiologistes pourront trouver au besoin des renseignements utiles à leurs recherches.

SECTION VII.

SUR L'ACHROMATISME DE L'ŒIL.

589. La propriété qui constitue l'achromatisme de l'œil consiste en ce que la vision des objets ordinaires, depuis la distance d'environ $0^m.25$ jusqu'à l'infini, nous donne pour ces objets la sensation de leurs couleurs propres, sans addition des franges irisées dues à la réfraction.

Et il est clair que si, pour des objets situés en deçà de la distance de la vision distincte, comme dans les expériences des n° 230, 231 et 232, on a des phénomènes d'i-

---

(*g*) *Physique* de M. Pouillet, 2ᵉ édition, tome III, page 256.

risation, c'est en dehors des fonctions de l'œil, et que la propriété d'achromatisme dont il est doué, pour que ces fonctions soient bien remplies, n'en est nullement altérée. De même, les expériences des n°ˢ 543 et 545 ne fournissent rien de contraire à l'achromatisme de l'œil.

En cela, on peut le dire, il ne serait pas plus exact de méconnaître cet achromatisme dans les cas exceptionnels dont il s'agit, et dans beaucoup d'autres cas analogues qui s'expliquent facilement, qu'il ne serait rationnel de nier la même propriété dans une lentille achromatique, parce que ses deux verres, qui doivent être juxtaposés, ayant été écartés l'un de l'autre, on aurait eu de l'irisation.

590. Ceci bien entendu, il y a, comme nous l'avons dit n° 443 et n° 491, deux moyens de produire l'achromatisme de l'œil. L'un, c'est que les couches du corps vitré, par les réfractions qu'elles opèrent, rapprochent ou réunissent les foyers du rouge et du violet, foyers qui, pas les réfractions de l'appareil antérieur (440), ont été écartés. L'autre, c'est que la courbure donnée aux rayons, dans le corps vitré, amène les pinceaux rouge et violet à former deux lignes coïncidant en une seule à l'endroit de la rétine (*a*). Nous nommons le premier, *l'achromatisme dû à des compensations de réfrangibilités* : c'est le seul auquel on ait pensé jusqu'à présent ; et nous donnons à l'autre, que nos recherches ont fait connaître, le nom *d'achromatisme de courbure*.

591. Chacun de ces genres d'achromatisme aurait un effet complet si, mathématiquement, les rayons différemment colorés se trouvaient réunis en un seul point sur la rétine. Et il est clair que si, relativement à nos organes, la sensation reçue est exempte d'irisation, l'achromatisme,

---

(*a*) Il faut remarquer que plusieurs causes concourent à la production de ce résultat (491 et 743).

bien qu'il puisse être incomplet, est ce qu'on peut appeler *suffisant*.

On conçoit d'ailleurs que les deux genres d'achromatisme s'entre-aident, et que l'achromatisme suffisant résulte du concours d'un achromatisme par compensation de réfrangibilités et d'un achromatisme de courbure, incomplets l'un et l'autre, et qui, considérés isolément, donneraient, chacun de son côté, un achromatisme insuffisant.

592. C'est ce qui a lieu, comme nous l'avons dit n° 491, pour la distance de la vision distincte, puisque l'optochromomètre donne cette distance autre pour le rayon rouge que pour le rayon violet, ce qui prouve que les compensations de réfrangibilité n'amènent pas les foyers de ces deux couleurs à coïncider, et ce qui prouve également que les courbures des rayons n'amènent pas les pinceaux rouge et violet à être exactement confondus en une même ligne à l'endroit de la rétine. D'où il suit que le concours des deux moyens d'achromatisme ne donne en réalité un achromatisme suffisant, pour le cas de la vision distincte, c'est-à-dire de l'œil allongé, que parce que les réfractions des couches du corps vitré ont rendu les cônes colorés qui arrivent sur la rétine assez aigus, pour que le croisement des rayons rouge et violet sur l'axe optique ne produise pas une divergence et des cercles irisés sensibles pour nos organes.

Mais, ainsi que nous l'avons dit au n° 491 précité, l'achromatisme par compensation de réfrangibilité, insuffisant, d'après les expériences optochromométriques, pour le cas de l'œil allongé, peut être suffisant pour le cas de l'œil raccourci. Il y a plus, c'est qu'il peut être complet, et notre objet, ici, est principalement de donner sur ce fait deux explications qui ont de l'importance.

593. La première est toute théorique; la voici :

Le défaut d'achromatisme provenant de ce que les réfractions de l'appareil antérieur ont séparé les rayons colorés et donné, à l'entrée de ces rayons dans le corps vitré, un certain écartement aux foyers du rouge et du violet, la question est donc de savoir si, théoriquement, les réfractions du corps vitré peuvent amener ces foyers à coïncider sur la rétine.

Considérons la formule

$$l = \frac{f(d+r)}{d(f-r)},$$

dans le cas des réfractions du corps vitré, cas où r et d sont négatifs, ce qui donne

$$l = \frac{1 + \dfrac{r}{d}}{1 + \dfrac{r}{f}}.$$

Il est clair que plus la surface réfringente s'approchera du fond de l'œil, plus r sera grand et d petit, ce qui donnera pour l un nombre aussi grand qu'on voudra, d étant choisi convenablement; car l serait infini si la dernière surface réfringente était en arrière du foyer de l'avant-dernière réfraction, à une distance d infiniment petite. D'où l'on voit, comme on le savait déjà par les tableaux du n° 480, que le foyer final peut arriver sur la rétine au moyen d'une suite d'indices très-élevés; c'est-à-dire au moyen de réfractions d'une puissance énorme, si on le veut, et propre par conséquent à faire passer le foyer du violet en avant du foyer du rouge, ou bien, les indices étant convenablement choisis, à faire coïncider ces deux foyers sur la rétine.

594. La seconde explication n'exige aucun calcul. Elle consiste à remarquer que, dans le cas de l'œil raccourci, les rayons émanés d'un point situé à l'infini et parallèles sont amenés du parallélisme à converger en un point du corps vitré, tandis que dans le cas de l'œil allongé, ils émanent d'un point situé à la distance $d = 0^{\mathrm{m}}.25$ et divergent, pour venir, après les réfractions et en passant par le

parallélisme, converger au même point du corps vitré, ce qui exige que les réfractions les dévient d'un angle m, pour les rendre parallèles, puis d'un angle n pour passer du parallélisme à la convergence, en tout d'un angle $m+n$, au lieu de l'angle n seulement nécessaire dans le cas de l'œil raccourci. Mais, dans l'effort de réfraction qui produit la déviation m, les foyers du rouge et du violet s'écartent ; donc il y a un moindre travail réfractif en sens contraire à faire au moyen du corps vitré, pour opérer l'achromatisme, dans le cas de l'œil raccourci que dans le cas de l'œil allongé. Et comme ce travail réfractif du corps vitré se fait dans les deux cas avec les mêmes indices, les mêmes valeurs de g, à fort peu près, les mêmes valeurs de d et les mêmes rayons (a), il est aisé de voir qu'il est le même dans les deux cas : donc s'il approche jusqu'à un certain point de donner un achromatisme complet, par voie de compensations de réfrangibilités, dans le cas de l'œil allongé, il en approche davantage dans le cas de l'œil raccourci.

595. Et peut-être même donne-t-il dans ce dernier cas l'achromatisme complet. Toutefois, hâtons-nous de dire que ce n'est pas présumable, car l'achromatisme de courbure aidant, il n'est pas nécessaire d'obtenir la perfection avec celui des compensations de réfrangibilités qui exigerait l'emploi d'indices élevés. Or, dans un organe où toutes les parties, attachées à l'enveloppe par des liens faibles et élastiques, flottent en quelque sorte les unes entre les autres, les chances d'accidents, en cas de mouvements rapides, de chutes, de contre-coups, etc., ont dû être modérées en diminuant les différences de densité des couches.

(a) Il est bien vrai que les rayons dans le cas de l'œil allongé sont un peu plus petits que dans le cas de l'œil raccourci (485), mais c'est d'une quantité négligeable.

596. Il est clair, d'après ce qui précède, que nous avons fait erreur au n° 491, en supposant que l'un des deux moyens d'achromatisme de l'œil s'appliquait à la distance infinie et l'autre à la distance 0^m.25. Cette erreur nous mettait en contradiction avec nous-même ; car, suivant nos idées, les déformations de l'organe amenant le foyer, dans le cas de l'œil allongé, au point même du corps vitré où ce foyer se trouve dans le cas de l'œil raccourci, l'action des couches de ce corps, pour produire l'achromatisme de courbure, est la même pour l'œil allongé et pour l'œil raccourci.

Quant à la question de savoir s'il était utile pour la vision que l'achromatisme eut plus de perfection dans le cas des grands éloignements que dans le cas des petits, elle se lie à beaucoup d'autres questions, et nous y reviendrons dans la seconde partie.

SECTION VIII.

SUR LA DIFFICULTÉ DE VOIR, LORSQU'ON SORT D'UN MILIEU TRÈS-ÉCLAIRÉ
ET QU'ON ENTRE DANS UN MILIEU TRÈS-OBSCUR.

597. Nous avons examiné ce phénomène dans le livre VI (527-530), et nous l'avons expliqué d'une manière nouvelle (529) qui nous semble mériter l'attention des physiologistes. Nous ajouterons ici à ce que nous avons dit, que si l'explication admise, fondée sur ce qu'on ne pourrait distinguer les objets dans le milieu obscur qu'après avoir oublié l'impression vive qu'on recevait dans le milieu très-éclairé, était bonne, on aurait nécessairement un phénomène pareil en passant d'un milieu obscur dans un milieu éclairé. En effet, si l'impression vive empêche la vision lorsqu'on arrive dans le milieu obscur, alors que l'impression douce la tempère déjà, on sera dans une situation bien plus fâcheuse en entrant dans le milieu très-éclairé, puisque l'impression vive agira dans toute sa force, et non pas par un prolongement de sensation diminuant de plus en plus ; donc, on devra voir plus difficilement encore en passant du milieu ob-

scur dans le milieu éclairé, qu'en passant du milieu éclairé dans le milieu obscur, et c'est ce qui n'est pas.

598. Mais si notre explication est la véritable, on comprend que la vision ne soit pas gênée, en arrivant dans le milieu très-éclairé, parce que l'afflux du sang dans l'œil, pour que cet organe fonctionne dans un milieu plus éclairé (529), s'opère instantanément par les battements du cœur et le transport des grandes artères, tandis que l'effet contraire, ou l'évacuation du sang par les artérioles, ne peut s'opérer qu'avec lenteur.

Il nous a semblé que ce complément de notre explication lui donnait beaucoup de force.

SECTION IX.

CALCULS RELATIFS A LA NOUVELLE THÉORIE, PRÉSENTANT, POUR LES YEUX N° 1 ET N° 3, UNE SORTE DE RÉSUMÉ NUMÉRIQUE DE CETTE THÉORIE.

599. Il est sans doute un peu difficile de nous suivre dans les calculs du liv. VI, parce que, dans ce livre, nous devons tout à la fois exposer les idées qui nous dirigent, chercher les chiffres dont nous avons besoin, les essayer, les discuter et les employer, ce qui complique beaucoup notre travail. Nous avons pensé que nous arriverions à vulgariser plus heureusement nos théories en suivant ici une voie opposée.

Elle consiste à donner tout d'abord les tableaux des réfractions de l'œil et à nous occuper ensuite de l'examen de ces tableaux.

Nous nous occupons dans le premier tableau de l'œil n° 1, et dans le second de l'œil n° 3 corrigé (559). Au moyen de ce que nous avons dit liv. II (114 — 118), on comprendra facilement ces tableaux; nous tâcherons d'ailleurs dans ce qui suit de les rendre intelligibles, sans qu'il soit nécessaire de savoir appliquer les formules, pourvu qu'on s'en rapporte à nous quant à l'exactitude des calculs (607).

600. Pour l'œil n° 1, les indices i, et par conséquent les rapports l des sinus d'incidence aux sinus de réfraction, jusqu'au corps vitré, sont ceux que M. Chossat a déterminés (61). Quant à ceux de ce corps, vu le manque de connaissances acquises sur les puissances de réfraction de ses diverses parties, dans le mort et à plus forte raison dans le vivant (582 et 585), nous avons pu les choisir comme nous le jugions convenable. Ils sont compris entre 1.26 et 1.36, et nous croyons que, pour l'état actuel de la science, ils n'ont rien qui répugne. L'indice du liquide qui s'écoule des cellules quand on les perce après la mort étant 1.33, nous supposons comme on le voit, que, dans l'état de vie, à la température et sous les pressions que comporte l'œil (587), ce liquide incorporé avec la membrane hyaloïde et avec les portions de fluide dont elle ne se sépare pas quand on la vide, donne pour les couches extrêmes des indices qui diffèrent de dix centièmes, et entre lesquels se trouve l'indice 1.33.

601. Les rayons de courbure de la cornée et des surfaces extérieures du cristallin, pour le même œil, sont ceux que le docteur Krause a déterminés et que nous avons employés n° 115, après y avoir fait quelques rectifications (55 — 57). Mais nous avons modifié les rayons des couches cristallines de manière que ces rayons varient de l'extérieur au centre avec une continuité satisfaisante, qui les rend préférables à ceux du n° 115. Dans le corps vitré, les rayons de courbure augmentent proportionnellement, du cristallin à la choroïde, à raison de 0.5866 (a) par unité d'épaisseur des couches de ce corps.

(a) Le rayon de la partie postérieure du globe (207) étant égal à 4^{lig}.42 ou 10^{mm} 2314; celui de la partie postérieure du cristallin (59) à 3.713, et l'épaisseur du corps vitré (40) à 11.111, on obtient ce nombre par la proportion,

$$11\ 111 : 10.2314 - 3.713 :: 1 : x = 0.5866.$$

Les valeurs de g pour la cornée, l'humeur aqueuse, l'ensemble du cristallin et l'ensemble des couches du corps vitré, sont à très-peu près comme au n° 115. Quant aux couches du cristallin, quant à la capsule, et quant aux couches du corps vitré, nous sommes arrivés à nos épaisseurs par le tâtonnement; mais nous ne croyons pas qu'il puisse s'élever aucune objection contre les nombres que nous avons adoptés : nous n'étions nullement intéressés à les prendre tels que nous les avons pris, et nous avons voulu seulement que, en évitant des calculs qui nous auraient donné beaucoup de peine, ils fussent raisonnablement admissibles.

602. L'épaisseur de la dernière couche, dans le tableau du n° 605, étant de 8.911, le cône qui arrive sur la rétine a une grande longueur, ce qui évidemment s'oppose à ce que les rayons approchent d'être normaux au fond de l'œil (*b*). Pour atténuer cet inconvénient, on peut prendre pour les épaisseurs des couches les chiffres indiqués dans la variante au bas du même tableau; les rayons correspondants r_{11}, r_{12}, r_{13} et r_{14} sont alors égaux à 3.83, 4.06, 7.53 et 8.99; mais les indices sont très-élevés et le dernier i_{14} est égal à 1.79404, bien que la dernière couche ait encore une épaisseur de 2.111.

Si l'on prenait $g_{13} = 3.10$, on aurait

$$f_{13} - g_{13} = 1; \quad d_{14} = -1; \quad g_{14} = 1.511; \quad r_{14} = 9.58; \quad f_{14} = 1.511,$$

et l'on trouverait

$$l_{14} = \frac{f_{14}(d_{14} + r_{14})}{d_{14}(f_{14} - r_{14})} = 1{,}30515 \quad \text{et} \quad i_{14} = 1.874 :$$

(*b*) Il arriverait aussi que les réfractions du corps vitré ne rapprocheraient pas assez les foyers du rouge et du violet, et que les achromatismes de courbure et de compensation de réfrangibilité ne seraient pas suffisamment énergiques.

d'où l'on voit que pour réduire l'épaisseur de la dernière couche de 2.111 à 1.511, on porte l'indice de cette couche de 1.794 à 1.874, ce qui s'accorde parfaitement du reste avec ce que nous avons dit n° 593.

603. Nous verrons plus loin (608-610) que ces indices peuvent être abaissés, au moyen d'une autre disposition des couches; toutefois cette disposition ne nous paraît pas pouvoir dispenser d'avoir au fond de l'œil des couches minces qui, dans le vivant, soient très-réfringentes. Les phénomènes du n° 468 et du n° 469 ont à cet égard formé notre conviction, et nous croyons que les géomètres qui ont d'excellents yeux, et qui examineront ces phénomènes avec soin, reconnaîtront comme nous que le corps vitré, par la combinaison de ses parties, par la pression qu'il éprouve, par sa température, par des effets électriques ou galvaniques, ou par d'autres causes, possède dans l'état de vie des puissances de réfraction très-fortes auprès de la rétine.

604. Pour l'œil n° 3, nous avons supposé le cristallin homogène et nous avons adopté, au lieu de l'indice 1.523, employé aux n°ˢ 456 et 480, le chiffre 1.43, plus faible que le chiffre 1.523, contre l'élévation duquel on ne peut cependant faire aucune objection puissante (461).

Les rayons de courbure r et les épaisseurs g sont les mêmes, pour l'humeur aqueuse et pour le cristallin, qu'aux n°ˢ 456 et 480. Quant aux couches du corps vitré, le tâtonnement nous a donné les g, et les r en ont été déduits d'après ce que nous avons dit n° 559.

Les indices du corps vitré se trouvent compris entre 1.22 et 1.43, conformément à ce qu'on a vu n° 585.

605. Tableau des réfractions, dans le cas de la nouvelle théorie, pour l'œil n° 1.

MILIEUX.	Sur-faces.	i (*).	l (*).	r (*).	d.	f.	g (*).
			1er cas : *œil raccourci*.				
Air.		1.000					
Cornée.	S_1	1.33	1.33	8.681	∞ (*)	34.98706	1.157
Humeur aqueuse.	S_2	1.338	1.006	6.523	—33.83006	33.00612	2.546
Capsule.	S_3	1.35	1.009	5.48	—30.46012	29.26881	0.04
Couche extér.	S_4	1.338	0.991	5.45	—29.22881	30.43503	0.4
Couche moy.	S_5	1.395	1.043	5.08	—30.03503	24.97665	1.2
Noyau.	S_6	1.42	1.018	3.517	—23.77665	21.5793	5.11
Couche moy.	S_7	1.395	0.982	—2.1	—16.4693	14.17221	0.3
Couche extér.	S_8	1.33	0.959	—3.35	—13.87221	11.37274	0.1
Capsule.	S_9	1.35	1.009	—3.65	—11.27274	11.69904	0.02
1re.	S_{10}	1.26	0.933	—3.713	—11.67904	9.	0.2
2e.	S_{11}	1.2726	1.01	—3.83	— 8.8	9.093	0.2
3e.	S_{12}	1.28533	1.01	—3.95	— 8.893	9.19	0.2
4e.	S_{13}	1.29818	1.01	—4.07	— 8.99	9.286	0.2
5e.	S_{14}	1.31116	1.01	—4.19	— 9.086	9.38	0.4
6e.	S_{15}	1.82426	1.01	—4.31	— 8.98	9.263	1.
7e.	S_{16}	1.35976	1.0265	—4.55	— 8.263	8.911	8.911
						Diamètre optique (274)	21.984
			2e cas : *œil allongé*.				
Cornée.	S_1	1.33	1.33	8.334	250. (*)	37.36214	0.157
Humeur aqueuse.	S_2	1.338	1.006	6.523	—37.20514	36.18863	2.246
Capsule.	S_3	1.35	1.009	5.48	—33.94263	32.43947	0.04
Couche extér.	S_4	1.338	0.991	5.45	—32.39947	33.92257	0.4
Couche moy.	S_5	1.395	1.043	5.08	—33.52257	27.23569	1.2
Noyau.	S_6	1.42	1.018	3.517	—26.03569	23.38916	5.11
Couche moy.	S_7	1.395	0.982	—2.1	—18.27916	15.51877	0.3
Couche extér.	S_8	1.33	0.959	—3.35	—15.21877	12.30306	0.1
Capsule.	S_9	1.35	1.009	—3.65	—12.20306	12.69477	0.02
1re couche.	S_{10}	1.26	0.933	—3.713	—12.67477	9.62441	0.824
2e.	S_{11}	Le reste comme dans le 1er cas.					
			Variante relative au cas de l'œil raccourci.				
2e.	S_{11}	1.27235	1.00980	—3.67	— 8.8	9.1	0.4
3e.	S_{12}	1.30444	1.02522	—3.59	— 8.7	9.5	5.9
4e.	S_{13}	1.37151	1.05142	—2.41	— 3.6	4.1	2.5
5e.	S_{14}	1.58	1.15170	—1.91	— 1.6	2.111	2.111

(*) Cet astérisque désigne les données (Voyez la fin du tableau ci-contre)

606. Tableau des réfractions, dans le cas de la nouvelle théorie, pour l'œil n° 3 corrigé (559).

MILIEUX.	Sur-faces.	i (°).	l (°).	r (°).	d.	f.	g (°).
					1er cas : *œil raccourci.*		
Air.		1.000					
Cornée.	S_1	1.33	1.33	8.72	∞ (°)	35.144	3.407
Cristallin.	S_2	1.43	1.075	9.	—31.737	26.978	4.111
Couches du corps vitré. 1re. . . .	S_3	1.22	0.853	—5.	—22.867	11.666	0.2
2e.	S_4	1.23068	1.00875	—5.07	—11.466	11.8	0.6
3e. . . .	S_5	1.29625	1.05328	—5.28	—11.2	13.3	7.2
4e.	S_6	1.37572	1.06131	—7.8	— 6.1	6.8	3.2
5e.	S_7	1.42932	1.03896	—8.92	— 3.6	3.8	3.8
Diamètre optique. . .							22.518
					2e cas : *œil allongé.*		
Cornée.	S_1	1.33	1.33	8.371	250 (°)	37.547	3.207
Cristallin.	S_2	1.43	1.075	9.	—34.340	28.70173	4.111
Corps vitré. 1re couche.	S_3	1.22	0.853	—5.	—24.59073	12.17434	0.708
2^e	S_4	Le reste comme dans le 1er cas.					

Les données sont : 1° les indices i ; 2° les rapports l du sinus d'incidence au sinus de réfraction, ou les quotients, pour chaque l, de l'i correspondant divisé par l'i précédent ; 3° les rayons de courbure r ; 4° les valeurs de d_1 et D_1 égales respectivement à l'infini et à 250^{mn}.

On a pour résultats : 1° Les valeurs de f ; 2° les valeurs de d. Finalement, le dernier f est égal à l'épaisseur de la dernière couche, ce qui place le foyer sur la rétine.

Les données ne diffèrent, du 1er au 2e cas, que par les trois nombres r_1, g_2, g_{10}, pour l'œil n° 1, et r_1, g_1, g_3, pour l'œil n° 3, ce qui produit la vision nette pour toutes les distances, depuis l'infini jusqu'à 250 millimètres, avec ces trois modifications de l'organe :

1° La diminution du rayon de la cornée. .
OEil n° 1. $r_1 - R_1 = 8.681 - 8.334 = 0.347 = \frac{1}{25}$ de r_1.
OEil n° 3. $r_1 - R_1 = 8.780 - 8.371 = 0.349 = \frac{1}{25}$ de r_1.

2° Le rapprochement du cristallin et de la cornée. . . .
OEil n° 1. $g_2 - G_2 = 2.546 - 2.246 = 0.300$.
OEil n° 3. $g_1 - G_1 = 3.407 - 3.207 = 0.200$.

3° L'allongement du globe oculaire. . . .
OEil n° 1. $G_2 + G_{10} - g_2 - g_{10} = 2.246 + 0.824 - 2.546 - 0.200 = 0.324$.
OEil n° 3. $G_1 + G_3 - g_1 - g_3 = 3.207 + 0.7 - 3.407 - 0.200 = 0.308$.

Les f et les d se calculent par les formules $f = \dfrac{r}{1 - \dfrac{lr}{d + r}}$ et $f_n - g_n = - d_{n+1}$.

607. Il est inutile de rendre compte ici des moyens de

tâtonnement par lesquels nous sommes parvenu à trouver nos diverses données (c). Quant aux calculs, les observations placées au bas de tableaux du n° 605 et du n° 606, font suffisamment connaître la manière d'opérer. Nous avons vérifié ces tableaux avec soin, et nous croyons qu'ils sont exacts à deux petites erreurs près, relatives à celui du n° 605. La première consiste en ce que, pour l'œil raccourci, la valeur de f_6 est 21.57934, et non pas 21.5793, d'où résulte $d_7 = 16.46934$, et non pas $d_7 = 16.4693$. La seconde tient à ce que le calcul donne pour l'œil allongé f_6 égal à 23.38742, et non pas à 23.38916. Pour corriger ces erreurs et leurs conséquences, dans toutes les lignes qui suivent, il aurait fallu beaucoup de temps : nous les laissons subsister, parce qu'elles ne donnent sur les chiffres soulignés relatifs à la surface S_{10} qu'une erreur finale négligeable d'environ 14 dix-millièmes de millimètre.

SECTION X.

SUR TROIS MOYENS D'AMÉLIORER LES TABLEAUX PRÉCÉDENTS, RELATIFS AUX RÉFRACTIONS DE L'ŒIL.

608. PREMIER MOYEN, *dont l'objet est d'abaisser les indices du corps vitré.* Mettons la formule

$$l = \frac{f(d + r)}{d(f + r)},$$

qui donne l quand r et d sont négatifs, sous la forme

$$l = \frac{fd}{fd + dr} + \frac{f}{\frac{fd}{r} + d},$$

(c) Les n°ˢ 455, 460, 479 et 488 donnent sur ce point quelques renseignements.

et l'on verra clairement que , toutes choses d'ailleurs égales , la grandeur des rayons des couches postérieures du corps vitré est une des causes qui donnent les forts indices. Or, nous avons supposé (437) que les surfaces réfringentes s'obtiendraient par une espèce d'interpolation entre la surface du cristallin et la surface du fond de l'œil, ce qui , en amenant les rayons peu à peu à se rapprocher par leur valeur de celui de cette surface, les rend grands. Mais la supposition du n° 437, maintenue n° 455, et dans tous nos calculs , n'a rien d'obligatoire ; nous pouvons donc en adopter une autre.

Nous supposerons que le rayon de courbure de chaque surface réfringente , soit égal à celui de la partie postérieure du cristallin diminué d'une fraction de l'enfoncement x de la surface en question dans le corps vitré.

609. Opérons pour l'œil n° 1 ; nommons R le rayon de courbure, et posons , d'après cela ,

$$R = 3.713 - \frac{1}{5} x.$$

Prenons pour les épaisseurs des couches les chiffres 0.2, 0.4, 5.9, 2.5 et 2.111, lesquels ensemble font l'épaisseur 11.111 du corps vitré , et nous aurons pour les valeurs de x, les nombres 0.2, 0.6, 6.5 et 9 , qui , en supprimant le dernier chiffre du nombre 3.713, donnent les rayons de courbure de la variante placée au bas du tableau du n° 605. C'est à savoir :

$$r_{\text{i1}} = 3.67 , \quad r_{\text{i2}} = 3.59 , \quad r_{\text{i3}} = 2.41 \quad \text{et} \quad r_{\text{i4}} = 2.91.$$

Cela posé , en calculant comme au n° 458 les l et les i de la variante dont il s'agit , on trouve pour l'indice de la dernière couche le chiffre 1.58 (a), tandis que si on admettait les rayons calculés conformément au n° 602, on trouverait au lieu de 1.58 le nombre 1.79. Si l'épaisseur du corps vitré , pour l'œil n° 1, était réduite de 0.311, ce qui donnerait 1.80 pour l'épaisseur de la dernière couche , l'indice de cette couche ne serait que de 1.46.

610. Si , avec l'hypothèse de R $= 3.71 - 0.2\ x$, on suppose que les surfaces des couches du corps vitré sont paraboliques, comme la surface postérieure du cristallin de l'œil n° 1, suivant le Dr Krause (57), les paraboles génératrices ne se coupent qu'au delà du cristallin ; les couches, sauf la dernière, s'amincissent en approchant de ce corps, et elles s'enveloppent les unes les autres.

Quant à la couche du fond , elle n'est pas soumise à la même loi que

---

(a) Ce chiffre est beaucoup plus faible que l'indice 1.641 de l'huile de cassia. V. la *Physique* de M. Pouillet, tome III, page 251).

les autres; son épaisseur augmente à mesure qu'elle s'éloigne de l'axe optique, ce qui, pour un point rayonnant situé loin de cet axe, doit donner avec une image produite par un cône dont la longueur occupe toute cette couche, des rayons, compris dans ce cône, peu propres à fournir un achromatisme de courbure très-puissant. Par ces raisons, la disposition dont il s'agit nous a longtemps répugné; cependant, comme les images des corps vus obliquement n'ont guère pour objet que de nous avertir de la présence de ces corps, au moins quand ils s'écartent beaucoup de l'axe optique, cette disposition est en réalité, et jusqu'à l'épreuve du calcul, tout à fait admissible.

Il est d'ailleurs évident que les surfaces que nous venons de supposer paraboliques pourraient tout aussi bien avoir une autre forme, pourvu qu'elle maintînt la diminution des rayons de courbure. Pour l'œil n° 3, dont le cristallin est supposé elliptique, nous aurions pris des ellipsoïdes au lieu de paraboloïdes.

611. Deuxième moyen, *lequel consiste en vérifications propres à conduire à de meilleurs chiffres.* Considérons toujours l'œil n° 1, tel que le donne le tableau du n° 606. Le faisceau *abcd* de rayons perpendiculaires à l'axe optique OP devra porter en *r* l'image du point rayonnant; d'où il suit :

1° Que si l'on prend un rayon du faisceau *abcd*, par exemple, un des rayons extrêmes *ab* ou *cd*, et que l'on détermine sa marche dans l'œil, en calculant ses déviations à la rencontre de chaque surface réfringente du cristallin et du corps vitré, il devra finalement percer la rétine en *r*;

2° Que si l'on prend les deux rayons extrêmes du faisceau *abcd*, et que, ayant déterminé les polygones qu'ils décrivent, on cherche le point où ils se rencontrent, ce point devra être le point *r*.

Or, si chacun des deux rayons *ab*, *cd*, ne rencontre pas la rétine en *r*, on saura qu'il faut modifier les données ; on verra par le calcul dans quel sens il faut les modifier, et le tâtonnement amènera peu à peu à trouver des surfaces réfringentes et des indices plus satisfaisants.

612. Si les expériences des n°ˢ (567-571) avaient fait connaître la figure du fond de l'œil, on aurait des moyens de vérification pour les faisceaux inclinés à 25, 45, 70 degrés avec l'axe optique, et l'on serait plus assuré d'obtenir à la fin un œil théorique bien constitué.

Il faut toutefois remarquer qu'un élément important manque dans ces calculs, c'est l'indice de la première couche du corps vitré. Nous l'avons supposé de 1.33, de 1.26 et de 1.22 (480, 605 et 606), et le premier de ces chiffres, par les motifs du n° 498, est peut-être celui qui mérite d'être préféré; cependant on ne saurait l'assurer.

613. Troisième moyen, *relatif à l'achromatisme.* Supposons qu'avec le secours des indications précédentes, on ait amélioré autant que possible les tableaux des n°ˢ 605 et 606. Si, par les procédés que nous avons exposés chap. IV (65-76), ou par ceux que nous avons employés liv. V (389, 390 et 418), on déterminait les indices du rouge correspondants

aux indices des tableaux précités, et que l'on formât pour l'œil raccourci, avec ces indices du rouge, des tableaux pareils à ceux qui précèdent, on trouverait pour les valeurs de f_7 et f_{16}, relatives aux yeux n° 1 et n° 3, des chiffres qui fourniraient, pour ces deux yeux et correspondamment aux données que nous avons choisies, les distances des foyers du rouge au delà de la rétine. Puis, au moyen de la formule du n° 393, on calculerait, ainsi qu'aux n°s 394 et 463, les diamètres des franges irisées que comportent les yeux n° 1 et n° 3 constitués comme nous l'avons supposé, c'est-à-dire que l'on déterminerait les chiffres propres à exprimer exactement le défaut d'achromatisme que présentent ces yeux.

Peut-être que ces chiffres se trouveraient assez faibles pour faire admettre que l'on ait un achromatisme suffisant. Dans le cas contraire, on réformerait nos données, et à force de tâtonnements, on les remplacerait par d'autres conduisant à des résultats plus satisfaisants.

614. Ces résultats obtenus, et les tableaux refaits en conséquence, on pourrait, dans le cas de l'œil allongé, calculer successivement les d, de la dernière surface réfringente à la première. Chaque d obtenu fournirait la valeur de $f-g$ dans la ligne d'avant, et, en remontant ainsi de ligne en ligne, on déterminerait la valeur de D, égale à la distance de la vision distincte pour le rouge, laquelle nécessairement serait un peu plus forte que le chiffre de 250 millimètres que nous avons adopté pour la distance de la vision distincte avec le rayon blanc. Or les expériences optochromométriques consignées au tableau du n° 239, fournissent des données sur les différences que doivent présenter de tels chiffres ; donc on obtiendrait par ces calculs un *criterium* propre à faire apprécier le degré de bonté des données, et propre conséquemment à aider le tâtonnement pour les améliorer.

615. Il nous semble qu'on peut ainsi arriver par des tâtonnements bien dirigés, aux chiffres d'indices d'un œil très-satisfaisant, constitué conformément à notre théorie. Mais avant de se livrer à de si longs calculs, il est bon de pousser plus loin l'étude de la vision. De plus, il convient de chercher un type d'œil moins défectueux que ceux qu'offrent les yeux n° 1 et n° 3, et c'est à quoi nous serons conduits dans les livres suivants.

Quant à la confection des tableaux dont il vient d'être question, relatifs au rayon rouge, nous ne l'entreprendrons sûrement pas de longtemps, si tant est que nous puissions jamais l'entreprendre ; c'est ce qui nous a fait entrer dans des détails propres à faciliter le travail aux hommes laborieux qui seraient tentés de s'en charger. Bien que les surfaces réfringentes de l'œil ne soient pas centrées sur un même axe (716), le travail dont il s'agit est indispensable pour arriver aux calculs de l'œil humain, considéré avec ses véritables formes.

SECTION XI.

CONCLUSIONS, PRÊTÉES A EULER, QUI SE TIRENT DES DEUX TABLEAUX
PRÉCÉDENTS ET QUI CONSTITUENT LES PRINCIPES DE LA NOUVELLE
THÉORIE.

616. Oublions que les deux tableaux dont il s'agit sont
le résultat de vingt-cinq années de recherches; figurons-
nous qu'ils soient tombés entre les mains d'Euler, et voyons
quelles conséquences en aurait tirées l'illustre géomètre
auquel on doit la découverte des lentilles achromatiques.

Dans ce sujet, si plein d'intérêt pour lui, l'ordre de
nos tableaux, l'indication des milieux traversés, les indices de réfraction, les rayons de courbure des surfaces
réfringentes, etc., tout cet ensemble, dans lequel il n'y
a rien qui ne se fût trouvé en harmonie avec ses idées,
aurait d'abord captivé son attention.

617. Après s'être assuré de l'exactitude des calculs, et
après avoir reconnu que, au moyen de couches de plus
en plus denses dans le corps vitré, le foyer, situé en deçà
de la rétine, des rayons qui entrent dans ce corps, peut
être amené juste sur cette membrane, pour la distance de
la vision distincte, comme pour toutes les autres distances
jusqu'à l'infini, par trois changements dans la figure de
l'œil; 1° la diminution du rayon de courbure de la cornée;
2° le rapprochement du cristallin et de la cornée; 3° l'allongement du globe, sans que chacun de ces changements
atteigne ou excède sensiblement un tiers de millimètre
(606), il se serait dit:

« Je ne concevais pas que la vision, sans déformations
» très-notables de la figure de l'œil, pût rester nette à
» toute distance; je le conçois maintenant, et je vois que
» cette condition peut tenir à ce que les rayons sortant
» du cristallin et entrant dans un corps vitré composé de

» couches auraient leur foyer beaucoup en deçà de la ré-
» tine, ce qui permet qu'un faible déplacement de la len-
» tille cristalline complète l'ajustement de l'organe (446). »

618. Il aurait vu que la non-homogénéité du corps vitré donne des compensations de réfrangibilités propres à diminuer le défaut d'achromatisme. Il aurait reconnu que si, pour amener le foyer sur la rétine, les réfractions de couches très-rapprochées du fond de l'œil sont employées, il faut des indices fort élevés (603), et que, mathématiquement, l'achromatisme, pour une distance donnée, peut être complet. Il se serait dit :

« Ces compensations de réfrangibilités, dont je com-
» prenais vaguement la nécessité (235 et 236), paraissent
» devoir se produire par le moyen du corps vitré. »

619. Il aurait vu que les réfractions des couches de ce corps en courbant les rayons réfractés, comme on le voit pl. 6, fig. 91, amènent ces rayons à faire entre eux de moindres angles, ou, ce qui est la même chose, à venir en quelque sorte coïncider avec la normale au point où le pinceau réfracté rencontre la rétine, ce qui produit l'achromatisme de courbure (588), et il se serait dit :

Pl. 6.
Fig. 91.

« Voilà une autre espèce d'achromatisme dont je n'avais
» pas d'idée, et qui paraît éminemment propre à satisfaire
» aux besoins de la vision. »

620. Il aurait vu que l'achromatisme de courbure et l'achromatisme par compensation de réfrangibilités s'entr'aidant, il n'est pas nécessaire que ni l'un ni l'autre donne la réunion exacte des foyers du rouge et du violet ; que, par conséquent, les couches postérieures du corps vitré ne doivent pas avoir des indices tout à fait aussi élevés que ceux qu'il faudrait pour réunir convenablement le rouge et le violet par l'emploi isolé d'un des deux moyens d'achromatisme. Il se serait dit :

« Les différences de densité, dans un organe tel que
» l'œil, ont sans doute l'inconvénient de rendre cet or-

» gane plus susceptible d'accidents (593), ce qui donne
» lieu de croire que dans les yeux d'une grande perfection
» et notamment dans l'œil humain, les deux moyens d'a-
» chromatisme dont il s'agit sont employés. »

621. Supposons qu'il eût pris connaissance de nos expériences optochromométriques (237-243) et des faits
que nous rapportons aux nᵒˢ 180, 181, 184, 191, 192, notamment de ceux des nᵒˢ 434, 436 et 445, à notre avis si
convaincants ; enfin supposons que la lecture des nᵒˢ précédents (580-584) lui eût fait reconnaître combien est peu
avancée l'étude physiologique du corps vitré, et combien
peu est admissible l'hypothèse de son homogénéité, il se
serait dit :

« Ce corps, dans le vivant, doit présenter des puis-
» sances de réfraction qui augmentent très-sensiblement
» du cristallin à la rétine. »

622. Supposons encore que le théorème du nᵒ 286 eût
prouvé clairement à Euler (a) que l'œil change de figure
dans l'exercice de la vision, selon la distance de l'objet
considéré, et que par l'exposé des nᵒˢ 493 et 494 il eût reconnu que l'action constrictive de l'iris, aidée par celle
des muscles qui entourent le globe oculaire, ce globe,
comprimé auprès du cercle dans lequel s'unissent la cornée
et la sclérotique, s'allonge nécessairement, ce qui oblige
la cornée à se bomber, et produit en même temps le resserrement du cercle extérieur de la couronne ciliaire,
l'enfoncement des procès ciliaires vers le fond de l'œil et
le rapprochement du cristallin et de la cornée, l'illustre
géomètre, suivant nous, aurait tiré de nos recherches
cette conséquence finale :

(a) Ce théorème ne prouve rien, si l'on suppose, comme M. Sturm,
que l'image d'un point rayonnant, est, pour toutes les distances, sans
exception, une tache d'une certaine grandeur ; mais c'est ce qu'on ne doit
pas admettre (726 et 734).

« Tout ce que les physiciens cherchaient sur la vision
» est trouvé. La théorie exprimée numériquement dans
» les tableaux des n°s 605 et 606 est établie d'une ma-
» nière convaincante, et les recherches des physiciens et
» des physiologistes doivent se porter maintenant sur des
» faits d'un ordre secondaire, parmi lesquels figure sur-
» tout l'examen et l'action du corps vitré. »

POST-SCRIPTUM.

622 *bis.* On verra plus loin, 1° que les axes des surfaces réfringentes
de l'œil ne se confondent pas en une même ligne (716 et 717); 2° que
ces surfaces font converger exactement vers un même point tous les
rayons qui entrent dans la pupille (719 et 720), et l'on pourrait croire
que ces deux circonstances ôtent aux tableaux des n°s 605 et 606 la valeur que nous leur avons attribuée. Il n'en est rien, seulement il arrive
que le d d'une ligne, au lieu de se déduire de la ligne précédente, se
calcule par la disposition des surfaces réfringentes entre elles. La formule qui donne la valeur de f ne cesse pas d'être parfaitement applicable, et la forme de nos tableaux subsiste, sans qu'il faille faire aux
chiffres aucun changement bien notable.

RÉSUMÉ

PHILOSOPHIQUE DES TROIS PREMIERS MÉMOIRES ET DE L'APPENDICE PRÉCÉDENT.

Nota. Les passages de ce résumé qui ont le plus d'importance, soit parce qu'ils présentent des corrections à notre travail, soit autrement, sont imprimés avec le caractère ordinaire du texte.

SECTION XII.

ANALYSE DU LIVRE PREMIER.

623. Chap. Iᵉʳ. — La description anatomique du globe oculaire, de ses parties et des parties qui l'environnent, fait l'objet de ce chapitre. Les écrits de MM. Magendie, Cloquet, Cruveilher, Krause, etc., nous ont servi de guides pour faire cette description.

624. Chap. II. — Dans le chap. II, nous donnons sur les milieux transparents de l'œil des détails essentiels que ne comportait pas la description générale du chap. Iᵉʳ. Les écrits de M. Chossat nous fournissent une grande partie de ces détails.

625. Chap. III. — A mesure que nous avançons, les objets qui nous occupent deviennent plus spécialement relatifs à la vision. Ici nous examinons les dimensions de l'œil et les surfaces entre lesquelles sont compris les milieux transparents de cet organe. Deux yeux décrits avec de grands soins par le Dʳ Krause servent de base à notre travail. Ces yeux sont désignés sous les noms d'œil n° 1 et d'œil n° 2.

M. Krause a déterminé par les méthodes de M. Chossat, les courbes génératrices des surfaces réfringentes de ces deux yeux. Nous faisons connaître ces courbes, et nous rectifions en quelques points les résultats de M. Krause. L'exactitude de ces résultats, à l'époque où nous avons fait ce travail, nous paraissait avoir beaucoup d'importance; il n'en serait pas de même aujourd'hui, comme on peut le voir au n° 558. Toutefois, il est bon que l'on connaisse le degré de scrupule avec lequel nous avons opéré.

626. Chap. IV. — L'objet de ce chapitre est d'indiquer les puissances de réfraction des divers milieux de l'œil. Pour les rayons blancs, nous donnons les indices déterminés par MM. Brewster et Chossat, et nous en déduisons les rapports du sinus d'incidence au sinus de réfraction pour chaque surface réfringente de l'œil.

627. Mais nous avions besoin de ces rapports dans le cas des rayons colorés rouge et violet, et à cet égard, aucune expérience sur les milieux du globe oculaire n'ayant été faite, la science nous faisait défaut. L'examen des indices obtenus par M. Frauenhofer nous a conduit à une méthode (65—76) au moyen de laquelle nous pouvons déterminer les chiffres nécessaires pour nos calculs.

SECTION XIII.

ANALYSE DU LIVRE II.

628. Chap. V. — Nous nous occupons ici de l'image peinte sur la rétine. Nous indiquons les expériences au moyen desquelles cette image se voit parfaitement (77 et 85). Nous montrons que, par cela seul qu'elle existe et qu'il y a un rapport constant entre elle et les objets représentés, elle nous sert nécessairement à juger des corps, sans que, après l'éducation de l'œil, il faille que nous les touchions pour nous rendre compte de leurs positions et de leurs formes (78—80) ; de là ce qu'on appelle la vision, ou l'action de sentir à de grandes distances au moyen de la vue.

629. On sait que le renversement de l'image a été un sujet de difficulté pour les philosophes qui examinaient le mécanisme de l'œil. Nous faisons voir que le rapport de l'image renversée aux objets étant aussi simple que celui de l'image droite aux mêmes objets, elle est en cela aussi propre à servir la vision que l'aurait été l'image droite, et qu'elle a d'ailleurs sur cette dernière des avantages d'où résulte une plus prompte éducation de l'organe (80—84).

630. Nous indiquons divers faits qui nous semblent montrer que l'image est peinte sur la choroïde plutôt que sur la rétine (86), et nous nous demandons à quelle loi de perspective est assujetti le dessin linéaire de cette image (87) : c'est une question à laquelle nous revenons plus loin (chap. XV).

631. Chap. VI. Nous expliquons la formation de l'image de la rétine

conformément à la théorie fondamentale et incontestée de la chambre obscure (89—98). Nous exposons avec détail les inconvénients connus de cette théorie, quant à la netteté de l'image, inconvénients qui proviennent des différences d'éloignement des objets, de l'aberration de courbure et de l'aberration de réfrangibilité (92—98). Ces inconvénients se réaliseraient dans l'œil, si cet organe était tout simplement une chambre obscure ordinaire; mais ils ne s'y réalisent pas (99—105).

Nous donnons à cette théorie, due à Léonard de Vinci, le nom de *théorie ancienne*; au fond, elle est vraie, mais insuffisante, et il s'agit de la compléter (105 et 106).

Jamais les physiciens n'ont été satisfaits des explications données jusqu'à présent dans ce but, lesquelles admettent toutes l'homogénéité du corps vitré, homogénéité que repousse la *nouvelle théorie* (107 et 108). Nous terminerons ce chapitre par les définitions relatives aux *bonnes vues*, à la *distance de la vision distincte*, aux *myopes* et aux *presbytes*.

632. **Chap. VII.** L'objet du chap. VII est de calculer l'éloignement du foyer au delà du cristallin, pour les yeux n° 1 et n° 2, dont tous les éléments (dimensions et indices) sont déterminés dans le livre I. Nous décrivons d'abord, avec assez de détail pour qu'on le comprenne bien, le procédé qui donne avec rigueur ces foyers (112-114 et 116-118). Nous considérons le cas où le cristallin a toutes les couches trouvées par le docteur Krause; celui où il est supposé homogène, et nous employons les indices de M. Chossat et ceux de M. Brewster (117), de façon à montrer par les résultats les rôles que jouent les diverses dimensions et les divers indices. En définitive, nous trouvons qu'avec les données employées, les foyers sont de 5 à 11 millimètres au delà du fond de l'œil (119), lorsque le point rayonnant est à la distance de la vision distincte.

633. Nous examinons ces résultats avec soin, et plus minutieusement que nous ne le ferions aujourd'hui, parce que nous n'attachons plus aux chiffres de MM. Krause, Chossat et Brewster toute l'importance que nous leur donnions (558, 575 et 583). Peu à peu nous nous trouvons conduits à ne considérer que trois milieux; à prendre pour les indices ceux que présentent les yeux de carpe, augmentés d'un dixième, et à diminuer les rayons de courbure d'un dixième, ce qui place le foyer à peu près sur la rétine, toujours pour le cas du point rayonnant situé à la distance de la vision distincte (120-134). Nous indiquons, n° 135, le calcul à faire pour le cas où le point rayonnant est à l'infini. Le tableau du n° 137 donne les résultats

que nous avons obtenus. Ce tableau, qui sera bien compris au moyen des définitions des n°ˢ 129 et 136, est d'un grand intérêt, ainsi qu'on le verra dans le chapitre suivant.

634. Les doutes que le calcul élève contre la bonté des yeux n° 1 et n° 2, par la position des foyers obtenus et mentionnés n° 119, nous mènent à calculer pour ces deux yeux, par des formules rigoureuses, les distances de la vision distincte correspondantes aux indices de M. Chossat pour l'humeur aqueuse et pour le corps vitré, et à l'indice de M. Brewster pour le cristallin entier (140). La conséquence de notre calcul, qui est plus curieux qu'utile, c'est qu'avec les données admises dans les tableaux du n° 115, les yeux n° 1 et n° 2 seraient des yeux d'aveugles distinguant seulement le jour de l'obscurité (141). Cette conséquence, toutefois, justifie les nouvelles données adoptées pour le tableau du n° 137.

635. CHAP. VIII. D'après le calcul, les yeux n° 1 et n° 2, malgré ce qui a été dit par le docteur Krause (126), devant ici, quoiqu'à tort sans doute (429), être considérés comme défectueux, nous avons recours à deux autres yeux que nous désignons par les n°ˢ 3 et 4 (148). Ce dernier est un œil que M. Lehot, dans ses intéressants mémoires, et d'Alembert dans ses opuscules ont l'un et l'autre employé. L'œil n° 3 est celui dont les dessins sont donnés par Sœmmering. Nous discutons les éléments relatifs à ces deux yeux ; nous réformons ces éléments de façon que le foyer soit à peu près sur la rétine, et nous présentons dans le tableau du n° 148 les résultats principaux de nos calculs pour les quatre yeux n° 1, n° 2, n° 3 et n° 4 (143-148).

636. On voit par ce tableau, 1° que les deux foyers du blanc correspondants aux deux points rayonnants situés à 250 millimètres et à l'infini, sont distants l'un de l'autre, pour ces quatre yeux, respectivement de $0^{mm}.840$, 1.234, 1.366 et 1.730 ; 2° que les éloignements analogues, dans le cas du rayon rouge attribué au point rayonnant situé à 250 millimètres, et dans le cas du rayon violet attribué au point rayonnant situé à l'infini, sont de $1^{mm}.068$, 1.522, 1.708 et 2.179 ; 3° que les parties de l'axe optique occupées par ces foyers, du rouge au violet, sont de $\frac{1}{22}$, $\frac{1}{16}$, $\frac{1}{15}$ et $\frac{1}{12}$ de la longueur de l'œil (143-151).

637. M. Young a trouvé, au lieu de ces nombres, le chiffre $\frac{1}{6}$ (152). Ce chiffre serait plus favorable à nos idées que les précédents ; mais il méritait d'être vérifié. On voit qu'il doit être réduit au moins de moitié, résultat que d'autres calculs confirment par la suite (388, 392, 417 et

418). Si l'on fait attention que ce nombre erroné $\frac{1}{6}$, exprime l'allongement de l'œil, dans le cas où la rétine se reculerait ou s'avancerait pour recevoir le foyer, et si l'on considère que sur l'autorité de M. Young il a été à peu près adopté, on trouvera que notre rectification était utile, et que nous devions l'appuyer de plus d'un exemple.

638. Nous discutons aux nᵒˢ 153 et 154 les mérites des quatre yeux soumis au calcul, et nous sommes conduits à préférer, comme type, l'œil nᵒ 3. Ce n'est pas pourtant, comme on le voit nᵒ 429 et nᵒ 557, que les dimensions de cet œil soient sans reproche, c'est uniquement, parce que, avec les indices que nous avons adoptés, les foyers qu'il donne sont trop loin, ce qui le rend, bien que le cristallin soit trop petit et trop en avant (559), et précisément à cause de ces défauts, plus satisfaisant en apparence que les yeux nᵒ 1 et nᵒ 2.

Il ne faut pas croire d'ailleurs que l'adoption de l'œil nᵒ 3 rende fautives les conclusions auxquelles nous allons bientôt arriver. On voit par le chapitre XXIII, qu'elles sont les mêmes avec l'œil nᵒ 1, dont les défauts (414) sont tout à fait opposés à ceux de l'œil nᵒ 3.

639. Tout foyer qui n'est pas sur la rétine devant produire une image circulaire, nous cherchons pour les éloignements égaux à 250 millimètres et à l'infini, et selon les rayons blanc, rouge et violet, les rayons des cercles qui circonscrivent les images (156—160). Ces rayons sont compris entre les chiffres 0.019 et 0.211 : c'est-à-dire que dans certaines circonstances d'éloignement et de couleur de l'objet, les très-petites images du fond de l'œil seraient dessinées, non pas avec des points, mais avec des cercles de 0.038 à 0 422 de diamètre, ce qui produirait évidemment, au lieu d'un dessein net, une confusion inadmissible.

Il suit de là que nos calculs, dont l'exactitude est d'une appréciation facile, condamnent la théorie admise, dans laquelle on suppose, 1° que le corps vitré dans le vivant agit comme s'il était homogène ; 2° que l'œil, en agissant à des distances diverses, est invariable de forme. Un tel résultat ayant beaucoup de valeur ; nous avons voulu, dès ce premier mémoire, l'appuyer de chiffres qui ne sont calculés que dans les chap. XXII et XXIII. Le tableau du nᵒ 161 présente ces chiffres, qui sont obtenus dans les deux chapitres précités d'une manière rigoureuse indépendante de toute construction graphique.

640. Pour faire bien ressortir ce qu'ont de répugnant les résultats obtenus, nous calculons directement (164) la largeur de l'image d'un cheveu de 0^{mm}.10 d'épaisseur, placé à 3 mètres de distance, en admettant que le sommet de l'angle visuel qui correspond à ce cheveu soit placé dans l'œil aux deux tiers environ de la longueur du globe, comptés à partir de la rétine (274). Cette largeur est de 0^{mm}.0005 (*a*), d'où il suit qu'une mèche de cheveux éloignée, par exemple, de 3 mètres, donnerait sur la rétine des images de 0^{mm}.422 de largeur, superposées les unes sur les autres, à cinq dix-millièmes près, pour des cheveux contigus, ce qui ne ferait qu'une image confuse (*b*).

641. Chap. IX. Les calculs précédents amènent à se demander si, pour concilier les difficultés, le globe oculaire ne subirait pas les fortes déformations propres à remédier à l'inconvénient des différences de distance.

L'allongement de l'œil nous occupe d'abord (167-170). Nous exposons avec quelque détail les opinions et les expériences du docteur Th. Young, d'après un mémoire de Dulong (166). Dans ce mémoire, le savant français croit devoir admettre l'invariabilité du globe ; il dit même qu'elle est mise hors de doute par les expériences de M. Young (168). Nous nous occupons ensuite du déplacement du cristallin (173) et de sa déformation (174 et 175). Enfin, dans les n°s 176, 177 et 178, nous faisons voir que les grandes déformations de l'œil, en général, ne peuvent pas être admises, mais nous posons des réserves (178) en faveur de très-petites déformations que nous indiquons, dont nous établissons plus loin la nécessité (287), et que nous calculons au n° 482.

(*a*) **Nous** trouvons dans la *Physiologie du système nerveux*, par Muller, tome II, page 347, des chiffres de 0.000023 et 0.00000014, en lignes, ou de 0.000053 et 0.00000032, en millimètres, pour les largeurs de l'image d'un cheveu ou d'un poil sur la rétine. Sans nous arrêter aux calculs qui ont fourni ces chiffres, nous ferons observer : 1° qu'autrefois nous apercevions très-bien un cheveu, auquel un petit poids était suspendu, à 3 mètres de distance ; nous pouvions même l'apercevoir de plus loin, mais nous ne nous sommes pas occupé de mesurer la distance où nous cessions de le distinguer ; 2° que 0^{mm}.10 est le diamètre d'un cheveu ordinaire. D'après cela, on doit penser que le chiffre 0^{mm}.0005, comme largeur d'une image sensible, est plutôt fort que faible.

(*b*) On pourrait nous objecter que, à la distance de 3 mètres, les cheveux d'une mèche ne se distinguent guère les uns des autres. Si l'on veut bien refaire nos calculs, pour les distances de 0^{m}.25, 0^{m}.60 et de 0^{m}.75, qui permettent de distinguer avec une bonne vue un cheveu blanc sur des cheveux noirs, on trouvera des chiffres qui, bien que moins forts que les précédents, seront cependant très-convaincants.

642. Parmi les expériences de M. Young, celle d'un tube rempli d'eau appliqué sur la cornée, dont il a déduit l'invariabilité de figure de cette membrane dans la vision à des distances différentes (172), nous occupe particulièrement. Elle a de l'importance, car elle est citée, dans presque tous les traités de physique, comme absolument décisive. Nous prouvons toutefois qu'elle ne l'est pas. Depuis l'époque où notre premier mémoire a été présenté à l'Académie, des faits observés sur le vivant (401 et 483 *bis*) sont venus appuyer cette conclusion.

SECTION XIV.

ANALYSE DU LIVRE III.

643. CHAP. X. Nous montrons dans ce chapitre que le corps vitré, par cela seul qu'il est composé d'une membrane et d'un liquide qui se renouvelle, ne doit pas être homogène, c'est-à-dire ne doit pas être traversé en ligne droite par des rayons lumineux quelconques (180-181). Nous citons à l'appui de cette opinion les travaux de plusieurs physiologistes (181-184). Nous rendons compte des expériences que nous avons tentées pour nous assurer du fait sur les yeux de bœuf, et nous examinons les circonstances qui peuvent empêcher que de telles expériences découvrent la vérité (185-187). Peut-être aussi n'est-ce que dans le vivant, et au moyen des forces vitales que les diverses parties du corps vitré reçoivent des accroissements de pouvoir réfractif, à défaut desquels de faibles différences étaient insensibles dans le mort (191).

D'autres considérations, dont la liste est plus loin (800-803), appuient notre opinion sur la non-homogénéité du corps vitré.

644. CHAP. XI. Nous examinons ici l'aberration de courbure, et nous faisons voir que, contrairement à l'opinion de quelques physiciens, ni les contractions de l'iris, ni la disposition du cristallin par couches, ne sont propres à la prévenir (194-198). Cet objet n'est traité ici que fort succinctement ; un des livres de la seconde partie sera consacré tout entier

à l'examen des questions qui se rattachent à l'aberration de courbure, et à la nature géométrique des surfaces réfringentes de l'œil (93).

645. Chap. XII. Nous définissons l'optomètre ; nous indiquons son objet ; nous faisons connaître plusieurs manières de le disposer, et nous examinons les avantages et les inconvénients de ce que nous appelons *l'optomètre simple*, *la règle optométrique*, et *la lunette optométrique* (200—214). Nous nous occupons des expériences relatives au croisement des lignes vues, et notamment du pouvoir que possèdent, dit-on, quelques personnes de faire varier à volonté le point de croisement (215—218) ; ce pouvoir est un argument en faveur de la déformation de l'œil.

Nous présentons une expérience qui nous est due et d'où l'on peut inférer, sur le vivant, que l'image du fond de l'œil est renversée (219). Nous expliquons ensuite ce qui arrive dans les expériences faites sur les yeux myopes (220 et 221) ; nous sommes conduit à faire voir que l'optomètre est un instrument fort précieux en ce qu'il dévoile, sous quelques rapports, ce qui se passe dans l'intérieur du globe (222 et 223), par exemple, que les surfaces réfringentes ou de séparation des milieux, sont des surfaces de révolution (224 et 225) ; enfin, nous nous occupons des yeux que nous appelons *yeux à portées diverses* (226).

Nous revenons plus loin (pages 204, 205 et 206) sur les expériences optométriques. Divers passages relatifs à l'optochromomètre (237-246) tendent à éclaircir cette matière. Elle est très-intéressante et nous regrettons beaucoup que ce chapitre soit un des plus obscurs et des plus mal rédigés de ce volume.

646. Chap. XIII. Quelques expériences font voir, dans ce chapitre, que l'œil n'est pas achromatique pour les distances où la vision n'est pas distincte (230—232). L'expérience du n° 232 a cela de remarquable que l'irisation est de plus en plus sensible à mesure que le point considéré est plus près de l'œil, ce qui milite en faveur de la non-homogénéité du corps vitré. En effet, par la courbure des rayons dans ce corps, c'est auprès du cristallin que les couleurs se trouvent le plus séparées (*V*. le n° 444 et la *fig.* 82), d'où il est aisé de voir que si le point observé s'approche peu à peu de l'œil, en parcourant toute la distance de la vision non distincte, les effets d'irisation vont en s'accroissant.

647. Au n° 234 nous exposons les idées de d'Alembert sur la neutralisation de couleur qui aurait lieu dans la vision pour produire l'achromatisme, bien que l'œil donnât des franges irisées ; et nous présentons les motifs qui nous empêchent d'admettre cette neutralisation. Nous pensons être dans le vrai, en réfutant ici l'opinion de d'Alembert ; cependant nous croyons que l'explication qu'il donne, inadmissible dans l'état de généralité que présente la

question, est admissible et réelle dans un ordre secondaire de faits : c'est ainsi, comme nous le disons n° 539, que la plupart des idées émises sur l'œil, fausses sous le point de vue où on les présentait, se trouvent vraies sous un autre point de vue. Nous reviendrons sur l'explication de d'Alembert dans la seconde partie.

648. Nous terminons le chap. XIII par l'examen de l'opinion d'Euler sur l'achromatisme de l'œil et par l'exposé succinct d'un moyen d'achromatisme qui nous occupera beaucoup dans cet ouvrage, et qui semble compléter les idées d'Euler (235 et 236).

649. CHAP. XIV. Nous décrivons l'instrument que nous avons nommé l'*optochromomètre*. Le tableau du n° 239 présente les résultats de nos premières expériences. Par des opérations faites sur nous-même, en 1820, cet instrument nous a donné la distance de la vision distincte, dans le cas des rayons rouges de 0^m.220, et dans le cas des rayons violets de 0^m.184, c'est-à-dire moindre de 0.045, ou d'environ un cinquième, résultat très-intéressant, qui est confirmé, non-seulement par nos expériences sur d'autres personnes, mais par les recherches de M. Lehot, publiées en 1828 (243).

650. Nous avons pu, d'après cela, poser en principe (243) que les rayons colorés émanés d'un même point blanc ont leurs foyers à des distances différentes du cristallin. De là résulte que si le corps vitré était homogène, un point blanc, à la distance de la vision distincte, paraîtrait environné d'une grande couronne irisée, et comme cela n'est pas, il faut conclure que le corps vitré, dans le vivant au moins, n'est pas homogène (245). Mais dans le cas de la non-homogénéité, tout devient extrêmement facile à comprendre, les choses se passant à peu près comme on le voit fig. 37, pour l'image f (285).

Pl.3.

Fig.37.

651. Les expériences des n°^{s} 543 et 545, que nous ne connaissions pas en rédigeant notre second mémoire (a), s'accordent pleinement avec les résultats que nous a donnés l'optochromomètre. C'est un fait important,

---

(a) Nous n'avons connu la première de ces expériences que par ce que M. Arago en a dit à la séance de l'Académie des sciences du 16 novembre 1840, vingt jours avant la présentation de notre second mémoire. C'est un peu plus tard que nous avons eu connaissance de la seconde, aussi par M. Arago.

puisque ces résultats conduisent à l'espèce d'achromatisme indiqué plus haut n° 648.

652. Chap. XV. Nous nous sommes demandé, n° 87, à quelle loi géométrique de perspective est assujettie l'image qui se peint sur la rétine, et nous avons indiqué plusieurs exemples entre lesquels on pourrait choisir cette loi sans que l'image cessât d'être exacte et parfaite. Or c'est une chose importante, et qui fait l'objet de ce chapitre, que de déterminer cette loi, ou du moins quelques-unes des conditions auxquelles elle satisfait (247).

653. En opérant sur des yeux de lapin albinos (*b*), nous avons reconnu au moyen d'expériences faites avec soin (247-256), que les points rayonnants situés sur un même cercle, dont l'œil est le centre, étant joints avec leurs images par des droites, ces droites, que nous nommons *rayons virtuels* (251), sont tangentes à des courbes comprises dans l'intérieur de l'œil, dont l'ensemble, pour toutes les sections du globe, donne une *surface virtuelle*, touchée par les rayons virtuels aboutissant à tous les points de l'espace.

654. D'autres expériences que nous avions faites antérieurement sur les yeux de bœuf (257), sont d'accord à peu près avec celles que le lapin a fournies. Dans les unes et dans les autres, surtout dans ces dernières (258-260), les rayons virtuels ne diffèrent pas, ou ne diffèrent pas bien sensiblement des normales au fond de l'œil. En rapprochant ce fait d'une observation de d'Alembert, nous avons pensé qu'on devait poser comme une loi, que *les rayons virtuels sont normaux à la choroïde* (261).

Une conséquence de cette loi, c'est que la surface des centres de courbure du fond de l'œil a pour l'une de ses nappes ce que nous nommons la surface virtuelle (262). Par là se trouve définie géométriquement dans son espèce la perspective linéaire de l'image de la rétine (263).

(*b*) Dès l'année 1821 (V. la *Science du Dessin*, 1re édition, p. 398, n° 27), nous avions annoncé qu'au moyen des yeux d'albinos on devait arriver à des résultats intéressants sur la matière dont il s'agit.

655. Il était utile d'acquérir de nouvelles notions sur cette matière, et notamment en ce qui concerne l'œil humain. Pour cela nous avons eu recours à une autre série d'expériences faites sur nous même, au moyen du phénomène observé par Mariotte, et qui consiste en ce que la vision cesse, lorsque l'objet est placé de manière que son image soit située sur le trou d'insertion du nerf optique dans la sclérotique (264-266). Nous avons obtenu par ces expériences quelques données sur la position dans l'œil du point où se coupent les rayons virtuels infiniment rapprochés de l'axe optique.

656. Mais ces données étant grossières, nous avons cherché à déterminer ce point au moyen des mesurages de la voûte postérieure du globe oculaire par le Dr. Krause.

Il pense que cette surface est un ellipsoïde général, ou à trois axes inégaux (268), et à cet égard nous ne pouvons nullement admettre son opinion (269-271). Toutefois, les mesures qu'il a prises méritant beau‑coup de confiance, nous les avons construites géométriquement, et nous avons cru devoir adopter pour la distance du point en question à la rétine, les deux tiers de ce que nous nommons le diamètre optique (274) de l'œil.

657. Nous donnons, au n° 275, la récapitulation des résultats établis dans ce chapitre; puis, nous supposons que l'œil n° 2, mesuré par le Dr. Krause, soit présenté à un faisceau *abcd* de rayons lumineux émanés d'une bougie et perpendiculaires à l'axe optique OP, lequel faisceau, suivant la loi du n° 261 et suivant l'expérience, porte l'image de la bou‑gie en *r*, au point de contact de la tangente *mn*, parallèle à OP, et nous nous demandons quelles lignes la lumière doit parcourir dans l'œil pour donner l'image *r*. On juge, à l'inspection de la figure, qu'il faut que les rayons soient courbés dans le corps vitré par des réfractions en sens contraire de celles qu'ils éprouvent dans la cornée, dans l'humeur aqueuse et dans le cristallin (279). C'est un argument puissant en faveur de la non-homogénéité du corps vitré, lequel joue dans la vision un rôle beau‑coup plus important que celui qu'on lui avait attribué (277).

Pl. 3.
Fig. 54.

SECTION XV.

ANALYSE DU LIVRE IV.

658. Chap. XVI. Ce chapitre contient la théorie géométrique des images réfléchies et réfractées. Il est d'une lecture difficile pour les per-

sonnes qui ne possèdent pas à fond la connaissance de la géométrie descriptive; mais nous croyons les mettre ici à même de bien apprécier les résultats de nos recherches.

Après avoir développé la théorie générale des courbes et des surfaces caustiques (270-281), nous nous demandons quelle image peut être peinte sur la rétine par des rayons réfléchis ou réfractés émanant d'un point. Nous prouvons que l'on peut considérer cette image comme produite par deux séries de lignes.

659. Puis, de ce cas général, nous passons à celui où l'une des caustiques est linéaire et l'autre non linéaire : c'est le cas qui se rencontre le plus généralement. Nous faisons voir qu'alors (284) les deux séries de lignes qui forment l'image se réduisent : 1° à une série de lignes contiguës dont chaque point est peint sur la rétine par deux rayons seulement ; 2° à une série de points contigus peints, chacun, par une infinité de rayons.

Nous sommes par là conduits à cette question : La série de lignes qui constitue l'image et la série de points qui la constitue aussi, existent-elles en même temps ? Cette question se résout tout d'abord, et d'une manière négative, mais non sans quelque obscurité (285).

660. Un théorème que nous démontrons *à priori* (286) éclaircit bientôt la difficulté (a), et en même temps ce théorème jette un grand jour sur la vision, car il montre que l'œil s'accommode, s'ajuste, se *monte* selon la distance du point considéré.

Il est sans doute bien surprenant qu'après tant de travaux faits sur l'organe de la vue, un pareil théorème n'ait pas été trouvé plus tôt, et il ne l'est peut-être pas moins que ce soit par des considérations de géométrie qu'on y soit arrivé.

661. Si l'on s'était dit que, la pupille étant supposée réduite à un point, tous les points de l'espace n'enverraient chacun à la rétine qu'un seul rayon, et que leurs images seraient des points distincts, contigus et peints chacun par un rayon unique; que la pupille ayant une certaine étendue, les pinceaux de lumière envoyés par les points de l'espace, au lieu d'être des lignes contiguës marchant

––––––––––

(a) On peut voir au renvoi (b) du n° 622 que, dans le système de M. Sturm, ce théorème serait contestable.

côte à côte, sont des solides qui ont des parties communes avec leurs voisins, et que si un point rapproché est dans le cône de lumière d'un point éloigné, les cônes correspondants à ces deux points ont des rayons communs, on aurait vu que leurs images respectives empiètent les unes sur les autres. Cela posé, on aurait pu se dire que, pour les points d'une surface d'un certain éloignement, ceux de la sphère, par exemple, dont le rayon est de $0^m.25$, il est admissible que les images soient des points contigus distincts ; mais que, pour un point plus éloigné, l'œil restant invariable, le pinceau correspondant doit couper forcément la sphère de $0^m.25$ de rayon suivant un petit cercle, et que les points rayonnants situés dans ce cercle et sur cette sphère ayant chacun au moins un rayon commun avec le pinceau de lumière émané du point éloigné, l'image de ce point a nécessairement une suffisante étendue pour que cette image comprenne toutes les images de tous les points rayonnants du petit cercle en question. On aurait donc reconnu que, par cela seul que la pupille n'est pas un point, l'image qui était nette pour une distance ne peut se conserver telle pour une autre distance, qu'à la condition que l'œil se monte convenablement pour cette autre distance.

662. Revenant aux deux séries, l'une de lignes, l'autre de points, correspondantes à un point rayonnant vu par réflexion ou par réfraction, on comprend que la première s'applique dans le cas où l'œil se monte pour considérer les points de la caustique non linéaire qui lui envoient de la lumière, et que la seconde correspond au cas où l'œil se monte pour juger des points de la caustique linéaire. Mais où sera le point vu ?

Nous citons sur cette question Newton (*b*), Bouguer, d'Alembert, Barrow, Smith, le P. Tacquet, Hachette et Malus (290-292), qui ne l'ont pas résolue. Enfin, nous faisons voir (293) que les points de la caus-

---

(*b*) Les traductions des *leçons d'optique*, par Coste et par Marat, ne donnent pas le scholie où il s'agit de cet objet ; nous nous le sommes fait expliquer, et nous avons vu que Newton, en supposant le point vu entre les deux caustiques, regardait la question comme très épineuse.

tique linéaire, en ce que chacun d'eux envoie dans l'œil une infinité de rayons, sont seuls dans le cas des points rayonnants vus directement, et que, en conséquence, les rayons réfléchis ou réfractés émanés d'un point rayonnant doivent donner le sentiment du point où la caustique linéaire est rencontrée par l'axe optique dirigé tangentiellement aux deux caustiques.

663. Chap. XVII. Après l'examen du cas des objets vus par réflexion au moyen des miroirs plans (295 et 296), lequel est essentiel pour l'examen des autres cas de réflexion, nous passons à l'exemple d'un miroir concave cylindrique vertical (297-301). Nous présentons la théorie de cet exemple avec les détails nécessaires pour qu'elle soit comprise indépendamment du chapitre qui précède, et nous mettons le lecteur à même d'être convaincu, sans l'emploi de considérations trop élevées de géométrie, que l'image vue est sur la caustique linéaire, en arrière du miroir, et non pas sur la caustique non linéaire, qui est en avant du même miroir.

664. L'exemple d'un miroir cylindrique vertical convexe (302-306) n'est pas aussi concluant, mais les explications que nous donnons relativement aux circonstances qui apportent de l'indécision sur la position du point vu (305 et 306) lèveront probablement toutes les difficultés.

Dans le quatrième exemple (307-309), le miroir est sphérique et concave. C'est le cas que tout le monde remarque en visitant un cabinet de physique : on vous fait prendre une épée ; vous la présentez au miroir, et vous la voyez par réflexion revenant sur vous comme pour vous frapper. On reconnaît, par nos constructions, que si l'image correspondait à la caustique non linéaire, ce phénomène curieux ne serait pas aussi sensible (309).

665. Chap. XVIII. Le cas des images réfractées dans l'eau est le plus propre à la vérification de la théorie, aussi le traitons-nous avec beaucoup de soin, en commençant par la détermination de la caustique non linéaire et de la caustique linéaire qui répondent à un point submergé (310 et 311). Nous construisons ensuite les images omn, $o'm'n'$ d'un Pl. 4. objet ON, plongé dans la masse d'eau terminée au plan PQ (312), Fig. 60. lesquelles images correspondent, la première omn à la caustique linéaire, et la seconde $o'm'n'$ à la caustique non linéaire.

Pour arriver à savoir laquelle de ces deux images omn, $o'm'n'$, donne la sensation de l'objet, nous faisons, sous le rapport géométrique, une analyse très-détaillée de ce qui se passe dans l'œil, et il résulte de cette analyse que l'objet vu doit être en omn, à l'aplomb de ON (313-319).

666. Nous justifions, au moyen de plusieurs expériences, ce résultat théorique (320-323).

L'examen de ce qui doit arriver et de ce qui arrive quand on observe avec les deux yeux, ou successivement avec l'œil droit et avec l'œil gauche (324-328), vient encore appuyer nos conclusions.

Le n° 327 expose un fait intéressant de vision binoculaire.

667. Chap. XIX. Les deux chapitres précédents montrent bien que les images correspondantes à la caustique non linéaire sont comme non avenues dans la vision, et que l'image qui correspond à la caustique linéaire est seule efficace pour donner la sensation d'un objet ; cependant nous avons cru qu'il était utile d'approfondir des circonstances singulières qui se font remarquer parmi les images réfractées.

D'après l'analyse faite sous le rapport géométrique (313-319) de ce qui se passe dans la vision de ces images, on comprend bien clairement qu'une ligne droite, verticale, horizontale ou inclinée, peint sur le fond de l'œil (330) des images fort différentes les unes des autres : malgré cela elle est toujours vue avec la même netteté et de la même manière. C'est un fait assurément très-digne d'examen.

Nous faisons voir que pour de grands éloignements les images réfractées rentrent dans la loi de la vision ordinaire. Puis, pour le cas des petits éloignements, qu'il y a des causes d'illusion tout à fait sensibles, même pour l'enfant qui apprend à voir, ce qui le force à étudier ces causes, afin qu'il puisse tirer de sa vue tout le parti possible (331-332).

668. Ces considérations nous conduisent à examiner comment le tableau des objets que nous voyons ne présente pas de lacune, bien qu'il n'y ait pas d'image sur le trou de la choroïde à l'endroit de l'insertion du nerf optique dans l'œil (333 et 334) ; comment les taches mobiles que la vision offre quelquefois ne sont pas senties après un certain temps, quoiqu'elles existent (335), et comment nous ne sentons pas dans le strabisme l'impression reçue par le mauvais œil (336) (c). Or, il suit de tout cela :

(c) Il paraît même que certaines personnes louches ne voient absolu-

1° que nous savons faire abstraction des impressions qui ne sont que gênantes pour la vision; 2° que notre mobilité continuelle nous donne la faculté de distinguer, entre plusieurs impressions, celles dont nous devons faire abstraction (336).

669. Cela posé, revenant à la vision d'une ligne horizontale submergée (337), nous étudions avec soin les détails géométriques relatifs à l'impression que reçoit la rétine, en tenant compte de la réfrangibilité; nous montrons que l'œil sait faire la différence d'un objet non submergé qui nous enverrait une image pareille à celle que la rétine reçoit d'une ligne submergée, et que cette dernière ligne est vue nettement et non comme se verrait cet objet. Nous examinons les causes de ces effets, et nous concluons que la faculté abstractive indiquée au numéro précédent doit faciliter la perception nette de la ligne vue. Enfin, nous sommes conduits à dire que, par la puissance de l'éducation de l'œil, qui est fort grande, en même temps que l'on fait abstraction des parties parasites d'une image reçue par l'œil, on tient compte de ces mêmes parties pour restituer au point vu l'éclat qu'elles lui retranchent dans son image réelle (342 et 343). Ces questions, suivant nous, sont d'une haute importance pour la vision.

670. Nous essayons de justifier nos idées par divers faits (342-349); nous donnons ensuite, du n° 350 au n° 354 *bis*, les énoncés de six principes, qui, avec un autre principe rappelé n°ˢ 572 et 573, résument les conséquences établies dans ce livre.

Ces principes repoussent une idée admise par Newton et par plusieurs physiciens, de laquelle résulterait que

---

ment rien avec le mauvais œil, et qu'aussitôt la section du muscle qui empêchait cet œil de se diriger convenablement, il recouvre la propriété de voir. M. le Dʳ Debout nous a assuré que dans ses opérations il avait plusieurs fois annoncé, observé et fait observer ce fait très-remarquable.

l'œil est, sinon un instrument grossier, du moins un instrument assez imparfait (355).

En terminant ce chapitre, nous indiquons (365 *bis*) le travail à faire pour achever d'approfondir une théorie que nous avons beaucoup avancée, en nous appuyant sur les belles recherches dues à Malus, et depuis étendues par M. Cauchy et par M. Ch. Dupin. De nouvelles recherches, dans lesquelles on calculera l'étendue des images de l'œil, pour des cas de vision nette, s'il y en a lorsque la caustique n'a pas de nappe linéaire, pourront être d'une grande utilité. L'exemple de cheveux vus dans l'eau, au travers d'une lentille inclinée, est probablement un de ceux qu'on peut traiter avec quelque facilité.

671. Post-scriptum de la page 204. Les paragraphes (A) et (B) sont relatifs à une objection faite contre nos expériences optométriques. La question du n° 445 a manifestement beaucoup de connexion avec ce qu'on voit au n° 200, et avec l'objection dont il s'agit ; toutefois nous avons évité de le dire, parce que ce n'était pas bien utile, et parce que la question sera mieux traitée dans la seconde partie.

Nous avions d'ailleurs une autre raison, c'était d'éviter une discussion que la suite de notre travail nous semblait rendre tout à fait inutile pour la science (556).

672. Quant aux objections des pages 205 et 206, elles comportaient un examen immédiat, et elles méritaient beaucoup d'attention ; nous n'avons pas manqué de nous en occuper, et nous croyons y avoir convenablement répondu.

La dernière se résout par une expérience mentionnée aux n°s 206 et 207. M. Babinet a trouvé cette expérience très-intéressante ; nous croyons qu'elle sera répétée par beaucoup de physiciens, et pour qu'elle soit facile à faire, nous en donnerons ici un nouvel exposé.

673. On place sur une petite capsule de cire molle, préparée à l'avance, l'œil $xyOr$ d'un lapin albinos qui vient d'être tué. Cet œil est bien nettoyé des muscles qui l'environnaient, et on agrandit au besoin la capsule, ou bien on la resserre afin que l'œil ne se déforme pas. Lorsqu'il est disposé de façon que l'axe optique OP soit à peu près horizontal, on met à côté, à 30 ou 40 centimètres de distance, une bougie envoyant sur la cornée des rayons *abcd*, perpendiculaires à OP ; on masque l'œil par un petit écran fait avec une carte, de manière que les rayons lumineux n'arrivent que sur la cornée, et l'on voit en r l'image renversée de la bougie.

En faisant parcourir à cette bougie un arc de 180 degrés, et même un peu plus (255) en avant de l'œil, l'image se meut; on reconnaît que dans toutes ses positions les rayons virtuels paraissent toujours normaux à la rétine, et cela quelque situation qu'on fasse prendre au globe oculaire autour de l'axe optique.

Cette expérience et celle de l'optochromomètre sont les plus importantes du livre III.

<hr>

SECTION XVI.

ANALYSE DU LIVRE V.

674. CHAP. XX. Nous définissons ce que nous appelons l'œil théorique (356); nous adoptons pour nos calculs l'œil n° 3 (358); nous discutons les indices du corps vitré et de l'ensemble de la cornée et de l'humeur aqueuse, et quant à l'indice du cristallin, qu'on nomme l'indice moyen (362), et que nous appelons l'indice fictif (384), nous cherchons (362 et 363) des formules propres à le déterminer. Puis, appliquant ces formules à l'œil théorique (364), nous trouvons l'indice cherché i, $= 1.4376$.

Nous examinons les objections que peuvent soulever les chiffres divers entre lesquels nous sommes forcés de choisir, et nous donnons le tableau des éléments que nous adoptons, en définissant les cas pour lesquels ils seront employés (365-367 *bis*).

675. CHAP. XXI. Nous composons *à priori* un cristallin, et nous nous occupons d'abord de la figure de ses couches (369 et 370). Nous les supposons elliptiques, parce que c'est conforme aux opinions assez généralement émises jusqu'à présent par les physiciens (49 et 50); parce que c'est la supposition la plus commode que l'on puisse faire, et parce que c'est à peu près sans inconvénient, vu que nous ne considérerons que les rayons réfractés infiniment rapprochés de l'axe. Nous admettons que les surfaces des diverses couches sont des surfaces semblables, et nous choisissons leurs écartements, qui sont de 0.1222 en avant du noyau, et de 0.7 en arrière (370).

676. Nous déduisons nos indices du beau travail de M. Chossat sur les yeux de divers animaux (371-375) : à cet effet, nous examinons ses résultats avec beaucoup de soin. Les conséquences de cet examen sont si bien fournies par les chiffres de notre auteur, que nous devons les croire tout à fait satisfaisantes ; cependant nous revenons plus loin (574-579) sur cette opinion. Au surplus, il nous suffit ici que nos données soient bien plausibles, bien d'accord avec les faits constatés, et l'on verra d'ailleurs facilement jusqu'à quel point nos conséquences sont justes et utiles.

677. Au moyen de ces données, nous calculons les distances focales, tant pour l'éloignement de la vision distincte que pour l'éloignement infini, le corps vitré étant homogène, et nous trouvons finalement que les foyers sont en deçà de la rétine de 3.24 et de 4.13, ce qui n'a rien de fâcheux pour notre objet. Toutefois nous indiquons les calculs propres à donner des indices tels que le foyer soit juste au fond de l'œil (379).

Les couches postérieures étant six fois aussi épaisses que les couches antérieures, on voit, par le fait, que la grande épaisseur des couches du fond n'a pas pour objet, ainsi qu'on l'a cru, d'amener le foyer sur la rétine pour les grands éloignements comme pour les petits (380). Un autre exemple de cristallin, composé aussi théoriquement (381), nous fournit des résultats analogues, ce qu'il était aisé de prévoir par le simple examen de la formule qui donne les foyers.

678. Cependant les résultats obtenus dans les tableaux des n⁰ˢ 376 et 381, tout prononcés qu'ils soient, ne suffisent pas pour établir que la division du cristallin, en couches plus épaisses en avant qu'en arrière, n'ait pas quelque effet avantageux à la vision de points différemment éloignés sur l'axe optique. Pour approfondir cette question, nous nous livrons à d'autres calculs qui la résolvent négativement (382 et 383).

On pourra peut-être nous dire que si nous avions pris un noyau sphérique, nous aurions pu avoir des résultats sensiblement différents. Nous convenons que, sous ce rapport, le calcul aurait présenté quelque intérêt ; mais ce calcul aurait été long, et nous n'avons pas cru qu'il fût bien utile : 1° parce que les noyaux, mesurés par le docteur Krause (53), sont aplatis dans le sens de l'axe optique ; 2° parce que toutes les surfaces de l'œil nous paraissent soumises à des lois générales (512) qui repoussent le noyau sphérique, même dans le cas où il se réduirait à un point. Ce sujet nous occupera dans la seconde partie.

679. Un fait important, mais qui ne doit pas surprendre, ressort de nos calculs (384) ; c'est que pour avoir un effet donné, avec un cristallin homogène et avec un cristallin composé, toutes choses d'ailleurs égales, il faut que l'indice du premier soit plus élevé que l'indice du noyau du dernier, c'est-à-dire que la multiplicité des couches supplée à la nécessité d'une forte densité. On doit penser que c'est un des motifs de l'ac-

croissement de dureté du cristallin de l'extérieur au centre ; car il était essentiel que les parties intérieures de l'œil ne présentassent pas des différences de poids qui ne fussent nécessaires (595).

Ces considérations nous ont fait substituer au nom d'indice moyen du cristallin, celui d'indice fictif (384).

680. Le n° 385 présente le résumé du chapitre dont il s'agit ; mais nous avons omis de comprendre dans ce résumé l'objet traité au n° 384, lequel méritait pourtant d'être cité le plus explicitement.

681. CHAP. XXII. L'œil théorique étant établi de façon que l'image soit sur la rétine pour le cas du point rayonnant situé à la distance de la vision distincte, nous nous proposons de trouver, le corps vitré étant homogène, quels sont les allongements du globe, les changements du rayon de la cornée et les déplacements du cristallin, qui, isolément ou tous réunis, maintiendraient la vision nette et pure jusqu'à l'infini, dans le cas des rayons éclairants blancs ou colorés. Les chiffres que le calcul nous donne, pour l'œil n° 3 et pour l'œil n° 1, dont nous nous occupons dans le chapitre suivant, sont rapportés au tableau du n° 263.

Il était nécessaire, pour obtenir quelques-uns de ces chiffres, d'avoir les indices des rayons colorés correspondants aux indices du blanc des trois milieux de l'œil théorique ; la recherche de ces indices est l'objet des n°ˢ 389 et 390.

682. Pour faire apprécier exactement la théorie qui admet l'homogénéité du corps vitré, il fallait calculer les diamètres des images dans les divers cas de coloration et d'éloignement où le foyer n'est pas sur la rétine. Nous avons cherché dans ce but (293) une formule qui donne ces diamètres. Elle dispense de recourir à des opérations graphiques comme celles qui nous ont servi chap. VIII, et elle permet de vérifier facilement les chiffres que nous obtenons.

Une autre formule est calculée aux n°ˢ 402 et 403. Elle sert à trouver le déplacement du cristallin propre à amener le foyer sur la rétine. Nous entrons dans de grands détails, afin d'en rendre l'emploi facile.

683. Les calculs de ce chapitre, de même que ceux du chapitre suivant, s'accordent avec les évaluations du chap. VIII, sur l'allongement de l'œil, pour montrer que le chiffre $\frac{1}{6}$, donné par M. Young, est un chiffre défectueux (637).

On voit aussi, par les n°ˢ 398 et 399, de même que par les n°ˢ 423 et 424 du chapitre suivant, que le chiffre $\frac{1}{5}$ donné par Dulong (171), pour la diminution du rayon de la cornée propre à amener le foyer sur la rétine, est beaucoup trop fort, et qu'il paraît être compris entre $\frac{1}{8}$ et $\frac{1}{12}$.

684. À mesure que nous trouvons les chiffres qu'il s'agissait d'obtenir,

nous examinons les conséquences qu'il faut tirer du calcul. Ainsi, au nº 409, nous faisons voir que l'œil mort, qui est celui que les auteurs décrivent, convient mieux pour la vision à de grandes qu'à de petites distances. C'est une observation importante, qui est utilisée au nº 478.

Nous aurions peut-être dû ajouter à nos calculs ceux qui auraient donné les déformations que le cristallin aurait à subir, si elles devaient amener le foyer sur la rétine pour passer de la vision des objets très-éloignés aux objets situés à la distance de la vision distincte. Il nous a semblé que c'était superflu.

685. Chap. XXIII. Afin qu'on ne puisse pas supposer que les résultats précédents tiennent plus au choix de l'œil nº 3, auquel ils s'appliquent, qu'à la nature des choses, nous faisons pour l'œil nº 1, dans ce chapitre, ce qui vient d'être fait pour l'œil nº 3 dans le chap. XXII. Ces deux yeux ayant des dimensions très-différentes ; les chiffres obtenus, consignés au tableau du nº 427, étant calculés par des méthodes rigoureuses ; ces chiffres se confirmant à peu près les uns et les autres, et les déformations qu'ils donnent étant trop fortes pour qu'on les admette, nous pensons qu'ils établissent d'une manière convaincante que la théorie dans laquelle on suppose le corps vitré homogène est une théorie défectueuse.

<hr>

SECTION XVII.

ANALYSE DU LIVRE VI.

686. Chap. XXIV. La non-homogénéité du corps vitré, qui n'est pas seulement une hypothèse heureuse (432 et 433), est appuyée ici d'un nouveau fait : c'est que l'œil considérant un point placé à la distance de la vision distincte sur une droite dirigée vers le globe oculaire, cette droite paraît confuse en deçà du point considéré et nette au delà. Or, nous établissons l'incompatibilité de ce fait avec la propriété qu'aurait le corps

vitré d'être traversé en ligne droite par la lumière ; d'où il résulte que le corps vitré, dans le vivant, n'agit pas comme un corps homogène (436).

687. Ce principe admis, nous nous demandons comment doit varier sa puissance de réfraction (437 et 438). Nous distinguons dans l'œil l'appareil antérieur, que nous nommerons quelquefois l'appareil concen-trateur (a), et l'appareil postérieur (439 et 440), qui allonge le faisceau, courbe ses rayons, le rend aigu, et peut s'appeler l'appareil acuteur. Nous arrivons à faire voir que l'œil est doué de deux moyens d'achroma-tisme (443).

Ces considérations éclaircissent (444) le petit phénomène exposé n° 232 ; elles expliquent très-bien comment une ligne dirigée vers le globe ocu-laire, et dont on considère successivement tous les points, ne donne que des sensations confuses lorsque le point examiné est en deçà de la distance de la vision distincte, et qu'elle donne des images nettes au delà (445) ; enfin, elles conduisent immédiatement à reconnaître que l'œil, dans le cas de la non-homogénéité, n'a pas besoin de déformations aussi fortes que celles qui seraient nécessaires dans le cas de l'homogénéité (446).

688. Chap. XXV. Nous soumettons au calcul la théorie que nous avons présentée en 1821, laquelle ne diffère de la nouvelle qu'en ce que nous admettions, avec Dulong et avec Young, l'idée reçue alors que l'œil était invariable de forme (641).

Il est clair que le corps vitré étant supposé formé de couches de plus en plus réfringentes en approchant du fond de l'œil, un pinceau sortant du cristallin donnait un cône de rayons qui se transformait, à la ren-contre de chaque couche, en un cône plus aigu, de telle sorte que le dernier cône ayant une faible base et un sommet relativement très-éloigné, différait peu d'une ligne droite et projetait un point non irisé sur la rétine, pour tous les éloignements, depuis la distance de la vision distincte jusqu'à l'infini (448-450).

689. Cette théorie, par cela seul qu'elle explique l'achromatisme, avait de la valeur, et elle en avait aussi parce qu'elle n'exige, pour satisfaire à toutes les conditions d'une vision excellente, que de faibles déforma-tions du globe.

Pour appliquer le calcul à la théorie de 1821, il faut, après s'être donné les dimensions bien précises d'un œil, déterminer les surfaces de séparation des couches du corps vitré, et attribuer des indices à ces couches. Cet objet nous occupe du n° 452 au n° 455. Nous ne pouvons procéder évidemment qu'avec de l'arbitraire ; mais les conséquences du calcul n'en ont pas moins une certaine utilité.

690. Nous calculons ensuite les distances focales rapportées dans le

---

(a) Cette dénomination est employée dans la *Physiologie du système nerveux* par M. Muller.

tableau du n° 456; puis l'exposition de nos procédés de calcul étant achevée, nous examinons les résultats obtenus. Ils montrent (462) que, pour avoir un pinceau réfracté dont tous les rayons fussent à peu près normaux à la rétine, il faudrait que les dernières couches du corps vitré eussent des indices d'une élévation si forte qu'elle n'est pas acceptable.

Cependant nous déterminons, avec les chiffres que nous avons trouvés, les diamètres des images de la rétine correspondantes aux foyers qui, pour des éloignements de 0^m.25 et infini, sont en deçà du fond de l'œil, et nous trouvons ces diamètres sensiblement moindres que ceux qui ont été calculés dans le cas du corps vitré homogène (394 et 395, 420-422).

Nous concluons de ces divers résultats que notre théorie, présentée en 1821, faisait faire un pas à la science (466) : il ne s'agissait que d'y appliquer le calcul pour être conduit à admettre les déformations de l'œil.

691. Chap. XXVI. Ce chapitre commence par l'énumération des faits d'où résulte que le corps vitré se compose de parties différemment réfringentes; mais cette énumération est incomplète : comme elle a de l'importance, nous en faisons l'objet d'une liste placée à la fin de ce volume. Cette liste (800-802) énonce vingt faits, bien d'accord entre eux, dont l'ensemble ne peut, suivant nous, laisser subsister aucun doute.

692. La non-homogénéité du corps vitré admise, avec la variabilité de l'œil, nous en déduisons d'abord (470 *bis*-473) qu'il ne faut plus que de faibles déformations du globe pour amener, dans tous les cas, le foyer sur la rétine (*b*).

Nous faisons remarquer que l'iris est un organe qui resserre l'œil dans le plan du cercle irien (474); nous examinons les déformations du globe produites par l'iris, aidé par les six muscles oculaires qui sont nécessaires à la vision (475-477); nous établissons la distinction de l'*œil raccourci* et de l'*œil allongé* (478); nous faisons voir que le premier, toujours mesuré sur le mort, doit s'appliquer à l'éloignement infini, l'autre s'appliquant à la distance de la vision distincte, ce qui nous conduit au tableau du n° 480, relatif à deux exemples.

693. Pour le premier, où $i_2 = 1.523$, le foyer est amené sur la rétine au moyen d'indices compris entre 1.33 et 2.853, l'objet étant à l'infini. Et dans le cas de l'objet éloigné de 250 millimètres, quatre cas se trouvent traités : 1° celui de $G_1 = 3.507$ et $G_3 = 3.812$; 2° celui de $G_1 = 3.407$ et $G_3 = 3.829$; 3° celui de $G_1 = 3.307$ et $G_3 = 3.841$; 4° enfin, celui de $G_1 = 3.207$ et $G_3 = 3.865$.

Pour le second, où $i_2 = 1.600$, les indices qui amènent le foyer sur la rétine, lorsque le point rayonnant est à l'infini, sont compris entre

---

(*b*) C'est un grand avantage, et il en entraîne un autre indiqué n° 743.

1.33 et 5.212. Deux cas seulement sont traités pour l'éloignement de la distance de la vision distincte, 1° celui de $G_1 = 3.507$ et $G_3 = 3.674$; 2° celui de $G_1 = 3.407$ et $G_3 = 3.686$.

694. Les valeurs de G_1 et G_3 étant les distances respectives du cristallin au devant de la cornée et à la première surface du corps vitré, l'expression $G_1 + G_3 - g_1 - g_3$, donne l'allongement de l'œil pour des déplacements du cristallin indiqués n° 477, et dans le cas d'une diminution du rayon de la cornée d'un vingt-cinquième. Le tableau du n° 482 résume nos calculs. Il fait voir par la 4ᵉ ligne, relative au 1ᵉʳ exemple, que l'on obtient la vision pure et nette depuis la distance infinie jusqu'à celle de $0^m.25$, avec des déformations comprises entre zéro et les suivantes, 1° l'avancement du cristallin de 0.300; 2° l'allongement du globe de 0.278; 3° la diminution du rayon de la cornée d'un vingt-cinquième (483).

695. Les nᵒˢ qui suivent ont pour objet de développer ces résultats importants, de justifier les calculs et de présenter des observations sur la possibilité d'arriver aux mêmes conséquences avec des indices moins élevés; car il faut bien remarquer que nous avons, au tableau du n° 480, l'indice de la dernière couche égal à 2.853. Mais on voit au n° 488 que cet indice peut se réduire à 1.526; et il peut encore être abaissé (608 et 609).

Les nᵒˢ 489 et 490 présentent les conclusions de ce chapitre, que nous terminons par des considérations relatives à l'achromatisme (491 et 492).

696. Ces considérations contiennent une erreur qui se trouve rectifiée dans la section VII (596), où nous entrons dans un examen plus développé de la matière.

Nous avons voulu, dans ce chapitre, traiter à la fois assez de cas pour montrer comment les résultats varient avec les différents chiffres de données que l'on peut adopter. Nous avons voulu aussi que l'on connût bien la marche rationnelle que nous suivions; mais nous avouons que par là nous avons rendu la matière fort obscure, et que, pour nous lire, il faut des soins et une attention que peu de lecteurs voudront nous accorder.

Pour remédier à ce grave inconvénient, nous reprenons la question dans la section IX (599), d'une manière qui en rend l'intelligence plus facile.

697. Chap. XXVII. Nous faisons voir que l'action de l'iris, aidée de celle des muscles oculaires, paraît être tout à fait convenable pour produire les déformations calculées dans le chapitre précédent. L'œil étant rétréci à l'extérieur du cercle irien, il s'allonge nécessairement, ce qui diminue le rayon de la cornée. Et la diminution d'étendue du cercle irien ne pouvant s'opérer sans que le cercle extérieur des petits corps appelés procès ciliaires n'éprouve aussi une diminution, il en résulte que ces petits corps, doués d'une assez grande élasticité, comprimés du

dehors au dedans, se courbent nécessairement. Leurs parties moyennes sont donc portées vers le corps vitré, et comme ce corps ne peut pas changer sensiblement de volume, enfoncé dans la partie extérieure, il se porte en avant dans sa partie centrale et pousse le cristallin vers la cornée (493 et 494). La figure 89 présente l'œil raccourci, indiqué en lignes pleines, et l'œil allongé, indiqué en lignes ponctuées (c).

698. Du n° 495 au n° 498, nous répondons à quelques objections qui peuvent être faites à cette théorie sur laquelle nous reviendrons dans la seconde partie.

Pour éclaircir encore ce qui tient aux changements de figure du globe, nous avons voulu nous faire une idée de la différence de volume de l'œil raccourci et de l'œil allongé (499-507). Au moyen d'une figure faite avec soin et sur une grande échelle, nous avons calculé cette différence, et en tâchant de nous garantir de toute prévention, chose difficile dans une matière où il entre autant d'arbitraire, nous avons trouvé que le volume de l'œil allongé surpasse de cinq millimètres cubes celui de l'œil raccourci. Il faut porter beaucoup d'intérêt à la théorie de la vision pour s'occuper d'un pareil calcul ; nous pensons toutefois qu'il sera utile, comme point de départ, pour des appréciations que l'avancement de la science rendra nécessaires. Quoi qu'il en soit, nous admettons qu'il y a dans l'œil allongé afflux de sang (505).

699. Chap. XXVIII. L'opinion de Jacobson sur le déplacement du cristallin dû au passage de l'humeur aqueuse de l'avant à l'arrière de ce corps présentant de l'intérêt, nous la soumettons à l'épreuve du calcul, et il nous paraît qu'elle doit être rejetée (508-510).

Nous faisons voir que dans l'acte de la vision, le cristallin doit subir de légères déformations, ce qui rentre dans la loi générale de nos idées (511-513), loi que nous avons voulu indiquer, sommairement au moins, dans cette première partie.

700. Après avoir rapporté, aussi bien que nous l'avons pu, et peut-être fort imparfaitement, les opinions des physiologistes et des anatomistes sur l'iris, nous avons essayé de calculer les volumes de cet organe dans ses différents états (514-520). Il nous a semblé que par là nous jetions un peu de jour sur des points de science fort peu avancés. Les faits indiqués n° 519 paraissent notamment appuyer nos opinions ; mais ce sont

---

(c) M. Muller, dans sa *Physiologie du système nerveux*, admet partout (Voy. les pag 355-361 du tom. II) les changements de forme du globe oculaire, ou ce qu'il appelle l'*accommodation* de l'œil à l'éloignement des objets ; mais il lui paraît difficile d'expliquer cette accommodation. Devant une pareille autorité, il est difficile de croire que nous puissions jeter beaucoup de jour sur cette question ; ici, nous nous bornerons à faire observer que le fait du resserrement du globe dans le plan de l'iris étant admis, l'explication qui précède n'a rien que de très-naturel.

des faits que nous soumettons aux physiologistes et nous ne les hasardons, en quelque sorte, que pour engager a creuser hardiment avec le calcul une matière où le scalpel et le microscope ne paraissent fournir aujourd'hui que des moyens insuffisants.

701. Aux n°ˢ 521, 522 et 523, nous nous occupons des dilatations et des resserrements de la pupille, ce qui nous conduit bientôt à reconnaître que l'iris doit avoir quatre fonctions, qui consistent à élargir la prunelle, à la rétrécir, à resserrer la sclérotique dans le plan de la pupille et à gonfler le globe dans ce même plan (524). Nous trouvons dans l'organisation du cercle irien, une explication qui nous semble rendre compte de ces fonctions (525).

Cette explication est appuyée de plusieurs faits (526). Peut-être paraîtra-t-elle ingénieuse; mais, comme elle repose sur des points d'anatomie dont nous n'avons qu'une faible connaissance, nous sommes loin de la présenter pour autre chose qu'un essai.

702. Nous examinons et nous critiquons l'explication connue du phénomène par lequel on est privé, pendant quelques instants, de la faculté de voir les objets en entrant dans un lieu obscur (527). Cette explication est certainement vicieuse (528); celle que nous croyons qu'on doit adopter (529) est appuyée d'un fait relatif aux animaux noctambules. Nous y revenons aux n°ˢ 597 et 598, et nous pensons qu'elle mérite l'attention des physiologistes.

703. Tout intéresse dans un organe comme l'iris, aussi nous occupons-nous de sa forme, qui n'est pas circulaire, et de celle de la pupille qui est oblongue et se porte vers la partie interne supérieure de l'œil, circonstances dont il nous semble qu'on se rend compte facilement (531 et 532).

Nous nous sommes appliqué avec beaucoup de soin à l'étude des mouvements de l'iris et à la question de savoir s'ils sont soumis à notre volonté. Cette étude nous a conduit à connaître l'effort que nous devons faire sur nous-même pour rétrécir notre pupille. Nous croyons que chacun pourra parvenir comme nous à ce résultat, qui se fait remarquer chez certains oiseaux (533-535).

704. Ces considérations tendent à faire voir que, dans chaque instant, le degré d'ouverture de la pupille est donné par une condition d'équilibre entre deux causes antagonistes (536). Tout cela paraît s'accorder avec des faits connus sur la fatigue éprouvée par l'œil dans les divers exercices de la vision (537 et 538).

En terminant ce chapitre, nous exposons plusieurs faits qui appartiennent à *l'histoire des variations* de la théorie de l'œil (539), et nous rappelons ceux qui servent de bases à nos recherches.

705. Post-scriptum. Nous ne donnerons pas l'analyse du *post-scriptum*, parce qu'il est assez court pour qu'on le lise si les faits qu'il contient, et qui sont énoncés en tête de chaque paragraphe, présentent de l'intérêt; nous nous bornerons à appeler l'attention sur le n° 553.

SECTION XVIII.

ANALYSE DE L'APPENDICE.

706. Nous nous occupons, du n° 557 au n° 559, de l'œil à employer comme type dans les calculs, et nous faisons voir que celui qui nous a le plus souvent servi, l'œil n° 3, doit être modifié.

Les yeux des insectes et des crustacés nous fournissent, dans la section II, des exemples intéressants, auxquels s'applique la loi des rayons virtuels normaux à la rétine (560-564).

707. Nous donnons sur l'angle visuel (565 et 566) des notions qui sont utiles pour que la définition scientifique de cet angle ne laisse rien à désirer, ce qui nous conduit à l'exposé d'une suite d'expériences par lesquelles on acquerrait, dans le vivant, des notions précieuses sur la connaissance de la figure du fond de l'œil (567-571).

Les n°s 572 et 573 ont pour objet l'exposé d'un principe omis à la fin du livre IV.

708. La section V est relative au cristallin. Nous rapprochons (574) divers chiffres qui appuient nos conclusions du chap. XXI, et nous faisons voir que ces conclusions n'ont d'ailleurs que peu d'importance (575).

Nous arrivons à des objets d'un plus grand intérêt, c'est à savoir : que le cristallin ne présente pas de couches, mais qu'il varie graduellement de densité de l'extérieur au centre du noyau (577), ce qui explique les grandes différences des indices trouvés par les physiciens pour une même couche ; que le noyau du cristallin doit être dans la partie postérieure de ce corps, ou, autrement dit, que les couches doivent être épaisses en avant pour favoriser, selon la nouvelle théorie, la vision des objets placés de côté (579 et 580) ; que, par des raisons analogues, le bombement du cristallin doit être plus fort en arrière qu'en avant (580) ; que, enfin, dans chaque surface réfringente, les éléments dont se forme le cristallin doivent présenter un tout homogène (581).

709. du n° 582 au n° 588, nous nous occupons du corps vitré. On voit au n° 583 que l'on n'a, sur ses puissances de réfraction, que des notions très-imparfaites, et au n° 584, que sa structure est loin d'être bien connue. Elle paraît avoir de l'analogie avec celle du cristallin (584) ; mais ces deux corps semblent pouvoir différer en ce que le corps vitré aurait des couches (586). Nous indiquons au n° 587 les causes qui peuvent rendre les indices dans le mort différents de ceux qui existent dans le vivant, et nous motivons (588) le choix des indices que nous em-

ployons, pour la première couche du corps vitré, dans les calculs de la section IX.

710. La section VII a pour objet l'achromatisme de l'œil. Afin de n'y plus revenir, nous définissons l'achromatisme proprement dit (589); l'achromatisme par compensation de réfrangibilités; l'achromatisme de courbure (590); enfin ce que nous nommons l'achromatisme suffisant (591).

Nous faisons voir que, pour la distance de la vision distincte, l'achromatisme est produit par des achromatismes de réfrangibilités et de courbure, l'un et l'autre insuffisants, quand on les considère isolément (592). Théoriquement, l'achromatisme dû aux compensations de réfrangibilités pourrait être complet (593); il est de plus en plus satisfaisant, à la rigueur, à mesure que l'objet considéré s'éloigne (594); mais il ne doit pas, dans la nature, être parfait (595).

711. Nous revenons, nos 597 et 508, à l'explication que nous avons donnée, au n° 529, du phénomène exposé n° 527.

712. Dans la section IX, on trouve, pour l'œil n° 1 et pour l'œil n° 3, des tableaux présentant le calcul des réfractions relatives à ces yeux (605 et 606). Ces réfractions montrent numériquement ce qui se passe dans le globe oculaire pour la vision dans la direction de l'axe optique. Sans que l'on soit à même de faire les calculs, on peut se rendre bien compte des résultats que nous avons obtenus, ce qui conduit, dans la section XI, à une appréciation exacte de notre théorie.

713. La section X n'a d'importance que pour les personnes qui s'intéressent aux calculs à faire ultérieurement sur le phénomène complet de la vision (608 615).

714. La section XI, au contraire, offre un intérêt actuel assez grand. Elle présente les conclusions qui se tirent tout naturellement des calculs rigoureux de nos tableaux du n° 605 et du n° 606, et ces conclusions constituent la théorie nouvelle (616-622).

Pour que ces conclusions fussent énoncées d'une manière plus frappante, et qui fît bien comprendre que les tableaux précités les fournissent, du moins pour la plupart, nous avons supposé qu'elles étaient déduites de ces tableaux par Euler.

ADDITION

AU QUATRIÈME MÉMOIRE.

715. Cette addition se compose de sept notes, dont les premières sont principalement relatives à la théorie de M. Sturm. Il avait bien voulu nous faire connaître ses idées il y a déjà plusieurs années, mais nous ne nous proposions d'en parler que dans la seconde partie, en traitant de ce que nous avons appelé les vues *à portées diverses* (226). Son mémoire ayant été présenté à l'Académie (*a*), et ce mémoire pouvant, suivant nous, détourner les physiciens et les physiologistes de la voie simple et rationnelle qu'ils doivent suivre pour étudier l'œil, nous avons cru bien faire en examinant sommairement ici le travail de l'illustre académicien.

Comme lui, nous ne cherchons que la vérité. Il verra si nos idées sont plus philosophiques et plus satisfaisantes que les siennes. L'intérêt de la science devant dominer la discussion, il ne jugera nos observations que par le côté de l'utilité que nous leur avons attribuée.

Nous espérons toutefois qu'en nous dévouant à la recherche du vrai, nous avons conservé pour l'auteur que nous combattons tout le respect qui lui est dû. Si nous

---

(*a*) Voyez ce mémoire dans les comptes rendus, séances des 3 mars, 17 mars et 28 avril 1845.

avions manqué à cette règle d'urbanité, il ne faudrait en
accuser que notre défaut de moyens pour concilier dans
le discours la force des arguments et les formes que nous
aimons.

NOTE PREMIÈRE.

SUR LA THÉORIE DE LA VISION PRÉSENTÉE A L'ACADÉMIE PAR M. STURM (a).

716. Dans ses expériences sur les yeux de bœuf,
M. Chossat a reconnu que les surfaces réfringentes ne
sont pas centrées sur un même axe (b). M. Sturm conclut
de là que les rayons lumineux émanés d'un point rayonnant, lorsqu'ils ont pénétré dans l'œil, même en les
supposant homogènes, ne peuvent pas donner, au delà
du cristallin, un point unique pour foyer, et qu'ils forment un faisceau assujetti, suivant les lois de l'optique,
à toucher les deux nappes d'une surface caustique : c'est-
à-dire que ce faisceau étant soumis à la loi décrite dans le
chap. XVI (281), tous les cas de la vision, comme nous
le prouverons plus loin (736), rentreraient dans celui des
objets vus par réflexion ou par réfraction.

717. Le Dr. Krause n'a pas observé, pour l'œil humain,
ce que M. Chossat a observé pour l'œil de bœuf, et ce que
Soëmmering avait déjà remarqué pour l'œil du cheval.
Nous croyons toutefois, d'après nos propres expériences,
que l'observation de M. Chossat s'étend aux yeux humains,
chez lesquels, probablement, elle est moins manifeste,

(a) Cette note, sauf de légers changements qu'elle a subis, était insérée à la fin de notre 4ᵉ mémoire, présenté à l'Académie le 5 mai 1845.

(b) Voyez les *Annales de chimie et de physique*, année 1819, tome X,
page 337.

ce qui peut jusqu'à un certain point justifier M. Krause de n'en avoir rien dit. Nous sommes donc parfaitement d'accord avec M. Sturm sur ce point (c), que le rayon de lumière qui entre dans l'œil en suivant la direction de l'axe optique, se brise à la rencontre des surfaces réfringentes de l'intérieur du globe, de manière à former de la cornée à la rétine une ligne polygonale à laquelle nous donnons plus loin un nom (737).

718. Résulterait-il de là, comme le pense M. Sturm, qu'un pinceau de rayons homogènes ne pût pas avoir un point unique pour foyer? Nullement.

Si les surfaces de l'œil étaient, ainsi qu'il le suppose, des surfaces du second degré, sujettes à une aberration de courbure, il est bien vrai que les rayons n'auraient pas pour foyer un point unique; mais il en sera tout autrement, si ces surfaces sont telles que, pour chacune d'elles, le faisceau émané d'un point de son axe renvoie tous les rayons, sans aucune exception, vers un autre point du même axe : c'est-à-dire si elles sont *optoïdales*, ou engendrées par la courbe que nous nommons *optoïde* (note (d) de la page 43).

Pl. 6.
Fig. 91.
719. Pour rendre ceci plus clair, soit F_{n-1} le foyer du faisceau qui a subi $n-1$ réfractions dans l'œil, et soit F_n le foyer qui doit être produit par la $n^{ième}$ réfraction. Menons la droite $F_{n-1} F_n$; elle sera l'axe d'une courbe XYZ, qui jouira de la propriété d'envoyer en F_n tous les rayons qui en arrivant convergeront vers le point F_{n-1}. L'axe $F_{n-1} F_n$ sera tout à fait indépendant de l'axe de la surface qui aura donné le foyer F_{n-1}; le sommet Y de XYZ pourra être choisi arbitrairement sur $F_{n-1} F_n$; cette courbe XYZ sera l'une des deux branches d'une optoïde, et si,

---

(c) C'est le point fondamental de la théorie de M. Sturm; pour le nier, nous aurions, comme on vient de le voir, des autorités pour nous; mais nous sommes loin de là.

en tournant sur l'axe $F_{n-1} F_n$, elle engendre une surface, Pl. 6.
cette surface réfractera en F_n le faisceau *mnpq* dirigé en Fig. 91.
F_{n-1} : d'où il suit que les rayons de ce faisceau ne seront
pas assujettis à la condition d'être infiniment rapprochés
de l'axe $YF_{n-1} F_n$, pour qu'ils concourent en un point
unique.

Ainsi, avec des surfaces qui ne seront pas centrées sur
un même axe, le faisceau, au lieu d'être infiniment étroit,
pourra avoir toute la grosseur que comporte l'étendue de
la pupille, sans qu'il y ait jamais d'aberration de courbure (*d*).

720. Attribuerions-nous par là une perfection trop
grande à l'œil? Mais il n'a pas été plus difficile à la création d'avoir des optoïdes pour génératrices des surfaces
de l'œil, que d'employer des ellipses et des paraboles,
courbes d'ailleurs dont les arcs diffèrent si peu de ceux
des optoïdes qu'aucun géomètre, à la vue d'un cristallin,
ne pourrait dire s'il est optoïdal, elliptique ou parabo-
lique.

Jamais, sans doute, l'observation ne permettra de trouver, dans le vivant, la nature mathématique des courbes
dont il s'agit; et rien ne militant en faveur des courbes du
second degré, qui ont seulement l'avantage d'être plus
commodes pour les calculs, on est forcé d'adopter l'optoïde, qui a pour elle la rigueur du concours de tous les
rayons admis par la pupille vers un même point consti-
tuant le foyer. Aussi M. Sturm est-il convenu que nous
résolvions complétement la question, dans le cas d'un
point rayonnant placé à une certaine distance, ce qui déjà
est quelque chose de très-important.

(*d*) *A priori*, et au point de vue philosophique, il est bien manifeste
que de telles propriétés doivent appartenir aux courbes génératrices des
surfaces réfringentes de l'œil ; la dénomination d'*optoïde*, que nous avons
choisie pour la courbe XYZ, doit donc paraître tout à fait convenable.

721. Mais, nous a-t-il dit, si ce point s'éloigne ou se rapproche, votre machine ne fonctionne plus comme vous l'entendez, et vous avez auprès de la rétine un faisceau de rayons assujettis à la loi de toucher deux nappes de caustique ; vous rentrez dans ma théorie.

Non, avons-nous répondu, l'optoïde du devant de la cornée, qui est une ellipse quand l'objet est à l'infini, se change en une optoïde non elliptique, toutes les autres génératrices changent en même temps ; par la déformation de l'œil on a de nouvelles surfaces propres à de nouveaux foyers, et la vision s'opère avec une perfection que l'on ne peut pas obtenir dans votre système.

722. Eh quoi! vous voulez, a repris M. Sturm, que la distance du point rayonnant variant, toutes les surfaces optoïdales se changent en d'autres surfaces optoïdales, ou à peu près optoïdales......! Suivant lui, c'est faire de l'œil une machine d'une complication merveilleuse, mais inadmissible. Une telle objection, sans doute, touchera peu les physiciens.

723. C'est dans un mémoire particulier que nous développerons nos idées sur ce point. Nous présenterons seulement ici plusieurs faits d'où il paraît résulter que l'optoïde, c'est-à-dire la courbe qui réfracte les rayons en un même point, est réellement la génératrice des surfaces réfringentes de l'œil. En effet, quand on entre dans un milieu peu éclairé, comme nous l'avons dit n° 527, la pupille se dilate : or, le défaut de lumière dans le milieu obscur rend la vision plus difficile ; si donc la dilatation de la pupille augmentait l'aberration de courbure, cette aberration viendrait justement nuire à l'action de la vue, alors qu'il s'agit de la faciliter. Cela répugne absolument : d'où il faut conclure que cette aberration n'existe pas.

Un autre fait corrobore cette conclusion, c'est que si l'on dilate sa pupille par l'emploi de la belladone (228), du moins si nous en croyons nos propres expériences faites tout récemment, on ne rend pas pour cela les objets moins distincts.

724. Et l'on remarquera encore que la pupille étant allongée vers l'angle supérieur interne de l'œil (532), son resserrement ne détruirait pas également l'aberration de courbure sur tout le pourtour interne de l'iris ; cette aberration resterait donc sensible dans une partie de ce pourtour (e), et les objets, contrairement aux faits qui s'observent à chaque instant, présenteraient des contours qui n'auraient pas la même netteté en haut, en bas, à droite et à gauche ; mais la nature n'ayant pas dû éviter l'emploi des surfaces de révolution optoïdales, substituées aux surfaces de révolution du second degré, pour faire de l'œil humain un organe parfaitement constitué, la forme oblongue de la prunelle est sans inconvénient.

725. Revenons maintenant à la théorie de M. Sturm. Nous reconnaîtrons d'abord qu'elle a l'avantage de se prêter à toutes les hypothèses possibles sur les courbures des surfaces de l'œil, aussi l'auteur admet-il que ces surfaces ne sont pas de révolution (772-777). Mais, comme on le comprend par ce qui précède (718-720), ce ne serait qu'une imperfection de l'organe ; c'est d'ailleurs tout à fait contraire à ce que MM. Chossat et Krause ont remarqué, et à ce qu'on a pensé jusqu'à présent. Enfin, c'est une circonstance qui n'est pas nécessaire et qui n'est pas justifiée, ou qui ne l'est que par des observations d'yeux évidemment défectueux (784, 785 et 789).

726. Au surplus, soit qu'on admette cette circonstance ou qu'on la rejette, le faisceau de rayons réfractés dans

---

(e) Les variations de grandeur de la pupille sont souvent excessivement faibles et moindres que les différences d'éloignement des divers points du bord intérieur de l'iris à l'axe optique ; ainsi, les différences dont il s'agit donneraient nécessairement la perception des effets de l'aberration.

l'œil, suivant M. Sturm, sera étroit ; il donnera sur la rétine une petite tache oblongue ; pour les différents points d'un objet, l'ensemble des taches constituera l'image, et sa théorie subsistera. Considérons-la du point de vue de l'auteur, sans tenir compte des observations qui suivent (V. la note IV), et en adoptant complétement toutes les idées qu'il prend pour bases de sa doctrine.

727. D'abord, l'image d'un point ne sera un point pour aucune distance.

Pour une distance que nous appellerons A, ce sera une droite fort petite m. Pour une autre distance B, ce sera une autre petite droite n. Pour les autres distances ce seront de petites taches confuses circulaires ou elliptiques. M. Sturm pense que l'œil étant invariable de forme, ces droites et ces taches seront, chacune, assez peu différentes d'un point pour dessiner sur le fond de l'œil une image propre à donner la perception nette des objets.

Mais nous ne pouvons pas adopter cette opinion : l'expérience, selon nous, s'y oppose.

728. En premier lieu, imaginons qu'un point rayonnant s'éloigne jusqu'à l'infini, en partant de la distance de la vision distincte ; on sait qu'il sera de moins en moins visible pour une bonne vue. Or, selon M. Sturm, il serait bien net à la distance A ; il le serait moins ensuite, et à la distance B il redeviendrait ce qu'il était à la distance A, puis il reprendait de la confusion. Cela n'est point admissible pour un œil bien constitué, et suffit, ce nous semble, pour renverser la nouvelle théorie.

729. Autre fait. Si cette théorie était vraie, en opérant ec l'optomètre et en faisant varier les directions de ses fentes, on trouverait, pour une bonne vue, des distances différentes pour la vision distincte, selon la direction des fentes. Or, nous avons opéré sur nous-même (224), et nous avons toujours obtenu des distances sensiblement égales. Nous ne doutons pas qu'avec des règles optomé-

triques (210) bien soigneusement faites, toute personne ayant une très-bonne vue ne trouve le même résultat.

730. Il est clair aussi qu'en regardant au travers d'une petite fente dirigée dans différents sens, à la distance A, la vision serait facilitée, la fente ayant une direction M, perpendiculaire à la petite droite m, et que pour la distance B elle serait améliorée, la fente se trouvant dans un plan N perpendiculaire à la droite n. Or, nos expériences et celles de plusieurs personnes qui ont de bonnes vues, nous ont montré que la vision était la même pour toutes les inclinaisons de la fente (f).

731. Une grille verticale de fils rectangulaires inclinés convenablement, à la distance A, présenterait nettement les fils dirigés dans un sens, et confusément les autres ; puis à la distance B les premiers auraient des images confuses et les autres des images nettes, et c'est ce qu'on ne remarque pas.

732. Il faut ajouter que, dans le système de M. Sturm, la création aurait été bien imprévoyante en ne nous donnant pas deux pupilles indépendantes, dont l'une aurait été circulaire quand l'autre aurait été allongée dans le sens convenable, puis celle-ci ronde et celle-là droite, dans le sens perpendiculaire à l'allongement de la dernière.

733. De plus, à la pupille très-étendue qui fait de l'image une assez grande tache, n'aurait-il pas fallu préférer une pupille fort petite qui aurait réduit la tache à un point ? Car, c'est un contre-sens que d'agrandir la pupille si l'image perd sa netteté.

Et ce contre-sens ne serait pas le seul. A quoi bon, en effet, l'appareil concentrateur que constituent la cornée

---

(f) Il est clair que la largeur de cette fente étant du tiers ou du quart environ de celle de la pupille, elle aurait nécessairement un effet sensible.

et le cristallin, si les rayons arrivent diffus sur la rétine et n'y sont pas effectivement réunis en un même point?

734. Les physiologistes ont très-bien compris dans ces derniers temps que ce n'est pas pour donner des résultats grossiers que l'œil est si compliqué. M. Muller, notamment, en examinant les diverses sortes d'yeux des animaux, exprime parfaitement des idées qui sont tout à fait d'accord avec les nôtres (g). Et n'est-il pas évident qu'on ne peut admettre, dans un instrument un peu soigneusement fait, qu'un objet y soit dessiné au moyen de taches ou d'images d'une étendue très-notable pour ses différents points ?

Nous pouvons donc dire que l'œil normal n'est pas conformé comme le suppose M. Sturm.

735. Mais son mémoire n'en est pas moins d'une grande importance, parce qu'il s'applique à la théorie des images réfléchies et réfractées, à la vision des objets placés plus ou moins en dehors de l'axe optique, et à celle des yeux défectueux que nous appelons yeux à portées diverses (226), qui sont de l'espèce de ceux qu'avait M. Young (785), et qui méritent, ainsi que les yeux myopes et presbytes, un examen approfondi.

Ce mémoire, comme on va le voir dans les notes II et III, nous a suggéré des idées nouvelles et l'explication d'un fait qui peut présenter de l'intérêt.

(g) *Physiologie du système nerveux*, pages 278 et 344.

NOTE II (*a*).

SUR LES IMAGES RÉFLÉCHIES ET RÉFRACTÉES, SUR LE RAYON CENTRAL ET
SUR LA FORME DU FAISCEAU DES RAYONS QUI RENCONTRENT LA RÉTINE.

736. Nous avons dit n° 716 que, suivant M. Sturm, tous les cas de la vision rentreraient dans celui des objets vus par réflexion ou par réfraction. Effectivement, en admettant pour l'œil la conformation qu'il décrit, le faisceau de rayons envoyé sur la rétine est assujetti à toucher les deux nappes d'une caustique; or, c'est exactement le même résultat que si, l'œil présentant des surfaces réfringentes optoïdales (718 et 719), les rayons émanant d'un point rayonnant arrivaient sur la cornée après avoir été réfléchis ou réfractés; puisque, dans ce cas, avant d'entrer dans l'œil, ils touchent les deux nappes d'une caustique (282), et que cette condition se maintenant dans les réfractions subséquentes (355 *bis*), ils sont nécessairement disposés à la rencontre de la rétine comme ceux que M. Sturm considère (*b*).

(*a*) Cette note et la suivante ont été modifiées depuis la séance du 3 novembre 1845, où elles ont été présentées à l'Académie.

(*b*) Si l'on fait attention que nous expliquons certains cas d'objets vus par réfraction (340-343 et 669), au moyen de l'éducation de l'œil, qui apprend à faire abstraction des parties parasites de l'image peinte sur la rétine, on nous dira que dans le système de M. Sturm, l'éducation aussi peut remédier aux inconvénients du dessin de l'image. A cet égard, on remarquera : 1° que dans le cas dont il s'agit, l'image formée sur la rétine est une petite droite, parce qu'une des nappes de la caustique est linéaire, ce qui amoindrit la difficulté, et que, pour être dans le même cas, il faudrait que les surfaces de l'œil, suivant M. Sturm, étant des surfaces du second degré à trois axes inégaux (V. la note IV), l'une

L'examen de sa théorie sera donc aisé pour ceux de nos lecteurs qui auront bien compris le livre IV de cet ouvrage.

737. Mais ils seront forcés d'opter entre deux systèmes tout opposés d'idées, car l'un, celui de M. Sturm, admet que des images de plus ou moins d'étendue formées sur la rétine, pour les divers points rayonnants, peuvent donner la sensation nette des objets, tandis que nous, en attribuant la forme optoïdale aux surfaces réfringentes de l'œil, et en repoussant l'homogénéité du corps vitré, nous sommes conduits à reconnaître que l'image d'un objet sur la rétine se compose de points non irisés, ou du moins exempts d'irisation sensible, dont chacun correspond à un point de l'objet.

738. Tout serait fort simple, comme on le voit, avec la théorie de M. Sturm, et nous nous serions jeté, en composant le livre IV, dans des recherches bien vaines. Mais suivant cette théorie, et l'œil comme elle le suppose étant invariable de forme (750), l'objet vu serait, suivant son éloignement, tantôt sur l'une des nappes de la caustique, tantôt sur l'autre, ce qui produirait des variations singulières dans l'apparence des corps réfléchis ou réfractés, et dans celle des objets vus de la manière ordinaire, et c'est ce qu'on n'observe pas.

739. Ceci est en faveur de la conclusion du n° 734.

---

des deux nappes de la caustique fût linéaire, ce qui probablement n'est pas : 2° que la puissance de l'éducation de l'œil, comme on le verra dans la seconde partie, est fondée sur ce que, dans les cas ordinaires de vision, l'image d'un point est un autre point sensiblement pareil au premier : or, aucun cas de vision, suivant M. Sturm, ne présente cet avantage.

Il faut signaler d'ailleurs une différence très-grande entre les deux cas; c'est que, dans celui des images parasites, l'objet vu qui se trouve substitué à un point est une droite située en dehors de l'œil, tandis que, dans la théorie de M. Sturm, c'est une des caustiques situées auprès de la rétine, laquelle caustique au lieu d'être un point se trouve une droite.

D'autres faits, dans ce qui suit, viendront encore l'appuyer.

Cependant, il convient d'examiner avec soin un travail aussi important que celui de M. Sturm. Dans ce but, nous terminerons cette note par quelques détails utiles pour la note III, et propres à rendre plus facilement intelligibles les observations qui font l'objet de la note IV.

740. Imaginons que les surfaces réfringentes de l'œil soient optoïdales (718), qu'elles soient engendrées sur des axes différents (719), que l'image d'un point rayonnant, pour toutes les distances, forme un point sur la rétine, et considérons le rayon qui en arrivant sur le globe coïncide avec l'axe de la cornée, c'est-à-dire avec l'axe optique. Il est clair que ce rayon, comme on la vu n° 717, sera brisé à chaque réfraction ; d'où l'on voit qu'il présentera dans l'œil la figure d'un polygone qui deviendrait une ligne droite, et qui ne serait pas autre chose que l'axe optique lui-même, si toutes les surfaces réfringentes étaient centrées sur le même axe. Nous donnerons en conséquence à ce rayon le nom de *rayon polygonal optique*, ou plus simplement celui de *rayon optique*, ou même celui de *rayon central* que M. Sturm emploie (c). Cette dernière expression sera plus particulièrement consacrée au cas où nous ne nous occuperons que d'un seul des côtés du polygone.

741. Cela posé, considérons un point vu par réflexion ou par réfraction, dans le cas où l'une des caustiques est linéaire. On sait (317) que la lumière dans ce cas est envoyée sur la cornée comme si elle divergeait d'une petite

---

(c) M. Sturm ne donne pas sa définition, et comme il suppose que la cornée n'est pas une surface de révolution (790), il est possible que notre rayon central diffère un peu du sien. C'est ce qui arriverait, par exemple, si ce rayon, suivant lui, passait par le centre de figure ou par le centre de gravité de l'aire de la pupille.

ligne droite; cette droite se peint donc sur la rétine : d'où il résulte qu'après la réfraction de la dernière surface réfringente du corps vitré, le faisceau arrivant sur la rétine touche deux nappes de caustique, dont l'une est une ligne.

Pl. 6.
Fig. 92.
Soit (PRP″T, T′R′) la courbe à peu près ronde, et sensiblement plane (d), suivant laquelle le faisceau de lumière correspondant au point rayonnant sort de la dernière surface réfringente T″T′νR′R″ du corps vitré, et prenons la droite Ss, inclinée comme il convient par rapport à la courbe (PRP″T, R′T′), pour le rayon central (e) de ce faisceau. Il est clair que nous pourrons le concevoir comme étant composé de rayons tangents aux deux nappes d'une caustique semblable à celle que donne la réfraction dans l'eau (311), c'est-à-dire à une surface qui aurait pour ses deux nappes une droite (O, FG) et une surface de révolution produite par une courbe F$uxyzw$ tournant autour de (O, FG).

742. La forme du faisceau dont il s'agit sera donc bien déterminée. Il est vrai qu'il n'est pas le plus général que comportent les images réfléchies et réfractées; mais tout ce qui s'applique ici au cas particulier devant s'appliquer au cas général, nous serons conduits à des conséquences applicables à la théorie de M. Sturm sur la vision, puisqu'elle ne diffère pas de celle que nous avons donnée sur les images réfléchies et réfractées.

743. Une de ces conséquences se présente tout d'abord, c'est que, dans notre système d'idées, le faisceau des rayons réfractés ayant son foyer, à la sortie du cristallin,

---

(d) La pupille étant allongée, cette courbe ne pourrait être ni circulaire ni plane, même dans le cas des surfaces réfringentes centrées sur un même axe.

(e) Les surfaces réfringentes étant optoïdales, le rayon optique, auquel appartient la droite Ss, diffère dès la seconde réfraction des axes successifs de ces surfaces. La seconde partie présentera sur cette matière des détails très-circonstanciés.

entre ce corps et la rétine, tandis qu'il serait sur la rétine si le corps vitré était homogène, le faisceau, qui à chaque réfraction se rétrécit d'autant plus que le foyer se rapproche davantage, sort de la capsule cristalline par une courbe mn, plus resserrée que si les rayons allaient en ligne droite du cristallin à la rétine ; d'où il suit qu'il est plus étroit, qu'il présente conséquemment une lumière plus concentrée, et qu'il est plus favorable à l'achromatisme suffisant (591) que réclame la vision (*f*). Pl. 6. Fig. 91.

Sous ce rapport, la non-homogénéité du corps vitré serait, comme on le verra plus loin (779), propice aux idées de M. Sturm, lesquelles sont d'autant moins éloignées de la vérité que le faisceau arrivant à la rétine est plus étroit (781).

NOTE III.

SUR UN PHÉNOMÈNE D'ASTRONOMIE QUI PARAÎT S'EXPLIQUER PAR LES CONSIDÉRATIONS PRÉCÉDENTES.

744. On sait que si l'on calcule avec exactitude le moment de l'occultation d'une étoile par la lune, et que si l'on vérifie le calcul par l'expérience, il arrive à de certains observateurs de trouver toujours le moment de l'occultation observée un peu avant le moment calculé, et à d'autres de le trouver un peu après, ce qui ne peut s'attribuer, comme on l'a très-

---

(*f*) En dessinant la figure 82, nous avions bien remarqué que la ligne $m'v'$ devait plus se rapprocher que la ligne mv de l'axe op, de sorte que le point v' fût plus près de la droite op que le point v ; mais nous n'en avions pas tiré la conséquence très utile que le faisceau, dans le cas de la non-homogénéité du corps vitré, se trouvait plus étroit. Pl. 5. Fig. 82.

bien compris, qu'à des difformités de vision. Notons d'ailleurs que l'instant calculé et l'instant observé ne diffèrent que de quelques secondes ou même que de quelques tierces.

745. Supposons que l'œil de l'observateur soit bien conformé pour la distance de la vision distincte; mais que, par des difformités ou des adhérences qui empêchent le jeu régulier des organes, il prenne dans la déformation qu'il éprouve pour s'ajuster à la distance infinie, une disposition anormale semblable à celles qu'admet M. Sturm, de manière que le pinceau de rayons arrivant à la rétine touche deux surfaces caustiques.

Considérons le rayon qui coïncide avec l'axe de la cornée, ou avec ce que nous appelons le rayon polygonal optique (740). Il est aisé de voir que l'image de l'étoile observée ne sera pas, rigoureusement parlant, sur ce rayon. En effet, l'image reçue par la rétine, au droit d'une des caustiques, aura la figure $u'X u X'$ (a), placée entièrement d'un côté du plan Ss; donc cette image ne coïncidera pas sur la rétine avec le point central qui reçoit ordinairement l'impression. Mais pour qu'on porte un jugement, il faudra que l'image se trouve juste en ce point, habitué, dans l'exercice de l'œil à la distance de la vision distincte, à recevoir l'image du point considéré, ce qui exigera que le moment de l'observation soit avancé ou retardé, en raison de la position de l'image $u'X u X'$, d'un côté ou de l'autre du point central.

Il est clair que si cette image était au-dessus ou au-dessous de ce point, par rapport au sens du mouvement qui amène l'occultation, il n'y aurait ni avance ni retard dans le résultat observé.

746. Peut-être arrive-t-il quelquefois que l'œil soit bien conformé pour la distance de la vision distincte, bien conformé aussi pour voir à l'infini, devant soi, et défectueux pour observer une étoile à 40 ou 50 degrés de hauteur au dessus de l'horizon; car, dans ces diverses positions, les muscles qui contribuent à donner au globe sa figure agissent différemment. Dans ce cas, notre explication serait encore mieux fondée; parce que l'habitude d'avoir sur le point central de la rétine l'image du point considéré, se contracterait dans de plus nombreuses circonstances.

747. Le phénomène présente encore cette particularité, que l'étoile, après l'occultation observée, se voit sur le disque lunaire. On conçoit en effet que les points du contour de la lune donnant sur la rétine des images telles que $u'X u X'$, vives et argentées comme le disque lunaire, leur ensemble donne la sensation d'une espèce de pénombre, ou plutôt d'une ceinture de couleur pareille à celle des points voisins du disque, ce qui agrandit ce disque. Et comme cette ceinture ne répond pas à un corps, comme ce n'est qu'une apparence, on doit tout naturellement voir l'étoile au travers.

Pl. 6.
Fig. 92.

(a) On trouve plus haut, n° 741, et plus loin (757-705), les détails nécessaires pour se rendre compte de la construction de cette figure.

748. Cette explication est-elle bien admissible ou a-t-elle besoin d'être modifiée? Pour nous faire une opinion plus décidée sur ce point, nous nous étions proposé d'étudier avec quelque détail le phénomène de l'occultation ; mais le temps nous a manqué. Au surplus, notre but sera atteint si l'on reconnaît que, pour certains yeux imparfaitement organisés, il doit y avoir des circonstances de vision résultant de ce que l'image est placée de côté par rapport au rayon central.

Au premier abord notre explication étant considée comme bonne, on est porté à croire qu'elle milite en faveur des doctrines de M. Sturm On se détrompe toutefois si l'on fait attention, en premier lieu, qu'elle suppose l'œil variable de figure, ce que n'admet pas M. Sturm; en second lieu, que, pour la distance de la vision distincte, les images sont supposées d'une extrême perfection, tandis que, selon M. Sturm, elles seraient aussi grossièrement dessinées que dans le cas des objets éloignés; en troisième lieu, que, pour la distance de ces objets, la sensibilité est supposée tellement grande que l'œil apprécie la position de la tache par rapport au point central de la rétine; or, cela n'arriverait pas si cette tache, suivant la doctrine de M. Sturm, devait être prise pour un point : car ce point, confondu avec le point central, ne serait ni d'un côté ni de l'autre de ce dernier.

NOTE IV.

OBSERVATIONS SUR LE MÉMOIRE DE M. STURM (a).

749. En fait de vision, comme en beaucoup d'autres choses, on est dans une situation tout à fait anarchique. Tant d'opinions contradictoires ont été soutenues, qu'on peut appuyer de noms recommandables une théorie quelconque. Il est évident que le progrès doit souffrir de cet état de choses, et qu'il est très-utile de réfuter les erreurs qu'il entraîne, et qui, invoquées par un homme illustre, sont propres à fourvoyer les esprits. C'est ce que nous allons faire à l'occasion de divers passages du mémoire de M. Sturm. Nous citerons ces passages, et ils seront suivis de nos observations.

(a) Cette note et la suivante ont été rédigées depuis la présentation des deux notes précédentes à l'Académie.

750. Page 554, ligne 6 du mémoire : «Les belles expériences du Dr.
Young ont mis hors de doute l'invariabilité de forme de la cornée transparente, et conséquemment celle du globe de l'œil, comme aussi l'impossibilité d'un déplacement appréciable du cristallin... »

C'est ce qui a été dit par tous les physiciens. Les expressions mêmes de
M. Sturm rappellent celles que Dulong a employées en 1823 (169). Mais
depuis la science a marché. Il est bien clair que Young avait mal calculé
un élément nécessaire de la question (637); il se l'exagérait, et partant de
là, il regardait et devait regarder comme des données insignifiantes les
petites déformations observées par Home et Ramsden, lesquelles cependant s'accordent très-bien avec nos résultats. On ne peut rien conclure
de son expérience du tube rempli d'eau (177), et on verra plus loin que
Young n'était pas organisé heureusement pour observer (789). Il nous
semble donc qu'on ne peut guère aujourd'hui, malgré les grands talents
de l'illustre physicien anglais, s'appuyer des expériences qu'il a faites sur
les yeux. Dans un temps où l'on supposait le corps vitré homogène, on a
pu, à tort sans doute, leur accorder de la valeur; mais tout change avec
l'organisation du corps vitré, puisqu'il ne s'agit plus que de déformations
très-petites de l'œil, et l'on est bien loin maintenant de nier ces déformations (401 et 483 *bis*) (*b*).

Cependant, pour justifier de nouveau notre opinion, entrons dans
quelques détails qui appartiennent à nos prochains mémoires, mais dont
il est nécessaire de dire un mot ici.

751. On veut que l'œil, quant à la figure qu'il présente, soit le même
dans toutes ses positions. Il faut pour cela que l'on oublie que c'est un
corps élastique assez mou.

Concevez qu'un observateur placé au bord de la mer considère devant
lui un navire à l'horizon. Ses yeux seront à peu près libres entre les muscles qui les environnent et dont aucun ne sera sensiblement contracté.

Concevez ensuite que le même observateur, toujours debout, examine
minutieusement un petit objet placé entre ses doigts. Il sera dans l'atti-
tude d'une personne qui lit. Les axes optiques seront dirigés en dedans
et de haut en bas; le muscle droit inférieur et le muscle droit interne, ainsi
que les muscles obliques supérieur et inférieur, tireront le devant de l'œil
en dedans; la partie antérieure du globe sera resserrée, surtout par les
deux obliques, qui tendront à rapprocher du nez la périphérie antérieure;
l'œil cédant à ces pressions devra donc s'allonger en arrière. Et le nerf
optique, de même que la gaîne qui le contient, retenant le fond du globe
à sa place ordinaire, ou à peu près, ce globe prendra dans sa longueur
une courbure plus grande que celle qu'il avait dans la vision du navire

---

(*b*) Voyez notamment la *Physiologie du système nerveux*, par Muller,
pages 349 et 350.

placé en avant. Peut-on imaginer que dans la seconde position la forme de l'œil se maintienne telle qu'elle était dans la première? Non sans doute.

Et si nous considérions les mouvements de l'iris, ils ajouteraient un nouveau poids en faveur des déformations de l'œil dans la vision à des distances diverses.

752. Page 554, ligne 12 : « La diminution d'ouverture de la pupille » doit sans doute arrêter les rayons trop divergents, mais ne suffit pas..... »

M. Sturm admet ici, comme beaucoup de physiciens, que l'objet de l'iris est d'arrêter les rayons trop divergents. Cette opinion nous semble avoir été suffisamment réfutée dans ce qui précède (723 et 724).

753. Page 554, ligne 20 : « Parmi les travaux récents dont la vision a » a été l'objet, il faut distinguer les recherches expérimentales de M. de » Haldat, correspondant de l'Académie. Après avoir confirmé par des » observations nouvelles l'invariabilité de courbure de la cornée, et la » structure composée du cristallin, il a constaté, par des expériences » précises et variées, que le cristallin séparé du reste de l'œil et employé » comme objectif de chambre obscure, possède à lui seul la faculté de » réunir au même point les rayons lumineux envoyés par des objets pla- » cés à des distances différentes. Un cristallin fixé dans un tube et tourné » vers des objets extérieurs situés dans la même direction, les uns à 3 » et 4 décimètres, les autres à 20 et à 30 mètres, lui a donné des images » d'une égale pureté sur un verre dépoli placé en arrière à une certaine » distance du cristallin. Cette propriété du cristallin à l'état d'inertie le » distingue tout à fait de nos lentilles artificielles, et mérite d'autant plus » notre attention qu'elle semble en opposition *avec les lois ordinaires de la* » *dioptrique*. M. de Haldat a fait aussi, avec l'œil entier convenablement » préparé, des expériences non moins remarquables qui ont confirmé la » propriété spéciale qu'il attribue au cristallin ; mais il n'en a pas donné » l'explication théorique. »

Le travail de M. de Haldat n'a pas été publié, et nous ne le connaissons pas ; mais en examinant un cristallin quelconque, chacun reconnaît, avec tous les observateurs, que cet organe réfrange la lumière. Il nous paraît donc tout à fait impossible d'admettre les propriétés citées par M. Sturm, qui d'ailleurs fait, suivant nous, une critique juste et suffisante de la découverte en question, en disant qu'elle semble être en désaccord *avec les lois de la dioptrique.*

Quant à la confirmation des expériences de Young par celles de M. de Haldat, nous renvoyons à ce qui précède (750).

754. Page 555, ligne 16. : « Si la théorie que je propose ne résout pas » complétement les difficultés relatives à l'ajustement de l'œil, elle aura » du moins l'avantage de les diminuer notablement ; car, en ayant égard » à mes remarques, on n'aura plus besoin de supposer dans l'œil les » mouvements internes et les changements de forme trop considérables » qu'exigent les autres théories. »

M. Sturm ne fait pas attention ici que parmi ces théories se trouve la nôtre, qui n'exige que des déformations de l'œil extrêmement petites (489, 605 et 606).

755. Page 557, ligne 15 : « On peut appeler ces deux points les deux » foyers du faisceau... »

A la rigueur ces deux points, qui comprennent entre eux ce que M. Sturm appelle l'*intervalle focal*, sont les deux facettes suivant lesquelles le faisceau touche les deux nappes de la caustique. Ces facettes ne sont pas infiniment petites ; chacun de leurs points est donné par le concours de deux rayons seulement, et il n'est pas, en général, l'intersection d'une infinité de rayons (V. le n° 736 et le liv. IV).

756. Il est facile d'acquérir sur cet objet des notions parfaitement claires. Dans ce but, examinons avec soin le faisceau des rayons qui sortent de la surface postérieure du cristallin par une section $(PRP''T, T'R')$, et qui touchent, d'une part, la droite (O, rt), et d'autre part, la surface de révolution décrite autour de FG par la courbe $Fuxyzw$. Ce faisceau, dont il a déjà été question (741), sera un cas particulier de celui que M. Sturm considère, et il ne différera du cas général qu'en ce que, dans ce dernier, la caustique linéaire FG se trouve remplacée par une caustique non linéaire. Il sera aisé de construire la courbe de contact $(WL'N''UN'L, wyu)$ du faisceau formé par ces rayons avec la caustique non linéaire, ainsi que la courbe $y'N$, intersection des rayons qui touchent la caustique suivant la partie de courbe $(N'LWL'N'', wN)$, avec ceux qui la touchent suivant la partie $(N'UN'', Nu)$.

757. Cela posé, on remarquera que le faisceau se compose de trois parties : 1° des rayons situés au-dessus et à gauche de la courbe $(WLN'UN''L', wyu)$; 2° des rayons situés entre cette même courbe et la droite FG ; 3° des rayons situés au delà de FG. Il est clair que ceux de la seconde partie croisent ceux de la première suivant la courbe $y'N$; qu'il y a un second croisement suivant FG, et que les deux croisements s'opèrent dans des sens différents, l'un, par exemple, dans le plan vertical, pour des rayons tels que $T't$ et $R'r$; l'autre dans des plans perpendiculaires au plan vertical, pour des rayons situés dans des plans tels que le plan Ss du rayon central.

758. Coupons le faisceau par le plan xk, mené perpendiculairement au rayon central Ss par le point x, où ce rayon touche la caustique non linéaire. Rapportons le plan coupant en Xk' ; rabattons-le sur le plan de projection, et construisons : 1° la courbe $n'InX'$ d'intersection du plan xk et des rayons qui passent par la courbe $(PRP''T, T'R')$; 2° la section $nn'pq$ du plan xk avec la caustique non linéaire, laquelle section touche en n et n' la courbe $n'InX'$. On reconnaîtra que la première partie du faisceau se trouve, dans la section xk, enfermée par le contour $n'XnX'$, et que le contour $n'XnI$ enferme la section de la seconde partie, ce qui montre bien que cette partie rentre dans la première, de

façon que la portion de figure couverte par de doubles hachures est
celle qui contient le plus de rayons.

759. Les sections ww', zz', yy', uu', rr', rapportées en WW', ZZ',
YY', U'U'', $r''r'''$, achèveront, avec la section $u'Xu X'$, rapportée entre
YY' et U'U'', de bien exprimer la disposition du faisceau. La première WW' ne coupe que la première partie de ce faisceau; elle est faite
à l'origine w de la seconde partie, et nous l'avons couverte de hachures
horizontales. La seconde ZZ' coupe les deux premières parties du faisceau; les hachures horizontales correspondent à la première partie, et
les hachures verticales à la seconde : on voit que cette seconde partie est
déjà assez rentrée dans la première. La troisième section YY' donne,
avec la première et la seconde parties du faisceau, des sections qui ont la
même hauteur YY', c'est-à-dire que ces deux parties entrent respectivement l'une dans l'autre d'une même quantité. Plus loin, dans la section XX', la seconde partie, qui s'est de plus en plus élargie, dépasse la
section $u'Xu$l d'un excédant de largeur lX' égal à ix. Le plan xk coupant la courbe y'N, on voit que la section $u'lu X'$ présente deux points
multiples. Dans la cinquième section U'U'', la boucle inférieure, indiquée par des hachures verticales, appartient à la seconde partie du
faisceau, et la boucle supérieure à la troisième partie : cette dernière
boucle est ponctuée, ainsi que la section $r''r'''$, qui tout entière correspond à la troisième partie du faisceau.

760. On remarquera encore que les points de ces sections qui répondent au rayon central Ss ont été placés sur la droite AA'; qu'ils
sont situés dans la partie inférieure de chaque section, et que, pour
la section principale XX', celle qui répond au point de contact x de la
caustique et du rayon central, le faisceau entier est au-dessus de la
droite AA', ou, ce qui revient au même, au-dessus du plan Ss. C'est un
fait dont nous avons fait usage au n° 745.

761. Il est bien clair, d'après cela, que le faisceau ne présente, en
aucun endroit de son contact avec la nappe non linéaire de la caustique,
une partie étroite qui puisse être considérée comme une petite ligne
droite, comprise dans le plan Ss, ainsi que l'admet M. Sturm (765). Et il
est aisé de voir que, si la caustique avait ses deux nappes l'une et l'autre
non linéaires, la section avec la seconde nappe ne serait également, en
aucun endroit, une autre ligne droite.

762. Peut-on penser qu'il en serait autrement si le pinceau était plus
étroit? Non. A mesure qu'il se rétrécit, la section XX' diminue d'amplitude; mais elle ne tend pas à devenir une ligne droite. Le point
d'intersection y' de R'r et de T't est toujours en deçà du plan xk, et la
largeur XX', comparée à la longueur uu', est toujours considérable.

De plus, il n'y a sur toute la section XX' aucun point qu'on puisse
considérer comme un foyer.

763. Enfin, il est bon de faire observer que le rayon appelé ici rayon

Pl. 6.
Fig. 92.
central se trouve, au point x, sur le côté du faisceau, et non pas dans sa partie centrale ou moyenne, comme son nom tend à le faire supposer, et comme on doit le conclure de la génération attribuée à ce faisceau dans le mémoire de M. Sturm (768 et 769).

764. Notre figure, il est vrai, représente un cas particulier dans lequel le rayon central Ss coïncide avec l'axe de la surface postérieure du cristallin; mais il est évident que les choses seraient les mêmes, à très-peu près, si, en laissant toutes les autres lignes telles qu'elles sont, on prenait une autre courbe, de forme arrondie, et placée d'une manière quelconque par rapport au rayon central Ss, comme il est dit au n° 741, au lieu de la courbe (PRP'T, T'R') (c).

765. Page 557, ligne 32 : « Ces deux droites (celles qui sont touchées, » dit plus loin M. Sturm (768), suivant tous les rayons) ont des direc- » tions perpendiculaires entre elles et au rayon central. »

Puisque ces deux droites sont touchées par tous les rayons, elles se trouvent substituées aux deux caustiques; donc, si l'une des caustiques est-elle même une droite, cette droite coïncidera avec l'une des droites en question; donc la caustique linéaire sera perpendiculaire au rayon central. Or, cette conséquence, d'après la simple inspection de la fig. 92 (758), dans laquelle la caustique FG est inclinée sur Ss, est évidemment fausse. D'où il faut conclure que la proposition de M. Sturm n'est pas vraie, et que, entre les deux droites dont il s'agit, celle qui correspond au point s devant nécessairement coïncider avec FG, n'est pas perpendiculaire à Ss.

766. On peut remarquer encore que si le faisceau passait à la fois par la droite FG et par une petite droite menée perpendiculairement à Ss, il serait plan, ce qui n'est pas admissible (d).

767. On trouve page 557, ligne dernière : « La surface qui termine le » petit faisceau de lumière est une surface gauche engendrée par une » ligne droite indéfinie, qui se meut en s'appuyant sur la circonférence » du diaphragme et sur les deux droites fixes et limitées... », et l'on voit à

(c) Si l'on se donne la peine de construire le faisceau en substituant à la caustique décrite par F$uxyzw$, un cylindre horizontal ayant pour base un arc de cercle peu différent de cette courbe, et à la caustique linéaire un cylindre vertical ayant aussi un arc de cercle pour base, on se fera des idées plus nettes de la forme du faisceau qui existe dans le cas de la caustique à deux nappes, l'une et l'autre non linéaires.

(d) On peut penser que nous faisons la même erreur au n° 317, parce que nous supposons dans ce numéro que le faisceau de rayons passant par la droite $r'\iota'$, coupe le fond de l'œil suivant une autre droite. Il faut considérer que, dans notre système, les rayons sont courbés par le corps vitré, et que le faisceau présente auprès de la rétine une forme beaucoup plus rapprochée de celle d'un plan que dans le cas traité par M. Sturm.

Pl. 4.
Fig 64.

la fin de la page 558, qu'un plan perpendiculaire au rayon central donne une section elliptique qui devient un cercle pour une certaine position du plan coupant entre les droites directrices.

Il suit de là que la surface du faisceau est de celles que nous avons nommées *péroïdes* (e), parce qu'elles forment une espèce de bourse entre les deux droites directrices.

768. Soient (AB, A'B'), (CD, D') ces deux droites et (*nvul, n'l'*) le Pl. 6 cercle directeur. Pour avoir un élément de la surface, on mènera par le Fig. 94. point D' un plan D'v'h', qui coupera la droite (AB, A'B') en un point (*h, h'*), et si, par ce point et par le point (*v, v'*) on mène une droite (*hv, h'v'D'*), cette droite sera un élément du péroïde. Plusieurs de ces éléments sont indiqués sur la figure; et il est évident que les quatre quarts de la surface décrite, dont un se projette entre les lignes AC, CD et ApD, renferment un vide circulaire à la hauteur *n'l'*. Si on coupe le péroïde par des plans horizontaux, on a au-dessous du cercle (*nvul, n'l'*) des ellipses (*xt, x'l'*), allongées dans le sens CB, au-dessus du même cercle, d'autres ellipses (*zr, z'r'*), allongées dans le sens CD, ce qui donne, par une autre génération, l'idée de la bourse formée entre les droites directrices (AB, A'B') et (CD, D').

769. Ces deux droites étant supposées très-courtes, on conçoit par ce qui précède qu'elle est la forme du faisceau de rayons qui, prolongé au-dessus et au-dessous des deux droites, est celui que décrit M. Sturm. Il est, comme on voit, fort différent de celui qu'on a en supposant la courbe (PRP'T, T'R') circulaire, et en assujettissant la droite génératrice Fig. 92. à toucher les deux nappes d'une surface caustique. Leur différence tient à ce que les plans perpendiculaires au rayon central menés par les points tels que *x*, où ce rayon touche les nappes, coupent ces nappes suivant des sections *n'I nX'*, qui ne sont pas des lignes droites.

770. Au surplus, les modifications dont il s'agit ne changent pas au fond la théorie de M. Sturm. Il arrive seulement que l'image est toujours une petite tache *n'X nX'*, qui, en tous sens, présente des diamètres d'une grandeur assignable.

771. Page 560, ligne 1re : « Mais les considérations qui précèdent » *prouvent*, ce me semble, qu'il n'y a pas un foyer ou point de conver- » gence unique. »

Ces considérations ne *prouvent* rien pour l'œil. M. Sturm part d'une hypothèse mathématique ; il arrive à des conséquences mathématiques ; mais il ne *prouve* nullement qu'elles s'appliquent à la vision.

Il est vrai qu'il va tâcher plus loin de suppléer à ce qu'il n'a pas dit; mais alors encore il ne *prouvera* rien.

(e) Voyez notre *Traité de la coupe des pierres*, au renvoi du n° 297, page 86.

772. Page 761, ligne 1re : « M. Chossat a reconnu, par les mesures
» très-précises qu'il a prises sur des dessins amplifiés et parfaitement
» exacts d'yeux de bœuf, que la cornée transparente est un segment d'un
» ellipsoïde de révolution... »

Cet éloge de la précision des opérations de M. Chossat est, suivant
nous, parfaitement mérité ; mais il ne faut pas en conclure qu'il soit
établi le moins du monde que les courbes génératrices des surfaces réfringentes de l'œil sont elliptiques, paraboliques ou hyperboliques (720).

773. Page 762, ligne 18 : « Le docteur Krause a aussi *démontré* que
» les courbures des parties réfringentes de l'œil ne sont pas sphé-
» riques. »

Il est nécessaire de dire ici que le docteur Krause n'a rien *démontré*. Il
a cherché, en essayant des courbes du second degré, quelles étaient celles
qui s'accordaient le mieux avec les courbes de l'œil, et il est arrivé à des
courbes qui s'approchent pratiquement de la figure des organes qu'il a
observés ; mais ces courbes n'ont rien de rigoureux (49 et 50). Si M. Sturm
ne se trompait pas dans les lignes précédentes et dans celles qui les suivent, nous aurions rendu, chap. III, un compte fort inexact des recherches de M. Krause. Les lecteurs qui voudront examiner ces recherches
verront que ce n'est pas nous qui sommes dans l'erreur.

774. Page 762, ligne 23 : « Il (M. Krause) a trouvé, pour la surface de
» la rétine ou la surface postérieure de l'humeur vitrée, une portion
» d'ellipsoïde à trois axes inégaux... »

Nous avons suffisamment fait voir, du n° 268 au n° 271, que cette
conclusion du docteur Krause n'est nullement admissible. M. Sturm recherche tous les faits qui peuvent conduire à penser que les ellipsoïdes
à trois axes inégaux ne sont pas rares dans l'œil ; mais le fait dont il
s'agit ici n'est pas propre à le servir dans ce but.

775. Page 762, ligne 25 : « Toutes ces mesures indiquent seulement,
» à ce qu'il me semble, que les surfaces qui séparent les milieux de l'œil
» *ressemblent* à des portions d'ellipsoïdes,... »

Il est bien clair que l'auteur entend, sous le nom d'ellipsoïdes, des
ellipsoïdes à trois axes différents. Suivant nous, il serait plus exact de
dire : *à des portions d'ellipsoïdes et de paraboloïdes de révolution* : c'est
du moins ce qu'on voit dans les mémoires des docteurs Chossat et
Krause. Au surplus, le mot *ressemblent* montre parfaitement que M. Sturm
croit avec nous que les mesurages faits ne conduisent à aucune conclusion
rigoureuse.

776. Page 762, suite de ce qui précède : « ... sans être assujetties (les
» surfaces réfringentes de l'œil) à une équation algébrique,... »

M. Sturm admet donc pour l'œil une telle grossièreté que les surfaces réfringentes ne soient pas soumises à des lois algébriques. Nous
croyons, au contraire, qu'il suffit d'examiner un cristallin, ou l'image
formée sur la rétine d'un lapin albinos (77), pour avoir l'idée d'une per-

fection mathématique atteignant en rigueur, au moins autant que nos instruments d'optique, tout ce qu'on peut obtenir avec des objets matériels. Ainsi, M. Sturm et nous, nous sommes, quant à l'œil, de deux religions différentes; il admet le dogme de la grossièreté de cet organe, et nous celui de sa perfection. Toutefois nous pensons que cette perfection est limitée aux conditions qui tiennent à la sensibilité des nerfs et à la ténuité des éléments des tissus. De plus, nous croyons que le type, à la rigueur possible, qui réunirait toutes les perfections, ne se rencontre pas chez les individus, de même que la perfection des formes extérieures laisse toujours plus ou moins à désirer chez les personnes douées de la plus rare beauté.

777. Page 762, suite de ce qui précède : « ...d'autant qu'il ne résulte » pas bien clairement des expériences de MM. Chossat et Krause que » leurs ellipsoïdes soient *de révolution.* »

On voit par ces mots que l'opinion de M. Sturm et la nôtre, touchant ce qu'il faut inférer des recherches de MM. Chossat et Krause, ne sont pas bien éloignées; cependant nous ferons observer que, dans l'exacte vérité, il faut renverser la phrase qui précède, et dire que, pour la cornée et le cristallin, il résulte bien clairement des mémoires de MM. Chossat et Krause que les surfaces qu'ils calculent *sont des surfaces de révolution.*

778. Page 762, ligne 33 : « Et l'on pourrait croire, sans adopter les » idées de M. Vallée, que l'humeur vitrée n'est pas parfaitement ho-» mogène. »

M. Sturm reconnaît sans doute qu'il n'est pas naturel de supposer le corps vitré homogène, et c'est en quelque sorte une nouvelle difformité qu'il veut faire tourner à l'avantage de sa théorie. Il dit expressément, d'ailleurs qu'il ne comprend pas les choses comme nous : en effet, nous invoquons la non-homogénéité comme moyen d'expliquer la perfection de l'œil, tandis que lui s'applique à trouver des causes d'imperfection propres à rendre son système nécessaire. Dans cette voie, il n'a sûrement pas remarqué que l'humeur vitrée, telle que nous la concevons, produit un rétrécissement considérable du faisceau de rayons arrivant à la rétine (743), et que, sous ce rapport, nos idées rendraient les siennes beaucoup moins inadmissibles dans le cas de l'œil normal.

779. Page 762, ligne 35 : « D'après tous ces faits, il paraît peu pro-» bable que les deux foyers du petit faisceau lumineux, qui, après plu-» sieurs réfractions, a pénétré dans l'humeur vitrée, se confondent en un » seul, comme si les rayons avaient traversé des lentilles artificielles » bien centrées et homogènes. »

Cette proposition étant présentée d'une manière dubitative n'est pas, au point de vue des expériences de MM. Chossat et Krause, susceptible d'être contestée. Au point de vue philosophique et physiologique, comme au point de vue de la perfection effective de l'œil, il en est tout autrement : elle ne nous paraît pas admissible (720-724).

780. Page 763, ligne 9 : « Le point d'où émanent les rayons lumineux » sera vu avec une netteté suffisante (*f*), si la ligne.... (la ligne qui » comprend l'intervalle focal), quoique très-courte, rencontre la rétine en » un point situé entre les deux foyers, ou même encore un peu au delà, » ou en deçà ; car alors le mince faisceau lumineux que la pupille a laissé » passer interceptera sur la surface de la rétine un espace extrêmement » petit .. »

Cet espace est très-petit, mais ce n'est pas un point ; il est calculable, et l'on peut juger d'après les nombres que nous avons évalués aux chap. VII, VIII, XXII et XXIII, qu'il est d'une étendue notable et incompatible avec une vision nette.

781. Page 763, ligne 6, en remontant : « Il faut considérer d'ailleurs » que la figure du faisceau réfracté, telle que je l'ai décrite, ne serait » rigoureusement exacte que pour un faisceau infiniment mince... »

Il est utile de rapporter ces mots, afin qu'on voie bien que l'auteur raisonne sur un faisceau très-petit, tandis que nos figures, dans le but de rendre toutes les lignes distinctes, présentent des faisceaux fort gros.

Mais le faisceau réel n'est pas infiniment mince, ainsi que M. Sturm le dit lui-même (782). Or, n'est-il pas plus rationnel de déduire la forme d'un petit faisceau de celle d'un gros, que celle-ci de celle d'un faisceau infiniment étroit ? En raisonnant du grand au petit, on aurait vu que les sections du faisceau faites par des plans perpendiculaires au rayon central suivant les deux points où il touche les caustiques, tendent vers des points, à mesure que le faisceau se rétrécit, et non vers de petites droites. Nous répétons, au surplus, que le fond de la théorie de M. Sturm ne tient pas à l'existence de ces deux petites droites ou de ces deux petits traits (770).

782. Page 763, ligne 3, en remontant : « On conçoit que l'ouverture de » la pupille qui fait l'office de diaphragme peut devenir assez grande » pour que la figure du faisceau soit un peu différente de celle que la » théorie assigne à un faisceau infiniment mince ; alors les deux petits » traits doivent prendre une largeur sensible, en s'allongeant et se cour- » bant un peu ; car ils deviennent de petites portions des deux nappes de » la surface caustique à laquelle les rayons réfractés sont tangents, por- » tions assez semblables à deux éléments de forme rectangulaire pris sur » deux surfaces cylindriques qui auraient leurs arêtes perpendiculaires » entre elles, et à la direction du rayon central. »

(*f*) Une netteté suffisante ! rien ne le prouve. Si l'image est réduite à un point, la netteté sera aussi grande que possible ; dans tout autre cas, l'insuffisance de la netteté est la chose présumable.

Nous sommes porté à croire que M. Sturm considère trop exclusive- Pl. 6.
ment le faisceau du côté $n'Xn$ de la surface caustique, et qu'il ne donne Fig. 92.
pas une attention suffisante à la partie située du côté opposé X', dont la
considération est nécessaire (764).

783. Il est bien certain que la caustique présente au point x une tangente projetée en ce point; que cette tangente fait partie d'un cylindre
projeté en uxw, et que le faisceau touche ce cylindre suivant les points
de la courbe $(UN'LWL'N'', wxu)$; mais peut-on conclure de là que ce
cylindre soit touché par un petit élément rectangulaire, et que le faisceau se rétrécissant, cet élément devienne un petit trait qu'on puisse substituer à la caustique? Nous ne le croyons pas.

784. Page 764, ligne 26 : « M. Airy a rapporté un exemple remar-
» quable..... qui vient à l'appui de ma théorie. Il a observé d'abord
» qu'en lisant il ne faisait point usage de son œil gauche, et qu'avec cet
» œil il ne distinguait pas les caractères, à quelque distance qu'ils fus-
» sent placés. Il a remarqué ensuite que l'image formée dans son œil
» gauche par un point lumineux... n'était pas circulaire, mais bien ellip-
» tique, etc., etc. »

Cet exemple de l'œil gauche de M. Airy s'adapte parfaitement à la
théorie de M. Sturm. Mais il sera manifeste pour tous ceux qui liront
cette théorie que cet œil est défectueux. Et si l'on fait attention que dans
un bon œil, les choses, suivant la théorie de M. Sturm, devraient se
passer justement comme dans l'œil de M. Airy, et que sa pupille n'ayant
rien de particulier, les petites droites ou les petites taches qui dessinent
l'image de la rétine auraient les dimensions finies résultant de cette
théorie, on verra que la vision chez lui serait celle de l'œil normal. L'œil
de M. Airy nous semble donc infirmer les idées de M. Sturm, au lieu de
les appuyer.

785. Page 766, ligne 17 ; « Mon œil, dit Thomas Young, dans l'état de
» relâchement, rassemble en un foyer sur la rétine les rayons qui diver-
» gent verticalement d'un objet à la distance de dix pouces de la cornée,
» et les rayons qui divergent horizontalement d'un objet à la distance
» de sept pouces ; car si je place le plan de l'optomètre verticalement, les
» deux images de la ligne noire paraissent se couper à dix pouces de
» distance, et à sept si je le place horizontalement. Je n'ai jamais éprouvé
» d'inconvénient de cette imperfection, et je crois pouvoir examiner de
» petits objets avec autant d'exactitude que ceux dont les yeux sont au-
» trement conformés. »

Il est clair, d'après cela, et malgré ce que dit M. Young, qu'il avait un
œil défectueux, et que cet œil, comme celui de M. Airy, ne peut servir
à appuyer la théorie de M. Sturm.

786. Mais comment se fait-il qu'un aussi habile observateur que
M. Young ait pu être content de sa vue? C'est apparemment parce que
l'intelligence supplée souvent à l'imperfection des organes. Nous nous

souvenons d'avoir vu un dessinateur habile qui, dans son enfance, avait
eu les doigts mangés par un porc; il ne lui restait que deux ou trois pha-
langes ; il moulait et dessinait avec une grande exactitude, et tellement bien qu'il aurait pu se dire, à l'exemple de M. Young : Je n'ai jamais éprouvé d'inconvénient de mon infirmité, et je crois avoir autant
d'adresse que ceux dont les mains sont autrement conformées.

787. Il serait possible, d'ailleurs, que M. Young eût eu l'œil bien organisé pour la distance infinie, et que cet œil n'eût été d'une figure défectueuse que pour les petites distances. On concevrait alors plus facilement
que, par des exercices faits sous l'empire d'une intelligence et d'une attention qui font discerner toutes les causes et tous les effets, son œil lui
eût rendu de si bons offices qu'il n'eût pas aperçu les cas où il voyait mal,
et où d'autres auraient vu très-bien. C'est ainsi que beaucoup d'hommes
se croient doués par la nature de qualités qui leur manquent. Si cela est
arrivé à M. Young, on peut dire avec certitude que parmi les personnes
qui s'occupent de la vision, il y en a un grand nombre qui se trompent
sur la bonté de leurs yeux, et qui n'ont pas d'idées saines de la perfection de l'œil bien constitué.

788. Au moment où nous écrivons ces lignes, nous avons notre œil
droit malade; il nous montre les objets comme au travers d'un voile :
mais nous pouvons lire et même distinguer des fils, des cheveux et des
objets fort ténus. Si nos deux yeux avaient toujours été ainsi, nous
n'aurions jamais apprécié bien l'étendue, la netteté, la précision dont
l'œil peut être doué, et nous aurions pu croire que nous avions une
bonne vue : ce serait une erreur comme celle de M. Young.

789. Nous sommes conduit par là à nous demander si nous ne porte-
rions pas aussi un jugement trop avantageux sur la bonté des yeux que
nous avions autrefois. Voici les faits : nous avons confronté notre vue
avec celle de quantité d'observateurs, et nous n'avons jamais rencontré
une seule personne qui, avec une portée ordinaire de vingt à trente centimètres, vît mieux que nous de près et de loin. Il y a certainement des
épreuves que nous n'avons pas eu occasion de faire, et pour lesquelles
notre vue aurait pu être en défaut; cependant, nous devons, suivant
nos observations, avoir foi dans la perfection de l'œil. MM. Young et
Sturm n'ayant jamais eu que de mauvais yeux, nous croyons qu'il leur
fallait un plus grand effort qu'à d'autres pour juger de l'utilité d'une
bonne théorie, et nous pensons qu'on ne doit avoir dans leurs observations qu'une confiance bien limitée.

Cette dernière conséquence s'applique surtout à M. Young, et vient
confirmer ce que nous avons dit n° 177 ; car sa vue défectueuse ne lui
permettait pas, ce nous semble, de se former une opinion décisive sur
des faits qu'il appréciait très-mal.

790. Page 767, ligne 3 : « M. Herschell dit, dans son *Optique*, que
» des vices de conformation dans la cornée sont beaucoup plus communs

» qu'on ne le croit généralement, et que peu d'yeux en sont exempts.
» Je pense, d'après tout ce qui précède, qu'un léger défaut de sphéricité
» et de symétrie de la cornée et du cristallin est l'état ordinaire et nor-
» mal, et que cette irrégularité ne devient une imperfection de l'œil qu'en
» dépassant de justes limites. »

M. Herschell nous paraît dans le vrai; en est-il de même de
M. Sturm? De ce qu'il y a beaucoup d'yeux défectueux, est-il raisonnable d'induire que l'œil normal a pour modèle l'œil mal conformé? De
ce qu'il est difficile d'expliquer la netteté de la vision pour toutes les distances, avance-t-on les choses en disant qu'elle n'est nette pour aucune
distance, et que l'œil est une chambre obscure plus grossière que la
chambre obscure artificielle; car cette dernière a du moins l'avantage de
donner une image nette pour un certain éloignement?

791. Si la théorie de M. Sturm était vraie, en serait-il réduit à ne
l'appuyer que sur des analogies tirées des yeux défectueux? Remarquons-
le bien, le résumé de ses raisonnements est à peu près celui-ci : admettons que l'image soit toujours grossièrement dessinée, et je vais prouver
qu'avec cela tout est facile. Oui, mais cela ne peut pas satisfaire des esprits pénétrés d'une saine philosophie, surtout si, en examinant avec
soin cet ouvrage, ils reconnaissent que dans le système de la perfection de l'œil tout s'explique, et que des faits nombreux appuient et lient
les explications.

792. Page 1238, ligne 4 : « Il (M. Plateau) a constaté... que la vision ne
» s'effectue pas d'une manière symétrique autour de l'axe optique. »

Suivant M. Plateau, des bandes noires tracées sur un fond blanc, rectangulaires entre elles ou circulaires, ne se voient pas avec les figures
qu'elles ont. M. Sturm pense que ce fait appuie sa théorie; nous ne le
pensons pas.

793. Le fond de l'œil n'étant pas sphérique, les objets y sont dessinés
sur des échelles qui varient en chaque point (V. la note suivante), et qui
sont différentes pour chacune des deux courbures en ce point. De là résulte que le sentiment des figures, d'après la configuration des images,
ne s'acquiert que par l'éducation de l'œil. Or, cette éducation, quelque
perfectionnée qu'elle soit, laisse toujours à désirer, ce qui occasionne
les phénomènes que M. Plateau a remarqués. Cet objet nous occupera
dans la seconde partie; nous ne pouvons ici entrer dans plus de détails.

794. Page 1239, ligne 1re : « Diverses expériences de Wollaston, de
» Young, de Fraunhofer, confirmées par MM. Arago et Dulong, ont
» démontré positivement que l'œil n'est pas réellement achromatique,
» c'est-à-dire qu'il *disperse* tout rayon de lumière non homogène. »

Nous avons dit ailleurs notre opinion sur ce prétendu défaut d'achromatisme de l'œil (588), et sur *l'achromatisme suffisant* dont cet organe
paraît doué (591) Quant à l'opinion de Dulong, nous croyons qu'elle se

fondait sur l'expérience du n° 232 ; mais cette expérience ne donne d'irisation qu'en deçà de la distance de la vision distincte (444).

795. Page 1239, ligne 4 : « L'absence des bandes irisées dans les
» images des objets qu'on regarde, excepté dans des cas très-particuliers,
» est assez généralement attribuée à la ténuité de chaque faisceau lumi
» neux qui passe par l'ouverture de la pupille, et à ce que les rayons
» inégalement réfrangibles, rencontrant les surfaces des milieux de l'œil
» sous des incidences presque normales, doivent s'écarter très-peu d'un
» certain rayon central qui est à peine dévié et dispersé, de sorte que
» l'image formée sur la rétine (ou dans son épaisseur) n'y occupe qu'un
» très-petit espace. »

Ne dirait-on pas que M. Sturm a voulu exprimer que les rayons très-
rapprochés de l'axe étant presque normaux sur les surfaces réfringentes,
ils ont des foyers qui ne diffèrent pas sensiblement. Cela serait faux,
et M. Sturm le sait mieux que personne. Il entend probablement que
la pupille étant petite, les rayons qui touchent ses bords sont, comme
ceux du centre, à peu près normaux, ce qui, toutefois, nous semble exagéré, et ce qui ne préviendrait nullement la formation des franges irisées, lesquelles même, en ne considérant que les rayons infiniment rapprochés de l'axe, sont encore très-notables, d'après les calculs que nous
avons faits (V. les ch. VII, VIII, XXII et XXIII).

796. Page 1239, suite de ce qui précède : « Je crois rendre cette expli
» cation plus complète et plus satisfaisante, en ajoutant que, d'après
» mes principes, lorsqu'un faisceau très-mince émané d'un point lumi
» neux s'est réfracté et dispersé dans l'œil, l'intervalle focal propre aux
» rayons simples les moins réfrangibles, et mesuré sur le rayon central le
» moins dévié, coïncide sensiblement en direction avec un autre inter
» valle focal appartenant aux rayons simples les plus réfrangibles, et que
» ces deux intervalles ont une portion commune, autour de laquelle les
» rayons de couleurs diverses se condensent et se superposent, de ma
» nière à recomposer par leur mélange la teinte de l'objet extérieur. »

Il est certain que si, pour un petit objet, les images de ses points, au
lieu d'être des points, sont des taches un peu grandes, son image tendra
de plus en plus vers une teinte plate à mesure que la grandeur des
taches augmentera. Mais il nous semble qu'il faut appeler cela de la
confusion, et non pas de l'achromatisme. S'il en était autrement, l'œil
qui ne peut servir qu'à distinguer le jour de la nuit serait le plus achromatique.

NOTE V.

SUR L'ŒIL, CONSIDÉRÉ COMME UNE CHAMBRE OBSCURE.

797. L'œil est une chambre obscure, et l'image qui se forme sur la rétine est une perspective : ce sont des faits non contestés Mais la création avait à sa disposition mille moyens qui manquent à l'art; et, se jouant en quelque sorte des difficultés, se soustrayant aux règles étroites qui nous lient dans nos productions, cette chambre obscure et cette perspective sont tout autre chose que ce que l'on imagine au premier moment. C'est ce qu'on voit par notre exposé préliminaire, et ce qui sera développé dans la seconde partie, où nous aurons bien des données qui nous manquent ici. Cependant il convient de ne pas laisser par trop incomplète la matière traitée dans ce premier volume.

798. La diminution des rayons de courbure de la choroïde, à mesure qu'on approche du fond de l'œil, est le point qui demande une justification. Nos expériences sur les lapins albinos (247-256), et les considérations relatives au travail du docteur Krause, rapportées du n° 267 au n° 274, ne laissent aucun doute à cet égard. Et, bien que la voûte du fond de l'œil ne soit pas un ellipsoïde général, ainsi que l'a pensé M. Krause (268), il est bien constant, comme nous l'avons dit n° 272, que les rayons de cette voûte décroissent à mesure qu'on s'éloigne de la partie postérieure centrale de la rétine.

799. Il peut être bon aussi de remarquer dès à présent que la partie interne de l'image (voy. la fig. 43) est dessinée sur une plus grande échelle que la partie externe, ce qui est surtout utile pour les objets vus tout à fait de côté, parce qu'ils ne sont aperçus qu'au moyen de l'œil situé de ce côté, surtout chez certains animaux, et qu'il fallait qu'ils fussent, à cause de cela, plus fortement indiqués.

Quant aux différences des échelles, nous sommes forcé encore de rester un peu obscur; mais on voit, au moyen de la même fig. 43, que les plus petits et les plus grands rayons peuvent bien avoir entre eux, chez le lapin, le rapport de 1 à 2.

NOTE VI.

LISTE DES FAITS DE TOUTE ESPÈCE D'OU IL PARAÎT RÉSULTER QUE LE CORPS VITRÉ, DANS LE VIVANT, N'EST PAS TRAVERSÉ EN LIGNE DROITE PAR LA LUMIÈRE, OU, CE QUI REVIENT AU MÊME, QUE CE CORPS N'EST PAS HOMOGÈNE.

800. MÉMOIRE I. 1ᵉʳ *fait*. L'organisation du corps vitré (37, 192, 468-470, 582-587).

2ᵉ. La circulation des humeurs au travers de ce corps et dans des sens déterminés (41, 180, 183 et 184).

3ᵉ. La diminution de sa transparence quand on le presse (43).

4ᵉ. Son volume, que l'on ne peut guère concevoir aussi grand sans utilité pour le mécanisme de l'œil (108).

5ᵉ. La difficulté, et même l'impossibilié d'expliquer la vision, en supposant le corps vitré homogène (165, 431).

801. MÉMOIRE II. 6ᵉ *fait*. L'existence de la membrane hyaloïde (184).

7ᵉ. L'observation, au moyen de l'optomètre, d'une droite à peu près dirigée sur l'œil (214).

8ᵉ. L'irisation d'une droite dirigée de la même manière et vue à l'œil nu (232 et 444).

9ᵉ. L'espéce d'achromatisme résultant de la courbure des rayons lumineux dans le corps vitré, supposé non homogène (236, 442 et 619).

10ᵉ. Les expériences optochromométriques, desquelles il résulte que la vision serait très-confuse avec un corps vitré homogène (245).

11ᵉ. La position de l'image peinte sur la rétine par un point rayonnant qui envoie sur la cornée des rayons perpendiculaires à l'axe optique (276, art. (E), (F) et (G) des pages 206 et 207).

12ᵉ. L'étendue que présente l'image de la rétine, étendue qui serait plus restreinte si le corps vitré était homogène (276).

802. MÉMOIRE III. 13ᵉ *fait*. L'expérience par laquelle un point d'une droite dirigée vers l'œil étant considéré à la distance de la vision distincte, cette ligne est confuse en deçà et nette au delà (434 et 435).

14ᵉ. Le moyen d'achromatisme dû aux compensations de réfrangibilité du corps vitré, supposé plus dense auprès de la rétine qu'auprès du cristallin (441 et 618).

15ᵉ. La petitesse des déformations nécessaires à la vision dans le cas du corps vitré non homogène (446 et 617).

16ᵉ. La considération de ce principe, que, en ce qui concerne l'œil, on ne saurait admettre des imperfections qui ne seraient pas forcées (469 *bis*).

803. Mémoire IV. 17e *fait*. La disposition du cristallin en couches plus épaisses en avant qu'en arrière, ce qui concourt avec la non-homogénéité du corps vitré pour donner plus d'étendue à l'image (579).

18e. La disposition d'après laquelle ce même corps, dans le même but, est plus bombé en arrière qu'en avant (580).

19e. L'application du calcul à la nouvelle théorie, d'où résulte, entre les chiffres obtenus et les phénomènes, une concordance qui, à elle seule, établit une probabilité puissante en faveur de cette théorie (599-607).

20e. L'action des couches du corps vitré pour produire un resserrement du faisceau à la sortie du cristallin (743).

NOTE VII.

LISTE DES FAITS NOUVEAUX, OU CONSIDÉRÉS D'UNE MANIÈRE NOUVELLE,
EXPOSÉS DANS CE VOLUME.

804. Mémoire I. 1er *fait*. L'établissement des formules au moyen desquelles nous calculons les chiffres qui peuvent suppléer aux indices du rouge et du violet, pour des substances dont on a les indices dans le cas d'un rayon blanc (65-72).

2e. L'amélioration des doctrines relatives à l'image de la rétine et à son renversement (80-84).

3e. Les tableaux de calcul plus complets et résultant de meilleures données que celles que l'on avait sur les réfractions opérées dans l'œil (137 et 148).

4e. L'établissement des formules au moyen desquelles on trouve la distance de la vision distincte, pour un œil dont on connaît les mesures et les indices (139).

5e. La rectification de l'erreur par laquelle Young attribuait à l'œil une augmentation de longueur d'un sixième, au lieu d'un douzième, ou même d'un vingt-deuxième, pour passer de la vision des objets rapprochés à celle des objets éloignés (151, 636 et 637).

6º. La détermination des rayons que doivent présenter les images circulaires de la rétine, dans deux exemples, les foyers se trouvant en deçà ou au delà de cette membrane (156-159).

7e. Les conclusions, appuyées de chiffres, contre l'ancienne théorie (165).

8e. Les opérations relatives à la position de l'image brillante de l'œil (169 et 170).

9e. La preuve que l'expérience faite par Young, avec un tube rempli d'eau, appliqué sur l'œil, pour juger des variations de courbure de la cornée, n'est nullement concluante (177).

805. MÉMOIRE II. 10e *fait*. Les motifs qui doivent faire repousser la propriété attribuée aux mouvements de l'iris, d'une part, et à la division du cristallin en couches, d'autre part, de remédier à l'aberration de courbure (194-197).

11e. L'explication des effets de l'optomètre (200), et l'exposé des avantages particuliers aux instruments que nous nommons l'*optomètre simple*, la *règle optométrique* et la *lunette optométrique* (200-214).

12e. L'application du phénomène qui consiste, chez certaines personnes, dans la faculté de faire varier le point où se trouve marquée la distance de la vision distincte, à la question des déformations de l'œil (218 et 645).

13e. L'observation d'un autre petit phénomène qui montre, sur le vivant, que l'image du fond de l'œil est renversée (219).

14e. Le moyen d'établir par l'expérience que la cornée, dans le vivant, est ou n'est pas à peu près une surface de révolution (224 et 225).

15e. Les expériences des nos 230 et 231, sur la coloration des objets vus de très-près.

16e. Le motif qui nous fait repousser l'opinion de d'Alembert, touchant la manière dont l'achromatisme peut s'opérer dans l'œil (234 et 647).

17e. Les expériences sur les yeux de lapin albinos et sur les yeux de bœuf, pour découvrir la loi géométrique à laquelle est assujettie l'image de la rétine (248-260, 276, art. (E) de la page 200).

18e. La loi des rayons virtuels normaux à la rétine (261).

19e. L'emploi d'une expérience de Mariotte pour trouver, sur nous-même, les angles de l'axe optique et des rayons virtuels qui correspondent aux images placées sur le trou de la choroïde (264-266).

20e. La réfutation de l'opinion de M. Krause sur la forme de la voûte du fond de l'œil (269).

21e. La détermination du point où se croisent, dans le globe oculaire, les rayons virtuels peu inclinés sur l'axe optique (274).

22e. La théorie générale donnée en 1821, et reproduite ici, des images réfléchies et réfractées (278-293).

23e. Le théorème du n° 286 et la conséquence qui s'ensuit, touchant les variations nécessaires de la forme de l'œil, dans l'acte de la vision (287, 660 et 661).

24e. Les expériences citées du n° 297 au n° 307.

25e. L'analyse des phénomènes qui se passent, sous le rapport géométrique, dans la vision des objets réfractés (314-317).

26e. Les expériences des n°s 321 et 322

27e. Les expériences sur une ligne droite horizontale, inclinée ou verticale, vue dans l'eau (330-334).

28e. Les remarques sur les effets dus au trou de la choroïde, sur ceux des taches mobiles dues à de petits corps qui flottent dans l'humeur aqueuse, et sur ceux du strabisme (335 et 336).

29e. Les considérations relatives à la vision de la bande droite et horizontale dont il s'agit aux n°s 337-339.

30e. Les observations sur l'éducation de l'œil (340-349).

31e. Les principes rapportés au n° 350 et au n° 572.

32e. La réponse à l'objection mentionnée art. (C) de la page 205.

806. MÉMOIRE III. 33e fait. L'établissement des formules qui servent à déterminer l'indice du cristallin, étant donnés les indices des deux autres milieux (362 et 363).

34e. Les calculs relatifs à la composition d'un cristallin théorique (369 et 370).

35e. L'examen des indices à admettre pour ce cristallin (371-375).

36e. Le procédé propre à la détermination des indices qui conviennent pour amener juste le foyer sur la rétine (379).

37e. La preuve, par le fait des calculs, que la disposition du cristallin par couches épaisses en avant et minces en arrière, n'a pas pour objet de faciliter la vision à des distances différentes (380-383).

38e. La preuve, aussi par le fait des calculs, que l'augmentation de densité de l'extérieur au centre du cristallin évite la nécessité d'avoir un indice aussi élevé que celui qu'il faudrait, si ce corps était homogène (384).

39e. Le procédé fort simple employé n° 389 et n° 418 pour obtenir des indices approximatifs acceptables du rouge et du violet

40e. L'établissement d'une formule qui donne le rayon de l'image circulaire formée sur la rétine, lorsque le dernier foyer n'est pas sur cette membrane (393).

41e. L'application de cette formule au calcul des diamètres des images pour l'œil n° 3 (394-396)

42ᵉ. Les calculs de déformation de la cornée pour l'œil n° 3 (397-399).

43ᵉ. L'établissement des formules qui donnent le déplacement du cristallin propre à amener le foyer juste sur la rétine (402-405).

44ᵉ. L'application de ces formules à l'œil n° 3 (406 et 407).

45ᵉ. Les calculs, toujours pour l'œil n° 3, relatifs aux déformations qui embrassent à la fois l'allongement du globe, le bombement de la cornée et le déplacement du cristallin (410-412).

46ᵉ. L'application à l'œil n° 1 des calculs dont il vient d'être question (414-431).

47ᵉ. L'application du calcul à la théorie que nous avons présentée en 1821, laquelle ne diffère de la nouvelle théorie que par l'admission de l'invariabilité du globe oculaire (448-466).

48ᵉ. La composition d'un œil théorique dont les principales parties sont exactement calculées (453-455).

49ᵉ. Les conclusions du n° 466, relatives au principe des déformations du globe.

50ᵉ. Les calculs d'où il résulte que, dans la nouvelle théorie, ces déformations sont extrêmement faibles (472 et 473).

51ᵉ. La remarque de ce fait, que l'œil raccourci, ou mesuré sur le mort, convient pour la distance infinie de l'objet, et l'œil allongé, pour voir à la distance de la vision distincte (478).

52ᵉ. Les calculs qui font connaître, pour une diminution d'un vingt-cinquième du rayon de la cornée, l'allongement de l'œil et le déplacement du cristallin nécessaires à la netteté de la vision à toutes les distances au delà de 0ᵐ.25 (479 483, 488 et 489).

53ᵉ. Les considérations d'où il paraît résulter que l'allongement de l'œil, le bombement de la cornée et le déplacement du cristallin sont produits, en grande partie, par le simple resserrement du globe dans le plan de l'iris (494-497 *bis*).

54ᵉ. Les calculs relatifs aux volumes composés de l'œil raccourci et de l'œil allongé (499-507) : allongé, il serait plus gros de 5 millimètres cubes (500-503) et le sang y afflue rait (505).

55ᵉ. L'examen de l'opinion de Jacobson, touchant les trous de communication de l'humeur aqueuse et du corps vitré (508-510).

56ᵉ. La remarque du n° 511, touchant la loi générale d'après laquelle le cristallin doit changer de figure d'une manière presque insensible, mais cependant réelle.

57ᵉ. L'examen de la structure de l'iris, de ses fonctions, de ses mouvements et des causes de ses mouvements (514-526).

58ᵉ. L'examen de l'explication admise touchant la cessation de la vision, quand on entre dans un milieu obscur (527).

59ᵉ. L'explication nouvelle de ce phénomène (529), explication que plusieurs faits appuient (529, 597 et 598).

60ᵉ. L'explication de la forme allongée de la pupille (531).

61ᵉ. L'examen des efforts à faire pour parvenir à dilater sa pupille (533-535).

62ᵉ. Les conditions d'équilibre qui règlent, à chaque instant, l'ouverture de la pupille (536-538).

63ᵉ. Les remarques du n° 539, touchant l'histoire des variations de la théorie de l'œil.

64ᵉ. Les remarques et le calcul du n° 553.

807. Mémoire IV. 65ᵉ *fait*. Les observations des nᵒˢ 557 et 558 sur la figure de l'œil, et notamment sur l'œil n° 3 corrigé.

66ᵉ. Les observations des nᵒˢ 561 et 562, sur les yeux des insectes et des crustacés.

67ᵉ. La remarque du n° 563, touchant la loi des rayons virtuels normaux à la rétine, laquelle se vérifie dans ces yeux.

68ᵉ. La définition de l'angle visuel (566).

69ᵉ. L'indication d'une suite d'expériences propres à fournir des données sur la figure du fond de l'œil, dans le vivant (567-571).

70ᵉ. La dégradation de densité du cristallin de l'extérieur au centre par degrés insensibles, et non pas au moyen de couches discontinues (577).

71ᵉ. Les observations sur les indices du corps vitré et sur son organisation (582-587).

72ᵉ. Les observations sur l'achromatisme de l'œil (589-596).

73ᵉ. Les tableaux du calcul des réfractions pour les yeux n° 1 et n° 3 corrigé (605 et 606).

74ᵉ. Les moyens d'améliorer les tableaux de calcul dont il vient d'être question (608-615)

75ᵉ. Les conclusions qui se tirent de ces tableaux, et qui constituent la nouvelle théorie (616-622).

76ᵉ. L'emploi, dans la théorie de l'œil, des surfaces réfringentes optoïdales, pour prévenir l'aberration de courbure des faisceaux qui occupent toute la pupille 718-722.

77ᵉ. L'examen des effets de dilatation de la pupille, examen d'où paraît résulter que les surfaces réfringentes sont optoïdales (723 et 724).

78ᵉ Diverses expériences qui, appuyées par des considérations physiologiques, paraissent devoir faire repousser la théorie de M. Sturm (728-734).

79ᵉ. L'explication soumise aux physiciens du phénomène astronomique relatif à l'occultation des étoiles (744-747).

80e. Les considérations relatives aux variations de figure du globe oculaire, résultant de ce que ce globe est un corps mou, soumis dans son action à des pressions qui changent (751).

81e. Les considérations d'où résulte une connaissance mieux entendue de la forme du faisceau de rayons qni arrive sur la rétine (756-764).

82e. Les observations critiques relatives au mémoire de M. Sturm (749-796).

Nota. Il faut ajouter à ces faits ceux qui sont mentionnés dans la note précédente.

TABLE

TABLE

DES FIGURES ET DES NUMÉROS DU TEXTE QUI RENVOIENT A CHACUNE D'ELLES.

TABLE ALPHABÉTIQUE

DES

MATIÈRES CONTENUES DANS LA PREMIÈRE PARTIE.

TABLE

DES LIVRES, CHAPITRES, ETC.

PREMIER MÉMOIRE.

LIVRE PREMIER.

DESCRIPTION DE L'ŒIL.

LIVRE II.

SUR LA THÉORIE DU MÉCANISME DE L'ŒIL, EN SUPPOSANT LE CORPS VITRÉ HOMOGÈNE.

DEUXIÈME MÉMOIRE.

—

LIVRE III.

DE DIVERS FAITS QUI MILITENT EN FAVEUR DE LA NOUVELLE THÉORIE.

LIVRE IV.

DE LA VISION DES OBJETS PAR RÉFLEXION ET PAR RÉFRACTION.

TROISIÈME MÉMOIRE.

—

LIVRE V.

CALCULS ET RECHERCHES RELATIFS AUX CHIFFRES QUE COMPORTE LE MÉCANISME
DE L'ŒIL DANS LE SYSTÈME DES IDÉES REÇUES.

LIVRE VI.

DU MÉCANISME DE L'ŒIL, QUANT A LA VISION DANS LA DIRECTION DE L'AXE OPTIQUE,
SUIVANT LA NOUVELLE THÉORIE.

QUATRIÈME MÉMOIRE.

—

APPENDICE

CONTENANT DES OBSERVATIONS PROPRES A ÉCLAIRCIR ET A COMPLÉTER LES THÉORIES EXPOSÉES DANS LES LIVRES DONT SE COMPOSENT LES TROIS PREMIERS MÉMOIRES.

RÉSUMÉ

PHILOSOPHIQUE DES TROIS PREMIERS MÉMOIRES ET DE L'APPENDICE PRÉCÉDENT.

ADDITION

AU QUATRIÈME MÉMOIRE.

ERRATA.

Pag. lig.

1, 3, *au lieu de :* 23 juillet 1832, *lisez :* 22 juillet 1839.

3, 27, *au lieu de :* à trois pans appelé *canal de Fontana, lisez :* à trois pans.

3, dernière ligne, et page 4, première ligne, *au lieu de :* et la couronne ciliaire, *lisez :* la couronne ciliaire et le très-petit canal appelé *canal de Fontana,* que l'on dit être situé à la jonction de la cornée, de l'iris et des corps ciliaires.

5, 18, *au lieu de :* La droite *dh,* etc., *lisez :* La droite *dh* est l'axe de la surface de révolution formée par l'extérieur de la cornée ; on nomme cette droite l'*axe de l'œil* et plus souvent l'*axe optique.*

10, 3, en remontant, *au lieu de :* enveloppes successives au centre desquelles paraît se trouver un petit noyau presque sphérique, *lisez :* enveloppes successives de plus en plus denses de l'extérieur à l'intérieur, et au centre desquelles est ce qu'on appelle *le noyau.*

12, 4, *au lieu de :* de tout le liquide, *lisez :* d'une partie du liquide.

17, 15, *au lieu de :* à $\frac{1}{2}$ de ligne, *lisez :* à $\frac{1}{60}$ de ligne.

21, 3, en remontant, *au lieu de :* 5.4829, *lisez :* 5.4838.

22, 4, *au lieu de :* 13.0481, *lisez :* 13 0462.

23, 1er chiffre de la 3e colonne du tableau, *au lieu de :* 13.0481, *lisez :* 13.0462.

26, avant-dernière colonne du tableau, 3e nombre en remontant, *au lieu du numérateur :* 1.33, *lisez :* 1.338.

39, 8, *au lieu de :* donnent, *lisez :* donne.

Id., 9, *au lieu de :* ils sont, *lisez :* il est.

54, avant-dernière colonne du tableau, 9e nombre, *au lieu de :* 0.2708, *lisez :* 0.0278.

55, 12, *au lieu de :* du n° 46, *lisez :* du n° 46, et modifiées conformément aux observations qui suivent ce numéro.

58, *au lieu du dernier alinéa, lisez :* M. Krause ajoute que ces deux individus étaient doués d'une bonne vue, et que la femme ne s'était jamais servi de lunettes.

58, 1re et 2e lignes en remontant, *au lieu de :* Schkrüften, *lisez :* Schräften.

Pag. lig.

77,   6, *au lieu de :* $v'r' = 1.708$, *lisez :* $vr' = 1.708$.

78, 16, *au lieu de :* hf', *lisez :* hf.

80,   au haut de la page, *mettez :* Fig. 19.

81,   pour l'œil n° 1, *au lieu de :* cas du chap. 22, *lisez :* cas du chap. 23.

Id , au bas de la page, à gauche, devant l'accolade, *au lieu de :* œil n° 2, *lisez :* œil n° 3.

Id., ligne dernière du tableau, *au lieu de :* (387 et 388), *lisez :* (388 et 392).

82   4, *au lieu de :* sauf un cas, sur, *lisez :* sauf un cas, celui des nombres 1.366 et 1.326, sur.

83, 17, *au lieu de :* $0^{mm},016$, *lisez :* $16^{mm},000$.

Id., 18, *au lieu de :* (275), *lisez :* (274).

91,   2, *au lieu de :* $\frac{2}{5}$, *lisez :* $\frac{1}{5}$.

103,   3, *au lieu de :* (58), *lisez :* (93).

117, 18, *au lieu de :* livre IV, *lisez :* livre VI.

119, 20, *au lieu de :* 207, *lisez :* 199.

147,   5, en remontant, *au lieu de :* dont la somme, *lisez :* dont le sommet.

155,   dernière ligne, *au lieu de :* où les rayons ne, *lisez :* où les rayons, avant d'arriver à la cornée, ne.

172, 19, *au lieu de :* $\frac{4}{3}$, *lisez :* $\frac{1}{4}$.

204,   6, du P. S., *au lieu de :* (455 *bis*), *lisez :* (355 *bis*).

227, 18, *au lieu de :* 16 935, *lisez :* 16.694.

228,   5e nombre de l'avant-dernière colonne du tableau, *au lieu de :* 1.3003, *lisez :* 0.3003.

232, 17, *au lieu de :* homogène, *lisez :* homogène (V. le n° 680).

253, 10, *au lieu de :* $\frac{7}{5}$, *lisez :* $\frac{1}{5}$.

Id., 18, *au lieu de :* chapitre, *lisez :* livre.

254, 16, *au lieu de :* et 53, *lisez :* et 59.

279,   2e nombre de la 4e colonne, *au lieu de :* —9.000, *lisez :* +9.000.

Id , 9e nombre de la 4e colonne, *au lieu de :* —9.000, *lisez :* +9.000.

301,   Les n°s 491 et 492 contiennent une erreur signalée au n° 696.

338,   2, en remontant, *au lieu de :* (792), *lisez :* (794).

404,   à la marge, *au lieu de :* Fig. 91, *lisez :* Fig. 90.

405,   *Id.*   —   id.   —   id.

415, 11, *au lieu de :* (779), *lisez :* (778).

416,   en remontant, 1re ligne de la note, *au lieu de :* (757-765), *lisez :* (756-766).

430, 12, *au lieu de :* les rayons, *lisez :* les rayons différemment colorés.

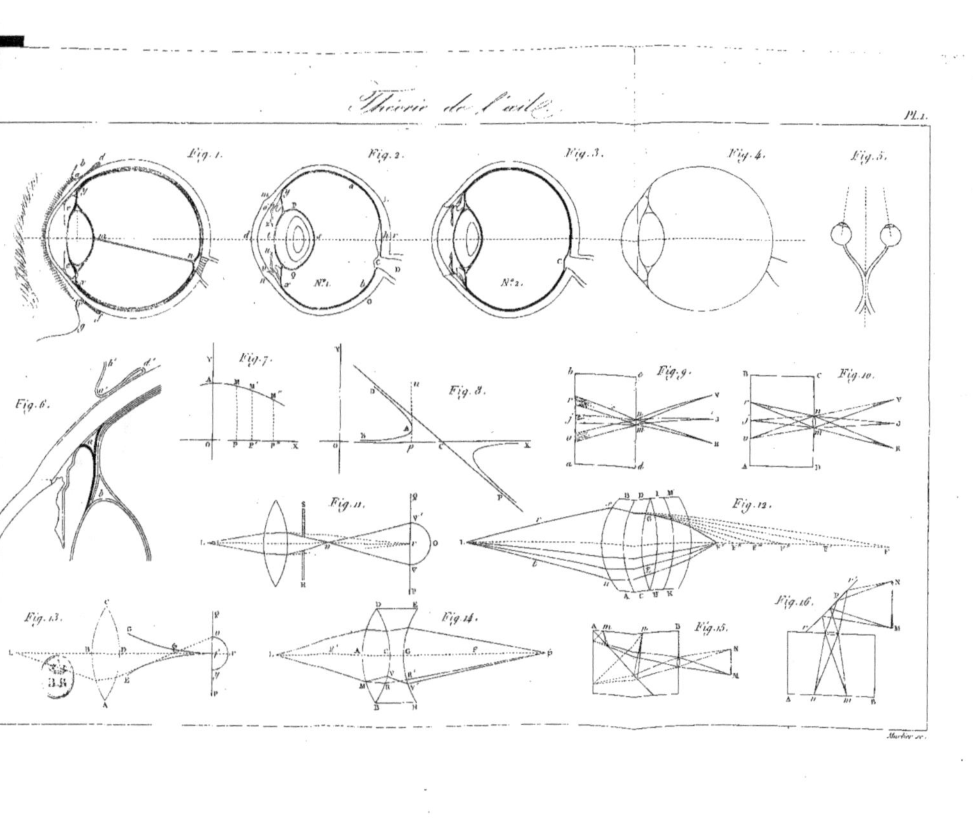
Fig. 1.
Fig. 2.
Fig. 3.
Fig. 4.
Fig. 5.
Fig. 6.
Fig. 7.
Fig. 8.
Fig. 9.
Fig. 10.
Fig. 11.
Fig. 12.
Fig. 13.
Fig. 14.
Fig. 15.
Fig. 16.

Pl. 2

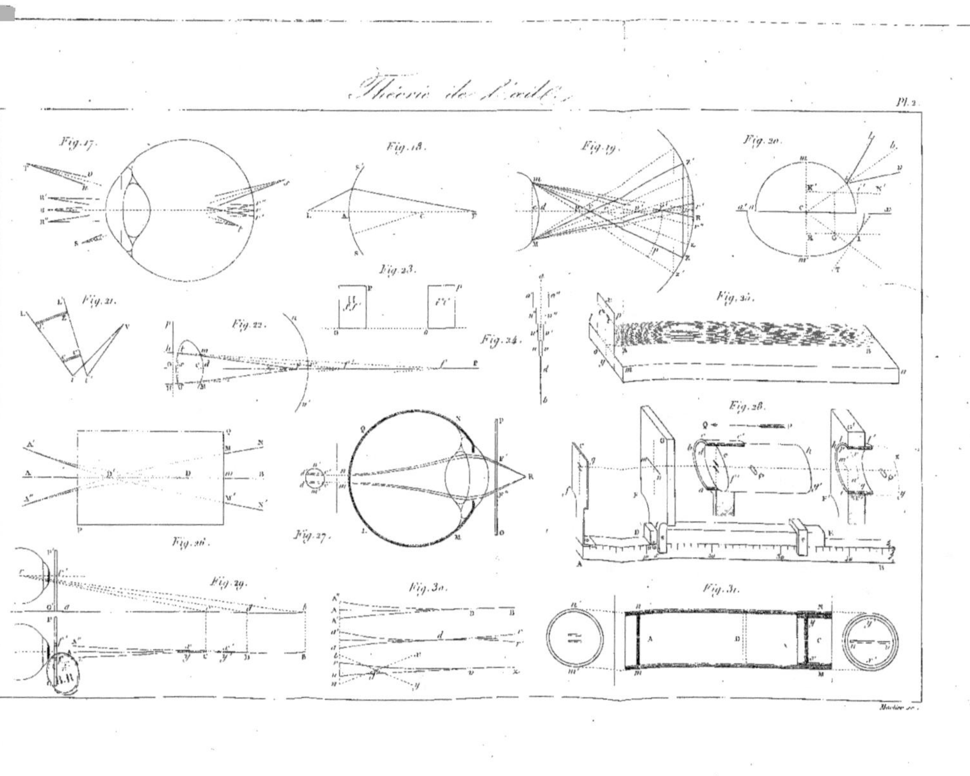

Fig. 17. Fig. 18. Fig. 19. Fig. 20. Fig. 21. Fig. 22. Fig. 23. Fig. 24. Fig. 25. Fig. 26. Fig. 27. Fig. 28. Fig. 29. Fig. 30. Fig. 31.

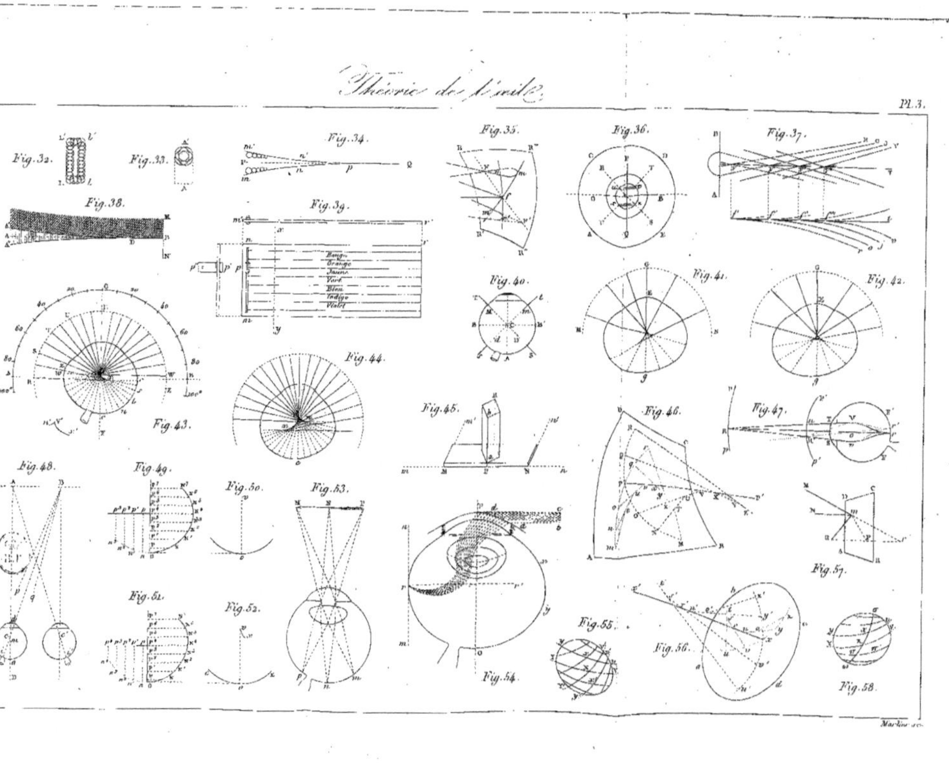

Fig. 32.
Fig. 33.
Fig. 34.
Fig. 35.
Fig. 36.
Fig. 37.
Fig. 38.
Fig. 39.
Rouge
Orange
Jaune
Vert
Bleu
Indigo
Violet
Fig. 40.
Fig. 41.
Fig. 42.
Fig. 43.
Fig. 44.
Fig. 45.
Fig. 46.
Fig. 47.
Fig. 48.
Fig. 49.
Fig. 50.
Fig. 53.
Fig. 51.
Fig. 52.
Fig. 54.
Fig. 55.
Fig. 56.
Fig. 57.
Fig. 58.

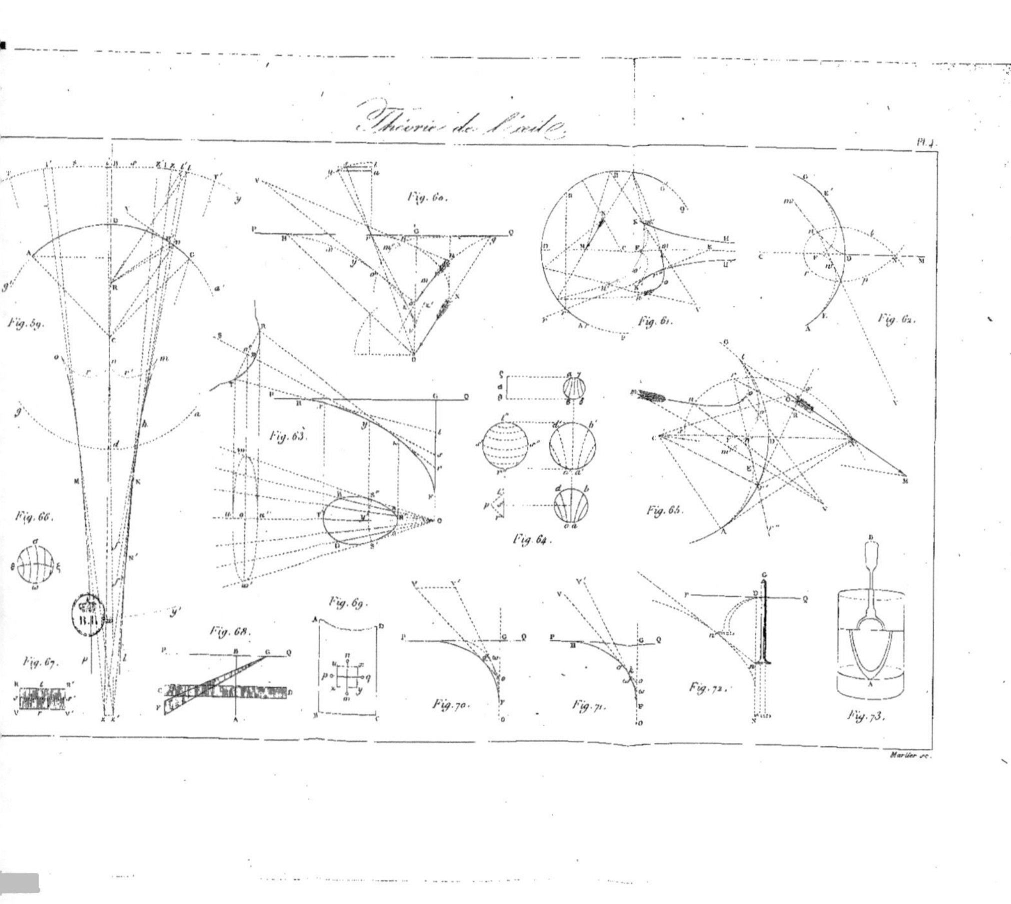

Théorie de l'œil
Pl. 4.
Fig. 59.
Fig. 60.
Fig. 61.
Fig. 62.
Fig. 63.
Fig. 64.
Fig. 65.
Fig. 66.
Fig. 67.
Fig. 68.
Fig. 69.
Fig. 70.
Fig. 71.
Fig. 72.
Fig. 73.
Marlier sc.

Fig. 74.
Fig. 75.
Fig. 76.
Fig. 77.
Fig. 78.
Fig. 79.
Fig. 80.
Fig. 81.
Fig. 82.
Fig. 83.
Fig. 84.
Fig. 85.
Fig. 86.
Fig. 87.
Fig. 88.
Fig. 89.

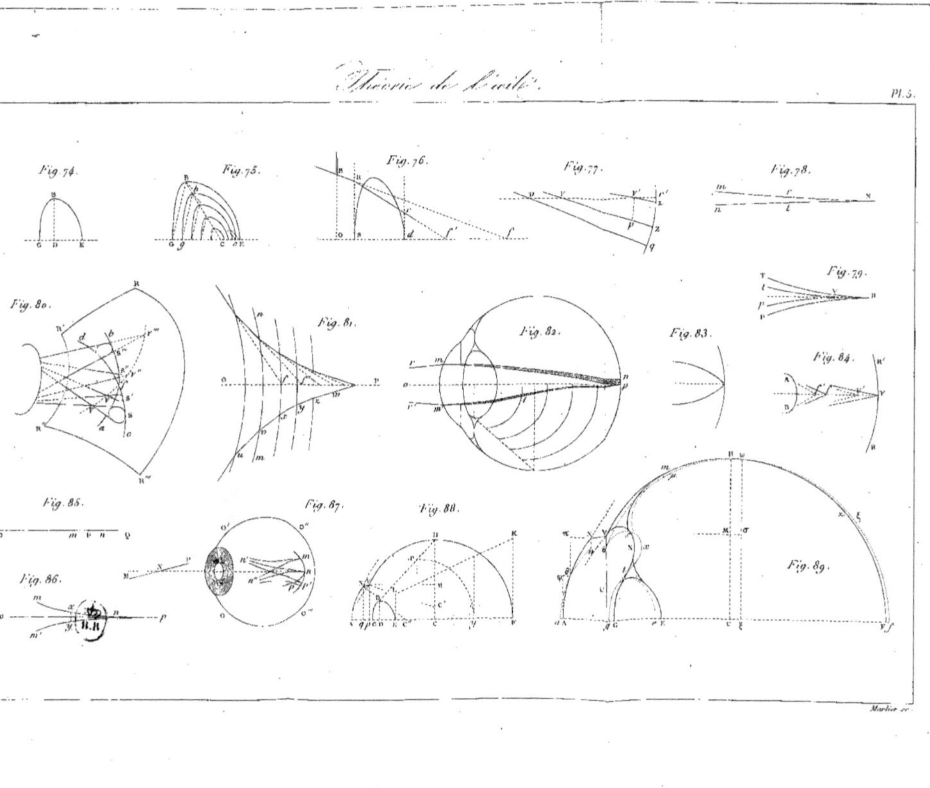

Marlier sc.

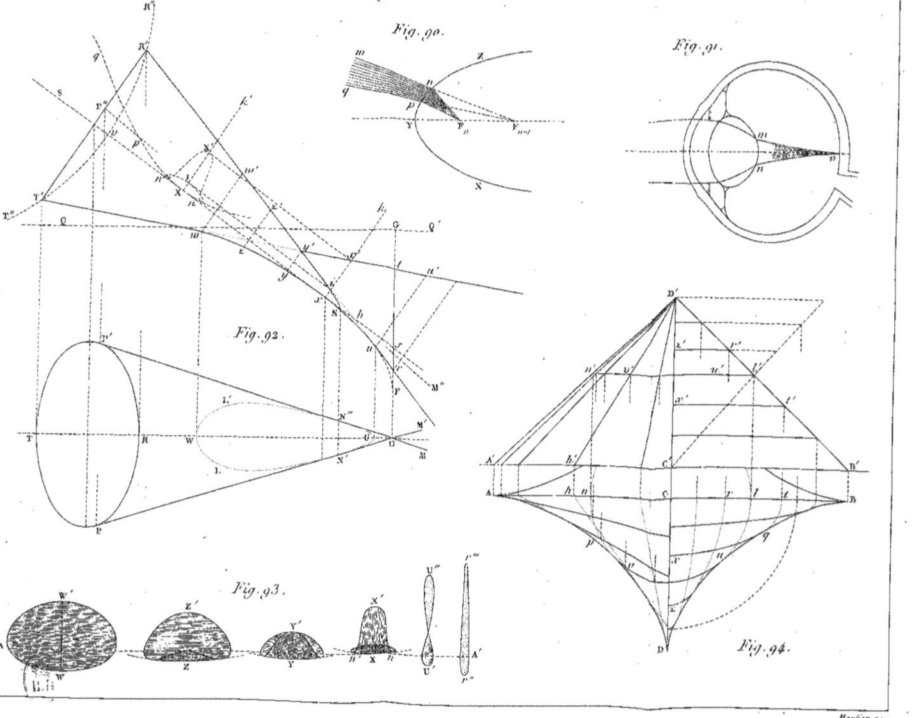

Fig. 90.

Fig. 91.

Fig. 92.

Fig. 93.

Fig. 94.

www.ingramcontent.com/pod-product-compliance
Lightning Source LLC
Chambersburg PA
CBHW051516060726
47597CB00001B/78